云南文库

《云南文库》编委会

主任委员：李纪恒　张田欣　高　峰
副主任委员：钱恒义　尹　欣　陈秋生　张瑞才
委　　　员：（按姓氏笔画排序）
　　　　　　王展飞　任　佳　何耀华　张　勇
　　　　　　张昌山　杨　毅　范建华　贺圣达

《云南文库·当代云南社会科学百人百部优秀学术著作丛书》编委会

主任委员：张田欣　王义明　高　峰
副主任委员：尹　欣　刘德强　张瑞才　张红苹　张云松　范建华

委　　员：（按姓氏笔画排序）
王文光　王清华　叶　文　刘大伟　江　克　任　佳　西　捷　汪　戎
李　兵　李　炎　李昆声　李生森　杨先明　杨福泉　杨安兴　陈一之
陈云东　陈　路　陈　平　何　明　何晓晖　张桥贵　吴卫民　吴宝璋
和少英　周　平　周永坤　和丽峰　金丽霞　武建国　欧黎明　郑晓云
郑　海　胡海彦　段万春　段炳昌　郝朴宁　施惟达　柴　伟　崔运武
董云川　韩跃红　蒋亚兵　雷翁团　靳昆萍　戴世平

主　　编：范建华
副　主　编：江　克　蒋亚兵

当代云南社会科学百人百部优秀学术著作丛书

中国竹文化

何 明等/著

云南人民出版社
云南大学出版社

作者小传

何明,博士,云南大学二级教授,博士研究生导师,享受云南省人民政府特殊津贴专家。

现任云南大学民族研究院院长、教育部人文社会科学重点研究基地云南大学西南边疆少数民族研究中心主任、云南大学人类学博物馆馆长,兼任中国民族学会副会长、中国艺术人类学学会常务理事、泰国清迈大学社会科学及可持续发展区域研究中心理事会理事、《开放时代》等学术期刊编委等职。

迄今为止,在《民族研究》《哲学研究》《文学评论》《光明日报》(理论版)、《学术月刊》、《文史哲》、《广西民族大学学报》等重要学术报刊上发表研究论文百余篇,其中多篇论文被《新华文摘》、《中国社会科学文摘》和《中国高校文科学术文摘》全文转载或摘登;出版学术专著7部;曾获第二届中国青年社会科学优秀成果奖、云南省哲学社会科学优秀成果一等奖等学术奖励多项。

近期代表性论文有:《文化持有者的"单音位"文化撰写模式》(载于《民族研究》2006年第6期)、《学术范式转换与艺术人类学学科建构》(载于《学术月刊》2006年第12期)、《回到生活:关于艺术人类学学科发展问题的反思》(与洪颖合著,载于《文学评论》2006年第1期)、《问题意识与意识问题》(载于《学术月刊》2008年第10期)、《艺术人类学的视野》(载于《广西民族大学学报》2009年第1期)、《中国少数民族农村社会文化变迁略论》(载于《思想战线》2009年第1期)。

近期出版的学术著作有:《中国竹文化》(与廖国强合著,人民出版社2007年6月出版)、《云南十村》(与卢成仁等合著,民族出版社2009年7月出版)、《全球化背景下少数民族农村变迁的符号表征》(与吴晓等合著,民族出版社2009年7月出版);主编有《新民族志实验丛书》(10部,中国社会科学出版社2007年7月至2009年5月出版)、《非物质文化遗产的田野图像》(10部,云南出版集团、云南人民出版社2009年7月出版)、《艺术人类学丛书》(社会科学文献出版社2011年6月出版)、《中国边境民族的流动与文化动态》(云南出版集团、云南人民出版社2009年3月出版)、REVIEW OF ANTHROPOLOGY AND ETHNOLOGY IN SOUTHWEST CHINA(社会科学文献出版社2009年7月出版)等。

目前正在主持教育部重大课题攻关项目"边疆民族心理、文化特征与社会稳定——西南地区部分"并担任首席专家、马克思主义理论研究与建设工程教育部重点教材《人类学概论》并担任首席专家。曾获第二届中国青年社会科学优秀成果奖、云南省哲学社会科学优秀成果一等奖等学术奖项和"全国自强模范"、"云南省民族团结进步先进个人"等省部级荣誉称号。

作者小传

廖国强，1966年10月生，白族，现为云南大学《思想战线》编辑部编审、副主编。主要从事竹文化、民族生态文化研究。在《思想战线》《云南社会科学》、《云南师范大学学报》、《云南民族大学学报》、《广西民族研究》、《广西民族学院学报》等刊物发表论文30余篇，其中《竹楼：云南少数民族的文化质点》被《新华文摘》1996年第11期全文转载。出版学术专著3部（合著）。作为课题负责人组织完成国家社会科学基金青年项目《中国少数民族生态文化研究》（已由云南人民出版社2006年出版）。曾获中国社会科学院、共青团中央主办的第二届全国青年优秀社科成果专家提名奖（二等奖）、云南省第十一次哲学社会科学优秀成果三等奖、云南省第十二次哲学社会科学优秀成果三等奖、云南省第十五次哲学社会科学优秀成果二等奖。2009年被中共云南省委宣传部授予全省宣传文化系统第二批"四个一批"人才称号。

图书在版编目（CIP）数据

中国竹文化 / 何明, 廖国强著. — 昆明：云南人民出版社，
2012.2
（当代云南社会科学百人百部优秀学术著作丛书）
ISBN 978-7-222-08584-8

Ⅰ.①中… Ⅱ.①何… ②廖… Ⅲ.①竹－文化－研
究－中国 Ⅳ.①S795-092

中国版本图书馆CIP数据核字（2012）第014009号

责任编辑：谢学军
美术编辑：王睿韬　刘　雨
责任印制：段金华

书　名	中国竹文化
作　者	何　明等　著
出　版	云南人民出版社 云南大学出版社
发　行	云南人民出版社 云南大学出版社
社　址	昆明市环城西路 609 号（650034） 昆明市翠湖北路 2 号云南大学英华园内（650091）
电　话	0871-4113185 0871-5031071　5033244
网　址	www.ynpph.com.cn　http://www.ynup.com
E-mail	rmszbs@public.km.yn.cn　market@ynup.com
开　本	787mm×1092mm　1/16
印　张	27.875
字　数	378 千
版　次	2012 年 7 月第 1 版第 1 次印刷
印　刷	昆明卓林包装印刷有限公司
书　号	ISBN 978-7-222-08584-8
定　价	75.00 元

《云南文库》编辑说明

《云南文库》是云南省哲学社会科学"十二五"规划的重大项目。编辑出版《云南文库》是落实云南省委、省政府建设民族文化强省的重要举措，是繁荣发展云南哲学社会科学的重要途径，是树立云南文化形象、提升云南文化软实力的基础性工程。

中国学术文化的发展不仅有共性，还有很强的地域性。一国有一国之学术，一方有一方之学术。学术研究是社会发展的动力，是社会智慧的结晶，是文化建设的重要构成部分。云南虽地处边疆，仍不乏丰厚的学术研究传统。尤其明清以来，云南与中原的文化交流日臻密切，省外名宿大儒进入云南的代不乏人，而云南的文人学士也多有游宦中原者。在中原文化的熏陶下，云南的文化学术遂结出累累硕果，文化名人辈出，如杨慎、李贽、李元阳、师范、王崧、方玉润、许印芳等，其总体集中性的代表成果是《滇系》和《云南备征志》。至清末，云南学子开始走出国门到海外留学，成为云南与世界沟通的桥梁，也成为改造社会和推进云南文化学术发展的中坚。但由于交通不便，信息闭塞，云南的学术成果并未为内地所认知。更有甚者，清乾隆年间，四库全书馆在全国征集历代遗书，云南巡抚李右江得到云南先贤的著述，但害怕其中有什么不恰当的内容，竟私藏起来不上报，使得《四库全书》仅从它处收录了3种云南人著述，成为云南文化史上的一大缺憾。辛亥革命后，云南学人痛感地方文化学术之不彰，在地方政府的支持下，赵藩、陈荣昌、袁嘉谷、由云龙、周钟岳、李根源、方树梅、秦光玉等一批当时最负盛名的云南学者倾力收集整理云南文献，于1914年至1923年编成刻印《云南丛书》初编，共152种1064卷，及不分卷者47册；1923年至1940年编成刻印《云南丛书》二编，共69种133卷。另编定31种待刻，后由于抗日战争爆发，整个《云南丛书》的编辑刻印工作中止。历时26年编刻的《云南丛书》把保存下来的历代云南重要地方文献网罗殆尽，是云南有史以来地方文化的一次最系统的总结，对云南的文化建设发挥了不可估量的作用。

学术创新的根基是学术积淀和传承。从编辑刻印《云南丛书》之时算起至今，其间经历了抗日战争、新民主主义革命、社会主义革命和建设、改革开放的新的历史时期。在这近一百年的历史中，云南的学者为抗击日本侵略者和新中国的解放事业，为社会主义新文化的建设贡献了自己的聪明才智，也为云南地方经济、社会、文化的发展创造了一大批研究成果，并形成了自己的风格和特色。今天，文化建设又站在一个新的历史起点上。整理和出版云南学术史和文化史上的优秀成果，是继承优秀的地方历史文化遗产，建设有中国特色的社会主义新文化和民族文化强省的基础性工作。只有站在前人的肩上，我们才看得更远，走得更实。这也是我们编辑出版《云南文库》的初衷。

比之编刻《云南丛书》的时代，云南的经济政治社会文化已经发生了翻天覆地的变化，云南不再是一个封闭落后的边疆省份，而是成为了我国面向南亚、东南亚开放的桥头堡，其战略地位日益突出。云南的文化创造力也大大发展了，学者力量的壮大、学术成果的丰富早已不可同日而语。今天的《云南文库》不可能像当年《云南丛书》一样收录所有的文献资料，只可能是好中选优、优中选精，尽可能地把最能体现云南学术文化水平和云南学术特色的成果收录进来，以达到整理、总结、展示、交流和传承文化，弘扬学术，促进今日云南文化学术的建设与繁荣之目的。功在当代，利在千秋。

《云南文库》分为三个系列。

一是《云南文库·学术大家文丛》，收录云南学术大家的作品。

二是《云南文库·学术名家文丛》，收录中华人民共和国建立以前出生的云南学术名家的作品。

三是《云南文库·当代云南社会科学百人百部优秀学术著作丛书》，收录中华人民共和国建立以后出生的一代学者的优秀作品。

我们将使《云南文库》成为一个开放的体系，随着云南民族文化强省建设的推进而不断丰富它的内涵，不断发挥其在社会主义精神文明建设和云南文化建设中的积极作用。

《云南文库》编辑委员会
2011年6月

目录

导　　论 …………………………………………………………………… 1
　一、中国：竹的故乡 ……………………………………………………… 1
　二、竹的人化：从"自在之物"变成"为我之物" …………………………… 2
　三、竹之所以成为文化：外延的普泛性与内涵的内在化 ………………… 5
　五、竹文化景观与竹文化符号的关系 …………………………………… 17
　六、中国竹文化的性质：由文化质点聚合成的文化结丛 ………………… 21
　七、理论与现实：中国竹文化研究的意义 ……………………………… 23

上编　竹文化景观

第一章　既能果腹，又可怡情——源远流长的食笋之风 …………… 2
　一、食笋之风的历史巡礼 ………………………………………………… 3
　　1. 先秦两汉时期：食笋之风的发轫期 ………………………………… 3
　　2. 魏晋南北朝时期：食笋之风的形成期 ……………………………… 6
　　3. 唐宋元时期：食笋之风的勃兴期 …………………………………… 7
　　4. 明清时期：食笋之风的炽盛期 ……………………………………… 11
　　5. 近代以降：食笋之风的赓续期 ……………………………………… 13

二、竹笋的加工及烹饪技术 …………………………………… 14
1. 精致的竹笋加工技术 ………………………………………… 14
2. 绚丽多姿的竹笋烹饪技术 …………………………………… 17

三、名人食笋拾趣 ……………………………………………… 21
1. 有笋不思肉的白居易 ………………………………………… 21
2. 苏轼与食笋 …………………………………………………… 22
3. 苏辙与食笋 …………………………………………………… 25
4. 陆游与食笋 …………………………………………………… 26

四、食笋之风的文化意蕴 ……………………………………… 27

附：竹米——一种不可多得的食物 …………………………… 33

第二章 吃穿用之具，触目皆有竹——竹制日常生活器物 …… 37

一、竹制炊饮器具 ……………………………………………… 37
1. 古老的竹制食器：竹簠、竹簋、箪、筥、簇 ……………… 37
2. 竹制饮食器具便览 …………………………………………… 39
3. 古老而又年轻的饮食器具——竹筒 ………………………… 40
4. 自成体系的竹制茶具 ………………………………………… 43
5. 称霸筷坛的竹筷 ……………………………………………… 47

二、竹制服饰 …………………………………………………… 52
1. 竹　冠 ………………………………………………………… 53
2. 竹　帽 ………………………………………………………… 55
3. 笋鞋、竹屐 …………………………………………………… 57
4. 竹制佩饰品 …………………………………………………… 58

三、竹制消暑用具 ……………………………………………… 60
1. 蔚为大观的竹席世界 ………………………………………… 60
2. 竹几：柔情蜜意的化身 ……………………………………… 65

3．诗情画意的中国竹扇…………………………………… 69
　四、竹制家具……………………………………………………… 72
　五、竹制玩具……………………………………………………… 76
　　1．竹　马…………………………………………………… 76
　　2．栩栩如生的竹蛇………………………………………… 79
　六、竹杖：一种重要的扶身用具………………………………… 80

第三章　各项产业，均有竹具——竹制生产工具……………… 85
　一、竹制农具……………………………………………………… 85
　　1．竹制播种农具…………………………………………… 86
　　2．竹制中耕农具…………………………………………… 88
　　3．竹制灌溉工具…………………………………………… 90
　　4．竹制收获农具…………………………………………… 94
　　5．竹制装运农具…………………………………………… 96
　　6．竹制加工农具…………………………………………… 99
　　7．竹制贮藏农具…………………………………………… 104
　二、手工业中的竹制工具………………………………………… 106
　　1．制盐业中的竹制工具…………………………………… 106
　　2．竹制纺织工具…………………………………………… 114
　三、竹制渔具……………………………………………………… 116

第四章　家家竹楼临广陌，座座竹殿居山坡——竹建筑………… 122
　一、从巢居到竹楼………………………………………………… 122
　二、自然的选择：竹成为建筑材料……………………………… 126
　三、竹制民居：中华民族的一种世俗生活之所………………… 129
　　1．竹　屋…………………………………………………… 129

2．竹　楼……………………………………………………131
　　3．其他竹构民居……………………………………………132
　四、竹制宗教建筑：通往彼岸世界的驿站……………………134
　　1．竹制佛教建筑……………………………………………135
　　2．竹制道教建筑……………………………………………136
　　3．竹制宗法性宗教建筑……………………………………137
　五、竹建筑的文化内涵…………………………………………137
　六、竹建筑的审美特征…………………………………………141

第五章　跨涧越壑，渡河登山——竹制交通设施和工具……144
　一、竹制交通设施………………………………………………144
　　1．竹索桥：西南各族人民的杰作…………………………144
　　2．享誉域外的竹桥…………………………………………154
　二、竹制水上交通工具…………………………………………156
　　1．竹筏：源远流长的水上运具……………………………157
　　2．竹　船……………………………………………………162
　三、竹轿：中国特有的人力交通工具…………………………164
　　1．竹轿概览…………………………………………………164
　　2．竹轿的文化意蕴…………………………………………165

第六章　写作阅读，相伴以竹——竹制文房用具……………168
　一、竹制书写工具：竹笔与竹管笔……………………………168
　　1．古朴刚劲的竹笔…………………………………………168
　　2．誉贯古今的竹管毛笔……………………………………174
　二、竹制书写材料：竹简与竹纸………………………………179
　　1．古老的书写材料：竹简…………………………………179

2. 纸中上品——竹纸 …………………………………………… 184
三、其他竹制文房用具 ………………………………………… 190

第七章　精编细刻，极尽其巧——竹制工艺品 ……………… 193
一、从实用到审美：竹制工艺品的形成 ………………………… 193
二、称誉古今的竹编工艺品 ……………………………………… 195
   1. 滥觞：原始社会的竹编工艺品 …………………………… 195
   2. 定型：春秋战国时期的竹编工艺 ………………………… 195
   3. 发展：秦汉以后的竹编工艺 ……………………………… 197
三、精雕细镂的竹雕刻工艺 ……………………………………… 204
   1. 隐而待发：明代以前竹雕刻工艺的滥觞 ………………… 204
   2. 华光四射：明代中叶至清代中叶竹雕刻工艺品 ………… 206
   3. 继承与创新：清代中叶以后竹雕刻工艺品 ……………… 212
   4. 韵味独具：少数民族竹雕刻工艺 ………………………… 216
四、用美结合：竹制工艺品的审美价值 ………………………… 217

第八章　切切孤竹管，来应云和琴——竹制乐器 …………… 220
一、竹的"音乐简历" …………………………………………… 220
二、竹在中国民族民间乐器中的功用 …………………………… 227
   1. 竹制气鸣乐器 ……………………………………………… 227
   2. 竹制体鸣乐器 ……………………………………………… 232
   3. 竹质膜鸣乐器 ……………………………………………… 234
   4. 弦鸣乐器中的竹制构件 …………………………………… 235
三、竹制乐器所显示出的文化特征 ……………………………… 235

下编 竹文化符号

第九章 送子延寿，祖先代表——竹宗教符号 ……… 240
  一、竹的神圣化与中国实用宗教文化 ……… 240
  二、送子和延寿：竹作为交感巫术符号的功能 ……… 243
  三、祖先和保护神：竹的图腾意义 ……… 252
    1. 创世中的奇异作用 ……… 252
    2. 竹灵位：灵魂的寄托之所 ……… 257
    3. 以竹为姓 ……… 261
    4. 竹禁忌 ……… 262
    5. 竹：神的标志 ……… 263

第十章 赋竹赞竹，寓情于竹——竹文学符号 ……… 265
  一、从文学中的符号到文学符号 ……… 265
    1. 先秦两汉：滥觞期 ……… 266
    2. 魏晋南北朝：形成期 ……… 268
    3. 唐宋：鼎盛期 ……… 269
    4. 元代至近现代：延续期 ……… 272
  二、竹文学符号能指的审美价值 ……… 273
  三、竹文学符号所指的多层义项 ……… 283
  四、竹文学符号能指与所指关系的类型 ……… 290
    1. "神与竹游"——情志依附于竹意象 ……… 290
    2. "情融于竹"——情志贯注于竹意象 ……… 292
  五、竹文学符号审美风格形成的文化土壤 ……… 294

第十一章　清姿瘦节，秋色野兴——竹绘画符号 …… 299

　一、竹绘画符号的源流与演进 …… 299

　　1. 六朝隋唐——竹绘画符号的萌生期 …… 299

　　2. 五代十国——竹绘画符号的确立期 …… 300

　　3. 宋代——竹绘画符号的勃兴期 …… 301

　　4. 元明——竹绘画符号的发展期 …… 303

　　5. 清代——竹绘画符号创作的高峰期 …… 305

　　6. 近现代——画竹艺术的延续期 …… 307

　二、竹绘画符号能指的类型：再现与引线 …… 307

　三、竹绘画符号所指的意义空间：公立象征与私立象征 …… 312

　　四、竹绘画符号的审美风格：简淡逸远 …… 317

　五、竹绘画符号审美风格的文化内涵 …… 320

　六、与竹绘画符号相辅的主要符号："五清" …… 322

第十二章　凌云浩然之气，淡远自然之趣——竹人格符号 …… 328

　一、天人合一观念、"比德"思维与竹的人格化 …… 328

　二、竹人格符号指述意义之一：浩然之气 …… 332

　三、竹人格符号指述意义之二：自然之趣 …… 340

　四、竹人格符号的完整意指：中国传统的理想人格系统 …… 346

结语　竹文化所显现的中国传统文化特征 …… 351

附　录

附录一　竹产业的文化内涵 …… 362

附录二 "中国竹文化博物园"项目建议书 ······ 365
 一、"中国竹文化博物园"项目提出的依据 ······ 365
 二、建设方案 ······ 369
  1. 文化门类部分 ······ 369
  2. 村落部分 ······ 374
  3. 其他设施 ······ 375

附录三 文化进化论纲——以中国竹文化为例 ······ 377
 一、理论的巡礼：从古典进化论到新进化论 ······ 377
 二、进化：一种文化向更为有效的方向变迁的过程 ······ 379
 三、文化进化的过程：适应与创造 ······ 380
 四、文化进化的具体体现：衍生、专化与取代 ······ 383
 五、文化进化的动力：人的需要 ······ 384

后　记 ······ 387

导 论

纵观五千年中华文明史，我们会发现一种奇异的现象：竹这种自然植物渗入了中华民族的物质生活和精神生活的方方面面。以竹为材料制成的生产工具、生活用具、菜肴、药膳、交通工具、书写工具、建筑物、乐器、工艺品、舞蹈道具等器物，种类繁多，琳琅满目；以竹为歌咏、描绘对象的文学、绘画作品，层出不穷，美不胜收；以竹为崇拜物、理想人格象征物的巫术宗教事象和伦理事象，屡见不鲜，俯拾即是……竹在中华文化中远非一般的纯生物意义上的植物，而是"人化"了的自然，积淀着中华民族的情感、观念、思维和理想等深厚的文化底蕴，构成一种反映与体现中华民族内在精神的外化形式的文化景观，一种传达与表现中华民族的审美趣味、宗教精神、人格理想的文化符号。

一、中国：竹的故乡

在植物世界中，竹子既非草也非木，只因其花与稻稷相同，"结实如麦"，所以植物学家把它列入禾本科，并在禾本科大家族中命名为竹亚科以示区别。竹有木质化或长或短的地下茎，竿亦木质化，有明显的节。节间常中空。主竿上的叶缩小，无明显的主脉，普通叶片则具短柄，且与叶鞘相连处成一关节，容易从叶鞘脱落。竹类根系发达，繁殖快，成材时间短，适应性强，速生丰产。竹材力学强度大，弹性好，耐磨损。

中国是世界上竹类品种最多的国家，有30多个属，300多个种，而且分布广泛。东至台湾、南至海南、西到西藏纳宗以南地区、北到黄河流域，历史上均曾为竹类分布区。在上古时期著名的地理著作《山海经·山经》中，除南山经外，西山经、北山经、东山经和中山经皆记载到竹，言"多竹"竟

达21次之多，足见竹子在上古分布之广、资源之丰。后因拓地、兵燹、横征暴敛、自然灾害等原因，"淇水流域的大片竹林到南北朝时已不复存在了；渭河平原及秦岭北麓的绿竹到明清时期即已显著衰败；至于太行山脉南段之中条山等地，到清末时，成片竹林已经难以寻觅"[①]。北方地区竹林毁损。但直至今日，在福建、湖南、浙江、四川、江西、安徽、广东、广西、云南、贵州、河南、陕西、江苏、台湾14个省（区），茂密的竹林随处可见，不乏像四川省江安、长宁两县交界处的"蜀南竹海"——万岭箐一样修篁茂密、莽莽苍苍、形若大海的"竹海"。

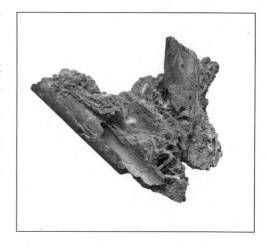

竹化石［出土于云南龙陵］（黄文昆摄）

中国是公认的世界竹类植物的起源地和现代分布中心之一，堪称"竹的故乡"。

二、竹的人化：从"自在之物"变成"为我之物"

在人类诞生以前，竹类植物与整个自然界一样，处于"自在"的状态之中，为"自在"之物。"万物之灵"的人类在实践"母亲"的"孕育"下，在这个世界上呱呱坠地之后，一改动物界对待自然的消极、被动、盲目的态度，开始按照自身的各种需要有目的、有计划地进行"自由的自觉的活动"。在这种自由自觉的活动中，人类不仅认知了世界、改造了世界，而且在人与自然之间建立起一种全新的新型关系，在自然之上深深地刻铸下人的印迹，使自然由"自在之物"转化为"为我之物"，成为"人化"了的自然，人的

---

① 古开弼：《从我国北方竹类的历史分布看"南竹北移"的广阔前景》，《农业考古》，1987年，第2期。

本质力量也在自然之中得以显现和"对象化",天人之间的双向交流赋予自然以人的特质,

同时促使人类自身不断"提升"①,即"人化"。黑格尔曾说:

> 人有一种冲动,要在直接呈现于他面前的外在事物之中实现他自己,而且就在这实践过程中认识他自己。人通过改变外在事物来达到这个目的,在这些外在事物上面刻下他自己内心生活的烙印,而且发现他自己的性格在这些外在事物中复现了。人这样做,目的在于要以自由人的身份,去消除外在世界的那种顽强的疏远性,在事物的形状中他欣赏的只是他自己的外在现实。②

人类的产生,使自然界发生了根本性的变化,"自然人化"了。

竹在中华民族祖先的实践过程中与整个自然一样,被逐渐"人化",进入到人的生活之中,被利用为延长人的身体器官之物,加工、制造成各种各样的生产工具和生活用具。中国从远古至今对竹的开发利用过程就是竹的"人化"历程。

中国是开发利用竹类资源最早的国家之一。据考证,距今一万年前长江中下游和珠江流域的人类就已经开始栽培和利用竹类了③。而在北方地区,公元前6080~前5600年的陕西西安半坡遗址出土的文物中即有竹鼠遗迹;公元前2800~前2300年的山东历城龙山文化遗址中,又有竹炭和形似竹节的陶器出土;在河南殷墟遗址中,不仅发现了竹鼠遗迹,而且出土了有"竹"、"蔑"、"箅"等字样的甲骨卜辞,可见竹子在殷商时期人民日常生活中的地位。据考证,殷纣王曾在淇水沿岸的"淇园"设竹箭园,并设专官管理。

至西周时期,竹材被大量利用,并有了"篱笆工"职业,用竹制作成"竿"、"筮"、"簟"、"笄"、"筐"、"箕"、"筵"等竹器。到秦朝,有所谓"渭川千亩竹……其人皆与千户侯等"④之说。汉朝则设"司竹长丞"职官,

---

① 参见恩格斯:《〈自然辩证法〉导言》,人民出版社,1956年版,该文认为人真正彻底脱离动物界,经历了两次"提升",第一次"提升"使人"从物种关系方面把人从其余的动物中提升出来",第二次"提升"则"在社会关系方面指导人从其余的动物中提升出来"。
② 黑格尔:《美学》第1卷,第39页,商务印书馆,1979年版。
③ 参见张之恒:《中国原始农业的产生和发展》,《农业考古》,1984年第2期。
④ 司马迁:《史记》卷129《货殖列传》。

专门管理竹林,足见其时竹材利用程度之广。晋朝,我国已开始用竹材造纸,这是世界上利用竹材造纸之始①。南北朝时期,竹材管理梁朝归大匠卿,北齐归大匠,北周则归司木中大夫。隋朝沿北周旧制,竹材管理在司木中大夫下设专官掌管。

唐朝初年社会稳定,经济繁荣,对竹材的需求量大增,将作监内设有管竹材专职官员,司苑内有上林署专司竹木栽培。宋代的将作监更为庞大,下属有三十一作,竹作规模宏大。《金史·食货志》载:"司竹监岁采人破竹五十万竿。"②可见其时竹材加工之盛。元朝统治者实行竹材专卖,朝廷专立司竹监掌管,"每岁令税课所官以时采斫,定其价为三等,易于民间,至是命凡发卖皆给引,每道取工墨一钱;私贩者,依刑法治罪"③。明朝专设"竹木坊"管理竹木交易,变竹材朝廷专卖为自由买卖。清朝顺治元年(1644年)置上林苑监正七品衙门内属四署,其中林衡署管竹木。④

随着中华民族实践活动的发展,竹的"人化"和"文化化"的程度不断拓展与加深,由文化的显层面逐渐深入到文化的隐层面,满足着中华民族的生理(生存)、安全、社交、尊重、求知、审美、自我实现等不同层次的需要。在生产工具方面,起初竹用于制造简单粗糙的挖土、播种农具和狩猎、打猎工具,其后人们对自然的加工深度和复杂度渐趋加强,适应生产的这一需要,竹被加工成纺织机、制盐器具等较为复杂的生产工具;在生活用具方面,竹由制造粗糙的筷子、盛器等浅加工向编制精致的席、扇、家具等深加工扩展;在饮食方面,竹笋由充饥之物向制作精细的山珍佳肴和驱病滋补的药膳发展;在建筑方面,以竹为材料的建筑物由避野兽御寒冷向审美观赏进化……在中华文化演进的历程中,竹由器物文化向观念文化扩展,内化、隐化到人的心灵深处,幻化成敬仰、崇拜、祈求等巫术、宗教的崇拜物,成为艺术家寄寓情感、理想的审美对象,人格化为思想家体现理想人格的象征物。正如马克思所说:"思想、观念、意识的生产最初是直接与人们的物质活动,与人们的物质交往,与现实生活的语言交织在一起的。观念、思维、人们的精神交

---

① 南京林学院竹类研究室:《关于北方发展竹子的生产问题》,《中国林业科学》,1978年第2期。
② 《金史》卷49《食货志》。
③ 《元史》卷94《食货志》。
④ 参见古开弼:《从我国北方竹类的历史分布看"南竹北移"的广阔前景》,《农业考古》,1987年第2期。

往在这里还是人们物质关系的直接产物。"① 竹文化由器物文化向观念文化的内化过程亦呈现为事实的这一演进序列。

竹在精神文化领域,摆脱了人的直接功利目的,获得"无目的的目的性",直接表现了中华民族炽热而虔诚的宗教情感、清淡逸远的审美趣味、坚贞而有韧性的人格理想及其文化意识。此时,竹的物质形态隐化和符号化,中华民族"自主意识"却得以显化和强化,竹演化为中华文化的一种重要的符号,彻底地变成"为我之物"。

三、竹之所以成为文化:外延的普泛性与内涵的内在化

竹渗透到了中华民族整个生活的方方面面,从饮食、生活用品、生产工具、房屋建筑、交通工具、书写工具、工艺美术、乐器到巫术宗教、文学绘画、人格伦理,无不可见到竹的身影。被称为文化人类学之父的泰勒指出:"文化或文明是一个复杂的整体,它包括知识、信仰、艺术、道德、法律、风俗以及作为社会成员的人所具有的其他一切能力和习惯。"② 即文化的外延包含人类生活的所有领域。竹正是涉及中华民族"生活的种种方面"的一种事象。从"文化"的外延方面审视中华民族生活中的竹,它是一种文化事象。

黄金间碧玉[云南陇川](黄文昆摄)

---

① 《马克思恩格斯全集》第3卷,第29页,人民出版社,1972年版。
② [英]泰勒:《原始文化》第1页,蔡江侬译,浙江人民出版社1988年版。

不仅如此，在竹这种植物上，中华民族表现了他们对自然的认识与理解、创造的智慧与能力、生产方式和社会关系、情感方式与思维模式、价值取向与理想追求。吃竹笋不仅仅为果腹，而且更为了怡情，"饱食不嫌溪笋瘦"、"无竹令人俗"（苏轼语），"服日月之精华者，欲得常食竹笋。竹笋者，日华之胎也"①；竹冠不只用于遮阳挡雨，或为帝王"祀宗庙诸祀则冠之"的"斋冠"，或为隐蔽锋芒、外圆内方人格的代表，"竹冠草鞋粗布衣，晦迹韬光计"②，或为文人淡泊世事、坚贞不屈的表现，"凌霜爱尔山中节，暇日便吾物外游"③；竹杖除了扶助人们登高履险、支撑身体平衡外，还可用作丧葬之具和表达生活志趣，"竹圆效天，桐方法地"，"竹外节，丧礼以压于父"④；以竹材建造居室，显示出中华民族"既安于新陈代谢之理，以自然生灭为定律；视建筑且如被服舆马，时得而更换之"⑤的自然观和建筑思想，并表现了中华民族尚俭归朴、怡情自然的情怀，"傲吏身闲笑五侯，西江取竹起高楼。南风不用蒲葵扇，纱帽闲眼对水鸥"⑥。以竹为材料的竹制工艺品、咏竹文学、写竹画、竹图腾和神祇、象征理想人格的竹，则更为直接地表现了中华民族内倾细腻的情感类型、"比德"的类比思维形式、阴柔和谐的审美理想、轻教义经典重宗教履践的实用理性宗教精神、凌云浩然之志和淡远自然之趣并重的人格追求。因此，可以说竹体现了中华民族的价值体系。

总之，中国人生活中的竹，既普泛及人类生活诸领域，又内化到以价值观念为轴心的精神世界。正是在这个意义上，我们称中华民族生活中的竹为中国竹文化。这是本书立论的基本理论前提和出发点。

四、中国竹文化的内容：竹文化景观与竹文化符号

许多学者常用物质文化和精神文化来划分与归类文化。这一文化分类模

---

① 张君房：《云笈七签》卷23，《日月·食竹笋》。
② 王仲元：《江儿水·叹世》。
③ 陈确：《竹节冠成戏用前韵》。
④ 陆佃：《埤雅》卷15。
⑤ 《梁思成文集》（三），第11页，中国建筑工业出版社1985年版。
⑥ 李嘉祐：《寄王舍人竹楼》，见洪迈编：《万首唐人绝句》卷10。

式用于划分中国竹文化，则有诸多抵牾难通之处。如竹制书写工具、工艺品、乐器、舞蹈道具等，从其功用的角度看，均服务于人们的精神活动，属精神文化的范畴，然而竹在其中仅只是构造材料，是物质生产的产物，并且不直接表达人的精神内涵，不是精神活动的结果，故而从竹的角度看，不属于精神文化的范畴，同时，这些竹制器物又用于精神生活领域，归入物质文化亦欠妥帖。但是，它们却是与竹笋和竹制日用器物、生产工具、建筑、交通工具等一样能显示出文化性的人化了的自然，或者说是中华民族为了特定的实践需要而有意识地用竹所创造的景象。同时，饮食、日用器物、生产工具、交通工具、建筑、书写工具、工艺品、乐器和舞蹈道具中的竹，与巫术宗教、文学绘画、伦理规范中的"竹"全然有别，后者本身即直接表现与象征着人的情感、思维、观念、价值、理想等精神世界，前者无非是构成器物的物质材料而已，文化内涵的显示不是竹本身而是竹所构成的器物及其使用规范。前、后两种竹文化事象有很明显的畛域，当然这种差别不是物质文化与精神文化之异，而是文化景观与文化符号之别，前者为竹文化景观，后者就是竹文化符号。这是本书设置上、下两编的理论依据。

绿色长堤[云南陇川]（黄文昆摄）

竹文化景观是指人化了的竹所显示出来的中华文化性质，或者说是中华民族为了满足衣食住行的生活需要、生产需要、书写需要、审美需要等有意识地用竹创造的景象。竹文化景观既表现出中华民族的心理倾向和特点，又反映了中华民族文化进化的程度。竹作为竹文化景观的构成要素，是物质的，但它所展示的效果却是精神氛围性的，是中华民族内在精神的外化形式。

食笋是中国竹文化景观构成部分之一。吃，本为人与动物的共同本能，但由于人除了具有生物性之外，尚有社会与文化的规定性，因而人的吃形成了一整套动物所没有的"吃法"——饮食规则和禁忌，从而赋予人的吃以文化的底蕴。据《诗经》、《禹贡》等文献记载，竹笋至迟在西周时期即已成为佐餐佳肴，此后相沿不衰，直至今日，竹笋仍然不失为中华民族的桌上名菜。在古代，竹笋不仅为寻常百姓果腹，而且是王公贵族的席上珍馔；不仅为世俗凡人独享，而且是宗教僧侣的重要菜肴和祭献祖先、鬼神的祭品。在普遍而持久的食笋过程中，中华民族形成了完备的竹笋烹饪和加工技术。竹

箣竹笋

笋有烤（烧）、煨（炖）、蒸、熬、炸（炮）、焯、炒、焙、爆等多种烹饪方式，正如《齐民要术》所云："蒸煮焦酢，任人所好。"在中国南北食谱中，

以竹笋烹调出的名菜多达一百余种，其中有：赒金煮玉、笋蕨馄饨、山海兜、胜肉铗、鸡茸金丝笋、茄汗冬笋、水笋焖黄豆、玉兰春笋、玉兔入竹林、蝴蝶冬笋等。竹不仅可以充饥果腹，满足口舌之好，而且被赋予浓厚的文化内涵，倾注了重农耕文化的中华民族对于植物格外厚爱的感情，寄寓着前喻文化中前辈和晚辈关系的伦理价值及对天人关系的理解。竹制日常生活器物是中国竹文化景观构成部分之二。日常生活器物为人的创造物，其材料的择取、制作的工艺程序、形状和大小都体现了创造者和使用者的情感、观念、思维和价值。竹材被中华民族大量运用来制作成各种各样的日常生活器物。竹制炊饮器具有：竹簋、竹篮、箪、筵等商周时期祭祀和宴飨的食器，竹甑、蒸笼、箩滤、筲箕、竹釜等饮具，竹盘、竹碗、竹桶、竹筲、竹筒等盛具，竹筷、竹勺等餐具，罗、合、建城、笛、茶匙、竹筴、茶笼、竹茶囊、都篮、茶焙、竹炉等竹制茶具。竹制服饰有：竹冠、竹帽、笋鞋、竹屐、竹簪、竹耳环、竹发圈、竹腰圈、秧箩等。竹制消暑用具有：种类繁多的竹席，放于床上或榻上供人凭靠憩息、祛暑祈凉的竹几（又称竹夫人），制作精细的竹编扇和竹骨扇。竹制家具有：主要以斫削竹材而成的竹床、竹榻、竹椅、竹凳、竹案、竹桌，主要以编织竹篾而成的竹筒、竹篚、竹箱、竹帘。玩具有竹马、竹蛇、风筝等，还有笻竹杖、斑竹杖、方竹杖等各式各样的竹杖。竹制日常生活器

竹扇（董文渊摄）

物的制作工艺、形制、大小及使用制度，构成一幅别致的中华民族生活风俗图和中华文化景观，体现了中华民族生活艺术化的日常情趣。

竹制生产工具是中国竹文化景观的构成部分之三。被马克思称作构成生产的骨骼系统和肌肉系统的生产工具，"不仅是人类劳动力发展的测量器，而且是劳动借以进行的社会关系的指示器"。[①] 生产工具是表现人类对待自然的态度，关于自然的知识以及改造自然和创造自然的情感方式、思维模式及价值理想的一个文化景观核心内容。中国传统社会发展缓慢的程度在竹制生产工具上得以标识，小农经济的文化心理和观念在竹制生产工具上也得以显现。农业、手工业、畜牧业和渔业等中国传统社会的主要产业都有竹制生产工具。在中国古代生产中，无论是简单工具还是复杂工具，竹都是生产工具的一种

竹用具

重要制作材料。在农业中，竹制农具贯穿整个生产过程，播种有竹棍、竹锄、啄铲，中耕有竹（绊）刀、竹刮铲、竹锄、耱马、覆壳、竹制耘爪、臂篝，灌溉有车水筒车中的竹筒、引水管道竹笕，收获有竹刀（竹片）、竹夹竿、麦笼、麦绰、抄竿、掼稻簟，装运有背篓、谷筒、箩筐、粪篓，晒禾有竹架和竹耙，脱粒有打谷棍和连枷，晒谷有晒席和晒盘，烘烤有炕筥，扬谷有飚扇、竹扇、筛谷筠、飚篮、簸箕，舂谷有竹杵和竹臼，扬米有竹筛和簸箕，贮藏有箪、筐、谷囤、竹篮、竹箩。在手工业中，竹制生产工具渗透到造纸、制茶、制糖、制盐、纺织等各个部门，其中尤以制盐业和纺织业中的竹制工具的作用最为突出。在制盐业中，竹制生产工具有钻凿盐井的"活塞式竹制扇泥筒"，加固盐井的竹制井壁，汲卤的竹制汲卤筒，输送卤水的管道放水笕、冒水笕、河底渡槽笕、马车提卤笕等卤笕，输送煮盐燃料天然气的管道气笕，测量卤

---

① 《马克思恩格斯全集》第23卷，第204页，人民出版社，1972年版。

水浓度的莲管验卤器，煎盐的竹制盐盘，沥除卤水的撩床等。在纺织业中，竹制棉织工具有弹松棉花的竹弓、卷棉为筒的卷筳、牵经工具篗子和拨车及经架、棹杼的钓竿、分综的承子，丝织生产的抽丝、络丝、牵经等环节均有竹制工具。在渔业中，竹制渔具有笼状捕鱼工具"筌"、罩鱼工具"簟"、"猎鱼"工具竹弓和弓箭、钓鱼的工具竹钓竿等。竹制生产工具一方面反映了中国传统社会生产力发展的缓慢性和地区之间经济水平的不平衡性，另一方面又表现出中华民族认识自然与改造自然的智慧、勇气和理想，显示着中华文化对待自然因地制宜的现实理性精神。

竹楼（董文渊）

竹建筑是中国竹文化景观构成部分之四。居住是人类一种最基本的生活需要。创造出什么样的栖息空间或如何创造它，既受到自然环境、自身能力和需要等自然因素的制约，又受到生活方式、理想观念、宗教信仰和审美趣味等文化因素的制约。中华民族先民最早的一种居住形式是"巢居"，其后逐渐演变为"干栏"这一建筑形式，其主要建筑材料之一即竹材。汉代很著名的建筑甘泉祠宫就是用竹子建构而成的。宋朝以后，在经济发达地区竹建筑渐趋减少，而在南方少数民族地区，竹建筑直至今日仍是重要建筑形式。

竹被中华民族用作房屋各个部分的建筑材料,甚至到了"不瓦而盖,盖以竹;不砖而墙,墙以竹;不板而门,门以竹。其余若椽、若楞、若窗牖、若承壁,莫非竹者"①的地步。竹能"编壁"为墙,可作椽梁,亦可制梁柱,还可加工成竹瓦、门窗、楹、檐及阳台、楼板等。竹营造出包括民居、寺庙、园林建筑、军营等在内的各种建筑。竹制民居有竹房、竹舍、竹馆、竹屋、竹楼、竹阁、竹轩、竹斋、竹棚、竹宫等;竹制宗教建筑有竹寺、竹殿、竹院、竹房等佛教建筑,竹观、竹殿等道教建筑,竹宫、竹庙、竹祠等宗法性宗教建筑。中国竹建筑体现了中华民族以农立国的生活观念、尚俭归朴的生活情趣、和谐空灵的审美理想。

竹　桥

竹制交通设施和工具是中国竹文化景观的构成部分之五。为了生活、生产和交流的需要,人类开路架桥、制舟做车。在需要与条件制约之下发明创造的交通设施和运输工具,在特定的环境之中则代代承传,成为一个突出的文化质点。辽阔广大的土地、千差万别的自然环境,酿就中国交通设施和运

---

① 沈日霖:《粤西琐记》。

输工具的多样化特征，而在繁复多样的中国交通设施和运输工具中，竹是一种重要的营造材料。竹制交通设施有独索溜筒桥、双索双向溜筒桥、多索平铺吊桥、双索走行桥、V形双索悬挂桥等竹索桥及各种各样的竹桥，竹制水上运输工具有竹筏和竹船，山地人力运输工具有竹轿。竹制交通设施和运输工具一方面显示出中华民族坚韧不拔的生活意志和极富想象力的创造精神，另一方面也表现了中国传统文化森严的等级观念和追求平稳的文化心态。

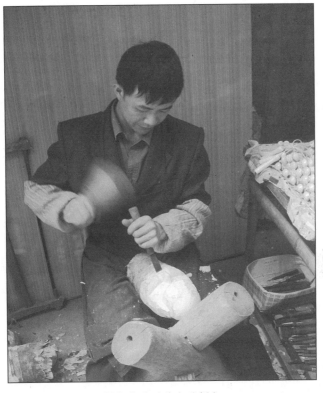

制作竹雕（董文渊摄）

竹制书写用具是中国竹文化景观的构成部分之六。书写工具和书写材料是文化的直接记述者和传承者，其材料的选择和形制的制作，除了自然选择的原因之外，尚有其文化的根源。中国的书写工具别具一格，书写材料亦颇有特色并富创造性，而竹在其中起着不可或缺的重要作用。竹笔是中华民族最早的书写工具，后来其常用的书写工具地位被毛笔所取代，但作为创作书法艺术和绘画艺术的工具历久而不衰。在西方书写工具传入中国的近、现代以前，中华民族长期使用的主要书写工具是毛笔。毛笔笔杆的主要制作材料就是竹子，宣笔、湖笔、湘笔等名笔的笔杆均由竹制成。早在中华文化的发轫时期商朝末年周朝初年，竹即开始成为中华民族的书写材料——竹简。至春秋时期，竹简成为中华民族的主要书写材料。直至南朝时期，流行了约两千年的竹简才被纸所完全取代。然而竹与书写材料的密切联系并未由此中断，竹不再被制作成竹简，不再作为直接的书写材料，但至迟在唐朝中叶却作为书写材料之上品竹纸的加工原料而成为书写材料的重要要素。此外，竹还可制成笔帽、笔筒等文化用品。竹制书写工具和书写材料，尤其是竹制书写工具是遏止汉字由表意文字向拼音文字演进的因素之一，同时又是促使汉字的书写艺术化而形成书法艺术以及形成中国画画法的一个重要动因。竹制书写工具和书写材料渗透着中华文化的审美趣味和文化观念。

竹制工艺品是中国竹文化景观构成部分之七。工艺品是器物由实用走向审美、人类精神需求增加的结果，兼具实用与审美两种功能，既是物质生产技能的集中体现，又显现出文化性格与审美追求。这两方面的表现均需借助于其构成物质材料的形状、色彩、造型的变化，因而体悟与分析工艺品的文化性格和审美追求不能忽视其构造材料。在蔚为大观的中国艺术品中，竹制工艺品是颇具特色且种类繁多的一类。中国的竹编工艺品滥觞于原始社会，定型于春秋战国，秦汉以后得到长足发展，出现了一大批闻名遐迩、制作精湛、审美价值很高的作品，蕲簟、自贡竹丝扇、成都瓷胎竹编、梁平竹帘、长宁竹丝蚊帐、安徽舒席、益阳水竹凉席、宁德篾丝竹枕、苍梧竹挂帘、都安竹篮、腾冲篾帽等都是优秀的竹编工艺品。竹雕刻工艺品在战国古墓和西汉古墓有所发现，但直到明代中叶，竹雕刻艺术方臻成熟，"嘉定派"和"金陵派"两个竹雕刻艺术流派崛起，朱鹤、秦一爵、濮仲谦、李文甫等竹雕刻大师频出，杰作多多。竹雕题材广泛，人物、动物、花鸟、楼阁、山水，尽入笔下；品种繁多，除了笔筒、竹香筒、竹杯、竹罂、竹簪钗、竹屏风、竹扇骨、竹盒、竹水盂等兼具有实用性的器物外，人物、蛙、蟾蜍等纯观赏性的作品亦不少。中国竹制工艺品表现了中华民族隽秀细腻、清新淡雅、柔和婉约的审美趣味。

竹制乐器是中国竹文化景观构成部分之八。竹是中国民族民间乐器的重要制作材料，被列为中国古代的音乐分类"八音"之一，甚至常用"竹"代

表管乐，用"丝竹"代称音乐。竹笛、竹箫、竹号、尺八、笙、喉管、竹板、竹口琴、切克、竹琴、渔鼓、竹鼓等各种竹制乐器琳琅满目，竹制琴杆、琴筒、弓杆、弦马、鼓箭、琴笕等比比皆是，竹遍及中国民族民间乐器的气鸣、体鸣、簧振、膜鸣和弦鸣等各类乐器，其中尤以气鸣乐器中竹的作用最为重要，从而构成民族特色浓郁的音乐文化景观。竹制乐器体现了中华民族对待自然的"天人合一"或"天人协调"的态度，亦显示了中国传统音乐简明、灵活而缺乏严密、精确的特征。

佛肚竹（黄文昆摄）

文化符号是指一定的社会环境用于较稳固地象征某种特定意义的事象，即指称、象征或表现所指的能指。人类的社会活动和历史活动、社会的人际关系及历史事件都伴随着符号，符号把人们内心的情感、观念与外部世界的特定事象联结起来。人们内心的情感和观念等借助外部世界的特定事象加以指称、象征与表现，外部世界的特定事象含有指称、象征与表现人们内心的情感和观念的功能，而把二者联结起来的正是特定的社会环境和历史传统。竹被中华文化赋予象征宗教观念和理想人格、表现审美情感和审美理想的功能，中华民族的内在情感观念常借竹而得以象征与表现，因而竹成为中华文化的一种重要符号。

竹宗教符号是中国竹文化符号之一。中华文化在战国时期开始把竹神圣化和非凡化，对之加以崇拜。天师道把竹视为具有送子和延寿神秘力量的"灵草"，人们常崇拜竹以祈求得子或求子健康成长，以驱病延寿。彝族、傣族、景颇族等少数民族，视竹为本民族源出的植物或搭救其祖先性命之物，作为本民族的祖先和保护神进行祭祀，竹成为一种图腾。竹宗教符号象征与指称着中华民族虔诚而热烈的宗教情感、对现实的态度及对未来的热望。

竹文学符号是中国竹文化符号之二。竹早在远古时期，即被当做原始歌谣的描绘内容，其后《诗经》、《楚辞》、《汉乐府》、《古诗十九首》等先秦两汉的文学作品对竹和竹制器物均有大量描绘，但竹或竹制器物仅是意境的一个构成要件，尚未成为中心意象。至南朝时期，伴随着山水诗的出现，以竹为中心意象的咏竹文学诞生了，其代表就是谢朓的《秋竹曲》和《咏竹》诗。此后，历代文人墨客对竹吟咏不断，创作出大量咏竹文学作品。各个种类的竹、生长在不同环境中的竹、四季更迭之竹态、阴晴雨雪之竹姿，尽入诗怀。竹之挺拔修长之姿、常青不凋之色以及竹的摇曳之声和清疏之影，无一不被中国文学家们做过淋漓尽致的描写，并借以象征与表现虚心、高洁、耿直、坚贞、思念等情志和思想，构成情志依附于竹意象、情志贯注于竹意象、情志超越于竹意象几种文学符号类型，显示出清新淡雅、幽静柔美的审美特征。

竹绘画符号是中国竹文化符号之三。中国绘画画竹始于唐朝，至五代十国时期中国画的重要一科——墨竹画即已问世，北宋文同、苏轼等人开始大量画竹，完善了画竹艺术。清朝涌现出倾毕生精力于竹的画家——郑燮，他不仅留给我们大量写竹画，而且在画竹艺术上多有创新、理论上颇多总结。从正直、高洁、孤傲、坚贞、抗争到直爽达观、体恤民情等意义，画家们都借画竹得以象征与表现，并构成别具一格的简淡逸远的绘画风格。

竹人格符号是中国竹文化符号之四。在"天人合一"观念和"比德"思维的作用下，竹在中华文化中被人格化，成为象征中华民族的人格评价、人格理想和人格目标的一种重要的人格符号。中国传统文化的主干——儒家和道家设计出两种迥然相异的人生道路和人格理想：建功立德与遁迹山林、刚正奋进与淡泊自适。这迥然相反的二元人格标准构成了中国传统理想人格系

高风亮节（董文渊摄）

统。竹人格符号以其特有的包容性，意指着中国传统人格的整个结构和系统。

五、竹文化景观与竹文化符号的关系

中国竹文化主要由竹文化景观和竹文化符号两部分构成，这两部分之间尽管性质不同，但却不是截然相分、互不相关的，而是互相依存、彼此渗透的，用理论化的语言言之，即中国竹文化系统由竹文化景观和竹文化符号两个子系统构成，子系统之间既相互区别，又相互联结、相互作用。

竹文化景观与竹文化符号的区别之一是竹在其中的功能不同。在竹文化景观中，竹是供人食用和制作日常生活用品、生产工具、文房用具、交通工具、工艺品、乐器等器物和构筑建筑设施的材料。中华民族的劳动实践，把竹变成满足人们各种需要的有形物，在人们把竹加工制作成各种有形之物及这些竹制有形之物的使用习惯和规则中，显示出中华民族特有的内在精神世界。也就是说，直接显示中华文化的不是竹，而是中华民族对竹的加工制作过程以及对竹制器物的使用习惯和规则。在竹文化符号中，竹或指称神祇祖先、喻示宗教意识，或表现审美情感、审美理想，或象征理想人格、文化形象，总之，竹自身即直接显示中华文化。

竹文化景观与竹文化符号的区别之二是对文化显示的自觉程度不同。人们食笋或用竹制作日常生活用品、生产工具、交通工具、文房用品、工艺品、乐器等器物和构筑建筑设施时，一般并非要有意识地显示文化，而是非自觉、非自发地显示了文化，文化通过人们的无意识在竹制器物上隐蔽地显现出来。人们在崇拜竹、描写竹和用竹象征理想人格时，表现、指称或象征内在文化观念和价值取向是有意识的、自觉的、自发的，至少是半自觉的、半自发的，也就是说人们运用、创造竹文化符号，带着明确的表现或喻示文化观念的目的。

竹文化景观和竹文化符号的区别之三是所表现的文化内涵明确程度不同。竹文化景观通过竹和竹制器物外化着中华民族的内在精神，但其所展示的内在精神属氛围性的，因而是较模糊、含混的。竹文化符号所指称、表现或象征的文化内涵的核心内容，是宗教观念、审美观念和伦理观念等理性化、明晰化的文化观念，尽管其中也蕴含有一定的宗教情感、审美情感、伦理情感等缺乏稳定性和明确化的文化情感因素，但由于创造和运用竹文化符号者有意识要借助竹文化符号指称、表现或象征文化意义，故而使文化情感明晰化和确定化，因此，竹文化符号所蕴含的文化内涵的明确程度大大高于竹文化景观所展示的文化内涵。

既然竹文化景观和竹文化符号是中国竹文化的两个主要构成部分，或者说是中国竹文化系统中的两个子系统，那么二者之间就不可能彼此隔绝、互不相干，而是密切相连的。

竹文化景观与竹文化符号的互相联系首先表现在二者的互相渗透之上。我们把中国竹文化分为竹文化景观和竹文化符号，是从常规情况和一般意义上着眼的，并非绝对的划分。从某些个例和偶发情况来看，某些竹制器物及特定场合下的食笋，已经具有一定程度的符号化倾向，如蕲簟、竹几、竹杖等日常生活用品在唐宋两朝的一些文人中间曾一度具有了明显的符号意义，

白居易与元稹互赠蕲簟以传友情、苏轼送谢秀才竹几以达情谊、皎然赠李萼竹杖以坚友志等事象，说明这些日用品在其时其人中蕴含有强烈的符号化色彩。只因这些器物的符号意义没有得到较广泛的认定和较长历史时期的传承，我们才没有把这些器物列入竹文化符号，仍视之为竹文化景观的内容。同时，有些竹文化符号本身是一些竹制器物，与竹文化景观中的器物无殊，在特定的情景场合中才含有指称、象征意义。如，彝族竹灵位的一种为篾箩箩灵位，这种灵位与生产生活使用的篾箩无大差异，但放于特定位置、用于祭祀，则成为代表祖先的宗教符号。可见，竹文化景观与竹文化符号是"你中有我、我中有你"，互相渗透的。

粉单竹［云南金平］（黄文昆摄）

竹文化景观与竹文化符号的互相联系其次表现在互相贯通即所体现的文化精神的一致之上。竹文化景观和竹文化符号所指喻、显示的都是中华民族的文化，其文化指归是统一的。如竹楼所显示出的空灵轻盈神韵与竹绘画符号的审美特征无异，竹制生产工具和竹宗教符号同时表现着中华文化的多元性和不平衡性特征，食笋、竹制炊饮器具与竹文化符号都喻示了中华文化强烈的伦理色彩，竹几、竹杖和竹人格符号均体现出中华民族"比德"的类比思维特征。竹文化景观和竹文化符号的文化内涵具有同一性。

竹文化景观与竹文化符号的互相联系最后表现在互相影响、互相作用上。竹文化景观为竹的符号化提供了前提和基础。竹大量进入人们的生活生产领域，成为人们常用常伴之物，从而获得实用价值，被赋予文化意蕴，在此基础之上才会被中华文化环境较恒长地指代、象征或表现宗教、审美、人格等方面的情感、观念和理想。对于生活在生产力较落后、知识面较狭窄的上古和中古时代的人们来说，一种与其生活漠不相干之物，他们很难以之为某种情感和观念的固定象征物。竹之所以成为彝族、傣族、景颇族等少数民族的"图腾"，除了他们生活的自然环境竹林丰饶这一自然原因之外，社会根源则是由于竹是或曾经是决定其生活命运之物。彝族的支系青彝传说其祖先由竹而生，世世代代以编竹器为业，"哪里有竹就到哪里编"，于是就以竹篾箩为祭典祖先的灵位。由此可见，竹的符号化与其在人们日常生活中的作用密切相关，竹在人们生产生活中具有不可或缺的地位，久而久之，人们就赋予它稳定地指代或象征某种文化内涵的作用，竹被符号化了。

同时，竹文化符号对于竹文化景观文化内涵的明确化和深化起着促进作用。竹文化符号一般来说能够较为固定而明晰地象征、喻示某种文化观念，一旦人们肯定与接受竹文化符号的能指与所指关系之后，自然而然地就会把某一竹制器物和食笋等与某一文化观念相连接，从而促使竹文化景观中较模糊含混粗浅的文化内涵明确化、清晰化。比如，竹挺直有节的外在形象，早在先秦时期就被《礼记·礼器》赋予正直耿介、坚守气节的意义，再经白居易、元稹等人的反复阐释，竹与这一意指的关系更为稳固了，竹成为象征耿介正直品格的人格符号。竹人格符号的这一意指作用于食笋之风，南宋大文豪陆游对着盘中竹笋，不禁发出"极知耿介种性别，苦节乃与生俱生"的感慨，致使食笋的文化意蕴深刻化、明朗化。竹人格符号的这一意指影响到日常生活用品，竹杖的文化意义也就明确化了："此君与我在云溪，劲节奇文胜杖藜。为有岁寒堪赠远，玉阶行处愿提携。"① 竹文化符号对于竹文化景观文化内涵的深刻化、明确化亦有不可忽视的作用。

---

① 护国：《赠张驸马斑竹柱杖》，见《全唐诗》卷811。

竹文化景观与竹文化符号之间的相互渗透、相互作用，在北宋文化奇人苏轼身上得到十分明显的体现。他作为文学家和画家，写下大量咏竹文学作品，在画竹上自创一派；作为一位历经坎坷的政界人物，常以竹人格符号的意指自励、自解；作为一个食人间烟火的人，他又赋予食笋和竹制日常用品以文化意义，道出过"可使食无肉，不可使居无竹；无肉令人瘦，无竹令人俗"的名言，赠竹几给谢秀才以表"留我同行木上座"的真挚友情。在苏东坡心中，竹文化符号与竹文化景观是浑为一体、融合无间的。

总而言之，竹文化景观与竹文化符号既互相区别又互相联系，共同构成了中国竹文化的有机整体。

六、中国竹文化的性质：由文化质点聚合成的文化结丛

竹文化是中华文化的构成单位之一。竹渗透到中华民族饮食、日常生活用具、生产工具、建筑、交通工具、文房用品、工艺品、乐器、舞蹈、宗教、文学、绘画、人格等生产生活的各个领域，而在各个领域中，竹制器物、食笋以及竹符号又不能包括中华文化的全部内容，仅是其中一部分，即饮食文化、器物文化、宗教文化、伦理文化、艺术文化等行业亚文化或领域亚文化的一个"单位"。

但竹文化是中华文化区别于其他文化的重要标识。无论是竹文化景观的构筑材料、形制特征还是它所体现出的文化氛围，无论是竹文化符号的能指还是它所象征与表现的文化意指，均能非常鲜明而突出地显示出中华文化的特色，透露出深厚的中华文化内涵。一双竹筷，一架装着兜水竹筒的抽水筒车，一座竹楼，一架竹轿，一把竹丝扇，一只竹管毛笔，一根竹笛，一个竹灵牌，一首咏竹诗，一幅墨竹画，一句"无竹令人俗"的人生格言……，无一不弥漫着迥异于欧洲文化、非洲文化、拉美文化的中华文化的浓郁气息；竹筷是中餐别于西餐的标记，筒车是中国农业技术的代表，竹楼是中华民族建筑的特色，竹轿是中国古人独有的人力运输工具，竹丝扇是中国能工巧匠的杰作，竹管毛笔是古老中华文化的象征，竹笛是中国特有的乐器，竹灵牌是中华民族专有的崇拜物，咏竹诗是中国咏物诗的一类，墨竹画代表着中国画，借竹

喻人格只为中国哲人所道出……不必诠释，无须标签，其他民族的成员看到这些事象，自然会想到黄皮肤的中华民族，想到那片辽阔而神秘的中国大地，追忆起那些有关中国的奇异传说；一位炎黄子孙在异国他乡见到这些事象，不禁会勾起对故乡热土的无尽思念，回味那悠久而深邃的中华文化的醇厚底蕴。中华文化的基本特征正是通过竹及其他文化事象得以显现，从而与其他文化判然相别；中华文化因具有其他文化所没有的竹文化等文化事象，其文化内涵与其他文化相别。

一言以蔽之，竹文化是中华文化区别于其他文化的构成单位之一，即中华文化的一种文化质点。这是"竹文化"作为普遍概念的性质，即饮食、日常生活用具、生产工具、建筑、交通、书写、工艺、音乐、舞蹈、宗教、文学、绘画、伦理等各个领域的每一个个别竹文化事象的性质。

前面我们讲到，竹文化景观与竹文化符号之间既互相区别又互相联系，共同构成中国竹文化这一有机整体；同理，各个领域的竹文化事象之间、同一领域的各个竹文化事象之间仍然是既互相区别又互相渗透、互相影响、互相作用的关系，共同构成中国竹文化的有机整体。从这个意义上说，中国竹文化是一个由竹文化景观与竹文化符号建构成的文化系统，或者说是由各个领域的各种竹文化质点结构而成的文化系统。根据系统论"整体大于各组成部分相加之和"的原则，指称这一文化系统的"竹文化"概念有别于普适于各个领域的各种具体竹文化事象的"竹文化"概念，具有后者所没有的一些属性，不再是普遍概念，而是一个集合概念，即指称各个领域的各个竹文化事象（质点）集合为群作为一个有机系统的整体，只适用于该整体，不适用于构成该整体的具体、个别竹文化事象。本书所提及"中国竹文化"，大都作为一个集合概念来运用。

那么，作为系统的中国竹文化的性质是什么呢？食笋、竹制日常生活用具、竹制生产工具、竹建筑、竹制交通工具、竹制书写工具和书写材料、竹制工艺品、竹制乐器、竹制舞蹈道具、竹宗教符号、竹文学符号、竹绘画符号、竹人格符号等等均为中国文化的文化质点，这些为数众多、不胜枚举的文化质点按照一定的方式和结构建构、聚合成中国竹文化的系统，形成中华民族一连串的生产生活方式、社会行为的表现形式和活动的一种体系。因此，作为集合概念的中国竹文化是由许多竹文化事象的质点按一定的方式聚合而成的文化结丛。

七、理论与现实：中国竹文化研究的意义

近几年中国传统文化的研究，始终是一个热点，新思想、新观点迭出，论文、专著纷纷问世，研究正向深广发展，大有方兴未艾之势。而《中国竹文化》对于中国传统文化的研究具有拓展与深化的理论意义。

自二十世纪四十年代著名学者陈寅恪先生提出"竹的文化"这一论题之后，此后长达半个世纪的时间无人问津，直至二十世纪八九十年代才有学者作文论之，但鲜有系统而全面的研究著作，可以说本书的出版对于中国传统文化的研究具有拓展的意义。本书所运用的以微观为基础、以宏观为背景的中观研究方法，为中国传统文化的研究提供了一种崭新而有效的研究方法。中国竹文化的研究建立在对散漫于饮食、日常用品、生产、建筑、交通、书写、宗教、工艺、音乐、舞蹈、绘画、文学、伦理等各个领域无数竹文化质点的搜集与考察之上，材料扎实丰富，且具有代表性，涵盖面广，遍及衣食住行和生产等物质生活及宗教、艺术、伦理等精神生活，可以避免以偏概全、攻其一点不及其余的褊狭之弊，因而从横向方面来看是扎实而全面的。同时，中国竹文化是由竹文化质点聚合而成的文化结丛，对其研究又不能停留于微观研究的水准，而要视之为一个有机的完备体系，进行中观研究，并置之于中国传统文化的大背景之中审视，也就是说，它是以微观的竹文化质点为基础、以中观的竹文化结丛为中心、以宏观的中华文化为背景的研究，因此，从纵向来看，是一种微观、中观、宏观视角齐备的系统研究，避免了视角残缺或缺少中介和过渡带的弊病。由此可以说，《中国竹文化》提供了中国传统文化研究横向基础扎实全面，纵向微观、中观、宏观视角完备系统的崭新研究方法。

中国竹文化研究对于中国的现代化建设、人民生活的发展和外向型经济的开拓，也有潜在的促进作用，具有重要的现实意义。

中国的现代化不论是内容还是途径都应该而且必须与其他发达国家不同，

任何不顾国情地生搬硬套和盲目引进、妄自菲薄自己之长、不见他人之短，都将给国家和民族带来不可弥补的损失，重蹈本可避免的覆辙，严重阻碍现代化的进程，并造成短时期难以消除的消极影响。中国的现代化应该是在充分借鉴发达国家现代化过程的经验和教训，大力引进人类一切先进的科学技术、管理方法和文化精华的同时，积极地弘扬民族文化的精华，因地制宜、高速度地进行现代化建设，少走和不走发达国家所走过的弯路，极力消除可能导致现代西方社会病的隐患，真正建构成一个健康文明的社会。从这个意义上看，包括中国竹文化研究在内的中国传统文化研究就不再是束之高阁的"文人海侃"，它非常有助于了解与把握中国传统文化的内在深层底蕴和中华民族的文化心理走向，启示我们如何切合中国文化深层实际、因势利导地调动中华民族心理动力去建设现代化，运用中国传统文化的一些积极因素去避免与克服西方现代社会病，促使中国不仅经济建设现代化，而且心理意识文明化、健全化。诸如，中国竹文化所显示的"天人合一"观念不失为一剂救治某些西方发达国家人与自然对立导致的生态环境被严重破坏、人的心理机械化的良药；竹人格符号所指的正直坚贞、奋发向上的"浩然之气"告诉人们在谋求人的自我价值实现时不可忽视人格理想，其所指的淡泊无为、超尘脱俗的"自然之趣"警戒世人在现代的经济世界中必须保持一片心灵的净土和个体精神自由的天地，要为人性的复归而奋争……中国竹文化研究对于在中国建立健全和谐的现代化社会不无裨益。

　　中国竹文化研究对于丰富人民生活的内容、提高中华民族的生活情趣也有借鉴意义。中国古人对着一盘竹笋、一把竹扇、一块竹席、一根竹杖、一片竹林，可以玩味再三，兴趣盎然，他们把生活艺术化了，把人生艺术化了。这说明事物对人的价值，不完全在于事物的贵重程度和经济价值，而更主要在于人对它的解释和所投入的情感，价值建立在对人——物关系的阐释之上。那么现代社会中的我们能否在汲汲于生计，为生活机械化、自动化、电子化而奋斗的同时，留意一下我们身旁那些价廉而"味足"的事物，品味一下"个中三昧"呢？果能如此，我们的生活将不再是"机械化"的、充满"铜臭味"的枯燥的世界，而是一个洋溢着诗情画意的艺术画廊，从而使我们的生活丰富多彩、绚丽多姿，生活趣味品格提高、意蕴醇厚！

中国竹文化研究对于发展中国的外向型经济亦有启迪意义。大概是由于"身在此山中"的缘故，我们常对哪些中国产品受"洋人"喜欢、哪些风景风情"洋人"爱看等不甚了了，费尽周折生产出的产品他们不要，耗资巨大建成的旅游景点他们看后兴趣索然……我们对中国文化有时的确"不识庐山真面目"！中国竹文化研究对于我们了解"庐山真面目"或许有启发作用。报上登载的一则札记中所写的一个细节可以为证：阿根廷著名作家博尔赫斯"这个老头也读过《老子》、《庄子》，经常双手摩挲着在纽约唐人街买到的中国竹制手杖，希望有一天能看到中国"①。这说明什么呢？对于中国现在的科技水平、生产能力来说，最能吸引"洋人"的不是那些昂贵的电子产品，而是蕴含着中国传统文化的东西。1988年昆明市建筑工程管理局被经济、工业高度发达的德意志联邦共和国毕梯海姆市邀请去承建一座建筑工程，这一工程不是采用现代建筑材料的现代建筑，而是架在恩茨河上的一座全竹结构的双拱吊桥！这座吊桥引起了欧洲人的极大兴趣，被当地报纸、电视台誉为"来自东方的奇观"、"欧洲第一竹桥"。中国在瑞士苏黎世市建造的竹楼同样引起了强烈的反响，昆明海埂云南民族村的傣家竹楼吸引了大批海内外游客……这些事实都证明：中国竹文化在现代社会同样具有极大的魅力，它可以为中国打开国门、走向世界献策献力。

中国竹文化研究不仅属于理论界，而且还属于现实生活；中国竹文化不但属于中华民族的过去，更属于现代化中国的未来！

---

① 李云龙：《奥尼尔故居·拉丘·马拉多纳——访美札记之一》，《中国体育报》，1993年2月28日。

上 编
竹文化景观

第一章 既能果腹，又可怡情

——源远流长的食笋之风

吃，是人与动物的共同本能，吃何种食物，首先受制于其生理性的需求。然而，人除了其生物性的本能外，尚有其社会与文化的规定性，从而使人类的饮食超越了纯生物性的作用，形成了内涵丰富的饮食文化。

竹笋（自《中国竹工艺》）

世界各个民族，由于生存环境、历史传统、宗教信仰、社会结构等千差万异，故而其饮食结构和饮食规则呈现出千姿百态的文化性特征。在博大精深的中华饮食文化中，有一奇特的构成要素——竹笋。它在两千多年前即已登上中华民族的饮食舞台，成为席上珍馐。此后，食笋之风日盛一日，形成一整套精致细腻的加工技术和烹饪技术，集中而突出地表现了中华民族的饮食文化心理，凝聚着中华文化的丰厚意蕴。

一、食笋之风的历史巡礼

中华民族是个钟爱竹的民族，表现在饮食文化上，便是食笋之风的久盛不衰。食笋之风随着中国历史车轮的滚动而日渐兴盛，最终成为中国饮食文化的一个重要的构成因子。循着历史的轨迹，我们将食笋之风的历史分为几个发展时期，以期勾勒一个大致的轮廓。

1. 先秦两汉时期：食笋之风的发轫期

这一时期，作为嫩茎类植物的竹笋，其食用价值已被人们所认识；竹笋的采集面扩大；食笋阶层从下层民众扩大到上层贵族；竹笋的加工烹饪技术有了初步的发展。

西周时，蔬菜的品种大为丰富，已有直根类的芦菔、大头芥，薯芋类的山药、芋、姜、百合、莲、慈姑，嫩茎类的竹笋、蒲菜，菜类的白菜、芥菜，柔滑及香生菜类的茼蒿、莴苣、水芹、荠菜，葱类的大葱、韭菜、薤，瓜类的冬瓜、葫芦，豆类的长豇豆、毛豆等。其中，竹笋不仅成为劳动人民的菜食，还进入王公贵族的饮食领域。《诗经·大雅·韩奕》这样描述显父为韩侯饯行的宴饮场面：

原诗： 诗意：
韩侯出祖 韩侯远出行路祭，
出宿于屠 中途歇在那屠地。
显父饯之 显父为他来饯行。
清酒百壶 清酒百壶摆满席

其肴维何　　席上佳肴是什么？
炰鳖鲜鱼　　火烹大鳖和鲜鱼。
其蔌维何　　席上蔬菜又是啥？
维笋及蒲　　新鲜竹笋嫩蒲芽。
其赠维何　　用些什么赠送他？
乘马路车　　大车驾上那乘马。
笾豆有且　　食器笾豆多又多，
侯氏燕胥　　饯行诸侯都参加。①

场面可谓庄严而隆重。燕享是周代礼仪制度的一个重要内容，其出席人员、食器、饮用的酒、食用的菜都是十分考究的。就是说，竹笋之跻身王侯筵席，并非是一种偶然，而是王公贵族在长期的饮食生活中精心筛选的结果。

甜龙竹笋（黄文昆摄）

竹笋不仅是宴请嘉宾的珍馐，还成为祭祀鬼神的祭品。《周礼》规定，

---

① 袁愈荌译，唐莫尧注：《诗经全译》，第473页，贵州人民出版社1981年版。

竹笋是"七菹"之一，并规定："加豆之实，笋菹鱼醢。"即周代在豆笾（竹制食器）中盛放"笋菹"和"鱼醢"，用以"享宾客"、"荐鬼神"。笋菹，是用菹法加工而成的竹笋，即腌笋。

春秋战国和秦汉时期，人们对竹笋的食用价值有了更清晰的认识。传为周公所撰，实系秦汉间经师缀辑而成的《尔雅》明白无误地指出："笋，竹萌也，可以为菜肴。"由于地主制经济的勃兴、人口骤增，竹笋的需求量增大。当时出现为商品性目的而种植大片竹林者，如《史记·货殖列传》曾这样记载说：汉代"渭川千亩竹……此其人皆与千户侯等"。这千亩竹林，当有相当部分是出于人工种植的，其经济效益，也定包括竹笋的售卖。赞宁《笋谱》称之为"渭川笋"，并推断说：《史记》"举其本而不言笋。笋利利人，厥富可侪等王侯也"。这是言之有据的。此外，鄠县（今陕西户县）饶竹林，赞宁《笋谱》谓其笋为"鄠杜竹笋"；太行山以西山区出产丰富的木材、竹子、谷木……，乃人们衣着、饮食、养生、送死之所依赖①，可能太行山以西山区的竹笋已成为一方特产而名播海内了。东汉时，荔浦的冬笋成为食中上品，因此马援向光武帝推荐道："其味美于春夏笋。"②

这一时期，出现了南笋北运的状况，这是因为北方竹资源不丰、竹笋的供给不逮所致。竹笋，一种是以贡纳方式北运，这种方式运来的竹笋主要是满足王公贵族燕享和祭祀之需。《禹贡》记载南方的贡品："厥包桔柚"，"包"即"苞"，是百越地区特产的竹笋。《左传》载僖公四年，齐桓公伐楚，管仲问罪楚使者："尔贡包茅不入，王祭不共（供）。"就是说：你楚国不向周天子贡纳竹笋和香茅草，致使祭品的供给不能保证。可见南方贡纳竹笋是经常性的和法律化的。另一种是以贩运贸易方式北运。吕不韦住在咸阳，却能吃到湛江的竹笋，这竹笋当是无远不致的商人长途贩运而来的。这时，竹笋已成为一些人家必不可少的菜食。张衡《南都赋》中"春卵夏笋，秋韭冬菁"之语，描述了汉光武帝昔日在南阳的饮食生活。竹笋的烹饪技术提高，可用竹笋与其他菜调和、搭配出美味佳肴。西汉枚乘在《七发》中列出他认为是"天

---

① 司马迁：《史记》卷129《货殖列传》。
② 《东观汉记》卷12。

下之至美也"的九道饭菜,其中一道便是:"雏牛之腴,菜以笋、蒲",即用肥嫩甘滑的小牛肉,配以新鲜细嫩的竹笋和蒲菜。用"菹法"加工而成的竹笋仍是王公贵族钟爱的菜肴,故汉乐安相李尤所作《七疑》云:"橙醢笋菹。"

竹笋远在二三千年前便已在中国饮食领域中崭露头角,占据一席之地了。

2. 魏晋南北朝时期:食笋之风的形成期

东汉末年至南朝刘宋初年,北方除了很短一段时间得以稍安外,大多数时间里兵连祸接,迫使北方人口连绵不断地移往江南地区,截至刘宋,渡淮而南的人口竟达90万之众①。这连绵不断、高峰迭起的移民浪潮,加上江南地区人口的自然繁衍,使江南"土旷人稀"的寥落境况得以缓解,从而加速了该地区经济的开发。在这一大背景下,南方丰饶的竹林资源得到广泛的开发,竹笋被大批量地采撷,促使食笋之风悄然兴起。

这一时期,食笋阶层大大拓展,竹笋已成为上至帝王下至平民饮食生活中的常见蔬菜;食笋不限于竹笋普遍生长的春夏,而是常年菜肴,即使严冬也常食不辍。

在宫廷饮膳中,竹笋已不仅是供奉鬼神的祭品,而主要成为直接满足帝王口腹之欲的日常菜肴。如晋代荀勖就很荣幸地与晋武帝同席共享竹笋②。宫廷中竹笋供给源源不断,即使到了冬天,也有地方官敬献冬笋,如曹魏时,汉中太守王图每年冬天进献大批冬笋③。

对于世家大族,竹笋不失为上乘佳肴。西晋潘岳《闲居赋》云:"菜则葱韭蒜芋、青笋紫姜,堇荠甘旨,蓼荬芬芳。"这为我们开列了一个包括竹笋在内的日常菜单。戴凯之《竹谱》说:"萌笋苞箨,夏多春鲜",流露出对竹笋这道佳味的偏爱。可以说,文献中"梨柚荐甘,蒲笋为薮",多少反映了一部分士族的饮食生活。

在寒门庶族和广大贫苦人民中,食笋更为普遍。《三国志·吴书·孙皓传》注引《楚国先贤传》载:"(孟)宗母嗜笋,冬节将至。时笋尚未生,宗入

---

① 谭其骧:《晋永嘉丧乱后之民族迁徙》,《燕京学报》第15期,1934年6月版。
② 刘义庆:《世说新语》卷下《术解》第二十"荀勖尝在晋武帝坐上食笋进饭。"
③ 戴凯之:《竹谱》。

竹林哀叹,而笋为之出,得以供母,皆以为至孝之所致感。累迁光禄勋,遂至公矣,"孟宗字恭武,江夏人,为避皓讳,改名孟仁。'他年轻时曾经历"夜雨屋漏"之类的艰辛,定然出自寒门。其母酷好食笋,即使严冬时节也难以相离。对于贫苦人民,食笋则主要为了果腹。迫于生计,他们到附近山中采集竹笋,甚至铤而走险,到士族竹园中偷掘竹笋。如西晋王宣堂前有竹笋,"一日盗折而亡,宣顾而不言";何随家有竹园,人盗掘其笋,"随过行见之,恐盗者惊走,乃挈屐徒步而归";刘宋沈道虔见人偷屋后竹笋,"令人止之,曰:'惜此笋欲成林,更有佳者相与。'乃令人买大笋送与之"。① 这些记载从一个侧面反映出当时食笋之风的兴起,同时可看到,竹笋已经成为市场上的常见菜种。

这一时期,在士大夫阶层中掀起了一股崇尚简约清淡、超然绝俗的风气。反映在饮食方式上,便是粗食淡菜。竹笋因之超越了纯功利的身份,而成为人格追求的一个表征。这在梁代吴均的《山中杂诗》中得到充分表露:

绿竹可充食,女萝可代裙。

山中自有宅,桂树笼青云。

他愿在深山中构屋,以竹笋为食、女萝(一种地衣类植物,即松萝)为衣,何苦在尘世中追名逐利呢?吴均这一思想,对后世士大夫阶层的食笋观产生了一定的影响,同时又是食笋之风形成的一个重要标志。

3. 唐宋元时期:食笋之风的勃兴期

唐宋时期,是中国古代经济重心逐步南移,江南、岭南地区得到大规模开发的时期。安史之乱以后,长江中下游地区丰饶的自然资源得到空前广泛的开发,经济重心开始南移;宋代,珠江三角洲又成为可与长江下游三角洲相颉颃的另一经济繁富之区,从而牢固地确立了南方作为中国经济重心的地位。对南方的开发是多层面的和广泛的,其中饮食资源开发中的一个方面就是竹笋的大规模采集。竹笋的开发虽上承东晋南朝的开发势头,但其力度却远非前代所能比拟。正是这样的历史契机,促成食笋之风的勃兴。

唐宋时期,食笋之风已在全国普及开来。竹笋既高居于庙堂之上,又遍

---

① 均见赞宁《笋谱》。

及田间之间。在南方，处处散发着竹笋的芳香；即使在北方，也能食到竹笋，一饱口福。

这一时期，不仅江南、四川地区食笋成风，边远地区也很盛行食笋。澧州（今湖南澧县）一带的土著居民以"苦笋"款待远方来客，柳宗元途经澧州就受到"俚儿供苦笋，伧父馈酸枦"的礼遇①。据柳宗元《种术》诗载，柳州一带"爨竹茹芳叶"。竹笋是许多农家生计所赖的常食菜种。苏轼《新城道中二首》"西崦人家应最乐，煮芹烧笋饷春耕"，描写的就是农家用芹菜、竹笋招待前来帮助春耕生产的乡亲的情境。宋代杭州人尤喜食苦笋，号为"吓饭虎"，时人有"此君（指苦笋）自是盘中虎"之句②。元代吉安地区流传着一个"插簪生笋"的传说："吉安城有魏夫人坛，在城南十里，夫人炼丹时，有村妪屡以茶献，夫人感其意，遂拔簪插于篱下，曰：'年年四月尽，当生笋，可供汝家之食馔。'次年，其地笋生，味甘而无根苗，乡人名曰'填补笋'，至今有之。"③说竹笋能供一家之食馔，倒也未必，但它的确是农家生活中的重要补充食物，故名之"填补笋"。

只能素食的僧侣阶层对竹笋更是情深意切。据王维《游感化寺》记载，他游感化寺时，曾与和尚共享"香饭青菰米，嘉蔬绿笋茎"，清苦是清苦了些，却可从中体悟到修身养性的乐趣。陆放翁《春晚杂兴》中"僧分晨钵笋，客共午瓯茶"，更指明竹笋之于僧人犹如茶叶一样，是不可缺少的食物。难怪宋代一位僧人留下这样一首诗篇：

　　　山中人事违，天眼中修定。
　　　我本无根株，只将笋为命。④

"只将笋为命"，将竹笋在僧侣饮食生活中的重要性一语道尽。

士大夫阶层中的嗜笋者也越来越多，这在他们的诗文中有充分记述，兹择几例。"大历十才子"之一的司空曙亲自烹制竹笋，为即将赴扬州的李嘉

---

① 柳宗元：《同刘二十八院（禹锡）述旧言感时书事奉澧州张员外使君五十二韵》，《柳河东集》卷42。
② 厉荃：《事物异名录·蔬谷部·吓饭虎》。
③ 无名氏：《湖海新闻夷坚续志》后集卷1《插簪生笋》。
④ 引自赞宁《笋谱》。天目山又名天眼。

祐饯行，并赋诗："晚烧平芜外，朝阳叠浪东。归来喜调膳，寒笋出林中。"①与贾岛齐名的唐诗人姚合在贫病中见到前来探望的挚友胡遇，喜不自胜，乃以一道名菜——"傍林鲜"款待："就林烧嫩笋，绕树拣香梅。"②傍林鲜，是在竹笋出土后，不采掘，直接用周围的竹叶烧烤而成，其味甚鲜，故名。刘禹锡曾"为客烹林笋，因僧采石苔"。③北宋诗人梅尧臣用"山蔬采笋蕨"④来描述他对山珍野蕨的偏好。北宋诗人陈师道视鸭脚和毛笋为珍肴，所谓"秋盘堆鸭脚，春味荐猫头"⑤。猫头是毛笋的别名。在诗人眼中，春天美味莫过于毛笋。南宋庐陵（江西吉安）人罗大经在《鹤林玉露》中为我们展示了这样一幅清新淡泊的田园生活画卷："步山径，抚松竹，与牛犊共偃息于长林丰草间，坐弄流泉，漱齿濯足。既归竹窗下，则山妻稚子，作笋蕨，供麦饭，欣然一饱。"黄庭坚出生于盛产竹笋的分宁（江西修水），世传他喜食苦笋，曾赋诗赞道："南园苦笋味胜肉，箨龙称冤莫采录。"⑥至于白居易、苏轼、陆游等大文豪，更是嗜笋成习，这留待"名人食笋拾趣"中详述。

由于食笋之风的勃兴，竹笋需求量剧增，有力地刺激了竹笋的生产和销售。一些地区的竹笋因其香脆细嫩而成为一方之特产，饮誉遐迩。如长沙猫儿头笋被称为长沙"三绝"之一，硕大肥嫩，"一枝重秤"⑦。苏轼专作一首《谢惠猫儿头笋》诗赞之。庐陵（江西吉安）白鹭洲产的竹笋洁白如玉，艳称"玉版笋"，不仅深得苏东坡、陆游等文人的赞赏（后文将述及），还跻身皇宴，与鄱阳金桔共享殊荣。《宋稗类钞·饮食》有一段有趣的记述："周益公、洪容斋，尝侍寿皇宴。因谈肴核，上（指宋仁宗）问容斋卿乡里所产。容斋，鄱阳人也……又问益公。公，庐陵人也，对曰：'金柑玉版笋，银杏水晶葱。'……"玉版笋在元代享誉不衰。元人方回在《二月十五晚吴江二亲携酒》中就赞道："鲜笋紫泥开玉版，嘉鱼碧柳贯金鳞。"宋代，简寂观⑧苦笋与端砚、建州茶、蜀锦、

---

① 司空曙：《送李嘉祐正字括图书兼往扬州勤省》。
② 姚合：《喜胡遇至》。
③ 刘禹锡：《白侍郎大尹自河南寄示池北新葺水斋即事招宾十四韵兼命同作》。
④ 梅尧臣：《寄滁州欧阳永叔》。
⑤ 陈师道：《寄潭州张芸叟》。
⑥ 黄庭坚：《从斌老乞苦笋》。
⑦ 《事实类苑》卷62《长沙三绝》条。
⑧ 简寂观在南康军，今江西星子县。

定磁、吴纸并列为天下名品①。有趣的是，虽名之"苦笋"，味道却是甜的；归宗寺制的咸齑(用姜、蒜、韭菜腌的咸菜)味反淡。山里人流传着这样一句诗："简寂观前甜苦笋，归宗寺里淡腌齑。"②宋人周益公亦有诗赞云："蔬食山间荼亦甘，况逢苦笋十分甜。君看齿颊留余味，端为森森正且严。"

与此同时，竹笋已成为产竹地集市（时名草市、虚市、墟市）上的日常商品。《太平广记》卷243引《朝野佥载》：唐代益州新昌县令夏侯彪之初到任，"又问竹笋一钱几茎？曰：五茎。又取十千钱付之，买得五万茎。谓里正曰：吾未须笋，且林中养之。至秋竹成，一茎十钱，积成五十万。"可见新昌县集市上竹笋的贸易规模是十分可观的。北宋初年，浙江天目笋已大量而经常地进入市场。赞宁《笋谱》就记载："天目笋……出天目山，端午后方采鬻。"黄庭坚《上肖家峡》诗中"趁虚人集春蔬好，桑菌竹萌烟蕨芽"之句，反映的是江南西路临江军新淦县肖家峡虚市上竹笋（竹萌）、桑菌等蔬菜在春天上市的情境。陆游《老学庵笔记》中的一段记载很有意思："吴人谓杜宇为谢豹。杜宇初啼时，……市中卖笋，曰谢豹笋。"古人称杜鹃为杜宇，在春天初啼。从这段记载看，吴地人民每年春天必采竹笋于市中售卖，犹如杜宇必将于春天初啼。售笋可获厚利。如北宋时，"洛最多竹，……包箨苞笋之赢，岁尚十数万缗"③。这种经常而大量的商品活动，还带来了市场的竞争。宋代陶穀《清异录》载："江右多蒾菜，鬻笋者恶之，骂曰心子菜，盖笋奴菌妾也。"从这段记载推断，笋、菌应是江东市场上的老牌大宗商品，而蒾菜只配做它们的"奴"、"妾"。商人还将竹笋运到无竹或少竹之地出售，牟取厚利。唐代长山县（治所在今山东邹平县东南，汉代为於陵县）竹子稀少，竹笋价格很高，故李商隐《初食笋呈座中》有"嫩箨香苞初出林，於陵论价重如金"的诗句。北宋时，竹笋还被贩运至开封。《宋稗类钞》卷7"饮食"载："金桔产于江西，以远难致，都人初不识。明道景祐初，始与竹子俱来。竹子味酸，人不甚喜，后遂不至。"至南宋，江南出现专门的竹笋市场——"笋

---

① 陶宗仪：《说郛》卷12下。
② 江永因编：《宋稗类钞》卷31《饮食》。
③ 欧阳修：《欧阳修全集·居士外集》卷13《戕竹记》。

市"①。

4. 明清时期：食笋之风的炽盛期

明清时期，食笋之风更盛。其主要标志是种（采）笋业和制笋业作为一独立生产部门崛起，以及竹笋作为大宗商品被贩运到更广阔的区域。

种（采）笋业已越出了自给自足的小农经济的范畴，而被抹上了很浓厚的商业化和专门化的色彩。换言之，小农种植和采掘的竹笋除自家食用外，主要是为了投入市场。如明代吴兴城西楼贤岭，"十四五里之间，专种竹笋"②，收采后大批量地卖往苏、松各地。清前期，陕南川北秦岭大巴山的居民，租佃地主土地种植大片竹林，"夏至前后，男妇摘笋……借以图生者，常数万计矣"③。除了人工种笋外，更大量的则是到附近山中或其他产竹地采集野生竹笋。如广东罗浮东数十里均产笋，春夏之交，农民争相采集，售往广惠二州。④浙江于潜甚至有"就山设厂采笋"者⑤。种（采）笋业的兴盛带动了竹笋加工业的发展，一些地区的优质竹笋具有很强的竞争力。如韶阳附近英德所产竹笋"清甜，远近皆争购之"⑥。福建顺昌竹笋，"其类甚多，惟有二种，行至京师"⑦。将乐县经过煮熟、去汁、焙干等工艺加工而成的"明笋"，每年外销达千万斤。⑧福建崇安县加工的竹笋是当地与茶、纸并列的三大拳头产品之一，每年都有大批商旅前来收购，再转售他方。⑨

竹笋种植、加工、销售的兴旺，反映出食笋之风的炽盛。有什么样的生活方式，就必然有什么样的生产方式与之相适应。种（采）笋业和制笋业的崛起，就是适应食笋之风的盛行这一情况而出现的。事实上，尽管竹笋产量激增，但在一些地区，仍有供不应求之虞。如清前期，陕西华县农民"种竹而不鬻

---

① 陆游：《剑南诗稿》卷53《记梦》。
② 徐献忠：《吴兴掌故集》卷13《物产类》。
③ 严如煜：《三省边防备览》卷9《三货》。
④ 范端昂：《粤中见闻》卷21《物部》。
⑤ 嘉庆《于潜县志》卷9《风俗》。
⑥ 《岭南随笔》卷6《长春谱》。
⑦ 道光《顺昌府志》卷3《物产》。
⑧ 乾隆《将乐县志》卷5《土产》。
⑨ 《崇安县志》卷1《土产》。

笋",为防人偷掘竹笋,"长刀巨梃,逻守甚严",盗掘者常被守者所杀。但当地官吏都非常喜爱吃竹笋,出高价采购,厚利相诱,使不少人舍生忘死,潜林盗笋,因此而受伤甚至丧命者比比皆是。时人吴振棫途经此地,对这种事颇多感慨,作了一首《华笋行》。这首诗很长,但很有意思,所以不厌其冗,全录于下:

  华人护笋不鬻钱,欲养竹竿青上天。
  贵人朵颐辄来乞,官募贫儿使偷掘。
  风号月黑匍匐往,二寸尖尖柔玉长。
  满携怀袖归大笑,明旦献官官有赏。
  祸机一发身被创,生者幸矣死莫偿!
  孤儿寡妇自啼哭,筵上但夸春笋香。

云南乡村的黄竹笋（黄文昆摄）

往时应募人廿四，近亦贪生数辞避。
只愁高宴急征求，地冻雷迟苦难致。
吁嗟赏盗盗乃多，馋舌杀人将奈何！
吾侪作吏那免俗，曷不饱食花猪肉。[①]

竹笋本是脆嫩清白的菜肴，而今却沾满了血腥味，致使不少人家破人亡。在中国历史上，这种因统治阶级为满足口腹之欲而导致"馋舌杀人"的悲剧实在是不胜枚举。其实，这首诗最耐人玩味的是"吾侪作吏那免俗，曷不饱食花猪肉"一语。在中国，猪肉可以说是所有菜类中最受欢迎的，也是必不可少的佳肴，可以说是无宴不备。人们与猪肉的关系犹如与五谷一样密切，因此，中国人将猪列为"六畜"之首。但是到了清代前期，至少在部分官僚阶层，猪肉面临着竹笋的严峻挑战，他们更愿意吃脆嫩鲜美的竹笋，而对油腻的猪肉失去兴趣。官吏阶层对竹笋的嗜好，在盛产竹笋之地倒易于满足，但在一些缺乏竹笋的地区，就引发出华州（华县）那样的悲剧。有识如吴振棫者，认为做官的还是吃猪肉为好，不必一味想着要吃竹笋。

5. 近代以降：食笋之风的赓续期

近代以降，食笋之风并未因社会制度的更迭而转向，也未因欧风美雨的侵蚀而减弱，中华民族对竹笋保持着一如既往的嗜爱。

食笋之风在一些少数民族饮食生活中得到较完整的保留。凡生活于丛竹密林中的少数民族都喜食竹笋，而食笋之风最为盛行者莫过于云南傣族。傣族食笋历史十分悠久。据傣族创业史诗记载：在采集时代，傣族先民们"到山箐寻食，箐边长绿竹，竹林有笋苗，他们去搬吃"[②]。食笋之风一直延续下来。今日的傣家无不喜食竹笋，特别是鲜竹笋腌制的酸笋，成为终年不断的食物。竹笋除自己食用外，还是招待贵客的佳肴。傣族还用竹笋与其他食物调配出许多美味佳肴，其中竹笋炖鸡最为有名。凡到傣乡的外地人，都以吃到味道独特的酸笋和芳香四溢的竹笋炖鸡为快事。可以说，竹笋犹如竹筒饭

---

① 张应昌编：《清诗铎》卷6《树艺》。
② 艾温扁译：《巴塔麻嘎捧尚罗》，第407页，云南民族出版社1989年版。

一样,已成为傣族饮食文化不可分割的组成部分,难怪人们常用"食笋住干栏"来概括神奇迷人的傣乡风情。

云南德宏景颇族也是一个十分喜爱食笋的民族。采集竹笋是该族一项重大的农事活动。每年夏秋之际,景颇山区竹笋破土而出,满山遍野。这时,景颇族妇女背着竹篮成群结队进山采笋。采回的大量竹笋被加工成品质细嫩、味鲜甜脆的笋干或笋丝,除供自家常年食用外,还运往集市销售。无论你何时进入景颇山寨,都可以吃到竹笋。

汉族中的食笋之风主要盛于江南和四川。扬州的"白汁春笋"、浙江的"天目笋干"、安徽歙县的政山竹笋、福州的"鸡茸金丝笋"、四川峨眉山的"鲜笋炒肉"……都是声名远播的名特食品。

二、竹笋的加工及烹饪技术

食笋之风的久盛不衰,促成了竹笋加工、烹饪技术的长足发展。如果说"食不厌精,脍不厌细"能概括中国饮食之精的话,那么,我们则可用"加工无不精致,烹饪无不鲜美"来概括中国竹笋的加工、烹饪技术。

1. 精致的竹笋加工技术

中国竹类资源丰富,其中不少都可食用,是一种重要的饮食资源,中国人自古就十分注意开发这一食物资源。宋代僧人赞宁《笋谱》记载的98种笋中,可食者达32种。在长期的食笋生涯中,中国人逐渐形成一套精致的加工技术。

中国古代对竹笋的加工大致可分为两大类,一类是加工成笋丝,另一类是加工成笋干。

笋丝的加工历史十分悠久,可上溯至西周初年。当时放于豆(一种木制食器)中享宾客、荐鬼神的"笋菹",就是用盐腌制的笋丝。① 之后,笋丝加工技术逐步提高。后魏贾思勰在《齐民要术》中就记载了"苦笋紫菜菹法":"笋去皮,三寸断之,细缕切之;小者手捉小头,刀削大头,惟细薄,随置

---

① 赞宁:《笋谱》。

水中。削讫,漉出,细切紫菜和之。与盐、酢、乳。用半奠。紫菜,冷水渍,少久自解。但洗时勿用汤,汤洗则失味矣。"[1]唐代称笋丝为"笋筀羹"。《膳夫录》中记载:"食次有笋筀羹法。"宋代,笋丝加工、贮藏技术跃到一个新台阶,笋丝加工技术趋于多样化。未经煮制的笋丝称"笋筀",赞宁《笋谱》载:闽地人取竹笋,"细切,盐渍少顷,以浆水渍,再宿,沥干,瓶藏,泥封,谓之笋筀"。又载:笋丝不仅闽地加工,南方各地均有加工,"此久藏法,盐出水后,加盐、糯米粥,藏,可以过暑月,到无笋时食。暴藏,或盐酢而已,如蒲菹"。这种方法是古法的延续,故赞宁直称此法为"菹法"。这一时期出现的盐水煮制法,是笋丝加工技术提高的一个标志。《笋谱》所载此法是:先将竹笋切成丝,"用盐汤煮之,停冷,入瓶,用前冷盐汤同,封瓶口令密后,沉于井底,至九月井水暖,早取出,如生"。还有一种是将笋丝加工成酱菜,赞宁称之为"酢法"。"酢法,煮,用盐、米粥藏之,加以椒辛物,或炒熟油藏为齑,食极美矣。"古人称蒜、姜、花椒等为椒辛物。无论是食盐直接腌制法、盐水煮制法,还是"酢法",均采用了密闭窖藏技术,让盛笋丝的瓶(缸)子放于阴暗冷湿之处(如水井),严加封闭,这样笋丝便能长久保藏而其味鲜如初。因此,即使无笋时节也能吃到味道鲜美的笋丝。如梅尧臣《依韵和永叔子履冬夕小斋联句见寄》一诗中"险辞斗尖奇,冻地抽笋筀",就反映了严冬食笋丝的情境。

明清时期,笋丝需求量增大,窖藏法因加工量有限而逐渐被曝晒法取代,即盐煮的笋丝滤去苦水后,不是藏于瓶罐中,而是摊到席垫上,放于阳光下曝晒至干。明代名噪一时的"酸笋"乃精心加工而成的笋丝。明人顾岎《海槎余录》载:"酸笋大如臂,摘至,用沸汤泡出苦水,投冷井水中浸,二三日取出,缕如丝,醋煮可食。好事者携入中州,成罕物。京师勋戚家会酸笋汤,即此物也。"[2]可见酸笋的制作不是先将竹笋切丝再煮,而是先煮出苦水,在冷井水中浸泡后,再切成丝。"菹法"仍沿用,只不过加工技术更为精致。清代笋丝加工技术沿袭前代而有创新,如以青豆煮制的笋丝味道甚佳,清人

---

[1] 贾思勰:《齐民要术》卷9。
[2] 《御定佩文斋广群芳谱》卷86。

朱彝尊《食宪鸿秘》载此法："鲜笋切细条，同大青豆加盐水煮熟，取出晒干。天阴，炭火烘。再用嫩笋皮煮汤，略加盐，滤净，将豆浸一宿，再晒，日晒，夜浸多次，多收。笋味为佳。"

笋干又称笋脯，加工方法也是多种多样的。据《笋谱》记载，宋代主要有以下几种：第一种是竹笋不经煮制，而是"去尖锐头，中折之，多盐渍，停久，曝干。用时久浸，易水而渍，作羹如新笋也"，即将鲜竹笋削去笋尖，从中折断，用盐腌制，滤出苦水，在阳光下曝晒至干。这种方法加工的笋干能保持本味，赞宁称之为"干法"或"结笋干法"。第二种是将笋干煮熟后，用捣碎的姜和醋渍（腌）之，用微火将其焙干后，藏于罐中，罐口密封，使空气无法进入。赞宁称之为"脯法"，类似今天制作果脯的方法。第三种是将竹笋蒸制后，加盐、醋，于微火下焙干。这种方法在会稽一带很盛，制作的越箭笋干"味全"，为"美啖"，故赞宁专称此法为"会稽箭笋干法"。第四种是竹笋熟煮后，放入石灰水中浸泡，再经漂洗、压榨、烘烤而成笋干。如浙江缙云县以南盛产笒笋，但味苦，当地人就"采剥，以灰汁熟煮之，都为金色，然后可食。苦味减而甘，食甚佳也"；慈竹笋"江南人多以灰煮食之"。从上述记载可以看到，宋代竹笋加工技术已较完备。由于加工技术的提高，笋干产量增加，大批量地进入饮食领域，提高了其在饮食领域中的重要性。尤其在南方，人们对上等笋干是常食不厌的，因此在文人学士的诗文中，常将笋干与稻鱼连在一起加以颂扬。如虞集《游瓯越》诗中有"笋脯尝红稻"之句；于鹤年《游定水寺》诗中有"红稻供饮笋脯香"的吟咏。

明清时期，笋干（脯）的加工技术更为精致。明人高濂《遵生八笺》中就记载了"笋鲊"和"笋干"的制作方法。笋鲊的制作方法是："春间取嫩笋，剥净，去老头，切作四分，大一寸，长块，上笼蒸熟，以布包裹，榨作极干，投入器中，下油用，制造与麸鲜同。…'麸鲜'是用麦麸皮加盐和其他佐料（如花椒、杏仁、茴香、葱等）拌制而成的菜。可见笋鲊的加工是颇为复杂的。笋干的制作方法是："鲜笋猫儿头不拘多少，去皮，切片条，沸汤焯过，晒干，收贮。"① 因是曝晒而成，故高濂称之为"晒淡笋干"。这段记载中最值得注

---

① 高濂：《遵生八笺》卷12。

意的是"焯"字。焯,是放入开水里略微一煮就拿起来之意。说明明代煮笋已能准确地掌握火候,以免"烂锅"。明人戴羲《养余月令》的记载最为详细:"笋干,每笋一百斤,同盐五升,水一小桶,调盐渍半晌,取出扭干。以原卤澄清,煮笋令熟,捞出压之,晒干。临用时,以水浸软,就以浸笋水煮之。"《金瓶梅词话》中记述了储存、加工食品的多种方法和品种,其中糟有"糟笋",干腊有"糟笋干"。清代笋干加工技术又向前跨进一大步。清前期朱彝尊在《食宪鸿秘》中就介绍了不同方法加工而成的笋干。用炭火熏烤而成的笋干,称为"熏笋";无须煮,用盐直接腌后晒干者,称为"生笋干";用未加盐的开水略微一煮(即焯)就捞起晒干者,称为"淡生脯";用盐汤煮制晒干者则称"盐笋";用笼蒸熟,加入花椒、盐、香料拌和,晒干后装入罐中,再在罐中加熟香油窖藏而成者称为"笋鲊"。还有一种"糟笋",其制法是:"冬笋勿去皮,勿见水,布擦净毛及土(或用刷牙细刷),用箸捌笋内嫩节,令透入腊香糟于内,再以糟团笋外,如糟鹅蛋法。大头向上,入坛,封口泥头,入夏用之。"这种方法酷似今日皮蛋的制作方法。该书还记载了用酒糟腌制笋干的新方法:"诸咸淡干笋,或须泡煮,或否,总以酒酿糟糟之,味佳。"

从上述粗略的勾勒中可以看到,中国古代竹笋加工技术自成体系,精湛而完备。古人不仅熟练地掌握了竹笋的窖藏、曝晒、蒸制、煮制、糟腌、焙烤、漂色等技术,而且还充分利用了各种佐料(如姜、醋、蒜、花椒等)的搭配和调和,制作出味佳色鲜的各种笋制品。笋制品品质细嫩,味鲜甜脆,为竹笋烹饪技术的发展奠定了坚实的物理基础。

2. 绚丽多姿的竹笋烹饪技术

在悠远漫长的食笋历史中,中国人形成了一套完善而精细的竹笋烹饪技艺。然而,竹笋烹饪技术却散见于浩如烟海的各种文献典籍之中,要从中勾勒出一条明晰的线条,实非笔者能力之所及。现仅就手中十分有限的资料略加陈述,以企窥见竹笋烹饪技术的一鳞半爪。

中国竹笋烹饪技术多姿多彩,有烤(烧)、煨(炖)、蒸、羹(熬)、酢、炸(炮)、焯、炒、焙、煿(爆)等多种,所谓"蒸、煮、炰、酢,任人所好"[①]。

---

① 贾思勰:《齐民要术》卷5。

烤 用炭火烧烤而食。唐宋时期,有一道风味菜——"傍林鲜",就是用此法制成。林洪在《山家清供》中载:"夏初竹笋盛时,扫叶就竹边煨熟,其味甚鲜,名曰傍林鲜。"文中的"煨"应解释为用带火的灰烤竹笋,而不是用微火慢慢地煮。

麻竹鲜笋全竹席(黄文昆摄)

煨 将竹笋放入土罐里,用微火慢慢地煮。北宋林洪在《山家清供》中就记载了著名墨竹画家文与可为临川太守时,与家人一道煨笋而食的情境。

羹 将竹笋煮成糊状,名"笋羹"或"笋粥"。唐人王延彬在《春日寓感》一诗中有"自煮新抽竹笋羹"之句,说明当时已有羹法。宋代用羹法烹竹笋已十分普遍。赞宁《笋谱》有如下记载:"谚曰:腊月煮笋羹。大人道:便是昔有新妇,……善承须不违,……舅姑无以取责。姑一日岁暮而索笋羹,妇答:'即煮供上。'妯娌问之曰:'今腊月中,何处求笋?'妇曰:'且应为贵以顺,攘逆责耳,其实何处求笋!'姑闻而后悔,倍怜新妇。"从中可推知煮笋羹乃是产笋时节(多为春夏之际)必不可少的饮食内容。《笋谱》同时还记述笋羹的调制方法:"甘笋出汤后,去壳,澄,煮笋汁为羹。"明代因袭此法。《农政全书》卷45"荒政"引"吴兴掌故"载:"尝见山僧作笋粥，幽尚可爱。"

蒸　将竹笋放入蒸笼里，加热，利用水蒸气使竹笋变熟。《笋谱》说："蒸最美，味全。"朱彝尊在《食宪鸿秘》中亦认为，笋干宜用"笼蒸，不可煮，煮则无味"。

炸　将笋放到油锅里炸。《农政全书》载："（竹笋）焯过晒干，炸食尤好。"

中国人的烹饪技术，十分讲究食料间的调和与搭配。竹笋的烹制也不例外。竹笋可以是多种主料中的一种，也可能是惟一的一种主料，而与之相搭配的辅料和调料则是多种多样的。主料、辅料、调料之间的调和与搭配千变万化，但万变不离其宗，均以菜的色、香、味、形的美好、谐调为度。据统计，竹笋在南北食谱中可烹调出一百多种名菜[1]，这一百多种菜肴就是在这一度内变化出来的。

中国很早就注重用调和的方法烹制竹笋。据枚乘《七发》记载，早在汉代，人们就用鲜嫩的竹笋、蒲菜与小牛肉相搭配，烹制出味道鲜美、油而不腻的佳肴[2]。之后，调和技术逐步提高。《齐民要术》引《食经》载竹笋与粥调和的办法："取笋肉五六寸者，按盐中一宿，出，拭盐令尽。煮糜一斗，分五升与一升盐相和。糜热，须令冷，内竹笋碱糜中一日。拭之，肉淡糜中，五日，可食也。"[3]《齐民要术》还记载了竹笋与鱼、鸭相调配做成竹笋鱼（鸭）羹的方法[4]。宋代，用竹笋调制出的名肴已较繁多。吴自牧《梦粱录》中收罗了南宋都城临安（杭州）各大饭馆的菜单，菜式共有335款，其中可凭字面断定为竹笋调和的菜肴有：笋鸡鹅、闲笋蒸鹅、羊蹄笋、麻菇丝笋燥子、抹肉笋签、笋焙鹌子。这些菜中，竹笋是多种主料中的一种，与其他主料搭配。而同书记载的"谭笋"、"酿笋"、"佛儿笋"，竹笋则是惟一的主料，拌以醋、盐、辣椒等辅料和调料制成[5]。林洪《山家清供》还详细记载了几道以笋调制的名肴的方法[6]，这些记载弥足珍贵，故不厌其烦，逐一述之。

---

[1] 何养明：《中国竹文化丛谈》，《现代中国》，1991年第7期。
[2] （梁）萧统撰，（唐）李善注：《文选注》卷34。
[3] 贾思勰：《齐民要术》卷5。
[4] 贾思勰：《齐民要术》卷8。
[5] 吴自牧：《梦粱录》卷16。
[6] 陶宗仪：《说郛》卷74上。

第一道名为"煿金煮玉",这道菜实质上是两道菜的合称。"煿金"的制作方法是:"笋取鲜嫩者,以料物和薄面,拖油,煿如黄金色,甘脆可爱。"即以竹笋为主料,以面粉为辅料,配以各种作(调)料,用煿(即爆)的方法烹制而成。"煮玉"的制作方法是:"以笋切作方片,和白米煮粥,佳甚。"这两道菜一金黄,一雪白,所以常同时陈列宴筵,起到相得益彰的效果。济颠(即济公和尚)就赞道:"拖油盘内煿黄金,和米铛中煮白玉。"所以当时人用"煿金煮玉"统称之。

第二道是"笋蕨馄饨",制作方法是:"采笋蕨嫩者,各用汤沦,炒以油,和之酒、酱、香料,作馄饨,供向(饷)客。"这里,笋是主料之一。

第三道是"山海兜",制作方法是:"春采笋蕨之嫩者,以汤沦之;取鱼虾之鲜者同。均作块子,用汤泡滚,蒸,入熟油、酱研、胡椒拌,和以粉皮、乘履,各合于二盏内,蒸熟。"这道菜曾是宫廷膳食,"今后苑进此,名'虾鱼笋兜',今名'山海兜'"。"山海兜",意为将山珍(即竹笋、蕨菜)与海味(即鱼虾)都包揽其中。这道菜或名"笋蕨羹"。林洪引当时人的诗曰:"趁得山家笋蕨春,借厨烹煮自吹薪。倩谁分我杯羹去,寄与中朝食肉人。"足见这道菜是备受青睐的佳肴。

第四道是"胜肉铗",制作方法是:"焯笋、蕈,同截入胡桃、松子,和以酒、酱、香料,擦面作铗子。"蕈指高等菌类,种类很多,有的可吃,如香菇,有的有毒,如毒蝇蕈。

第五道即前述的"傍林鲜"。

可见,宋代与竹笋搭配的主料很多,调料和辅料亦繁复多样,它们之间的调和与搭配,就成为各色各样的菜肴。后世在竹笋烹制技术上更趋精湛,与笋相搭配的食料(包括主料、辅料、调料)更趋丰富多彩,从而使菜肴无时不处在千变万化之中。概言之,可分为两大类:

一是荤素搭配类,即肉类与竹笋调配而成。如清代满汉全席中的上品佳肴——"鸡茸金丝笋",产于福州,以其精湛的刀工和绝妙的烹调享誉至今;傣族的竹笋炖鸡亦为风味名吃。

一是素菜类,即竹笋与其他植物类食物调配而成,如"茄汁冬笋"、"水笋焖黄豆"、"玉兰春笋"、"玉兔入竹林"、"蝴蝶冬笋"等等。

值得一提的是，竹笋还是一种重要的上等辅料。许多菜肴中加入适量的竹笋，可使味道更为鲜美。明人笑笑客《金瓶梅词话》第九十四回记"鸡尖汤"，"是雏鸡脯翅的尖儿，……用快刀碎切成丝，加上椒料、葱花、芫荽、酸笋、油酱之类，揭成清汤"。而今扬州名肴"鸡汤煮千丝"，是用鸡汤焖煮豆腐千丝，辅以鸡丝、笋丝、木耳丝、蛋皮丝、虾仁等制成，成色美观，鲜香可口。另外，"冬瓜五味锅"、"鸭羹汤"……亦以竹笋为辅料。

三、名人食笋拾趣

中国古代士大夫不仅对竹独钟其爱、反复吟咏，而且其中不少人还对竹笋表现出一种特殊的嗜好，常食不辍，从而构成了一个独特的食笋阶层。这一阶层既有别于寻奇猎珍的贵胄达官及累世望族所组成的贵族，也有别于极纵口腹之欲的宫廷，更迥异于充饥果腹的贫民。中国士大夫具有明显的经济、政治、文化优势以及猎奇风雅的生活习尚，从而使他们的食笋活动超越了单纯生理或物欲的范畴，而被赋予了较浓厚的文化色彩。以下便是这一群体中几位嗜笋成习者。

1. 有笋不思肉的白居易

唐代大诗人白居易对竹有一种近乎狂热的偏爱，不仅留下了大量感竹、赞竹、喻竹的诗文，反复咏赞竹的"本固"、"性直"、"心空"、"节贞"等特性，也不仅亲手植竹，"芟翳荟，除粪壤，疏其间，封其下"[①]，加以精心护理，而且还嗜笋成习。

白居易曾长期生活在鱼盈江湖、竹遍山野的江南地区，因此，在他的饮食生活中，笋便成为与鱼一样重要的食物，所谓"鱼笋朝餐饱，蕉纱暑服轻"[②]。

元和十一年（816年），白居易出为江州司马，尽管作为"天涯沦落人"，有过"江州司马青衫湿"的悲怆遭际，但当地满山遍野的竹笋却使这位诗人

---

① 白居易：《养竹记》，《白氏长庆集》卷43。
② 白居易：《晚夏闲居绝无宾客欲寻梦得先寄此诗》，《白氏长庆集》卷7。

大饱口福，聊以减轻贬谪之郁。为此，他特作了一首《食笋》诗：

   此州乃竹乡，春笋满山谷。
   山夫折盈抱，抱来早市鬻。
   物以多为贱，双钱易一束。
   置之炊甑中，与饭同时熟。
   紫箨坼故锦，素肌擘新玉。
   每日遂加餐，经时不思肉。
   久为京洛客，此味常不足。
   且食勿踟蹰，南风吹作竹。

江州在今江西九江，当地盛产竹笋，价格低廉，白居易每日从早市买回竹笋精心烹制，由于竹笋味道鲜美，不禁食欲大增，甚至于"每日遂加餐，经时不思肉"。又想到当年在京城时，欲食笋而难求，又不知谪居江州时日几何，所以"且食勿踟蹰"，趁此机会吃个痛快。白氏对竹笋的嗜爱可谓深矣。我们不难被字里行间流露出的郁伤情调所感染，又不得不被白氏豁达豪放的气度所折服。

2. 苏轼与食笋

苏东坡不仅是位才气横溢的文学家、画家、书法家，而且是位杰出的美食家和烹饪大师。他品尝的名馔佳肴数不胜数，其中竹笋是备受青睐的一种。

东坡嗜笋由来已久。他的家乡四川眉山县竹林比比皆是，他是吃着竹笋长大的。这样的生活背景，熏陶出他对竹笋根深蒂固的嗜爱。步入仕途后，又曾长期贬谪于江苏徐州、常州、湖北黄州、浙江湖州、杭州乃至岭南惠州、瞻州等地，这些地方均盛产竹笋，使得他对竹笋的嗜爱并未因时空的变换而减弱。

后人都知道东坡嗜食猪肉，并亲自创制出"东坡肉"这道名肴，殊不知东坡喜食猪肉也是有条件的。据元人陈秀民《东坡诗话》载，东坡肉是他在湖北黄州（今黄冈县）创制的。在黄州，"好竹连山觉笋香"[①]，身处这样的

---

 ① 苏轼：《初到黄州》，《东坡全集》卷11。

环境，东坡食笋之好是极易满足的，如是，他才将慧眼转移到"富者不肯吃，贫者不会煮"①的黄州猪肉上。但久居竹笋难尝的北方时，东坡朝思暮想的就不再是猪肉而是故乡的竹笋了：

> 久客厌虏馔②，枵然思南烹。
> 故人知我意，千里寄竹萌。
> 骈头玉婴儿，一一脱锦棚。
> 庖人应未识，旅人眼先明。
> 我家拙厨膳，麄肉芼芜菁。
> 送与江南客，烧煮配香粳。③

中国人对乡土有一种执著的眷念，不管一生中居住地怎样变动，也不管人生际遇如何变幻，恋乡情结无时不在内心绞结，俗话说："甜不甜，家乡水；亲不亲，故乡人。"东坡久居北方，久吃自家拙劣的厨子用猪肉与芜菁（一种草本植物，块根可为蔬菜）做的菜，已深感厌烦，不禁思念起故乡的竹笋来。可见，对竹笋的嗜爱已深深嵌入他的潜意识中，这种欲望受阻程度越大，表现的方式就越炽烈和执著。东坡身处南方之时，更不忘咏赞竹笋。他曾专作一首《谢惠猫儿头笋》来称赞长沙的猫儿竹笋："长沙一日煨边笋，鹦鹉洲前人未知。走送烦公助汤饼，猫儿突兀鼠穿篱。"经他一宣传，这一当时并不出名的上等佳肴便扬名于世。元人刘美之《续竹谱》载："猫儿竹，长沙有之，上丰下细，其笋甚甘美。"④可见元代猫儿竹笋已成为人所熟识的佳蔬。东坡对庐陵玉版笋更表现出少有的偏爱，主动充当起"推销员"的角色。《宋稗类钞·饮食》载："东坡尝约器之同参玉版。器之每倦山行，闻玉版，欣然从之。至帘泉寺，烧笋而食。器之觉笋味胜，问此何名？坡曰：'玉版。此老僧善说法，令人得禅悦之味。'器之方悟其戏。"⑤可以说，玉版笋之誉贯宋元，东坡不遗余力地为之扬名延誉而产生的"名人效应"，当是一个不可忽视的因素。

---

① 陈秀民：《东坡诗话》。
② 蜀人谓北方人为虏子。
③ 苏轼：《送笋芍药与公择二首》，《东坡全集》卷9。
④ 陶宗仪：《说郛》卷105。
⑤ 江永因编：《宋稗类钞》卷31。

与普通嗜笋者不同，东坡由于有很高的文化修养和深刻的人生体悟，所以他对竹笋的爱好，就能够超越单纯的物欲诱惑，而升华为一种富有生活情趣的审美过程和情感活动。在他看来，食笋既是一种物质活动，又是一种精神活动。请看他初夏携友游西湖，亲自采鲜笋于船中烹制，临风饱食，安然小憩的情境：

> 田间决水鸣幽幽，插秧未遍麦已秋。
> 相携烧笋苦竹寺，却下踏藕荷花洲。
> 船头斫鲜细缕缕，船尾炊玉香浮浮。
> 临风饱食得甘寝，肯使细故胸中留。
> 君不见壮士憔悴时，
> 饥谋食、渴谋饮，
> 功名有时无罢休。①

东坡并未停留在纯物质活动的描述上，而是将自己的心性情感投注于其中，反映出他虽屡遭贬谪，却保持着豁达率性的人生态度和自得其乐的生活方式。东坡爱食笋，甚至到了他自称的"饱食不嫌溪笋瘦"②的地步，但他却很有节制，从不自纵。他认为："可使食无肉，不可使居无竹；无肉令人瘦，无竹令人俗。人瘦尚可肥，俗士不可医；傍人笑此言，似高还似痴。若对此君仍大嚼，世间哪有扬州鹤？"③因此他是反对食笋时狂嚼烂咽的。有这样一段趣事：以墨竹画扬名当世的文与可与苏轼是好朋友。一天，做临川太守的文与可正与家人一道吃煨出的竹笋，忽然收到东坡用信寄来的一首诗，诗中有"想见清贫馋太守，渭川千亩在胸中"之句。文与可自知东坡是在讽喻自己食笋时太贪嘴，"不觉喷饭满案"，立即联想到东坡"若对此君仍大嚼，世间哪有扬州鹤"这一意蕴深远的名句。④后人据东坡诗中"无肉令人瘦，无竹令人俗"一句演绎出"若要不俗又不瘦，除非笋炒肉"，这恐怕又悖东坡本意，因为当时人都认为"笋贵甘鲜，不当与肉为侣"。⑤东坡也不例外，他

---

① 苏轼：《和蔡准郎中见邀游西湖》，《东坡全集》卷3。
② 苏轼：《自昌化双溪馆下步寻溪源至治平寺》，《东坡全集》卷4。
③ 苏轼：《于潜僧绿筠轩》，《东坡诗集注》卷29。
④ 林洪：《山家清供》。
⑤ 同上。

强调的是竹之不俗,一旦与肉相掺,不就沾染上俗气了吗?

在东坡眼里,竹笋甚至被符号化了。《有宋佳话》有这样一段记载:"涪翁尝和东坡春菜诗云:'公如端为苦笋归,明日春衫诚可脱。'坡得诗戏语坐客曰:'吾固不欲做官,鲁直遂欲以苦笋硬差致仕。'闻者绝倒。"① 黄庭坚字鲁直,号山谷道人、涪翁,与秦观并为东坡得意门生。黄庭坚深知业师酷好食笋,认为何不如脱去春衫(即辞去官职)回归故土。东坡诙谐肆谑,说:我本不愿做官,鲁直是以笋规谏我致仕(退休)。这里,竹笋已成为绝意官场、回归故里的一种符号了。

3. 苏辙与食笋

苏辙与其兄一样,也十分喜食竹笋。他在《辛丑除日寄子瞻》中写道:"浊醪幸分季,新笋可饷伯。"② 获悉其兄将到终南太平宫溪堂读书,乃以"朝取笋为羹,莫以椹为羞……食之饱且平,偃仰自佚休"③ 相勉。

苏辙淡于功名利禄,在他看来,"摘茶户外蒸黄叶,掘笋林中间绿蔬。一饱人生真易足,试营茅屋傍僧居。"④ 即茅屋一间,香茗一杯,竹笋、野蔌一盘,便构成了实实在在的人生,又何苦硁硁于功名利禄呢!于是,"波澜洗我心,笋蕨饱我腹"⑤,就不仅是一种生活方式的描述,而是价值观念的自然流露了。

与其兄一样,苏辙亦主张食笋时不宜放纵。他的《食樱笋》诗写道:

　　林竹抽萌不忍挑,谁家盈束拌晨樵。
　　箨龙似欲号无罪,食客安知惜后凋。
　　不愿盐梅调鼎味,姑从律吕应箫韶。
　　林间老死虽无用,一试冬深雪到腰。⑥

从中可看到,他在食笋时心情并非是平静的,一种对竹本身的

---

① 陶宗仪:《说郛》卷31。
② 苏辙:《栾城集》卷1。
③ 苏辙:《闻子瞻将如终南太平宫溪堂读书》,《栾城集》卷2。
④ 苏辙:《雨后游大愚》,《栾城集》卷12。
⑤ 苏辙:《游金山寄扬州鲜于子骏从事邵光》,《栾城集》卷9。
⑥ 苏辙:《栾城集》卷3。

惜爱情结纠缠着内心，使他呈现出一种异常复杂的心态，这与其兄"若对此君仍大嚼，世间哪有扬州鹤"的心态何其相似！

4. 陆游与食笋

陆游是宋代可与苏轼并称的另一位烹饪大师和美食家。但两人的饮食情趣却不一致，苏轼是肉、鱼、素食皆烹皆嗜；陆游则侧重于素食，至晚年，他几乎与"荤食"绝缘，成为茹素长寿者。① 他的素食多种多样，竹笋是他最酷爱的品种之一。

放翁喜食的竹笋不止一种，但似乎对苦笋的兴趣最为浓烈。他曾在杜甫后人家中做客，吃的是薏米、苦笋、芋头和山毛野菜，而且少盐无油，他却视为美馔佳肴，并赋一首《野饭》诗：

薏实炊明珠，苦笋馔白玉。

轮囷剧区芋，芳辛采山蕨。

山深少盐酪，淡薄至味足。

……②

苦笋虽苦却有益于身体，犹如规谏之逆于耳却有利于国家社稷，之前的黄庭坚就曾作《苦笋赋》："苦而有味，如忠谏之可活国。"放翁承其意，再作《苦笋》诗：

藜藿盘中忽眼明，骈头脱襁白玉婴。

极知耿介种性别，苦节乃与生俱生。

我见魏征殊媚妩，约束儿童勿多取。

人才自古要养成，放使干霄战风雨。③

由食苦笋而联想到忠谏报国，以苦笋类比到魏征，看来放翁喜食苦笋实在是有更深层次的缘由。放翁之意不在苦笋，而是以苦笋自况其忠谏报国之志。饶有趣味的是，经黄庭坚、陆游两位大文豪的引申阐发，当时人径直将苦笋

---

① 参见王明德、王子辉：《中国古代饮食》，第132页，陕西人民出版社1988年版。
② 陆游：《剑南诗稿》卷5。
③ 陆游：《剑南诗稿》卷5。

作为"谏笋"来看待了，①个中的文化意蕴是很值得玩味的。

放翁曾广泛品评、宣扬天下名笋。他认为"杯羹最珍慈竹笋"②。他对扬名天下的玉版笋也十分喜爱，留下"玉版烹云笋，金苞擘霜柑"的诗句赞之③。而对"苍玉笋"，他曾"醉里独携苍玉笋，岳阳楼上作龙吟"（《吹笛》）。他对"鞭笋"的爱好不亚于其他种，亲自采掘："洗釜烹蔬甲，携锄劚笋鞭。"（《对食戏咏》）他曾这样赞美会稽地区产的"箭笋"："苣羹箭笋美如玉，点豉丝莼滑紫莼。"④

放翁亲自加工竹笋，精心贮藏，以便远行时随身携带，所谓"小瓮带泥收洛笋"⑤。洛笋，他自注道："洛中冬笋，贮以小瓮为远饷。"此外，他还注意学习竹笋的烹制方法。他在《斋居纪事》中记述了两道名菜的制作方法，第一道名为"紫傅饪"，制法为："用新乌豆鬻浓汁，溲面作汤饼，借笋摄汁，笔以莼菜，至佳。"第二道名为"苦笋冷淘"，制法为："用慢火煨苦笋，候熟，细裂之，以姜油酱拌和匀，作冷淘。此蜀名士刘夷叔望之法也。"前一道菜，竹笋是辅料，后一道菜，竹笋是主料。豪气四溢的放翁居然对生活有如此细腻的体察，真让人感到吃惊，从中亦可窥知他对竹笋的嗜爱到了何种程度。

四、食笋之风的文化意蕴

在中华文明史上，姑且不说浮于历史表面的事件如何变动不居，如王朝的兴衰更替、战争的连绵不断……就是诸如社会形态的变迁，人们价值观念、审美情趣、生活方式的转变等较深层面的事象，我们也能从缓缓的历史节奏中强烈感受到其急剧变动的信息。然而，食笋之风从古至今却久盛不衰，具有惊人的赓续力和持久性，似乎超越了时间的局限，而与中华民族相生相伴了。从这个意义上说，食笋之风乃是中国文化的"深层结构"，恐不为过。

---

① 江永囚编：《宋稗类钞》卷31《饮食》。
② 陆游：《初到荣州》，《剑南诗稿》卷6。
③ 陆游：《村舍小酌》，《剑南诗稿》卷12。
④ 陆游：《春游至樊江戏示坐客》，《剑南诗稿》卷17。
⑤ 陆游：《幽居戏咏》，《剑南诗稿》卷16。

那么，食笋之风又何以长盛不衰，成为中国文化的深层结构呢？这是一个饶有趣味却十分复杂的问题，然而我们仍能从以下几个方面找到一些合理的解释。

甜龙竹熟食笋（黄文昆摄）

首先，食笋之风的形成与竹类资源的丰饶密不可分。

中国是盛产竹子的国家，据统计，全世界有竹类植物60属、600余种，中国占了30多属、300多种。南自海南岛，北至黄河流域，西自西藏纳宗以南地区，东至台湾，均有竹类分布。与很多树种相比，竹子适宜生长的区域要广阔得多，除主要盛产于热带、亚热带外，温带所产亦多，寒带亦有分布。淮河流域以南为主要产竹区。进入南方，触目可见大片青青翠竹或点缀着群山，或簇拥着村落。人们常说："十年树木"，但竹子生长期却要短得多，一般3~4年就可成材。在中国古代社会，砍伐竹子的主要力量是民间性的而非官方性的，因为官府建筑多是用松、柏等大木，竹子需要量不大，官府组织的采伐大军并未将矛头直指竹子，这样，竹子人为破坏的速度为之减缓。中国人世世代代生活在被竹子包围的环境中，逐步发现哪些竹笋可食，哪些则不能食。每一代人都从上辈那里承袭了有关竹笋食用功能的知识，又有一个基本相似的环境去验证和丰富这种知识。通过一代代人的口传身教，食笋的知识不仅得以承传不替，而且得到丰富和发展。也就是说，拥有丰富竹资源的自然环境，为世世代代的中华民族提供了丰富的可食用的竹笋，才使得食笋之风的形成及久盛不衰成为可能。

其次，食笋之风的长盛不衰离不开农耕文明这个大背景。

中国的农耕文明起源甚早，早在距今7000年前后，黄河流域就逐渐脱离以狩猎和采集经济为主要生活方式的阶段，过渡到以种植和养殖经济为基本方式的农业社会。之后，农业社会始终是中国传统社会形态。在这种社会形态下，个体小农是基本的生产单元和消费单元，生产和消费都在一个小农家庭内完成，也就是说，小农家庭的食物绝大多数都需自己提供。在交通贸易极不发达的古代，除了王公贵族可赖贡纳、掠夺等方式获取天南海北的各类食物外，对广大的小农家庭来说，其食物则只有在自己生存的一个极有限的地域范围内寻求到。由于小农在承受封建王朝的苛重盘剥后常常食不果腹，因此不得不精心寻觅自己土地上生产的食物以外的各种可食的资源，以补充生计。这就决定了中国广大小农在食物资源的选择上具有很强的拓展性和包容性，从江河湖海到山地丘陵，从天上到地下的所有可食资源，都被纳入小农的食用范围。其中，满山遍野的可食的竹笋，当然成为他们采撷的目标。古代文献中有将竹笋视为"渡荒"食物者，如《农政全书》就将竹笋归入"荒政"条记述，是有其深刻根源的。随着商品经济的发展，部分小农还将竹笋拿到市场上出售，如唐代江州农户那样，挣回一点钱作为小农经济的补充，这就有力地促进了食笋阶层的扩大，不仅广大小农食笋，官宦阶层食笋者亦日渐扩大。是否可以说，小农食笋层为食笋之风的形成及久盛不衰提供了肥沃的土壤，而大批官宦食笋者的介入则标志着其形成？

再次，食笋之风的长盛不衰与中国人的饮食方式和中国传统文化的某些特质有密切关系。

中国饮食文化一个显著的特点是一餐饭划分为饭、菜，是饭、菜的复合体。饭是谷物或其他淀粉类食物；菜是蔬菜和肉类。菜的制作原料多种多样，可视地域、季节、丰欠、贫富的不同而随时变换。① 各种原料被分为主料、辅料和调料，它们之间可在色、香、味、形的总原则下千变万化，从而决定了中国饮食文化具有很强的包容性。可以说，几乎任何一种可食的蔬菜，都可以作为一个烹饪因子进入饮食领域。也就是说，中国饮食文化本身就具备包容、吸纳竹笋的机制，这是其一。其二，中国饮食文化特别注重色、香、味。味是中国菜的灵魂，味有多种，而以"鲜"为最重要。中国人还注重饮食的视觉效果，认为色彩鲜明、和谐的菜肴可以刺激食欲。此外，中国人还注重菜肴的香，认为清香扑鼻的食物亦可增强食欲。纵观中国饮食史，凡集色、香、味于一身的食物都深得中国人的喜爱，如蟹，鲜而肥，甘而腻，白似玉，黄似金，

---

① 参见【美】张光直：《中国饮食文化面面观》，肖竹泽，《旅游科学》1988 年第 1 期。

具备了色香味三个特点，①故中国人都爱吃。竹笋也如此。竹笋制作的菜肴色泽明快（鲜笋洁白，笋丝金黄），味道鲜美，脆嫩爽口，很适合中国人的口味。关于这一点，林语堂先生曾作过更为全面的论述："我们（指中国人，引者注）吃东西是吃它的组织肌理，它给我们牙齿的松脆或富有弹性的感觉，以及它的色香味。……竹笋之所以深受人们青睐，是因为嫩竹能给我们牙齿以一种细微的抵抗。品鉴竹笋也许是辨别滋味的最好一例。它不油腻，有一种神出鬼没般难以捉摸的品质。不过，更重要的是，如果竹笋和肉煮在一起，会使肉味更加香浓。……"②在他看来，食笋之风的盛行，除了竹笋色香味俱全外，还在于竹笋松脆的纤维组织很适合讲究口感的中国人。竹笋是一种可与蟹相提并论的食物。

食笋之风的盛行还与中国人在饮食生活上注重延年益寿的心理有内在的联系。对众多官僚贵族而言，高寿是他们汲汲以求的目标。长寿的原因不止一端，但饮食无疑是很重要的一环，因此他们对饮食是十分考究的，凡能延年益寿的食物，他们都千方百计地寻取，长期食用。竹笋乃上等佳蔬，自然备受青睐。《云笈七签》载："服日月之精华者，欲得常食竹笋。竹笋者，日华之胎也。"③在道家看来，竹笋因根植于土壤深处，摄取了天地日月之精华，故而具有无比旺盛的生长力。善于比附性思维的中国人，自然会联想到食了竹笋就同时摄入了天地日月的精华，生命力也就增强了。食竹笋不仅能延寿，还可治病。关于竹笋的药用功能，《本草纲目》有详细记载：诸竹笋"消渴，利水道，益气，可久食。利膈下气，化热消痰爽胃"。其中，苦竹笋"消渴，明目，解酒毒，除热气，健人。理心烦闷，益气力，利水道，下气化痰，理风热脚气，……治出汗中风失音"；箽竹笋"消渴风热，益气力，消腹胀"；淡竹笋"消痰，除热狂壮热，头痛头风，并妊妇头旋，颠仆惊悸，温疫迷闷，小儿惊痫天吊"；冬笋"小儿痘疹不出，煮粥食之，解毒，有发生之义"；桃竹笋"六畜疮中蛆，捣碎纳之，蛆尽出"；酸笋"作汤食，止渴解酲，利膈"④。

---

① 李渔：《闲情偶寄·饮馔部》。
② 林语堂：《中国人》，第302页，郝志东、沈益洪译，浙江人民出版社1991年版。
③ 张君房：《云笈七签》卷23《日月－食竹笋》。
④ 李时珍：《本草纲目》卷27。

中国人饮食上的重大特点之一,就是"医食同源"、"药膳同功",不仅把食物作为营养物,还把它作为治疾防疫的药品。所谓"药膳",就是以膳代药,以药代膳,在饮食生活中自然而然地达到祛疾延寿的目的。这一特点,深刻地影响着中国人对食物的选择。如古人认为酒为"百药之长",可以扶衰养疾、祛疾延寿,是保健延年的上等饮料,因此成为各种饮料中的最佳选择物之一。茶也因兼具祛疾和延寿的功能而成为与酒并肩的饮品。竹笋同样是一种兼具延寿与祛疾功能的食物,这正契合了中国人在饮食上追求长寿的心理,因此备受青睐。事实上,竹笋含有蛋白质、脂肪、碳水化合物、磷、铁、钙及多糖类成分,的确有益于健康,被誉为"素食第一品"。

引人注目的是,竹笋在中国古代还被当做尽孝道的食品。每当长辈生病需要笋或非产笋季节想吃笋,亲人总是想方设法搞到,献于榻前。继孙吴孟宗献笋之后,以笋尽孝道者时时有之。现仅引赞宁《笋谱》中的几条记载,以窥其一斑:

> 晋刘殷年,甫九岁,孝性自然为。曾祖母冬思笋,殷泣而获供馈焉。

> 丁固仕吴,性敦孝敬。母尝思笋,固遂泣,竹生笋。母子俱大贤,位至封公,贵极人望。

> 宋(指南朝刘宋)刘虚哲性孝谨。母疾笃,祷祈备遍,梦一黄衣翁曰:"汝可取南山竹笋食之,病立瘥。惊觉,俱依梦采南山竹笋馈母。食之,病愈。

> 程崇雅者,遂州蓬山县人,有孝誉。母患,冬月思笋,焚香入竹林哭泣,感生大笋数株。

撇开穿凿附会的成分,我们不难发现,在中国古代,竹笋已超越了祛疾延寿的功利性范畴,而进入了理念的世界,成为人们表达和传导孝道的载体。"孟宗献笋"成为中国古代"二十四孝"之一。我们知道,中国文化是一种伦理型文化,其核心便是孝,所谓"人之行莫大于孝","孝文化"是中国传统文化的一个特质,它曾深深渗透到中国饮食文化中,对中国饮食文化产生了不可忽视的影响。它不但影响着中国人的饮宴礼俗、饮食心理,还影响到对食物的选择。凡能传达孝道的食物都被视为珍馐而身价倍增,如人参、

当归等都曾被作为尽孝物品而久享盛誉。应该说，由延寿祛疾引发出来的竹笋"孝"的意蕴，应是食笋之风久盛不衰的一个深层次的因素。

还应看到，中国士大夫崇尚俭朴的心理也在一定程度上推动了食笋之风的盛行。

中国士大夫阶层具有明显的经济、政治、文化的优势，既有讲究吃喝的物质基础，又可摆脱单纯的物欲追求，而赋予"吃"更多的文化色彩，饮食文化就主要从这一阶层孕育、播化。这一阶层成员多为地方守令或高级幕僚，他们与下层民众联系较多，与上层贵胄乃至皇族亦有千丝万缕的联系，乃是上层与下层的连接层。由于这一阶层多依靠正常的仕宦途径（如汉代的察举、隋唐以后的科举）才跻身官场，较少特权的保护，具有较强的不稳定性。他们既可上升为权倾朝野的公卿大臣，也可能宦海失意而被贬为小官胥吏乃至削官为民。这样，这一阶层的饮食方式既可渗透到上层社会，又可播衍到下层社会，对整个社会的饮食风气产生重大的影响。

中国士大夫在饮食生活上素有崇尚节俭的风气。他们认为，花天酒地、纵情挥霍不仅会导致国库枯竭，危及国祚，还会败坏社会风气，使世风不振。他们有一种观念："肉食者鄙"，从来就鄙视那些沉湎于酒池肉林、饱食终日、昏聩无能的庸僚，并视节俭为一种美德。这一阶层中不少人还深受道家思想的熏陶，追求一种恬淡自适的生活，对锦衣肉食表现出一种固有的排斥心理。

竹笋是一种嫩茎类蔬菜，除了少部分人工种植外，绝大多数是野生的，因此古人常将它归入山肴野蔌的范围，"笋蕨"并称。前引梅尧臣"山蔬采笋蕨"即谓此。如是，竹笋便成为标识士大夫阶层恬淡生活的一个文化符号，如梁代吴均便认为构屋山中、以笋为食的生活是非常美好的；陆游喜食竹笋，也与他"不为休官须惜费，从来简俭是家风"①的崇俭思想密不可分。

此外，食笋之风的盛行与佛教、道教不无联系。中国僧尼有不吃荤只吃素的戒律。佛教在中国曾经非常盛行，杜牧《江南春》"南朝四百八十寺，多少楼台烟雨中"，说的就是南朝佛教盛行的情况。历史上虽有"三武灭佛"，但屡禁不止，僧侣阶层十分庞大，上至帝王下至百姓均卷入其中，因此这一

---

① 陆游：《对食戏作》，《剑南诗稿》卷51。

阶层的饮食方式对整个社会的饮食风气的影响非同小可。素食多种多样，但竹笋无疑是其中很重要的一种。住在深山幽谷的寺院中的出家人，尤其如此。这批人既不能像信佛的小农（俗家弟子）那样在小块土地上种出更多的蔬菜（尽管寺院有"寺院经济"，但经营规模总是很有限的），又因寺庙大多地处山间，交通梗阻而难于从他方获取更多的食物。一般而言，南方寺院周围多有大片竹林，竹笋的获取是比较容易的，这就使竹笋成为寺院僧侣经常的和大宗的食物。长期的食用生涯中，他们发现竹笋实为食中佳品，故长食不断，甚至到了"只将笋为命"的程度。第一部竹笋专著《笋谱》诞生于一位僧人之手，正有力地说明了食笋之风与佛教的内在联系。道教有"茹荤饮酒，不顾道体者"之规定，吃素而忌荤，道观亦如寺院多在山中，而且道家认为竹笋是"日华之胎"，因此道士亦视竹笋为重要素食而广泛食用。

综上所述，食笋之风乃是中国一种意蕴丰富的文化现象，它既体现着中国人特有的饮食方式和饮食心理，又折射出中国传统文化的许多亮点。食笋之风吹拂着的不仅是竹笋的阵阵芳香，而是中国文化的气息了。

需要指出的是，食笋之风主要盛行于南方，具有地域性。兹引曹魏人邯郸淳《笑林》中的一段笑话：

> 汉人有适吴，吴人设笋，问是何物，语曰："竹也。"归煮其床箦而不熟，乃谓其妻曰："吴人坍辘，欺我如此。"

高尔基说过："文学是形象化的历史。"这则笑话绝非向壁虚构，而是历史事实生动形象的写照，它昭示我们，研究中国食笋之风，必须首先正视其地域性，离开地域性谈论食笋之风，犹如离开地理环境谈论各民族的历史，难以得出令人满意的答案。

附：竹米——一种不可多得的食物

中国有一种食物——竹米，罕见而独特，有必要作一番简单的介绍。

竹米亦称竹实，是竹子所结的实。不同竹种结实周期很不相同，有的只一年，大多数周期都很长，甚至五六十年方能开花结果一次。晋代戴凯之《竹谱》即载："竹六十年一易根，易根辄结实而枯死，其实落土复生。"各种

竹实的形状、大小和重量差异很大,大者为米的三四倍。竹实含淀粉丰富,是一种稀有食物,味香可口。因竹米不易得到,所以在古代常被抹上一层神秘的色彩。古代有一种世代相传的说法:凤凰非梧桐不栖,非竹实不食。这正反映了他们对竹米这种神奇的食物可遇不可求的心理,犹如来去无踪的凤凰可遇不可求一样。但漫漫数千载的文明史中,也确有有幸一饱眼福和口福者,这大多通过对饥荒年的记载保留下来。如《太平广记》卷412"竹实"条引《玉堂闲话》载:

> 唐天复甲子岁,自陇而西,迨于褒梁之境,数千里内亢阳,民多流散,自冬经春,饥民啖食草木,至有骨肉相食者甚多。是年,忽山中竹无巨细,皆放花结子,饥民采之,舂米而食,珍于粳糯。其子粗,颜色红纤,与今粳不殊,其味尤更馨香。数州之民,皆挈累入山,就食之,至于溪山之内,居人如市。人力及者,竞置囷廪而贮之,家有羡粮者不少者。

巨龙竹竹实［云南普洱］(黄文昆摄)

这段记载是较完备的。中国人每每认为甲子必凶年,但竹米却拯救了他们。这样,竹米能救荒的观念便流传了下来。每逢灾荒年,总祈望竹子能结实,救己于水火。以下清人王京的《竹米叹》便反映了这种心理:

己丑六月之中旬,传闻竹米粉千囷。
淫腾斗斛若米价,会须一疗饥虚人。
籍籍争看盈把握,长腰细粒如椎削。
云本径寸垂琅玕,黑黍黄粱杂相错。
亦用碓舂去翳肤,软滑和秫高粳余。
撑肠拄腹不充饱,蒸浮徒说供朝铺。
曾闻益州不足异,江浙征荒众惊悸。
一年大旱苗稼枯,一年大涝少晴霁。
今年正复心皇皇,鸠形鹄面儿扶娘。

巨龙竹花蕊 [云南普洱](黄文昆摄)

讹言竹米是荒兆,愁声怨气群徬徨。
那能乞取安心方,吁嗟乎,
那能乞取安心方。

竹米或传为凤凰之实，或为幸运灾民的救荒食物，始终未能在中国人的饮食生活中占据重要位置。

第二章 吃穿用之具,触目皆有竹

——竹制日常生活器物

食笋既能果腹,又可怡情,兼具满足生理需要和心理需要两种功能,而以满足生理需要为基本前提和基础,文化作用奠基于生理作用之上。吃、穿、用、玩等所用器物选择何种材料制作及造成何种样式,尽管也受制于自然条件,但主要更受制于文化模式,因为日常生活器物是人类所创造的物质财富,较之饮食结构凝聚了更多的价值观念和思维方式,更为直接地显现出社会的约定俗成性和文化规定性。中华民族的炊事饮食用具、衣冠鞋佩饰、席扇等纳凉用具、床榻椅凳案桌等坐卧用具、笥箧屏帘等盛器和家庭装饰物、儿童的竹马竹蛇玩具及老人的拐杖等,大量采用竹材制作并制成特色独具的样式,与中华民族的情感、观念和理想密切相关,充分地显示出中华文化的特征与魅力。

一、竹制炊饮器具

中国人不仅注重饮食之精细,而且讲求餐具之精美雅洁。在琳琅满目的食具世界中,竹制饮食器具占据显著的一席。

1. 古老的竹制食器:竹簠、竹簋、箪、筵、籑

簠和簋是商周时代祭祀和燕享不可或缺的食器,有陶制、青铜制及竹木制多种,其中竹制者称竹簠、竹簋。一般的簋呈圆形,而竹簠则是方形,容量为1斗2升。竹簠状如簠而方。竹簠、竹簋均为盛枣栗的礼器,诸侯王后用以犒劳卿大夫。《仪礼·聘礼》云:"夫人使下大夫劳,以二竹簠方。"

释为"王后法有玉案,并有竹簋,以盛枣栗。……此诸侯夫人劳卿大夫,故无案,直有竹簋以盛枣栗。"①

食盒[清·山西]

食盒簋[民国·福建]
(自《中国民谷艺术品鉴赏》器用卷)

箪是竹条编制的圆形食具,常用以盛饭,箪的制作较为粗糙,是下层人民常用的食具。《论语·雍也》载:"贤哉回也,一箪食,一瓢饮。"用箪食瓢饮描写他"在陋巷,人不堪其忧,回也不改其乐"的清淡自适的生活。春秋时齐宣王征燕,燕国人民"箪食壶浆以迎王师"②,亦说明箪在民间已广为使用。

笾是周代祭祀燕享时盛食物的竹器,形制似一高足盘,上有一如圆帽样的盖子,容4升,与豆(一种木制食器)同列并陈。周代,在天官冢宰下设有笾人,专门负责备办王室燕享或祭祀时笾中必须盛放的各种食品。笾中食品视场合不同而各殊。"朝事之笾",盛鲍、鱼、鱐等;"馈食之笾",盛枣、桃、榛实等;"加笾",盛菱、芡、脯等;"羞笾",盛糗饵、粉等,总称"四笾之实"③。而祭祀时,笾中则盛枣栗,称为"笾祭"④。

---

① 魏了翁:《仪礼要义》卷20。
② 《孟子·梁惠王下》。
③ 《周礼·天官·笾人》(汉)郑玄注,(唐)贾公彦疏:《周礼注疏》卷5。
④ 《仪礼·特牲馈食礼》注。(汉)郑玄注,(唐)贾公彦疏:《仪礼注疏》卷14。

簝是宗庙中盛肉的竹器。《周礼·地官·牛人》载："凡祭祀，共其牛牲之互，与其盆簝，以待事。"[①]盆用以盛血，簝用以盛肉。

2. 竹制饮食器具便览

周代以后，竹制饮食器具更加广泛地进入人们的饮食生活。要将其日渐丰富的情况按历史时序梳理出来，尚有大量的工作要做。现仅择其主要者，分述如下。

竹编饭盒［云南傣族］（自《中国民俗艺术品鉴赏》器用卷）

竹　甑　甑是置于鬲、釜之上蒸制食物的炊具。最先是陶甑、铜甑，战国时出现铁甑，铁甑本身无底，另放置一以竹编的甑箅于甑底，所蒸食物放于箅上。之后，竹甑发展起来，不惟甑箅以竹篾编制，甑身亦以较宽的竹片围固而成。竹甑造价低廉，较为轻巧，而且从锅中取出时不像铁甑那样烫手，所以深受欢迎。《淮南子》云："明镜可以鉴形，蒸食不如竹箅。"竹箅即竹甑。可见在汉代，竹甑的优越性便被人们所认识。直至电饭煲等家用电器出现之前，竹甑一直是中国人的主要煮饭器具之一。时至今日，竹甑仍在一些乡村广泛使用。

蒸　笼　亦名蒸桶，是由竹甑演进而来的，至迟在南北朝时已问世，隋唐时已普遍使用。蒸笼实质上是由几个较小的竹甑叠合而成，有多层箅。

筲滤、筲箕　均为辅助性炊具。米在锅中煮至半成熟时，由筲滤捞起放入筲箕中滤

蒸笼（何明摄）

[①]　（汉）郑玄注，（唐）贾公彦疏：《周礼注疏》卷12。

去水分，再倒入甑中蒸熟。篘滤亦称笊篱，形状如勺。《六书故》载："今人织竹如勺以漉米，谓之爪篱，俗有笊篱字。"① 吉林、辽宁、黑龙江等地的朝鲜族至今仍使用以细竹条编制的笊篱，平时用于淘米，正月初一扎上红线挂于墙上以纳福，故称"福笊篱"。

竹筥　即饭筥，是盛饭的小竹箩，主要盛行于少数民族地区。如唐代滇池地区的人民就是"饭用竹筥，搏而啖之"②。聚居于西藏墨脱地区的门巴族至今仍流行一种扁圆形的竹器，门巴语称为"邦穷"，供外出时带午餐用。其直径约7~8寸，由上下两部分组合而成，均用细软的竹篾编织成各式美丽的图案，既是食器，又是精美工艺品。

背水用的竹筒
[云南佤族]（邓启耀摄）

竹桶　用来盛水。它是西南许多少数民族日常饮食用品，甚至成为随葬品。

此外，竹制饮食器具还有：笭帚，是洗刷锅的用具；竹盘，用以盛放水果，陆游《题山家壁》诗中有"稚子擎竹盘，炊黍持饷客"③的描写；以及竹碗、竹勺、竹筒、竹制茶具、竹筷等。其中，竹筒是一种独特的饮食器具；竹制茶具种类繁多、自成体系；竹筷更是享誉古今、誉满中外，均有必要专门论述。

3. 古老而又年轻的饮食器具——竹筒

竹筒具有多方面的功用。在饮食领域，竹筒既是烹器又是饮具，发挥着独特的作用，从而为中国饮食文化增姿添彩。

（1）作为烹器的竹筒

竹筒是人类最古老的烹饪器具。在陶器出现以前，人类祖先就用竹筒盛

---

① 戴侗：《六书故》卷23。
② 《新唐书》卷222下《南蛮传》。
③ 陆游：《剑南诗稿》卷13。

水煮食物。陶器推广后，竹筒作为炊具被长久保留在中国人的饮食生活中，不仅用它烤饭，还用它烹菜。

竹筒烤饭在中国具有悠久的历史。据载，大诗人屈原死后，楚国人民就是用竹筒饭而非我们今天的粽子祭悼这位伟大诗人的。《初学记》卷4引晋周处《风土记》说端午节"进筒粽"，注引《续齐谐记》曰："屈原五月五日自投汨罗而死，楚人哀之，每至此日，以竹筒贮米，投水祭之。汉建武年，长沙欧回见人自称三闾大夫，谓回曰：见祭甚善。常苦蛟龙所窃。可以菰叶塞上，以彩丝约缚之，二物蛟龙所畏。"从这段神奇而感人的记载中可知，最初的祭品是竹筒饭（即"筒粽"），东汉以后，才用菰叶或箬叶、苇叶裹糯米做成粽子，又名"角黍"。但在一个相当长的历史时期里，"筒粽"与"角黍"同为祭品，并行不替。唐代南方的"粽子"就用竹筒烤出。元和进士沈亚之在《五月六日发石头城步望前船示舍弟兼寄侯郎》中曾这样描写石头城（今南京）端午节的情形："蒲叶吴刀绿，筠筒楚粽香。"粽子用竹筒烧烤，从而散发出阵阵芳香。白居易追忆苏州端午节的情境也是"粽香筒竹嫩，炙脆子鹅鲜"[①]。

与汉族相比较，竹筒烤饭的传统在一些少数民族饮食生活中得到长久保留。在这些少数民族中，竹筒也不再是偶或用之的特种炊具，而是日常烹饪器具了。瑶族具有竹筒烤饭的悠久历史。宋人范成大《桂海虞衡志》就记载："竹釜，瑶人所用。截大竹筒以当铛鼎，食物熟而竹不熠，盖物理自尔，非异也。"用竹筒代替铛鼎，竹筒在当时瑶族生活中地位之重要，可想而知，故被称为"竹釜"。至今，广西、云南瑶族仍有以刚砍下的大竹筒装米入火烤饭的习惯。傣族的竹筒饭颇负盛誉。他们专门挑选香竹，依节砍断，以节为底制成竹筒，将糯米装进竹筒里，不装满，距筒口约10厘米左右，加满水，浸泡7~8个小时，用泥或芭蕉叶封口，然后放在火上烧烤，待竹筒外壳烤焦，用刀把表层剥干净，留下一层薄薄的竹皮，再把薄竹皮撕去，便可食到芳香四溢的米饭。[②]此外，独龙族、哈尼族、黎族、苗族、珞巴族、高山族阿美人等少数民族均有类似的烹饪方法。

---

① 白居易：《和梦得夏至忆苏州呈卢宾客》，《白香山诗集》卷39。
② 《德宏傣族社会历史调查》（三）第125页，云南人民出版社1987年版。

竹筒烤菜据说源于古老的百越族,后来逐步向四周流传。北魏前已传入北方。《齐民要术》就记载了用竹筒烤杂肉的方法:用鹅、鸭、獐、鹿、猪、羊肉细切捣软,调好味,加拌鸡蛋面粉,塞入竹筒,放在炭火上烧烤,烤熟,剖开竹筒即吃。这种烹饪方法被称为"筒炙",又称"捣炙"。竹筒烹菜世世代代传下来,如今已成为一些地方的风味名吃。如湖南岳阳名肴"翠竹粉蒸鮰鱼",以新鲜翠竹筒为烹器,将鮰鱼(洞庭湖特产,肉肥嫩,味鲜美)块用豆瓣酱、甜面酱鱼、胡椒粉、五香粉、花椒粉、精盐、白糖、白醋、绍酒、芝麻油、辣椒油、葱姜末稍腌,加入米粉、熟猪油,拌匀,放入翠竹筒中,盖上筒盖,上笼蒸制而成,味道鲜美异常。"竹烧鱼"则是傣族的又一道风味佳肴。傣族人在鱼腹里塞入剁碎的猪肉,加葱、姜、盐,再将鱼肚子合严,用劈开的新竹筒夹住,放进火中烧烤,待鱼皮烤得焦香酥脆时,从竹筒上取下烤鱼,用手撕吃。这种竹烧鱼既有鱼鲜又有竹香。①

竹酒筒[清·云南傈僳族](自《中国民俗艺术品鉴赏》器用卷)

竹酒杯(施志镒摄)

(2)作为饮具的竹筒

以竹筒为饮具的历史,可以说与饮酒之风的历史一样久远悠长。先秦时,此类器皿叫"竹卮",在楚国等地大量使用。这从出土文物中可以得到证实。江陵拍马山有3座楚墓各出竹卮一件,都用竹节制,有身有盖。19号墓所出

---

① 周喜忠:《国内风味特产精要》,第227、317页,江西科学技术出版社1990年版。

的一件雕刻较精，盖和口沿两侧凸出成耳，有三只兽蹄足，髹黑漆。11号墓所出的一件为墨底红彩，饰涡纹、菱形纹、连弧纹。2号墓所出的一件，全器用红漆绘卷云纹。①可见制作工艺已十分精湛。当然，这些精致美观的竹制酒杯只为王公贵族所专享，而广大民众则只能使用简单质朴的竹制酒杯。由于历朝历代各个阶层均视竹制酒杯为上好的饮具，因此竹制酒杯的品类日繁，制造工艺更趋高超。至明代，竹制酒杯的生产走向专门化。如苏州濮仲谦水磨竹器店是家名扬宇内的专门化的竹器作坊，其制作的酒杯"妙绝一时"。②这种酒杯不仅是实用品，而且还是精美的工艺品。

竹筒作为饮酒器具，至今仍在一些少数民族中广为使用。如景颇族的酒壶以杯口粗的竹筒制成，盖是杯，筒是瓶，一尺长，样式像2磅热水瓶，该族人称之为"皮吞"，是随身携带的必备物。饮时，注酒于筒盖内，一饮而尽。③西藏珞渝地区的珞巴族将酒装入半节竹筒，轮流畅饮。

双把竹酒杯［清·云南独龙族］（自《中国民俗艺术品鉴赏》器用卷）

4. 自成体系的竹制茶具

唐代开始，中国人形成了饮茶习俗，在此基础上，一种风韵独具的文化——茶文化悄然崛起。随着时代的推移，茶文化不断被赋予新的内涵，最终形成一个博大精深的文化体系。茶文化之风韵神采，不仅表现在对"道"（即感情寄托、自我表现等）的不懈追求，而且还表现在"器"（即茶具）的繁富精美。茶具中，竹制茶具始终是重要的一类。竹制茶具既丰富了茶文化，又在竹制品中自成体系，是中国竹文化景观中的一朵奇葩。

---

① 张正明：《楚文化史》，第201页，上海人民出版社1987年版。
② 刘銮：《五石瓠》卷3《濮仲谦刻竹》。
③ 云南日报社新闻研究所编：《云南——可爱的地方》，第513页，云南人民出版社1984年版。

竹茶情绪（刘普礼摄）

茶竹筒

竹制茶具品类繁多，现主要依据唐人陆羽《茶经》和明人高濂《遵生八笺》之四《饮馔服食笺》，作一简介。

罗、合　均为盛茶具。《茶经》中载其形制为："罗……用巨竹剖而屈之，以纱绢衣之。其合以竹节为之，或屈杉以漆之，高三寸，盖一寸，底二寸，口径四寸。"① 因用来盛茶末供于炉前以供煎饮，所以体型较小。明代用竹编成圆桶型提盒，用来贮放各种茶叶，以供饮用。明代人给这种茶具起了个"品司"的雅号。

建城　贮放茶叶的竹笼。"建城"是明代人起的雅号，以箬（竹笋皮）制成，"封茶以贮高阁"。② 此种茶具体型较大。

筥　用竹篾编织的篮子，是盛煎茶木炭的专用器具。唐代筥高一尺二寸，口宽七寸，亦有以藤制者。③ 明代称之为"乌府"。

茶铃　炙茶的工具。用小竹条或精铁、熟铜制成。以竹制的茶铃炙茶，茶味更加清香爽口。《茶经》载："彼竹之筱津润于火，假其香洁以益茶味。"唐人称茶铃为"夹"。

茶匙　量茶的小勺。唐代多用蛤壳制成，也有用铜铁、竹子制成的，称为"则"。则者，量也、度也。明代称茶匙为"撩云"，多以竹制成。

竹筴　煎茶时搅拌的工具，多以竹制，亦有以木片制成的。唐代竹筴一般长一尺，用银裹两头。

茶筅　刷洗茶壶的清洁用具。茶筅的制作十分考究，唐代用棕榈皮或竹篾绑扎而成，形如一支大毛笔，称为"札"。宋徽宗《大观茶论》则详载道："茶筅以觔竹老者为之，身欲厚重，筅欲疏劲，本欲壮，而末必眇，当如剑尖之状。"明代称之为"归洁"，这是从功能上起的雅号。

竹茶橐　盛放茶盏的工具，因以竹篾编成，形似口袋，故名。明代称之为"纳敬"，亦为雅号。

都篮　盛放诸茶具的箱子，用竹篾编成。唐代都篮"以竹篾内作三角方眼，外以双篾阔者经之，以单篾纤者缚之，递压双经作方眼，使玲珑。高一尺五寸，底阔一尺，高二寸，长二尺四寸，阔二尺"。明代称之为"器局"，为竹编的方形箱子。

---

① 陆羽：《茶经》卷中。
② 高濂：《遵生八笺》卷十一之四《饮馔服食笺》。
③ 以下未特别注明之处，唐代的材料来自《茶经》，明代的来自《遵生八笺》。

茶竹箩（黄文昆摄）

茶　焙　焙茶工具。宋人蔡襄《茶录》载："茶焙，编竹为之，裹以蒻叶，盖其上，以收火也；隔其中，以有容也；纳火其下，去茶尺许，常温温然，所以养茶色、香味也。"唐代诗人皮日休专作《茶焙》诗加以吟咏。

瓷胎竹编功夫茶具［四川成都］（自《中国竹工艺》）

竹　炉　竹做的茶炉。唐人杜秉《寒夜》诗中有"寒夜客来茶当酒,竹炉汤沸火初红"之句。明代江苏无锡慧山寺的竹炉名播天下,遂名听松庵为竹炉山房。王达《竹茶炉》诗中以"制作精深亦可观,日供高士试龙团"相赞。

许多少数民族嗜茶成习,并拥有自己独特的竹茶具。如云南怒江沿岸的独龙族,用口径3寸余,长约2~2.5尺的竹筒制成"打茶竹筒",内置一个能上下活动的竹柄木塞。将煮好的茶水、食盐、熟油、苏麻籽等置入竹筒,用竹柄木塞反复抽捣,便制成色浅褐、味咸香的打茶。布朗族用竹筒烤制的茶叶称"竹筒茶",带有竹子的清香,为茶中上品。

可见,贮放、焙炙、烹煎、饮用等各个饮茶环节都有竹制茶具强有力的参与。竹制茶具既使中国茶具丰富多彩,又使茶味更加清香爽口,而且,精美雅洁的竹制茶具还给茶文化增添了几分淡雅高洁的色彩。

5. 称霸筷坛的竹筷

中国筷子种类繁多,竹筷、象牙筷、玉筷、金筷、银筷、玻璃筷、塑料筷……不一而足。其中,历时最久、使用面最广的则是竹筷。

竹筷创始于何时?发明者是谁?史无明文,无从稽考。但可以肯定,最早的筷子是以竹木为材料制成的。先秦文献将筷子写为"箸"或"筯",字从竹,有时还加上"木"旁。《韩非子·喻老》载:"昔者纣为象箸而箕子怖。"商代就造出象牙筷;近年来我国出土的商周青铜器中,也发现了筷子这种餐具。人类征服自然界有一个由低级向高级、由简单到复杂的历程。筷子的制造,也一定是先有制造简单的竹木筷,才有工艺相对复杂的象牙筷、青铜筷。可见竹筷有更为悠久的历史。可以作一大胆的推断,竹筷的历史与中国人熟食的历史一样悠久。远古时期,我们的祖先"茹毛饮血",吃的是生肉、野果,是用手抓着进食的。学会用火之后,人们逐步掌握了熟食的饮食本领。生食走向熟食的过程,也就是从自然走向文明的过程。先民们的创造潜力被激发出来。为了避免进食时烫伤手指,他们就用树枝、木棍、竹棍代替手指进食。这些竹木棍就是筷子的雏形。

竹筷从肇始至今,走过了一个由粗糙质朴到精美雅致、由偶或用之到每筵必备的漫漫历程。上古吃主食时主要用手。《礼记·曲礼上》:"共饭不

泽手。"孔颖达《正义》:"古之礼,饭不用箸,但用手,既与人共饭,手宜洁净,不得临时始挼莎手乃食,恐为人秽也。"① 在以后一个相当长的时期,人们食肉多用刀及汤匙,筷只作为辅助性餐具偶或用之。西周时期,竹筷在筷中的重要地位开始确立,所以称筷为"箸"或"筋"。春秋战国时期,竹筷的形制和功用已定型化。湖北宜昌博物馆保存的一双竹筷,出土于春秋战国之际的楚墓。长短、粗细以及上方下圆的特征都与现代竹筷形无二致,是我国现知年代最早的一双出土竹筷。汉以后,人们精选出越王竹、筋竹等优质竹材制筷,竹筷的品种大为丰富。至唐,竹筷进入越来越多的家庭。白居易《过李生》诗中有"白瓯青竹筋,俭洁无膻腥"② 之句,反映出唐人已认识到竹筷俭朴洁净的优点。十四世纪以后,筷子成为中国人主要的甚至是惟一的进餐用具,竹筷也因此而大显其能,不惟下层民众对之倍加钟爱、每筵必备,上层社会也视精致的竹筷为筷中上品,而与其他名贵筷同列并陈。明代奸相严嵩被没收家产时,抄到金筷、银筷、象牙筷、玳瑁筷、乌木筷、斑竹筷等各类数额巨大的筷子,其中斑竹筷达 5931 双。难怪明代人程良规专门作了一首《竹箸》诗,诗曰:

　　殷勤问竹筋,甘苦尔先尝。
　　滋味他人好,乐空来去忙。③

这首诗将竹筷的功能及在人们饮食生活中的地位作了生动有趣的描绘。时至今日,竹筷仍是大多数中国人主要的进餐用具。

竹筷在中国人饮食生活中居于举足轻重的地位,并非历史的偶合,实有着明显的功利因素与深刻的文化背景。

竹筷取材便利,造价低廉,最契合广大民众的生活基准和消费心理。以竹制筷有着其他材料制筷无法比拟的优势。秦汉以前,无论南北,均遍布竹林,至今日,中国南部竹材仍然十分丰饶。竹材俯拾即是,不像象牙、金、银、玳瑁那样珍贵而难得。另外,精选的竹材便于加工,只稍加砍削即可派上用场,制筷竹材一般分大、小两种。小的大小与筷相若,坚劲挺直,稍加修凿就为

---

① 李光坡:《礼记述记》卷1。
② 白居易:《白氏长庆集》卷7。
③ 《御定渊鉴类函》卷385。

成品，如产于广西平乐府一带的筋竹，"其小如筋，坚洁如象牙，作筯甚佳"[①]。大的如龙竹、越王竹，先依节截成数筒，剖成比成筷大一点的无数小片，再加削凿就成筷子。这种竹片厚薄得当、长短适中，纹路直、质地坚劲，天然就是制筷的优质材料，以之制筷，工艺简单而直接。以竹制筷，在一个哪怕是最简单的小农家庭也能完成，自己采伐竹材、自己加工、自己使用，最契合小农经济自给自足的特征。还有，竹筷轻便纤巧，紧密的纹路又可增大摩

竹生肖筷（自《中国民俗艺术品鉴赏》器用卷）

擦力，便于挑、拨、捡、夹、捞，不像金、银、象牙筷那样质重而圆滑，不易拿捏。《红楼梦》里"史太君两宴大观园"有一段有趣的描写：王熙凤为了要捉弄刘姥姥，故意给她一双"老年四楞象牙镶金的筷子"。刘姥姥拿在手中只觉得沉甸甸不服使唤，要想夹一个鸽蛋吃，左夹右夹就是夹不起来。可见贵重华丽的筷子不一定实用。

从文化背景看，中国人一整套价值取向及修养标准，应是竹筷称霸筷坛的文化根源之一。在中国文明史上，长期居于主导地位的是农业文明。早在商周时期，农业文明就已浑圆早熟，显示出"少年老成"的气派，又在以后连绵不断的历史长河中不断充实完善。农业文明形塑了中国人务实俭朴的价值取向。锦衣肉食与金鼎兕觥，无疑是相得益彰的，但这只为王公贵族所独享，

[①] 陈鼎：《竹谱》。

对于广大人民群众而言，经济上的贫困迫使之服从实用的原则，表现在餐具的选用上，主要讲求实用而非华贵，这样，造价低廉、轻巧便用的竹筷自然就成为其最佳选择物。对于士大夫阶层，使用竹筷就不仅只是出于实用的因素，而是以之传导出戒侈崇俭、洁身自好的志趣。早在商末，诤臣箕子就因纣王使用象牙筷而忧虑奢靡之风的滋长，将小小一双筷子与国祚联系起来。以后的士大夫既受到儒家"仁"学思想的熏陶，又受到道家清静无为思想的濡染，向来崇俭戒侈。质料昂贵、雕饰华美的筷子总会引发他们诸多的忧虑：奢靡腐化、世风不古直至社稷安危，而对之表现出一种固有的排斥心理，而竹筷却正好契合了士大夫的志趣，一些士大夫竞相以使用竹筷相夸尚，这客观上既多少抑制了华贵筷子在上层社会的蔓延，又推动了竹筷在下层社会的普及。

中国士大夫喜用竹筷尚有更深层次的含义。在漫长的学海和仕宦生涯中，中国士大夫与竹结下深厚的情谊，他们曾用竹片蘸墨书写，之后更一日不可离各种竹管制作的毛笔。其用笔的姿势是十分考究的，因为这是一种身价地位的象征。挥毫之余，再用形似竹笔或竹管毛笔的竹筷进食，使他们保留了挥毫就文时的潇洒，这不是颇为自得和惬意的事吗？

中国人类比思维的早熟与发达也是竹筷出现甚早并赓续流布的重要因素。在中国人的眼里，自然与人是一个不可分割的统一整体，两者具有同构性，即可以互相转换，是一个双向调节的系统，自然与人事之间不是互相隔绝的，而是彼此相通的，它们有着类似的属性，有着相同的因果联系，可以由此知彼，以彼推此。这种"天人合一"的整体观积淀、渗透到人们的思维中，使他们在征服自然的活动中更多采用了类比推理的方法。① 我们的先民在未知用火时是用手指抓取食物的，学会用火后，对于刚烤出的食物及热汤中的菜，用手就显得力不从心了。但抓食一般靠拇指与食指的夹合这一点却给古人以有益的启示。既然人能用两根手指夹取食物，与手指相似的自然界的物质不也具有相似的功能吗？于是，生活在丛竹密林中的先民随手拾取两根手指大小的竹棍代替手指进食，第一双竹筷就这样诞生了。对这种新型餐具的使用，亦仿照手指夹合捞取食物的功能。当人们尝到使用竹筷的甜头后，更加坚信使

---

① 参见何明：《以其所知推其不知》，《民族艺术研究》，1990年第6期。

用竹筷体现了"人与天地相参"的观念,是合乎自然法则的,使用面也就大大拓宽了。以筷代手,在中国饮食文化史上具有里程碑的意义。这种意义可用马克思的如下论述来表达:人们"利用物的机械的、物理的和化学的属性,以便把这些物当做发挥力量的手段,依照自己的目的作用于其他的物……这样,自然物本身就成为他的活动的器官,他把这种器官加到他身体的器官上,不顾圣经的训诫,延长了他的自然的肢体"[1]。就是说,中国古人利用了竹筷具有的可夹取东西的物理属性及烫水中不变形等化学属性,使人的器官——手指得到延伸。诚如李政道博士所言:"筷子是绝妙的东西。持筷子用膳实际上是物理学杠杆原理的具体运用。它是人类手指的延长。"

以竹筷为主的筷子之能久沿不替、广泛流布,还与中国悠久绵长的农业文明造成的饮食结构密不可分。与游牧民族以肉和奶制品为主的饮食方式不同,绝大部分中国人的饮食结构是以饭为主、菜为辅。饭是由各种农作物的成品制成,北方主要是小麦、高粱,南方以大米为主,一些山区,则以玉米、苦荞为主,人们习惯称这些农作物为主粮。菜则是用品类繁多的植物资源与动物资源精心搭配而成。中国菜是十分考究的,所谓"有肴皆艺,无馔不工"。"艺"、"工"不仅表现在对色香味的执著追求和饮食器具的精心挑选上,还表现在刀法的细腻上。中国的刀功自成一门技艺,从大的方面看,有切、斩、剁、砍、削、旋、剜、剔、敲、拍、撬、刮、剖等等;从小的方面说,光"切"就可分直切、推切、拉切、锯切、铡切、滚切等等。一块肉,或被切成薄如蝉翼的肉片,或被剁成肉末,或被精心分解为大小如一的肉丁,而不像西方人整块烧烤后就放上餐桌。这样,中国菜除了色香味外,一个显著特点是异常的细碎和精致,即《论语·乡党》所说的"食不厌精,脍不厌细"。吃颗粒状的饭和细碎的菜,刀叉就显得左右支绌,而筷子兼备挑、拨、捡、夹、捞诸功能,能在餐桌上"纵横捭阖",应付自如。

筷子之广泛使用还与中国的"亲情"文化有内在的联系。中华民族是一个非常重家族和家庭的民族。在中国人的眼中,"四世同堂"、"累世同居"被视为家族兴旺、团结与融洽的标志。表现在饮食方式上,便形成了围桌共

---

[1]《马克思恩格斯全集》第23卷,第203页,人民出版社1972年版。

食的"合家欢"的传统吃法。全家老少举筷分享餐桌上属于每个成员的菜肴，使整个气氛显得其乐融融、热气腾腾。从某种意义上讲，筷子既是感情交流的桥梁，又是维系家庭的一根纽带。这与西方人注重个体而形成的用刀叉分餐而食的饮食方式大异其趣。

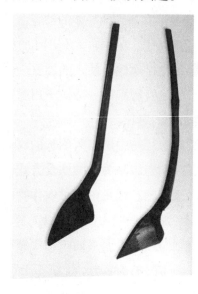

竹 勺
（自《中国民俗艺术品鉴赏》器用卷）

竹筷之备受青睐，还与中国人"讨口彩"的文化习俗有关。在汉族民间，女儿出嫁，多在嫁妆中放竹筷，取"祝早（快）生贵子"之意。云南德宏州梁河县的阿昌族在婚礼完毕后，新郎需到新娘家认亲。这一天，在新娘家的大门中央设一张木桌，上面摆着用竹子搭成的一座"桥"、用五个土陶碗砌成的"荷花碗"、红纸条裹着的一对大葱、两片明柴、一双竹筷、两杯酒。新郎先用酒奠祭，再把葱的根部、明柴的头部、竹筷的嘴部转向里屋，作一次揖。葱、明柴、竹筷寓"聪明勤快"之意，新郎对之作揖，是向新娘家表示他一定不负厚望。在新娘回婆家的这天早上，新娘家还要专开一桌新郎饭，桌上放一双专为新郎准备的长竹筷，新郎需用它把每碗菜都夹一筷子[①]。这里，竹筷实质是"祝愿勤快"的代言物。

二、竹制服饰

在中国服饰争奇斗艳的百花园中，竹制服饰可谓是一朵并不争艳却沁溢着长久芳香的小花。当对历史作一番寻根溯源之后，我们会惊喜地发现，这朵小花虽然瘦小却不娇弱，以惊人的生命力，渗透到中国服饰的各个层面，从头戴的冠到脚蹬的鞋，从身穿的衣服到佩饰的簪，均能找到她的芳影。

---

① 中国社会科学院民族研究所：《南方民族的文化习俗》，第14—16页，云南人民出版社1991年版。

1. 竹 冠

竹冠又称长冠、斋冠、鹊尾冠、竹皮冠、竹叶冠、笋箨冠，相传为汉高祖刘邦创制，故又称"刘氏冠"。《汉书·高帝纪》载："高祖为亭长，乃以竹皮为冠，令求盗之薛治，时时冠之，及贵常冠，所谓'刘氏冠'也。"因这种冠为汉高祖刘邦所创，所以被定为汉代的祭服（享庙之服），并规定爵非公乘以上，一律不得戴用，以示尊敬，所以称之为"斋冠"。《后汉书·舆服志》载："长冠，一曰斋冠，高七寸，广三寸，促漆纚为之，制如板，以竹为里。初，高祖微时，以竹皮为之，谓之刘氏冠……祀宗庙诸祀则冠之。"湖南长沙马王堆一号汉墓出土的彩衣木俑，头顶大多竖有一块长形饰物，形制如板，前低后高，即是竹冠（长冠）的模型。至于鹊尾冠，则因其形似鹊尾而得名。

晋代的斋冠去竹皮，而用漆纚制成，皇帝祭祀时戴之。① 南北朝时，竹皮冠仍在上层社会中戴用，但戴用面已不限于祭祀场合。齐高帝欲赠送明僧绍一顶"笋箨冠"，因绍遁迹山林，未遂其愿。② 隋代称竹冠为竹叶冠，竹叶冠亦以竹皮制成。《隋书·礼仪志》载：隋代沈宏倡议竹冠不宜作为祭服："竹叶冠，是高祖为亭长时所服，安可绵代为祭服哉！"唐以后，因竹冠不再为皇室所独享，所以戴用面大大拓展，进入许多人的日常生活，唐人就留下不少咏及竹冠的诗句，兹择几首：陆龟蒙《奉和袭美夏景冲澹偶作次韵》："蝉雀参差衣扇纱，竹襟轻利箨冠斜"；韩偓《清兴》："拥鼻绕廊吟秀雨，不知遗却竹皮冠"；司空图《华下》："箨冠新带步池塘，逸韵偏言夏景长。"唐代，越来越多的人认识到"斑箨堪裁汉主冠"③，因此用竹皮制作出一顶顶精致的竹冠。难怪李涉在看到头陀寺前满地竹皮无人问津时，会发出"可惜斑皮空满地，无人解取作头冠"④的惋叹了。宋代，竹冠仍受到士大夫的青睐。陆游《老学庵笔记》卷5载："王荆公（王安石）于富贵声色，略不动心。

---

① 杜佑：《通典》卷57《长冠》。
② 《南史》卷50《明僧绍传》。
③ 崔涯：《竹》。
④ 李涉：《头陀寺看竹》。

得耿天隋竹根冠，爱咏不已。"戴竹冠之风明清相沿。明代竹冠制作技术十分高超，尤以湘竹制作的竹冠为最上乘。明末清初的思想家陈确精于湘竹制竹冠，因制作技术各殊，他将所制竹冠分为明冠、云冠、湘冠三种，称"三冠"。明冠是"取竹节之短而扁者，截其半为冠，而留两节为前后，前凸后凹，……又刻椟于前后以通其气，前乾而后坤，故称明冠焉"。"云冠镂四柱上属，五云下覆，故以名。皆阳文而双行，文如丝焉。湘冠内治，云冠外内治，故迟速略异。湘冠黄质而紫文，灿若云锦，两目相望，皆当湘文之缺，如云开之见日与月也。"另外，三冠的区别还在于："明冠用其横，湘冠、云冠用其直；明冠簪自前，湘冠、云冠簪自右。"而簪亦以竹制。当时人称赞陈确制的竹冠"尽美尽善"，但尚有制作更精者。陈确曾收到表兄沈左之馈赠的竹冠，"工甚，吾自视弗及也"①。

竹冠能在首服中长久地占据一席之地，除了其取材便利、加工难度较小等物质性的因素外，尚有其深刻的文化根源。中国士大夫向来是以崇尚俭朴相夸尚的，而在儒道互补的文化氛围中，道家清心寡欲、恬淡自适、返璞归真等观念亦深深印入相当一部分士大夫的头脑中，于是，他们托物寄情，通过小小一顶竹冠传导出丰富的意蕴。竹冠出现之初，便被附着了不同凡响的含义。《汉书·高帝纪》注曰："高祖居贫志大，取其（指竹冠）约省，与众有异。"王安石得一竹冠而爱咏不已，暗含着他对富贵声色的蔑视及对上层社会锦衣肉食的奢靡之风的不满。元代王仲元《江儿水·叹世》曲中有"竹冠草鞋粗布衣，晦迹韬光计"之句，戴竹冠、着粗衣、穿草鞋，韬光养晦，以免在宦海浮沉中遭受不测。明人杨基《桂林即兴》诗中"花布短衣齐膝制，竹皮长帽覆眉裁"②的诗句，表达了他安贫乐道、俭朴自律的人生观。明末清初思想家陈确在《竹节冠成戏用前韵》诗中表现了对竹冠特殊的感情："凌霜爱尔山中节，暇日便吾物外游。"以戴竹节冠喻自己不畏强暴、凌霜斗雪之志。他"春戴云冠，夏戴明冠，秋戴湘冠，冬幅巾"，认出这样"野人之服备矣"③。在《简谢吴仲木冠杖之惠》一诗中，他更将竹冠与"归隐"、"绝

---

① 均出自《陈确集·文集》卷9《竹冠记》。
② 杨基：《眉庵集》卷9。
③ 均出自《陈确集·文集》卷9《竹冠记》。

尘"联系起来：

> 竹冠藤杖两宠忿，荒草篱边赐野翁。
> 杖自天台山窟里，冠从阙里画图中。
> 萧疏残鬓年来尽，扰攘尘寰路未通。
> 忽拜长笺惭欲死，候人还拟赋曹风。

作者面对明末清初纷繁扰攘的社会现实，不愿俯就俗世，而宁愿戴着竹冠，拄着藤杖归隐荒山野林，潜心著述。

竹冠自从退出祭祀领域后，一般是作为日常用品存在于首服领域的，其遮阳光挡风雨的实用功能占据主导地位。但在太平天国时，竹冠却成为头盔，用以护身御敌。太平天国的士兵平日只许扎巾，不准戴冠。作战时戴竹盔，名为"号帽"，上绘五色花朵和彩云，中留粉白圈四个，分写"太平天国"四字[①]。

2. 竹　帽

竹帽有诸多称谓。先秦时称"笠"，进入人们的日常生活。《诗经·小雅·无羊》："尔牧来思，何蓑何笠"，记录了当时人们穿蓑衣戴笠帽的情况。竹笠是农民劳作时必备的遮阳挡雨用具。《诗经·周颂·良耜》中"其笠伊纠"之句，描写的就是农民系竹笠于头上从事劳作的情形。竹笠除农民戴外，还成为许多游说之士的必携之物。《国语·吴语》载："遵汶伐博，簦笠相望于艾陵。"簦形似笠，大而有把，犹如今之雨伞，但不能开合。

竹帽在中国具有广泛的使用面，不仅农夫渔民难以相离，士大夫阶层也常戴不辍。这可从唐人诗文中窥其大端。唐人对竹帽有多种称呼，有称为"竹巾"或"竹皮巾"者，如初唐王绩诗《句》曰："横裁桑节杖，直剪竹皮巾"，张籍《太白老人》云："日观东峰幽客住，竹巾藤带亦逢迎。"白居易《赠张处士山人》："萝襟蕙带竹皮巾，虽到尘中不染尘"，庾信《入道士馆诗》说："野衣缝蕙叶，山巾响笋皮。"有称"笠子"者，如李白《戏赠杜甫》："饭颗山头逢杜甫，头戴笠子日卓午"，高适《渔父歌》："笋皮笠子荷叶衣"。

---

① 周汛、高春明：《中国古代服饰风俗》，第273-274页，陕西人民出版社1988年版。

用箬竹（又叫翁竹）的叶或篾编结成的宽边帽则被称为"箬笠"、"翁笠"，皮日休《鲁望以轮钩相示缅怀高致》诗："蓑衣旧去烟波重，翁笠新来雨打香"，张志和《渔歌子》："西塞山前白鹭飞，桃花流水鳜鱼肥。青箬笠，绿蓑衣，斜风细雨不须归。"这些诗文反映出中国古代戴用竹帽的大体状貌。

竹帽一般由下层人民制作，但一些喜戴竹帽的文人也能制作，如宋代杨万里《风雨诗》说"自拾荷花揩面汗，新将笋箨制头巾"。这从一个侧面反映了竹帽在上层社会中的普及程度。

竹帽较草帽更为坚劲耐用，既能避风雨，又能防酷暑，数千年来，不仅

斗笠［福建顺昌］（自《中国竹工艺》）

在汉族中承传不衰，而且深得部分少数民族的喜爱。

傣族戴竹帽有着悠久的历史，早在明代，戴竹帽便已蔚然成风。《百夷传》载："（傣族）贵贱皆戴笋箨帽，而饰金宝于顶，如浮屠状，悬以金玉，插以珠翠花，被以毛缨，缀以毛羽，贵者衣绮丽。"实际上，这种装饰华丽的笋箨（竹皮）帽只为上层社会所独享，广大民众戴的竹帽并不奢华，却简洁美观。至今，傣族仍然喜爱戴各种精致的竹帽。

广西毛南族姑娘都爱戴花竹帽，该族人称之为"顶卡花"。"顶卡花"用金竹篾和墨竹篾精心编织而成，黄黑相间，十分漂亮。"顶卡花"不仅是

毛南姑娘不可或缺的生产生活用品和装饰品，而且还成为男女间传达爱情的信物。毛南族中流传着这样一首歌：

　　金丝竹子根连根，

　　恩爱情人心连心——啰嗨！

　　有缘千里来相会，

　　送顶卡花订终身——啰嗨！①

用竹子的根连根比喻恋人间心心相连，用顶卡花黄黑相交的无数竹篾象征男女间的缕缕情丝。

3. 笋鞋、竹屐

中国古人还穿一种竹笋之壳制成的鞋——笋鞋。其详情难以查考，至迟唐代劳动人民已穿用，张沽《题曾氏园林》中"斫树遗桑斧，浇花湿笋鞋"的诗句，正反映了这种情况。笋鞋还被文人们当做馈赠品。张籍曾赠王建藤杖及笋鞋，并赋《赠太常王建藤杖笋鞋》诗："蛮藤剪为杖，楚笋结成鞋。称

竹帽和竹扁担［云南花腰傣］（施志镒摄）

---

① 参见徐华龙、吴菊芬编：《中国民间风俗传说》，第295~298页，云南人民出版社1985年版。

与诗人用,堪随礼寺斋。寻花人幽径,步日下寒阶。以此持相赠,君应惬素怀。"宋代许多地方用竹做鞋,如连州人采竹笋壳,"以灰煮水浸,作竹布鞋"①。湘潭县昌山山区竹鞋生产很盛②。

宋代也有不少文人穿这种鞋。曾巩于春天穿着笋鞋游于南源庄,心旷神怡,不由发出"野柔川深春事来,笋鞋瞑戛青云步"的赞叹。③僧人更喜爱穿笋鞋,赞宁《笋谱》即载:"僧家多取苦笋壳,裁为鞋屐,中屈,可隔足汗耳。"宋人徐照《赠江心寺钦上人》中的"客至启幽户,笋鞋行曲廊",正是对僧人穿笋鞋的描写。

竹拖鞋[四川成都](自《中国竹工艺》)

竹屐即竹制拖鞋。过去,傣族常用大竹砍成两半,削平凸面,烙眼穿绳,制成竹屐,广泛穿用。现在多为塑料拖鞋所取代。④

4. 竹制佩饰品

中国的竹制佩饰品大致可分为头饰和腰饰两大类。

竹制头饰主要是竹簪和竹耳环。竹簪最初叫竹笄⑤,其历史应是十分悠久的。原始社会末期束发习俗兴起后,竹簪就与陶笄、骨笄等一同出现了。《宛委余编》载:"女娲氏,以竹为笄",正反映了这种情况。西周时,妇女在丧礼中佩戴筱竹制的簪,称为"箭笄"。《仪礼·丧服》戴:"箭笄长尺,吉笄尺二寸。"据清代翟灏《通俗编》卷25《服饰》解释:"古丧制:妇人笄用筱竹,曰箭笄,或用白理木曰榗笄,亦曰恶笄,其吉笄乃用象骨为之。"竹簪除妇女尤其是下层社会的妇女长期佩用外,还被官宦们用来插头冠,一些制作精美的竹簪还成为文人雅士间的馈赠品。如张九龄《答陈拾遗赠竹簪》诗:

---

① 赞宁:《笋谱》。
② 洪迈:《夷坚志》卷8"湘潭雷祖"条。
③ 曾巩:《南源庄》。
④ 参见邓启耀:《民族服饰:一种文化符号》,第174页,云南人民出版社1991年版。
⑤ 簪先秦以前叫笄,从汉代开始称为簪。

此君尝此志，因物复知心。
遗我龙钟节，非无玳瑁簪。
幽素宜相重，雕华岂所任。
为君安首饰，怀此代兼金。

这首诗意味深长，颇值得玩味。陈拾遗赠送竹簪给张九龄，并非因为张九龄缺乏如玳瑁簪一类的名贵簪，而是因为竹簪是"龙钟节"，而且"幽素"、质朴无华，可以暗喻张九龄富有气节、为政清廉、洁身自好的品格。张九龄对挚友的这番用意心领神会，将此竹簪当做珍物收下。如此看来，竹簪不但具有固定妇女发髻或把冠固牢在发髻上的实用功能，也不仅具有装饰美化的审美功能，而且被赋予了鲜明的伦理功能。佩用者可以通过竹簪表现自己的时尚追求、性格气质、价值取向等等。竹簪成了自我表白的符号。竹耳环主要行用于部分少数民族中，如怒江怒族不戴铜耳环或金、银耳环，而是用精致的竹管制成耳环，坠于两耳，别具韵味。此外，佤族妇女用竹制发圈把头发拢在脑后，竹制发圈成为一种独特的头饰。畲族斗笠以极细的竹篾编织而成，既是遮阳挡雨之具，又是装饰物。毛南族"顶卡花"亦为重要头饰。

竹制腰饰品曾在汉族中使用，如李商隐就留下"头上金雀钗，腰佩翠琅玕"的诗句。以后趋于消匿，而主要在一些少数民族服饰领域中保留。佤族妇女除使用竹制发圈外，腰上围若干个竹圈，小腿和大腿之间亦戴若干个竹圈或藤圈。竹圈也是德昂族妇女的腰间饰物。德昂族有这样一个神奇动人的传说：天地混沌初开，德昂族的祖先从葫芦里蹦了出来。男人们都是一个模样。女人们上不沾天，下不着地，漫天飘舞。后来来了一位神仙，给男人们分清了脸面，男人们又用藤圈和竹圈把女人们从天上套下来，让她们生儿育女。后来德昂妇女便将藤圈或竹圈系于腰上作为装饰物。①这一传说反映出，竹圈、藤圈原是男人征服女人即父权制代替母权制的象征物，后来才逐渐演化为妇女的佩饰物。

云南花腰傣属傣族的支系。花腰傣妇女腰间有一件不可或缺的装饰品——"秧箩"。"秧箩"高约1尺，口径15厘米左右，似开口喇叭筒，中部略细。

---

① 云南日报社新闻研究所：《云南——可爱的地方》，第69页，云南人民出版社1984年版。

它用各色细竹篾精心编织而成,其上饰有本民族的花纹图案,并缀上许多绚丽缤纷的缨穗和闪闪发光的小银珠。花腰傣妇女不论探亲访友、赶街赴会或生产劳动,都爱在腰间系上这样一只秧箩。① 艳丽的筒裙配以精巧玲珑的"秧箩",使花腰傣妇女更具风韵。秧箩对于花腰傣妇女,不再只是生产、生活用品和工艺品,而成为服饰的组成部分,成了本族的文化符号。

三、竹制消暑用具

中国竹制消暑用具主要有竹席、竹几、竹扇。

1. 蔚为大观的竹席世界

在中国人的各种消暑用具中,竹席可以说是绵延时间最长、使用范围最广的一种。人们编织它,使用它,吟咏它,表现出一种恒久而炽烈的偏爱。竹席已超越了工艺的或物质生活的范围,而进入了中国人广阔的精神空间。

竹席(武有福摄)

(1)悠远的历史

竹席历史十分悠久。早在新石器时期,我们的先民就铺竹席于地上,供吃饭、休憩之用了。先秦时期,竹席编织技艺提高,品类增多,使用面也大大拓展了。当时,铺于室内的竹席分为三种,分别称为"筵"、"筵"、"簟"。这三种竹席的铺法自有考究。一般的最下一层是粗席,称"筵",讲究一些

---

① 张淑静、车志敏:《秘境云南》,第70~71页,云南人民出版社1989年版。

的再铺"筵",最上面铺"簟"。《周礼·春官·司儿筵》郑玄注曰:"筵亦席也。铺陈曰筵,藉之曰席。"即铺在上面的叫做"筵",加在上面的叫做"席"。当时没有桌椅凳,款待宾客时,一般在食案下设筵铺席,宾客席地而坐。后世遂以"筵席"指代酒宴。"簟"一般指细竹篾精编而成的竹席,可供人睡卧。《诗经·小雅·斯干》:"下莞上簟,乃安斯寝",即草席上铺竹席,睡卧其上。另一种供睡卧的竹席叫"箦"。《礼记·檀弓上》记曾子病重,"童子曰:'华而睆,大夫之箦与?'"意思是曾子睡这样华美的竹席是违背礼的。箦亦是葬具,用来卷裹尸体。《史记·范雎列传》:"睢佯死,即卷以箦,置厕中。"事实上,当时人盛夏时多寝息竹席上,故有"寝不安席"之说。关中地区称纹直而粗糙的竹席的"莤簝"。扬雄《方言》五说:"莤簝,自关而东周、洛、楚、魏之间谓之倚佯;自关而西谓之莤簝。"《类篇》说:"莤簝,竹席,直文而粗者。"尚有以笋竹皮编织的席,即"笋席"。《尚书·顾命》:"西夹南向,敷重笋席。"还有"重篾席",是以桃枝竹篾编成的三重之席,专供天子之用。《尚书。顾命》:"牖间南向,敷重篾席。"

从以上粗略的勾勒中可以看到,竹席在中华文明的早期便已崭露头角,在人们的生活中担当重要的角色。

(2)"簟"之称谓种种

南北朝以后,竹席主要称为"簟"。簟的称谓纷繁多样,从中可窥知中国竹席品类的繁多、编织技术的高超以及与人民生活的密切程度。

以色泽划分。因竹亦称碧筠、碧筱、碧鲜、翠筠、翠筼、青玉等,与"碧"、"翠"、"青"、"筠"、"绿"关系十分密切,所以竹席有"碧簟"、"翠簟"、"青簟"、"筠簟"、"绿簟"、"红簟"、"白簟"等称谓。以诗文证之。刘禹锡诗:"清洛晓光铺碧簟,上阳霜叶剪红绡"①,白居易诗:"红裙明月夜,碧簟早秋时"②,称竹席为"碧簟";韦庄诗:"翠簟初清暑半销,撤帘松韵送轻飔"③,马戴诗:"华堂开翠簟,惜别玉壶深"④,称竹席为"翠簟";

---

① 刘禹锡:《洛中初冬拜表有怀上京故人》。
② 白居易:《小典新词》。
③ 韦庄:《早秋夜作》。
④ 马戴:《酬田卿送西游》。

王维诗："青簟日何长，闲门昼方静"①，白居易诗："露床青篾簟"②，称竹席为"青簟"；高启冰诗："宜含筠簟素，愁逼桂炉红"，称竹席为"筠簟"；李群玉诗："金风吹绿簟，湘水人朱楼"，③称竹席为"绿簟"。红簟则是红色之竹席。《北户录》："琼州出红簟，一呼为笙，或谓之篷蕗，亦谓之行唐，其色殷红，莹而不垢。"④白簟即白色竹席。苏轼诗："谁能铺白簟，永日卧朱桥。"⑤

以时辰和节令划分。一日之内，有"晓簟"（"朝簟"）、"昼簟"（"午簟"）、"晚簟"（"夜簟"）之分。晓簟（朝簟）即清晨使用的竹席。如温庭筠诗："夜琴知欲雨，晓簟觉新秋"⑥，白居易诗："秋凉卷朝簟，春暖撤夜衾"⑦；昼簟（午簟）即夏日昼寝之竹席，如释惠洪诗："瘴痫苏昼簟，小寝喧鼻息"⑧，晚簟（夜簟）即夜间睡卧之竹席，如白居易诗："朝衣薄且健，晚簟清仍滑"⑨，独孤及诗："高馆舒夜簟，开门延微风"⑩。因竹席主要用于祛暑祈凉，适于酷热的夏日和初秋，故又称之为暑簟、冷簟、寒簟、凉簟、清簟、冰簟、夏簟、秋簟等。元稹《晚秋》诗即有"酒醒秋簟冷，风急夏衣轻"之句。

以编织技法划分。因大小不同，有小簟、方簟、广簟、五人簟之分。小簟即六尺簟。六尺簟原是铺于地上供坐的。《世说新语·德行》载："王恭从会稽还，王大（名忱）看之，见其坐六尺簟，因语恭：'卿东来，故应有此物，可以一领及我。'恭无言。大去后，即举所坐者送之。既无余席，便坐荐（草垫子）上。"后变为床上卧具。白居易诗："轻纱一幅巾，小簟六尺床。"⑪方簟即长方形竹席，欧阳修诗："呼儿置枕展方簟，赤日正午天无

---

① 王维：《林园即予寄舍弟》。
② 白居易：《时热见客，因咏所怀》。
③ 李群玉：《长沙陪裴大夫登北楼》。
④ 段公路：《北户录》卷3。
⑤ 苏轼：《短桥》。
⑥ 温庭筠：《初秋寄友人》。
⑦ 白居易：《留别》。
⑧ 惠洪：《次韵周达道运句二首》。
⑨ 白居易：《秋池二首》。
⑩ 独孤及：《夏中酬于逖毕耀问病见赠》。
⑪ 白居易：《竹窗》。

云。"① 广簟即较宽大的竹簟,许浑诗:"江湖潮落高楼回,河汉秋归广簟凉。"② 五人簟亦较宽大,唐代澧阳郡(澧州)贡"五人簟四领"③。因饰物不同,有芙蓉簟、角簟、珊瑚簟之别。芙蓉簟是上绘有芙蓉的竹席。《红楼梦》第二十八回中记载:"只见上等宫扇两柄,红麝香珠二串,凤尾罗二端,芙蓉簟一领。"而以角、珊瑚所饰之竹席则为角簟、珊瑚簟。唐代江陵产角簟,元稹诗:"冰壶通角簟,金镜彻云屏"④,同时代苏州的白角簟编织技艺十分精湛,堪与镜湖鲛绡相媲美;⑤ 按编织纹路,又可分为双文(纹)簟、水纹簟、双锁簟等。双文(纹)簟,如王维诗:"玉枕双文簟,金盘五色瓜"⑥;水纹簟,如李商隐诗:"水纹簟上琥珀枕,傍有堕钗双翠翘";⑦ 双锁簟,白居易诗:"织成双锁簟"⑧。从编织的精致程度,尚有华簟、滑簟、细簟、珍簟等划分。滑簟即光滑之竹席,刘光祖词:"曲塘泉细幽琴写。胡床滑簟应无价"⑨;华簟指美丽的竹席,《晋子夜四时歌》:"反覆华簟上,屏帐乃不施";细簟是细篾精编而成的竹席,唐代景城郡(沧州)的细簟因编织精巧,成为贡品;⑩ 珍簟即珍美的竹席。涂漆之竹席则名漆簟(亦名乌筜)。

如此繁多的称谓,为我们展示了一个五彩斑斓的竹席世界。

(3)誉贯唐宋的蕲簟

南北朝以后,随着桌椅凳等家具的出现和广泛使用,竹席供人们席地而坐的功能遂逐渐弱化,而主要成为众多家庭必不可少的卧具。中国竹席品类繁多、名品竞出。其中,蕲州(今湖北蕲春县)的蕲簟曾誉贯唐宋、风流一时,对之作专门论述,可窥见竹席在中国人生活中重要地位之一斑。

---

① 欧阳修:《有赠余以端溪绿石枕与蕲州竹簟,皆佳物也。余既喜睡,而得此二者不胜其乐。奉呈原父舍人圣俞直讲》。
② 许浑:《宿松江驿却寄苏州一二同志》。
③ 马端临:《文献通考》卷22《土贡》。
④ 元稹:《饮致用神麴酒三十韵》。
⑤ 鲍溶:《采葛行》。
⑥ 王维:《送孙秀才》。
⑦ 李商隐:《偶题二首》。
⑧ 白居易:《寄蕲州簟与元九因题六韵》。
⑨ 刘光祖:《醉落魄》。
⑩ 马端临:《文献通考》卷22《土贡》。

蕲簟在唐代名扬宇内，享有盛誉，不仅被列为贡品运进皇宫①，而且成为文人雅士间传导情谊的信物。大诗人白居易与元稹交情甚笃，因寄蕲簟表达深情厚意，并赋《寄蕲州簟与元九因题六韵》诗：

　　笛竹出蕲春，霜刀劈翠筠。
　　织成双锁簟，寄与独眠人。
　　卷作筒中信，舒为席上珍。
　　滑如铺薤叶，冷似卧龙鳞。
　　清润宜乘露，鲜华不受尘。
　　通州炎瘴地，此物最关身。

偏处通州的元稹收到后，感动不已，作诗答谢：

　　蕲簟未经春，君先拭翠筠。
　　知为热时物，预与瘴中人。
　　碾玉连心润，编牙小片珍。
　　霜凝青汗简，冰透碧游鳞。
　　水魄轻涵黛，琉璃薄带尘。
　　梦成伤冷滑，惊卧老龙身。②

元、白以蕲簟相赠答，成为千古佳话。韩愈在收到郑群赠送的蕲簟后，亦作《郑群赠蕲竹簟》诗答谢道："明珠青玉不足报，赠子相好无时衰。"在他眼里，珠宝玉石都比不上蕲簟。唐代不少文人都对蕲簟倍加珍爱，并留下许多颂扬的诗篇，如许浑《晨起二首》诗中赞道："蕲簟曙香冷。"又在《夏日戏题郭别驾东堂》诗中说："散香蕲簟滑。"崔珏《水晶枕》诗亦有"蕲簟蜀琴相对好，裁诗乞与涤烦襟"之句。

宋代，蕲簟仍然是驰名京都的珍品。王安石《次韵欧阳永叔端溪石枕蕲州簟》诗云："端溪琢枕绿玉色，蕲水织簟黄金文。翰林所宝此两物，笑视金玉如浮云。"欧阳修在收到友人赠送的端溪绿石枕与蕲州簟后，"不胜其乐"，赋诗咏颂道："端溪琢出缺月样，蕲州织成双水（一作锦）纹。呼儿置枕展方簟，

---

① 《新唐书》卷27《地理志》。
② 元稹：《酬乐天寄蕲州簟》。

赤日正午天无云。黄琉璃光绿玉润,莹净冷滑无埃尘。……江西得请在旦暮,收拾归装从此始。终当卷簟携枕去,筑室买田清颍尾。"①对于这两位大文豪来说,功名利禄可以舍去,惟有端溪石枕和蕲簟不能舍,对蕲簟真可谓是爱深意切。苏轼也咏及蕲簟,其《四时诗》曰:"新愁旧恨眉生缘,粉汗余香在蕲竹。"

明清时,蕲簟仍为上品,与笛、杖并称"蕲州三绝",但昔日夺目的光彩已经减弱。

(4)令人缠绵的斑竹簟

本来,对于一般竹席,人们只是带着实用和审美的眼光去审视它,例如古人对蕲簟的偏爱,是因其体现了实用性和审美性的完善结合。而对于像以斑竹编织成的竹席,古代文人却生发出另一番缠绵、另一番感慨。如杜牧在看到斑竹簟上的斑斑纹路时,不由联想到湘妃因黄帝逝去而泪如雨下的情境,写下《斑竹筒簟》诗:"血染斑斑成锦纹,昔年遗恨至今存。分明知是湘妃泣,何忍将身卧泪痕。"唐代一无名氏作的《斑竹簟》中亦有"龙鳞满床波浪湿,血光点点湘娥泣"之句。

竹席无论用哪种竹编成,都主要是供人睡卧的。但古人却想到斑竹上湘妃洒下的多情泪水而不忍卧其上,这的确是件有趣的事,从中亦可看到中国古代文人感情多么细腻,联想多么丰富,其思维颇具女性化特征。

中国竹席蔚为大观,实难俱述。不少竹席是一些地区的传统名产,久负盛誉。如安徽舒席在明代就很出名,明英宗曾亲笔御批"顶山奇竹,龙舒贡席",故有"贡席"之称;湖南益阳凉席据考查始于元末明初,因其轻柔光洁、平静如水,又称水竹凉席;四川安岳、丰都等地的竹凉席从二十世纪初就很有名。这些竹席因编织技艺十分高超,已不只是单纯实用的卧具,而是一件件精美的工艺品了。这将在"竹制工艺品"部分述及。

2. 竹几:柔情蜜意的化身

在中国古代,竹几是一种独特的消暑用具。这种用具对今人来说是陌生的,

---

① 《欧阳修全集·居士集》卷8《有赠余以端溪绿石枕与蕲州竹簟,皆佳物也。余既喜睡,而得此二者不胜其乐。奉呈原父舍人圣俞直讲》。

却陪伴古人度过了一个又一个酷暑盛夏,积淀着古人深厚的情感,寄托着古人对现实人生的执著追求。

竹几虽然是几中的一种,但其功用与形制与一般的几有很大区别。一般的几是供人们进食、读书、写字时用的一种家具,与案相似,但较小,其面狭长,下面两端或四端装足,多为木制。竹几则是编青竹为长笼,或取整段竹中间通空,四周开洞以通风,炎热时季把它放于床或榻上供人们搁臂憩膝,可以祛暑祈凉。清代赵翼《陔余丛考》载:竹夫人(即竹几)是"编竹为筒,空其中而窍其外,暑时置床席间,可以憩手足,取其轻凉也"。苏轼《午窗坐睡》一诗中有"竹几阁双肘"的描述。从这两段记载就可以看到竹几的形制与功用了。一般的几至迟西周就出现,而竹几的出现却要晚些,确切时间难以查考。但南朝时已出现于皇宫中,时称"夹膝"。《南史·元帝纪》载:"又龙光殿上所御肩舆复见小蛇萦屈舆中,以头驾夹膝前金龙头上,见人走去,逐之不及。"① 唐代,竹几多称为"竹夹膝",使用范围拓展了,并作为馈赠佳品在文人学士间传赠。陆龟蒙即赋一首《以竹夹膝寄赠袭美》诗:

竹几案枕[民国·江苏](自《中国民俗艺术品鉴赏》器用卷)

截得筼筜冷似龙,翠光横在暑天中。
堪临薤簟闲凭月,好向松窗卧跂风。
持赠敢齐青玉案,醉吟偏称碧荷筒。

---

① 《南史》卷8

添君雅具教多著，为著西斋谱一通。

可见竹夹膝已成为堪与竹席比肩的生活用具，并因其编造精致而享有"雅具"之誉。鲁望赠给皮日休的竹夹膝更是"圆于玉柱滑于龙，来自衡阳彩翠中"[1]，选材考究、编造精美。当时已正式出现"竹几"的称谓，大诗人白居易《闲居诗》说："绵袍拥双膝，竹几支双臂。"竹几已成为他生活中的忠实伙伴了。

宋代，竹几俗称为"竹夫人"。这是一件耐人玩味的事。称谓的世俗化，表明竹几已普及到千家万户。漫漫夏夜，酷暑难挨，而今却有了竹几陪卧身边，送来了阵阵清凉，祛除了重重热气，可以安然入睡了，这不犹如衾中夫人送来的甜言蜜情吗？于是，民间将竹几拟人化，将一种像对待与自己耳鬓厮磨、朝夕相伴的夫人的深情厚意投射到竹几身上，名之曰"竹夫人"。"竹夫人"

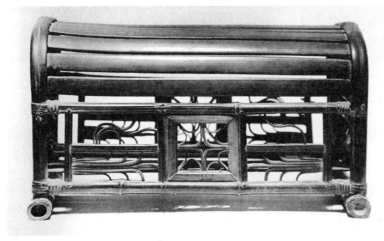

竹几案枕［晚清·江苏］（自《中国民俗艺术品鉴赏》器用卷）

这一称谓因富有人情味又直观生动，很快即为文人骚客所采借，堂而皇之地出现于他们的诗文中。苏轼《送竹几与谢秀才》诗曰："留我同行木上坐，赠君无语竹夫人"，又有《地炉》诗云："闻道床头惟竹几，夫人应不解卿卿"；陆放翁《初夏幽居》诗亦有"瓶竭重招麹道士，床头新聘竹夫人"之句。民间语言的引入，大大增强了诗文的艺术表现力和感染力。用竹夫人称代竹几后，

---

[1] 皮日休：《鲁望以竹夹膝见寄因次韵酬谢》。

苏东坡赠给谢秀才的竹几就不再是一般的生活用品了,而是情意的载体、友爱的化身。陆放翁在空床独守、酷夜难眠之时,得到了竹几,犹如男人刚刚娶聘新娘,当然是欣喜激动的,用"新聘竹夫人"不是比"新置竹几"更富于艺术性和审美情趣吗?

竹夫人[江西瑞金]
(自《中国竹工艺》)

饶有趣味的是,关于"竹夫人"的称呼还引起了古人的一场文墨官司,而首发其难者是苏东坡的得意门生黄庭坚。他认为:竹几"盖凉竹寝器,憩臂休膝,似非夫人之职,予为名曰青奴",并留下"我无红袖堪娱夜,正要青奴一味凉"的诗句。①从纯客观的角度,此说有一定道理。后又由青奴引出"竹奴"之名。宋代方夔《杂兴》诗中就咏道:"凉与竹奴分半榻,夜将书奴伴孤灯。"《事物异名录》、《事物原始》等器名专著均以"青奴"、"竹奴"代称竹几。但细细推演不难发现,采用"竹夫人"的称谓只是一种富于象征意义的说法,借以说明竹几在人们日常生活中的特殊地位以及衍生出的深厚情意,而非纯客观的描述。后又由竹夫人演化出"竹姬"、"竹妇"等别称。明代石瑶《苦热行》诗中就有"竹姬染汗光模糊"之句。

"阁双肘"、"支双臂"以"憩臂休膝"、祛暑祈凉的竹几,最终演化出如此繁多的称谓,不仅表明这一消暑用具在中国人生活中的普及程度和重要地位,更透露出中国人特有的生活情趣和对人生的眷恋之情。在中国人的头脑里,客观物体与人、生活与艺术并不是分离对峙、彼此隔阻的,而是相渗相融、浑为一体的。人们对自己创造出的物件总有强烈的情感注入与主体投射,对象被"人化"和"情感化",不再是冷漠无情的异己之物,而成为充满情意的朋友或情人;现实生活被人们的优美想象罩上了一层迷人的色彩,

---

① 黄庭坚:《赵子充示竹夫人》。

不再那样单调乏味，不再那么俗气无聊，已被"艺术化"或"诗化"，人生"艺术化"了，艺术也"生活化"了。"竹夫人"这一芳名不就比干巴巴的"竹几"更能拨动情感之弦、更能唤起人们无尽的优美想象吗？这种"诗化"、"艺术化"的生活不知是否值得现代人钦羡和效仿呢？值得注意的是，尽管中国封建社会的帝王将相、卫道士们竭尽摧残人性之能事，然而人民大众依然笃守着"食色，性也"的人生信条，执著地追求着现实的人生。"竹夫人"一词出现于宋代，不正是对"存天理、灭人欲"的程朱理学的无声抗争和有力嘲讽吗？不也充分地证明了无论怎样严酷的铁门也关不住人性的"满园春色"吗？

3. 诗情画意的中国竹扇

竹扇可分为两种，一种是以竹丝编成扇面制成的竹编扇，一种是以竹为扇骨制成的竹骨扇。

竹编扇（文献中一般简称竹扇）创始何时，难以考确。但可以肯定，先秦时期，竹（编）扇已大量出现，其中以楚国的为最精致。江陵马山1号墓出土的一件竹扇，扇面略近梯形，用涂红、黑漆的细薄篾片（宽仅0.10厘米）编织成矩形图案，并在矩形纹里又编织连续的"十"字形纹，编织手艺十分高超，至今鲜丽完好，宛如新制。这件竹扇，是我国已知年代最早的竹扇中制作最精、保存最好的一件。汉代，竹扇的地位提高了，一般士大夫多用竹扇，除用以逐暑致凉外，还在外出时用以遮面，故此种扇又称为"便面"、"障面"。竹扇亦在民间广为传用。汉代扬雄《方言》五解释说："扇，自关而东谓之箑，自关而西谓之扇。"注曰："今江东亦通名扇为箑。"称扇为箑，除方言差别外，应是竹扇的缘故。当时兴起的绢扇则因价格昂贵，使用面较小。无怪乎大文豪班固特作《竹扇赋》相咏："供时有度量，异好有团方。来风堪避暑，静夜致清凉。"魏晋时期，竹扇形制趋于多样化，有方、圆、六角等形，其中六角竹扇

臂搁［清·江苏］（自《中国民间美术全集》器用编·用品卷）

最受欢迎,成为市场上的走俏商品。① 这时竹扇编织技法已十分高超,晋许询《竹扇》诗云:"良工眇芳林,妙思触物骋。篾疑秋翼蝉,团取望舒景。"扇面竹丝薄如蝉翼,足见竹工技法之精湛。

隋唐时期,由于纨扇、羽扇的兴盛以及纸质扇的崛起,竹扇已失去昔日的辉煌,但仍并行不替,衢州、襄州等地的竹扇因编织精致,还被列为贡品在宫廷中使用。② 宋代,折扇并未普及,竹扇仍有广阔的市场。明代始,折扇流行开来,竹扇因系直面无法折叠而走向衰微。但一些编织精美的竹扇仍异彩独放。明代正德初,一个叫傅永纪的商人因船翻而漂至"佛郎机国",遂留下。傅永纪擅长制作竹扇和纸扇,一扇可卖金钱一文,不到两年就成巨富。可见竹扇仍受到一些人的喜爱。清末四川自贡竹编艺人龚爵伍创制的自贡竹丝扇,又名龚扇,名噪当时,享誉至今。它是将幼嫩的慈竹刮刻成细如发丝、薄如蝉翼的织料,精心编制而成扇面,再配以象牙柄、虎头节、彩丝流苏等装饰精制而成。

中国古人对扇骨(包括扇柄、扇圈)的选用是十分考究的,一般以檀香、象牙、玳瑁、牛角、玉、名贵竹制者为高雅华贵,命之檀香扇、象牙扇、玉柄扇、竹骨扇等。竹骨扇历史悠久。江陵天星观1号墓出土的一件楚国羽扇,

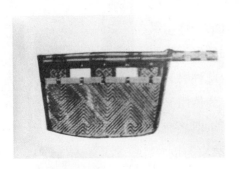

彩漆编花竹扇[春秋战国湖北江陵
马山1号墓出土](自《楚文化史》)

竹扇[清·广东]
(自《中国民俗艺术品鉴赏》器用卷)

---

① 《晋书》卷80《王羲之传》。
② 李吉甫:《元和郡县图志》卷21、26。

就是以竹制成心形扇骨，扇面用羽毛。① 南朝时的羽扇多以良竹为扇骨。梁昭明太子《扇赋》载："匠人之巧制，女工之妙织，九折翠竹之枝，直截飞禽之翼"②，就说明当时竹骨制作是很精致的。宋代涌入的大批高丽扇"以琴光竹为柄"，当时妇人多喜用竹骨扇。③ 明清时期，竹骨扇更为普及。明成化年间，南京李昭以竹骨制成的折扇十分精美，加上绘画大师王孟仁在其扇面作画，锦上添花，并称"二绝"，名播天下，周晖《续金陵琐事》有诗赞道："李郎竹骨王郎画，三十年前盛有名；今日因君睹遗墨，却思骑马凤台行。"当时，一些优质竹材还被贩往制扇之地，如广西梧州棕竹就"采往南京卖作扇材"。④ 明代中叶以后，苏州产的折扇声名大噪，誉为"泥金扇"。苏扇之著名，除因扇面系优质细绢外，还与选用优良竹骨有关，"凡紫檀、象牙、乌木者，俱目为俗制。惟以棕竹、猫竹为之者，称怀袖雅物。其面重金，亦不足贵，惟骨为时所尚"⑤。由于竹骨扇销量激增，遂出现制作竹骨的专门化的手工作坊，濮仲谦水磨竹骨就"妙绝一时"。⑥

竹扇作为日用品，与其他扇一样，最主要的用途当然是祛暑致凉，"扫却人间炎暑，招回天上清凉"。《淮南子·精神》载："知冬日之箑，夏日之裘，无用于己，则万物变为尘埃矣。"就是说，夏天裹被、冬天摇扇是违背自然法则的。后有民谣曰："扇子好扇风，扇夏不扇冬，有人问我借，自家要扇风。"然而，不少竹扇却不仅仅以实用品而存在，而是实用性与艺术性的完美结合，这种结合主要是通过扇面书画或扇骨上镂刻书画这一艺术形式来完成的。

扇面书画是中国独特的艺术形式，古往今来，多少著名书画家都在扇面上挥洒翰墨，留下不少不朽之作。一把普通的扇子，一经名人书画点染，便身价百倍，雅趣横生，使人爱不释手。而这一艺术最先便出现于竹扇、纨扇。竹扇题字习尚出现于魏晋时期。东晋大书法家王羲之曾为一老妇泼墨挥毫，被传为千古佳话。《晋书·王羲之传》载：王羲之在戢山"见一老姥，持六

---

① 张正明：《楚文化史》，第201页，上海人民出版社1987年版。
② 欧阳询：《艺文类聚》卷69《服饰部上·扇》。
③ 陆游：《老学庵笔记》卷3。
④ 王济：《君子堂日询手镜》。
⑤ 沈德符：《敝帚轩剩语补遗》。
⑥ 刘銮：《五石瓠》卷3《濮仲谦刻竹》。

角竹扇卖之。羲之书其扇，各为五字，姥初有愠色，因谓老姥曰：'但言是王右军书，以求百钱邪'。姥如其言，人竞买之。他日姥又持扇来，羲之笑而不答"。① 唐代，由于诗歌艺术的繁荣，竹扇上题诗的风气蔓延开来。皇甫冉就曾把题了《题竹扇赠别》一诗的竹扇赠与即将离别的情人，其诗为：

　　湘竹殊堪制，齐纨且未工。
　　幸亲芳袖日，犹带旧林风。
　　掩笑歌筵里，传书卧阁中。
　　竟将为别赠，宁与合欢同。②

惜别之情跃然扇面，纵使相隔千山万水，情人亦能睹物而牵情，坚定苦盼的信念。

明清时期，扇面题字作画的风气更盛。竹扇已超越了纯实用的藩篱，而成为"有意味的形式"，积淀着人们的风雅志趣和审美追求。艺术与生活在竹扇上水乳交融，艺术生活化了，生活艺术化了。这或许是中国人一种特有的生活基调吧？

竹扇是许多中国人的心爱之物，又是友人间的馈赠佳品，成为情感的纽带、友情的象征。而在封建社会，大臣得到皇帝赐予的竹扇，则意味着恩宠备至、无上荣光。才高八斗、命运多舛的曹植就在《九华扇赋》中不无自豪地追述着："昔我先君常侍，得幸汉桓帝。帝赐尚方（竹）扇，不方不圆，其中结成文，名曰九华。"③ 这层含义现在当然是不复存在了。

四、竹制家具

在中国琳琅满目、五彩缤纷的家具世界

竹编五角扇［清·四川］
（自《中国民俗艺术品鉴赏》
器用卷）

---

① 《晋书》卷80。
② 皇甫冉：《题竹扇赠别》。
③ 曹植：《曹子建集》卷3

中，竹制家具无疑是一颗炫人眼目的明珠。这颗明珠光耀数千年，即使到了今天，其光环仍笼罩着部分人的生活。

竹制家具种类繁多，按制造方法大致可分为两大类。

方形竹桌椅［江苏南京］

方形竹桌椅［四川成都］（自《中国竹工艺》）

第一类主要是斫削而成，有竹床、竹榻、竹椅、竹凳、竹案、竹桌等。最先出现的是竹床、竹榻，其历史至少有3000多年了。先秦时称以竹片制的床为"第"。以竹制床比以木制床加工难度要小一些，但竹床不如木床坚固。汉朝以前，床既是卧具，又是坐具，人们写字、读书、饮宴，几乎都在床上进行。这就要求床具有很强的承载力和坚固性。竹床显然处于劣势。那时所用的床多为木床。隋唐时期，由于桌子和椅子、凳子的广泛使用，引起人们生活习惯的改变，读书、写字或饮宴都是坐椅据桌，不再在床上了。床由一种多功能的用具，退而成为专供睡卧的家具，使用频率减少，对其坚固性的要求也降低了。这样，竹床便显示出加工便利、轻巧灵便、清爽致凉等优势，成为一部分人喜爱的卧具。竹床多为下层民众使用，如白居易有一次夜宿乡野就睡于竹床上，并写下《村居寄张殷衡》诗记载到"竹床寒取旧毡铺"。僧人也有用竹床者，韩愈《题秀禅师房》诗曰："竹床莞席到僧家。"而官宦之家亦有陈列。如许浑曾病卧竹床达3年之久，所以才有《病中》诗表达的"露井竹床寒"的感受。张籍家中也有竹床[①]。宋代，竹床使用更广。陆游昼寝竹床上，生出"向来万里心，尽付一竹床"[②]的感叹。唐宋时期，竹椅、竹凳、

---

① 张籍：《答元八遗纱帽》。
② 陆游：《竹窗昼眠》。

竹桌也大量出现了。

竹榻实质上是竹床的变种，下有4只矮足，榻面为长方形，有的较小，供一人坐，大的竹榻可供人睡卧，所以古代常"床榻"联称。古代竹榻有一个雅号——"梦友"。《事物绀珠》载："梦友，李建勋湘竹榻名。"李建勋为南唐人。看来这种竹榻是供人睡卧的，为梦中良友，故名"梦友"，足见其在人们生活中的普及程度了。

第二类主要以编织而成，有竹笥、竹箧（箱）、竹帘等。

竹篮与竹箱[浙江新昌]

竹笥是古代常用的盛衣物的竹箱。西周时，竹笥主要用来盛衣服，《尚书·说命中》谓："惟衣裳在笥。"春秋战国时期，竹笥的数量激增，编织技术也有较大提高。据统计，仅楚墓出土的竹笥就达100余件，有方形、长方形和圆形3种形状，而以长方形居多。其中6件为彩漆竹笥，编织精致。如江陵望山1号墓出土的一件彩漆竹笥，由两层篾片编织而成，外层的篾片细而薄，宽仅1毫米，篾片分别涂红、黑漆，并编织成优美的矩形图案；内层的篾片较宽且厚，没有涂漆，编织成人字纹图案；为使竹笥更加牢固，还在竹笥的周边内外用两周宽竹片夹住，并用藤条穿缠加固。这些竹笥有的盛衣服（江陵马山砖厂墓，出土的竹笥装有一件很小的"锹衣"）；有的放置着天平、砝码、毛笔等物（长沙左家公山15号墓出土）；有的盛铜镜与装饰品（湖南常德德山 25 号墓出土）；有的盛有花椒籽（江陵太晖观 50 号墓出土）。[①] 可见竹笥当时已成为广泛使用的家具。

竹制旅行箱［浙江嵊州］

竹制橱柜［江苏南京］（自《中国竹工艺》）

汉代，竹笥主要用于盛放衣服。《汉书·贡禹传》颜师古注曰："笥，盛衣竹器。"竹笥因此而与衣裳被子一道成为女人出嫁时的陪嫁品。《后汉书·戴良传》载："初，良五女并贤，每有求姻，辄便许嫁，疏裳布被，竹笥木屐以遣之。"后来嫁女时陪嫁"疏裳竹笥"成为一种民间习俗。《书言故事·婚姻类》："嫁女燕，言疏裳竹笥以遣行。"因竹笥主要作衣柜用，故有"服笥"、"衣笥"、"锦笥"、"彩笥"等称呼。当然，竹笥也多用以盛书籍，如唐代诗人鲍照《临川盈王服竟还田里》诗云："道经盈竹笥，农书满尘阁。"竹笥是古代家庭必备家具，故有"家笥"之称，并沿用至今。

竹箧即为竹箱，只是大者称箱，小者称箧，也是盛物竹器。西周时，装头冠的竹箱称为"匴"，《仪礼·士冠礼》："爵弁、皮弁、缁布冠各一匴。"《广韵》："匴，冠箱也。"后又用以盛衣服、扇子等物，故有"箧服"、"箧锦"、"箧扇"等称呼。笥与箧形制与功能均极为相似，故常"箧笥"连称。

竹帘在古代有着广泛的用途，除用于造纸等生产部门外，又作为门帘、窗帘，是障蔽门窗、装饰居室的重要家具。汉代竹帘的编织技术就十分高超，用以装饰皇陵。《西京杂记》记载："汉诸陵寝，皆以竹为帘，皆为水纹及龙凤之象。"竹帘具有雅洁、空灵的优点，向为文人学士所喜爱。大诗人白居易在庐山筑的草堂就挂有竹帘。文人们常用一些美妙的词句来描绘竹帘的风韵形态，如以"帘波"谓竹帘影日摇曳，宛如波纹；以"帘风"谓竹帘间

---

① 陈振裕：《楚国的竹编织物》，《考古》1983 年第 8 期。

的风动;"帘影"谓竹帘之影,等等。宋人田锡还专作一篇《斑竹帘赋》加以颂咏。不难看出,竹帘不仅是一种实用品,而且还是一种具有审美价值的工艺品。

五、竹制玩具

中国竹制玩具很多,兹仅择竹马、竹蛇述之。

1. 竹 马

公元36年,政绩斐然、深得民心的新任并州牧郭伋外出巡视,体察民情。他坐在车内,抚今追昔:当年王莽专权,天下大乱,而今终于归于一统,作为王朝的封疆大吏,定要与民休息,招贤纳俊,使并州百姓丰衣足食……思绪悠悠,不知不觉到了一处叫美稷(治所在今内蒙古准格尔旗西北)的县。突然喧哗声大作,他从沉思中惊醒,展眼望去,只见数百名稚气十足、活泼可爱的儿童,均骑着竹马,跳着欢快的舞蹈,迎候于道路两旁。郭伋颇感惊奇,

梁平竹帘

问道:"你们为何这样远还要来迎呢?"孩子们齐声应道:"听说您要来,父老兄弟都欢喜不已,特派我们来迎候您。"郭伋被这一场面深深感动了,

眼中充满泪花……①

一千九百多年前黄尘古道上，数百名儿童骑着竹马载歌载舞的情景的确让人心驰神往，而当我们对历史作一番匆忙的巡视，更会惊喜地发现，竹马是自古以来备受中国儿童喜爱的一种玩具，曾伴随着他们度过童真岁月。

竹马是截竹竿所做的马，为古代儿童嬉戏的玩具。竹马之戏何时出现已不可确考，但不会晚于春秋战国时期。《墨子·耕柱》曾用童子骑竹马比喻"大国之攻小国"。竹马之戏是汉代儿童所酷爱的娱乐方式，在民间得到广泛普及，进而发展成为具有浓郁民族特点和地方情调的民间艺术，如美稷县即是。汉代以后，竹马之戏久盛不衰。西晋张华《博物志》佚文中载："小儿五岁曰鸠车之戏，七岁曰竹马之戏"②，说明晋代儿童一般七岁时开始骑竹马嬉戏。西晋开国皇帝晋武帝司马炎、东晋大将桓温童年时均有竹马之欢③，足见竹马之戏不仅在民间普及，还进入高门望族，受到这些家族儿童的喜爱。当时，成年人间士庶之隔犹如天渊，而在儿童之间，童心却能通过一小小竹马紧紧相连，这恐怕是士族阶层心有不愿而又无能为力的。唐以后，无论是官宦之家的娇子，还是山野村落的顽童，均爱玩竹马。唐人顾况的小儿子常骑竹马嬉戏于庭院，却不幸夭折，顾况悲痛万分，作《悼稚》诗："稚子比来骑竹马，犹疑只在屋东西。莫言道者无悲事，曾听巴猿向月啼。"白居易写下《赠楚州郭使君》，描绘"笑看儿童骑竹马，醉携宾客上仙舟"的欢快活泼气氛。刘禹锡作《同乐天和微之深春》诗，描写春暖花开时稚子"争骑一竿竹，偷折四邻花"的逗人情境。唐人路德廷的《小儿诗》亦有"嫩竹乘为马"的诗句。陆游在《观村童戏溪上》诗中兴味十足地描绘村野儿童骑竹马嬉戏溪水边的情境："雨余溪水掠堤平，闲看村童戏晚晴。竹马踉蹡冲淖去，纸鸢跋扈挟风鸣。"

---

① 《后汉书》卷61《郭伋传》。
② （宋）无名氏：《锦绣万花谷》前集卷16。
③ 刘义庆：《世说新语》卷中。

竹玩具（董文渊摄）

中国古代，竹马不仅是一种儿童玩具，而且被附着了多重意蕴。

首先，因竹马为儿童所专享①，所以竹马便成为童年、童心、稚气的代名词，文人学士们常常在诗文中借咏竹马，或抒发对无忧无虑的孩提时光的追忆之情，或感慨岁月如梭、转眼华发。唐人留下不少这方面的诗篇，兹择几首。韦庄在《下邽感旧》中这样感怀往昔："昔为童稚不知愁，竹马闲乘绕县游。曾为看花偷出郭，也因逃学暂登楼。"颜萱《过张祐处士丹阳故居》追述道："忆昔为儿逐我兄，曾抛竹马拜先生。"徐铉在《送应之道人归江西》诗中借竹马感叹岁月易逝、人生短促："曾寄竹马傍洪崖，二十余年变物华……岁暮定知回未得，信来凭为寄梅花。"白居易的《送王卿使君赴任苏州寄题郡中木兰西院》诗亦借竹马感叹人世沧桑："不论竹马尽成人，亦恐桑田半为海。"李商隐《骄儿诗》这样描述骄儿的天真烂漫："截得青筼筜，骑走恣唐突。"清前期扬州八怪之一、"瘿瓢山人"黄慎归故乡福建宁化，与儿时好友廖向如相逢，昔日稚童今成老翁，不禁发出"最是昔年光景异，一时竹马总成翁"②的感叹。

---

① 如东汉末年的陶谦14岁时犹"乘竹马而戏"，被视为"遨戏无度"（《后汉书·陶谦传》）。
② 黄慎：《归里喜晤廖向如》。

其次，以竹马比喻儿时纯洁真诚的情谊。童年的感情是纯真无邪的，他们在一起骑竹马嬉戏时，通过竹马传导出的感情和联结成的友谊也必然是纯洁无瑕的，这样，竹马便成为儿时纯真友情的象征物，"竹马之好"即谓总角之交，"竹马之友"即谓幼儿时的好朋友。《世说新语·方正》记载："（诸葛靓）与（晋）武帝有旧，……相见。礼毕，酒酣，帝曰：'卿故复忆竹马之好不？'"唐代大诗人李白有一首脍炙人口的《长干行》诗：

郎骑竹马来，绕床弄青梅。

同居长干里，两小无嫌猜。

以竹马、青梅比喻一对男女少儿追逐嬉戏时天真烂漫、两小无猜的感情。

再次，古代仕宦阶层常以儿童骑竹马来勉励或称颂同仁为政清廉，这一层意义是由数百名儿童骑竹马迎接并州牧郭伋衍生而来的。如唐人许浑在《送人之任邛州》诗中就这样勉励即将赴任邛州刺史的友人："群童竹马交迎日，二老兰觞初见时"，殷切希望友人能像郭伋那样为官清正、深得民心。唐人赵嘏的《淮信贺滕迈台州》诗则以"旌旆影前横竹马，咏歌声里乐樵童"称颂台州刺史的政绩。

2. 栩栩如生的竹蛇

竹蛇是主要盛行于四川地区的玩具。将干燥的老白夹竹去掉节疤，锯成约8—9厘米长的小节，将每个小节的两端削成尖圆的叉形做蛇身，有的还将"蛇身"去青施彩，或雕刻为背纹和腹纹。同时，取较小的白夹竹的"脑壳"（竹根）削成蛇头，在适当部位雕上眼睛、挖个嘴巴。再做蛇尾，作为玩弄的把手。最后，按蛇的大小粗细，挑上十多节竹节，节与节间钻上小孔，铆上竹钉，打进楔子，装上头尾，竹蛇便做成了。

由于竹节连接得体，刻划细腻，当把蛇尾捉住一举，眼前便出现一条能够曲折盘旋的小蛇。有的巧手还在蛇嘴里安上分叉的小竹片，点染浅红，引线从蛇腹通到蛇尾，玩弄时用指牵扯，蛇头一伸一缩，平添一番奇趣。未施彩的竹蛇，其色酷似"青竹标"；而把玩时久，绿竹变为铮黄，"青竹标"就变为"金竹标"了。孩子们时而把竹蛇缠在手腕，时而把它抖伸垂直，时而又把它猛地一举，竹蛇好像要捕捉什么似的，引颈直窜。突然，小手轻轻

一动，竹蛇将身子一曲，又乖乖地回到手里。有时孩子们还用竹蛇相互挑战，用自家的蛇头去碰别人的蛇头，双方一退一进，有缩有伸，那活泼可爱的样子，逗得孩子们乐不可支。①

六、竹杖：一种重要的扶身用具

竹杖的制作和使用可远溯至原始社会。身处丛竹密林之中的原始人，制作的竹杖自然是粗糙质朴的，主要用于跋山涉水时维系身体平衡和护身开道。尔后，竹杖因其种类愈多、制作愈精、使用面愈广，而蔚然成为中国文化中一耐人寻味的文化景观。

中国竹杖品类繁多，主要有筇竹杖、斑竹杖、方竹杖等。

筇竹杖亦可简称筇杖或筇，是以筇竹所制之杖。筇竹出于四川邛都邛山，又名扶老或扶竹，是制作手杖的优良材料。晋戴凯之《竹谱》载："竹之堪杖，莫尚于筇。"早在西汉时，筇竹杖就通过西南丝绸之路销往印度，②制作工艺已十分精湛。至唐代，它更得人们的钟爱。白居易"手把青邛杖，头戴白纶巾"、司空曙"手便邛杖冷，头喜葛巾轻"等诗句，正生动地反映了当时人的情趣与爱好。入宋，筇竹杖成为市场上的常见商品，连南方一些少数民族也精于筇杖制造，将成品运至泸、叙等地出售，"一杖才四五钱，以坚润细瘦九节而直者为上品"③。明代大旅行家徐霞客首次登黄山时，正遇上大雪封住山道。他手持筇杖，支撑身体的同时，又用它敲凿冰雪，凿出洞孔后，步步前移，最后终于登上黄山。可见徐霞客的黄山之行，筇杖是立了大功的。

斑竹杖亦为杖中上品。陆游在《老学庵笔记》卷5说："拄杖斑竹为上，竹欲老瘦而坚劲，斑欲微赤而点疏。"用精心挑选的斑竹制作的手杖，轻巧坚劲，赤斑点缀，不用雕琢装饰，自身就是实用性与审美性兼备的工艺品，因此颇受人们的青睐，文人墨客就留下众多吟咏的诗文，如刘禹锡《吴兴敬郎中见惠斑竹杖兼示一绝聊以谢之》咏道：

---

① 文闻子主编：《四川风物志》，四川人民出版社1985年版，第529~530页。
② 《史记·大宛传》；《汉书·张骞传》。
③ 陆游：《老学庵笔记》卷3。

一茎炯炯琅玕色，数节重重玳瑁文。

挂到高山未登处，青云路上愿逢君。

筇竹杖（董文渊摄）

方竹杖在古代也颇负盛誉，堪与筇竹杖相媲美。段公路《北户录·方竹杖》即载："澄州产方竹，体如削成，劲挺堪为杖，亦不让张骞筇竹杖也。"

此外，蕲竹、芦竹、紫竹等均可为杖。蕲竹产于湖北省蕲春县，色莹、节疏、带须，所制杖颇负盛名，与蕲簟、蕲笛并称"蕲州三绝"。芦竹所制手杖兼具众杖之长，陆游就认为："拄杖惟芦竹最佳，……一节疏，二坚劲，三色白，四至轻，五易得。"① 至于紫竹杖，宋人苏辙就曾于黄家乞得"劲挺可喜"的紫竹为杖，以扶助其贫病之躯。②

中国竹杖的制作工艺是十分精湛的，如明代佛山地区的竹杖，"制法颇佳，头足皆留，故皮头若牙装，足若铜裹，皆点缀自然，不加雕琢。头须略剪，尚存蓓蕾。搜剔极细，累累如贯珠，又如装画古罗汉，作须发螺旋之形，极可爱也。又中若有物，动出异声，珊然常如鸣佩，声亦时定，定若无物，然有物者，其恒声也。终莫解其故，因从而灵之，以传好事云"③。这种竹杖穷尽自然之美，其工艺之高超让人瞠目结舌，故以"灵杖"名之。

竹杖与其他手杖一样，主要是扶助人们登高履险的工具，对于年老体弱者，又起支撑身体平衡的作用。但在中国古代，竹杖还进入丧礼、馈赠礼仪、人伦、宗教等领域，被赋予或积淀了多重文化含义。

竹杖曾是古代的重要丧葬用具。先秦时的丧礼十分隆重，长辈谢世，子女要身穿苴服（粗劣的衣服）、腰束苴绖（麻带）、手持苴杖、住茅屋、吃稀粥、睡柴薪以示沉痛哀悼。《荀子·礼论》说："齐衰苴杖，居庐食粥，席薪枕块，

---

① 陆游：《陆放翁全集·斋居纪事》。
② 苏辙：《栾城集》后集卷2《求黄家紫竹杖》。
③ 陈确：《陈确集·文集》卷9《佛山灵杖记》。

是君子所以为悼诡，其所哀痛之文也。"苴杖即服丧所用之竹杖。《礼记·丧服小记》曰："苴杖，竹也。"这种杖是用自然衰死的苍白色竹子制成。① 孔颖达《疏》是这样解释"苴杖"一词的由来的："苴者，黯也。必用竹者，以其体圆性贞，四时不改。"

事实上，苴杖仅用于父丧，母丧则用桐杖，这种繁缛的礼法源于古人朴素的宇宙观和形象思维。他们认出，"竹圆效天，桐方法地"，天者乾也、父也，地者坤也、母也，"竹外节，丧礼以压于父，故为母期，则其节有不得达于外矣，且桐削杖亦以明其眚礼。夫父不可亢也，然母亦岂可略哉！故齐衰杖桐削之，使勿充而已"②。

竹杖具有坚劲挺直、节节相扣的形质，这与中国士大夫匡时济世的仕途准则及宁折不屈的人格追求相契合，从而成为他们之间传导友情、寄托志趣的馈赠佳品。有的赠竹杖是因其具有劲节而耐寒的品质："此君与我在云溪，劲节奇文胜杖藜。为有岁寒堪赠远，玉阶行处愿提携。"③ 有的赠竹杖是因其具有坚劲轻便、多节的特点："坚轻筇竹杖，一枝有九节。寄与沃州人，闲步青山月。"④ 而实心竹杖在被馈赠时，传递的意蕴更为丰富。兹引皎然《采实心竹杖寄赠李萼侍御》一诗：

竹鞭烟斗（李蓓摄）

白沙竹烟筒［云南］（自《中国民间美术全集》器用编·用品卷）

---

① 《荀子·礼论》注曰："苴杖，谓以苴恶竹为之杖。"《荀子·哀公》注曰："苴，谓苍白色，自死之竹也。"
② 陆佃：《埤雅》卷15。
③ 护国：《赠张驸马斑竹柱杖》。
④ 高骈：《筇竹杖寄僧》。

竹杖裁碧鲜，步林赏高直。
实心去内矫，全节无外饰。
行药聊自持，扶危资尔力。
初生在榛莽，孤秀岂封殖。
干雪不死枝，赠君期君识。

竹屏风[浙江东阳]（自《中国竹工艺》）

竹编鸟笼（高宏摄）

从诗文中可以看到，皎然赠实心竹杖与李萼，实是勉励李萼要像实心竹杖一样，高直全节，踏实去矫，扶危济弱，孤霜傲雪。后周庾信《邛竹杖赋》有"媥娟高节"的吟咏。范成大《方竹杖》诗还赋予竹杖"刚方独凛然"的文化意蕴。

竹杖从丧葬用品变为馈赠品，表明竹杖从宗法领域步向了现实生活，成为越来越多人的日常用品。

竹杖是众多道士、僧侣的常佩之物。道教从孕育之时便与竹杖结下不解之缘。《拾遗记·周灵王》载："老聃在周之末，居反景日室之山，与世人绝迹，惟有黄发老叟五人，或乘鸿鹤，或衣羽毛，耳出于顶，瞳子皆方，面色玉洁，手握青筠之杖，与聃共谈天地之数，……。"[1]至于僧侣，亦多"临水手持筇

---

[1] 王嘉：《拾遗记》卷3。

竹杖，逢臣不语指芭蕉"①、"鹤裘筇竹杖，语笑过林中"②。因道士、僧侣常手持竹杖，因此竹杖在某些场合下成为谢绝尘埃、归隐山林的借代物。中国许多士大夫一旦官场失意，生出归隐之念时，就自然想到竹杖，"竹杖芒鞋任意留，拣溪山好处追游"③。如明末清初的陈确就用竹杖"伴我三山去，长辞世上氛"④。

  杖在古代被称为"扶老"，具有尊老敬贤的功能。而竹杖因竹与"祝"偕音，其含义更不同一般。皇帝赐大臣竹杖，民间向耄耋老人敬献竹杖，均有祝愿老人健康长寿的意味。有的竹杖刻有赋予象征意义的图案，如杖端刻饰鸠鸟（传说此鸟进食不噎），意为祝愿老人食欲旺盛；而刻有龙头的竹杖，更代表了无上的殊荣和"一人之下、万人之上"的权贵。

  中国竹制生活用品是一幅宏阔而绚烂多彩的画卷，以上所述只是这一画卷的几条主线而已。事实上，尚有众多的竹制生活用品，如竹制烟具、竹制清扫工具以及竹篦、竹印、竹屏风、竹香台、竹枕等等，尚未述及。尽管如此，如同一滴水能折射出阳光的七色，我们仍能从以上描述中窥知中国竹制生活用品之大端。

---

① 武元衡：《寻三藏上人》。
② 李端：《夜寻司空文明逢深上人因寄晋侍御》。
③ 《阳春白雪》"点绛唇"。
④ 陈确：《又题用前韵》。

第三章　各项产业，均有竹具

——竹制生产工具

炊饮器具、衣冠鞋饰、家具玩具等日用生活用品都与生产实践所创造的物质条件有关。生产这一人类的基本实践活动是一切物质财富产生的基础，直接反映了人类在一定历史阶段利用和改造自然界所达到的水平以及社会生产力的程度和性质，并且表现了人类对待自然的态度、关于自然的知识以及改造自然和创造自然的情感方式、思维模式及价值理想，是物质文化中最富有活力和创造性的一个要素。

中华传统文化曾长期滞留于自给自足小农经济的阶段，农业生产是整个社会最为主要的生产实践活动，在国民经济中占有重要地位。同时，生产力水平低下、主要以个体家庭为生产单位的手工业，在人民生活中亦有不可或缺的作用。此外，狩猎、畜牧和捕鱼作为人们生活资料的补充而存在。在以上各行业中，有相当一部分生产工具是由竹材制成的。农业生产过程的播种、中耕、灌溉、收获、装运、加工、贮藏诸环节，都有竹制农具的参与；制盐业、纺织业、造纸业、制糖业、制茶业等主要手工业行业，也都有竹制手工业生产工具；筌、簏、钓竿等捕鱼工具、弓箭等狩猎工具和笼等畜牧器物，亦由竹子造成。竹制生产工具遍及中国传统生活的各个生产部门和诸多生产的全过程，构成了一整套独具特色的生产习俗和生产规则，表现了中华民族认识自然、改造自然的智慧、勇气和理想，构成了一幅富有中国特色和韵味的文化景观。

一、竹制农具

中国农业文明肇始及演进发展的整个过程中，处处闪现着竹制农具的身

影。农业生产中的播种、中耕、灌溉、收获、装运、加工、贮藏等环节，都曾有竹制农具的强有力的参与。下面我们依照这几个环节，对竹制农具作一概括介绍，从中可以窥见竹制农具的丰富多彩以及它在中国传统农业中的重要性。

1. 竹制播种农具

从大量的民族学资料看，戳穴点种应是最早出现的一种播种方式。在火耕农业阶段，人们用石斧砍倒树木（高大的树木则削枝）、纵火焚烧后，不加耕翻，用尖头竹（木）棍戳穴点种。后来，为了增强戳土力度，在尖头竹（木）棍上安了扶手，并加上一根踏脚横木，手足并用，遂成"耒"。之后这种单齿耒又演变成双齿耒，即挖土的部件由单尖变成双尖的。双齿耒出现后，播种功效提高了，但耒只能挖松土块或戳穴，不便翻土，因此人们将尖刃削为扁平刃，并加上踏足横木，则成"耜"。耜出现后，人们能翻耕土地，农业遂进入"耜耕"阶段，戳穴点种工具逐步被淘汰。

可见，竹制播种农具是与刀耕火种的原始农业相适应的，因此，在很早与刀耕火种农业相揖别的内地，这种农具早已荡然无存，却得以长久地保存在许多少数民族的原始农业之中。

竹制播种农具主要是尖头竹棍、竹锄、啄铲，其中，竹棍使用最广，竹锄、啄铲在某些民族中使用。

居住在云南西北部贡山县独龙河谷的独龙族，最先使用的播种农具是竹（木）棍，直到二十世纪初，清朝地方官夏瑚在其《怒俅边隘详情》中还如是记述："（独龙族）农具亦无犁锄，所种之地，惟以刀伐木，纵火焚烧，用竹锥地成眼，点种苞谷，若种荞麦、稗、黍等类，则只撒种于地，用竹帚扫匀，听其自生自实。"① 这种工具是把小竹棍或小木棒一端削尖或以火炙尖即成，戳眼点种后就扔掉，独龙语称"宋姆"，是竹木质工具中使用最广泛的一种。② 直到中华人民共和国成立前，尽管铁制农具如小铁锄、铁砍刀、铁

---

① 李根源：《永昌府文征》。
② 卢勋、李根蟠：《独龙族的刀耕火种农业》，《农业考古》，1981年第2期。

斧等已传入，但原始竹木质农具的使用仍然相当广泛，山地上戳穴点种的仍是尖竹（木）棍。

云南省西盟县阿佤山区的佤族，在铁农具出现前主要使用竹木农具，其中，尖竹（木）棍为最早的播种农具。据马散寨老人说，他们的祖先是用一根两米左右长的、一头削尖的竹竿点种。铁制农具在阿佤山使用以后，佤族人民还发明了一种新的点种工具——啄铲，这种工具是在一长约两米的细竹竿上安一呈心形的铁片，形状与梭镖相似，操作时双手执竹竿的中部，斜插入土，利用竹竿上部的弹力使铁尖跳起，可迅速地连续挖穴。可见啄铲亦以竹为主要构件。据说佤族用尖竹（木）棍或啄铲挖穴点种，挖穴者与点种者配合十分默契，一天可以点种两亩地的旱谷。①

景颇族火耕农业相沿甚久，尖竹棍是重要的播种工具。清末和民国初年，景颇族仍以"耕种为惟一职业，凡稻谷、玉蜀、黍皆种山地，每年冬季砍伐森林，春暮干燥，则焚烧之，俟冷熄后，即以竹棍戳洞播种"②。该族的另一种播种农具是竹锄，景颇语称"宁间"（也译作"凝奸"），"用长约40厘米的竹子砍一孔，另制一竹片插入孔中，再以竹篾绑扎，使其呈锄状。使用时手握其柄，在地上挖洞布种"③。竹锄与景颇族原始农业的关系十分密切，这可从他们的"春播"（景颇语称为"对黑"）祭祀活动中看出。"对黑"中的一道程序是由未婚男女青年表演刀耕火种农业生产方式："女青年左肩挎盛谷种的小竹箩，右手执一把小竹锄。男青年执一竹扫帚跟随在后，女青年用小竹锄在地上挖洞布种，男青年用竹帚扫土覆盖；播完这一小块地后，仪式即算结束。"④可见竹锄曾是景颇族重要的播种农具，直到中华人民共和国成立前，云南德宏莲山县乌帕乡乌帕寨还有人在种旱谷时使用竹制小锄挖穴点种，并以竹帚覆土。⑤

分布于澜沧江中、下游两侧山岳地带的布朗族，在中华人民共和国成立前普遍使用竹或木质尖棍凿穴播种，"播种时，男子拿一根削尖的竹、木棒，……

---

① 李根蟠、卢勋：《刀耕农业与锄耕农业并存的西盟佤族农业》，《农业考古》，1985年第1期。
② 李学诗：《滇边野人风土记》。
③ 罗钰：《云南景颇族的旱地农业及其农具》，《农业考古》，1984年第2期。
④ 同上。
⑤ 李根蟠、卢勋：《从景颇族看原始农业的起源与发展》，《农业考古》，1982年第1期。

在前面凿穴，妇女随后播十余粒种子于穴中，穴深可二寸左右，株行距一般约六寸。在倾斜的山地上凿穴播种的秩序，往往是由下而上，这样每撬动上面的泥土时，泥土就自然落入下面穴中，部分起了盖土的作用"。①

怒江两岸和澜沧江两岸的怒族在铜器、铁器传入之前，播种农具先是竹木棍后为竹木锄。在刀耕火种农业阶段，怒族以竹木棍戳穴点种；进入耜耕农业阶段，出现既可点种又可薅除杂草、翻耕土地的竹木锄。竹锄福贡怒族语称"阿俄奎"，是用坚硬的实心竹烘烤弯曲为锄状；木锄怒族语称"时而奎"，是用天然的树桠勾曲部分制成，形如鹤嘴。直到中华人民共和国成立前，怒族中虽已大量使用铁制农具，但铁制农具量少质差，竹、木锄仍部分沿用。②

主要聚居在西藏自治区东南的察隅与门隅之间的珞巴族，中华人民共和国成立以前播种工具是尖竹木棍，长150厘米，一端削尖，点播时一人拿着尖竹木棍，"尖端朝地，插入土中掀起，随手将玉米粒投入，拔出尖木（竹）棒，玉米种子被土覆盖，如土覆盖不着，用脚踢一下，种子就埋上了"③。盛种子的是小竹篓。而四川省甘洛县的藏族（自称耳苏人）也曾使用竹木棍戳土点种，耳苏人称之为"布"。"布"与独龙族的"宋姆"是同一性质的工具，基本形制、功用都相同。脚犁就是从"布"发展而来的。④

2. 竹制中耕农具

从民族学的资料看，古老的竹制中耕农具主要有竹（绊）刀、竹刮铲、竹锄。

贵州苗族在铁农具出现之前，中耕锄草是用竹绊刀，苗语称"当满念"，一般以老竹削制，长150厘米，一端为柄，另一端两侧有刃，能使用两年。苗族每年要用"当满念"锄两次草，第一次是在犁田之后、插秧之前，由妇女进行。第二次是在八月进行，由男子承担。竹绊刀只能砍去嫩草，不能除其根，后出现铁绊刀（苗语称之为"德满念"）。⑤

---

① 中国科学院民族研究所云南少数民族社会历史调查组编：《布朗族简史简志合编》（初稿），第26页，中国科学院民族研究所1963年内部印行。
② 本书编写组编：《怒族简史》，第44页，云南人民出版社1987年版。
③ 杜耀西：《珞巴族农业生产概况》，《农业考古》，1982年第2期。
④ 严汝娴：《藏族的脚犁及其铸造》，《农业考古》，1981年第1期。
⑤ 宋兆麟：《贵州苗族的农业工具》，《农业考古》，1983年第1期。

西盟佤族最先使用老竹做的竹刀芟除田间杂草,后出现一种可称为竹刮铲的锄草农具。这种工具的制法是:"拿龙竹劈成一寸宽、一尺五左右长的一条,两端留下五寸左右作柄,中间部分削薄,留下竹皮,弯接起来,两柄交叉,用小麻绳绑紧。"佤语称为"基"。中华人民共和国成立前,这种竹制锄草器还部分使用,后为铁刮铲所取代①。

景颇族的锄草器是以竹片折成"又"字形,使用时手握叉处,用横条刮草,这种锄草器的大小,可视被锄草的庄稼而定②。这种工具与佤族的"基"很相似,后多发展为铁片刮草。

西藏希蒙地区的珞巴族所用中耕农具有两种,一种是较硬的竹片,类似考古发现的小石铲、骨铲,另一种是竹制鹤嘴锄③。前者主要用来锄草,后者既可锄草又可松土。

以上中耕农具都曾在内地汉族中使用过,进入铁器时代后渐被淘汰,但薅马、覆壳、竹制耘爪、臂篝等竹制中耕农具却长期沿用。

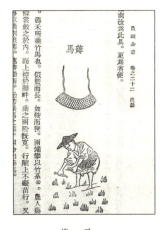

薅马

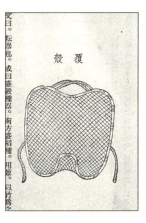

覆壳

薅马 《农政全书》载:"薅禾所乘竹马也,似篮而长,如鞍而狭,两端攀以竹系,农人薅草之际,乃置于胯间,余裳敛之于内,而上挖于腰畔。乘之两股既宽,行陇上不碍苗行,又且不为禾叶所绪,故得专意摘剔稂莠,

---

① 李根蟠、卢勋:《刀耕农业与锄耕农业并存的西盟佤族农业》,《农业考古》1985年第1期。
② 罗钰:《云南景颇族的旱地农业及其农具》,《农业考古》1984年第2期。
③ 宋兆麟:《我国的原始农具》,《农业考古》1986年第1期。

速胜锄耨。"①它是由儿童玩具——竹马演化而来的，所以王祯《耰马诗》云：

尝见儿童喜相迓，抖擞繁缨骑竹马。

今落田家耰具中，仿佛形模悬胯下。

覆 壳 又名鹤翅、背篷，是一种形状如龟壳的竹编织物，耘耨之际，覆于人背，以免曝烈之苦，兼作雨具②。

竹制耘爪 用竹制爪状物套于手指上，芟除田间杂草。

臂 篝 是中耕锄草的竹编袖套。《农政全书》载："臂篝，状如鱼笱，篾竹编之，又呼为臂笼，江淮之间，农夫耘苗，或刈禾，穿臂于内，以希衣袖，犹北俗芟刈草禾，以皮为袖套；皆农家所必用者。"③

3. 竹制灌溉工具

（1）竹筒：中国古代筒车的重要兜水工具

隋唐以前，中国的灌溉工具广泛使用桔槔、辘轳、翻车（龙骨车）等戽水式排灌工具。唐代，由于南方水稻田的扩大，用水量剧增，此类工具已不适应需要，出现了半机械化的自动灌水装置——筒车。但其时尚未称"筒车"，而是以其借水力运转而名之"水轮"。陈廷章《水轮赋》描写的水轮是：用木制的轮子，架设在流水之上，利用水流冲力，冲击轮子转动，提水上升，即可"钩深之远"，"积少之多"。北宋时筒车开始盛行，但仍多称之为"水轮"。至南宋，则渐有呼之为筒车者。其形制，《农政全书》载："筒车，流水筒轮。凡制此车，先视岸之高下，可用轮之大小，须要轮高于岸，筒贮于槽，方为得法。其车之所在，自上流排作石仓，斜撇水势，急凑筒轮，其轮就轴作毂。轴之两旁，阁于椿柱山口之内；轮轴之间，除受水板外，又作木圈缚绕轮上，就系竹筒或木筒，（谓小轮则用竹筒，大轮则用木筒。）于轮之一周。水激转轮，众筒兜水，次第倾于岸上。所横水槽，谓之天池，以灌田稻。日夜不息，绝胜人力。"④可见，筒车之不同于翻车（即龙骨车）之

---

① 徐光启：《农政全书》卷22。
② 徐光启：《农政全书》卷24。
③ 同上。
④ 徐光启：《农政全书》卷17。

最显著的一点，是用竹筒或木筒代替龙骨板而成为兜水工具。

在南方，溪涧众多，竹产富饶，众多筒车的兜水工具主要是竹筒，因此南宋有的地方径直将筒车称为"竹车"。南宋张孝祥有一首题《湖湘以竹车激水粳稻如云书此能仁寺壁》诗云：

> 象龙唤不应，竹龙起行雨。
> 联绵十车辐，伊轧百舟橹。
> 转此大法轮，救汝旱岁苦。
> 横江锁巨石，溅瀑叠城鼓。
> 神机日夜运，甘泽高下普。
> 老农用不知，瞬息了千亩。
> ……

称筒车为竹车，实是当地人民对竹筒在灌溉中的重要性的认同。后来的各种筒车均多以

筒车（《农政全书》）

竹筒为兜水工具。十三世纪，为适应山地灌溉之需，出现高转筒车。高转筒车用二立轮，下轮半在水中，上轮在岸上。筒索环绕二轮，托以木槽，索上置竹筒，筒长1尺，筒与筒相离5寸。转动上轮，则筒索自下兜水循槽至上轮轮首覆水，空筒复下，如此循环不已。明代广东地区的水翻车，屈大均在《广东新语》中记载说："轮大三四丈，四周悉竹筒，筒以吸水，水激轮转，自注槽中，高田可以尽灌。"而海南近江田，据《古今图书集成·食货典·田制部》载，是"以竹筒装成天车，不用人力，日夜自车水灌田"。

到清代，筒车的使用几乎遍及我国东南、华南、西南各省区的"急流大溪处"，进入它的全盛时代。[1]众多的筒车仍多以竹筒为兜水工具。如江西章江、贡水等地"以绳横绾竹筒为轮"[2]；福建松溪县用竹轮引水[3]。道光时人刘沅在一篇题名为《筒车记》的短文中这样描述竹筒兜水的情形："……截竹为筒，比而栉之，贯以巨索，……筒微斜向，昂首低尾，以便汲水。……春涨既至，

---

① 王若昭：《清代的水车灌溉》，《农业考古》，1983年第1期。
② 李均：《使粤日记》上。
③ 孙蟠：《南游纪程》上。

水驶轮水,筒饮于河,汲水以入,及其周于顶上,则复吐焉。……"将竹筒的作用作了简明扼要的介绍。

筒车亦为一些少数民族广泛使用。如聚居在云南富源、罗平、马关、河口等地的布依族使用的竹筒大轮水车,是利用自然水流冲动带有许多竹筒的大轮水车,水车不停地转动,一个个装满水的竹筒便将水倾倒在高处,通过引水沟渠,就能灌溉地势较高的水田。据称,这种灌溉工具在布依族地区随处可见,是该族人民聪明智慧的结晶①。

(2)竹笕:一种重要的引水管道

竹笕是引水的长竹管,又称"连筒"。《农政全书》云:"连筒,以竹通水也,所居离水泉远,不便汲用,取大竹内通其节,令本末续连不断,阁之平地,或架越涧谷,引水而至,又能激而高起数尺注之,池沼及庖湢之间,药畦蔬圃,亦可供用。"②这段记载不仅道出竹笕的制作方法,还点明了竹笕是顺应山地自然环境而产生的重要引水工具。事实上,在生产力水平相对低下的古代,要在崎岖的山地兴修引水沟渠,工程量十分浩大,常常力有不逮;而随地势高下,架设竹笕,却会收到事半功倍之效,因此竹笕主要盛行于山区。

竹笕曾在农田灌溉中发挥独有的功效。杜甫《春水》诗有"连筒灌小园"之句,说的是竹笕引水浇灌菜园,而陆游亦说"竹笕寒泉晨灌蔬"。笕水(指竹笕导引的水)还灌溉药园:陆游《退居》诗有"笕水潺潺种药园"的描写。而竹笕在农业上最重要的功用则是灌溉农田,如唐代杭州地区,"钱塘湖北有石函,南有笕,放水溉田。若诸小笕,非灌田时,并须封闭筑塞,其笕之南,旧有阙岸,若水暴涨于石函,南笕泄之,隄防

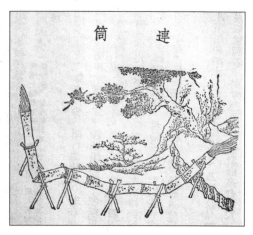

连筒(《农政全书》)

---

① 杨知勇、李子贤、秦家华:《云南少数民族生产习俗志》,第400页,云南民族出版社1990年版。
② 徐光启:《农政全书》卷17。

溃也"①。可见竹笕还兼具泄水功能。唐后期夔州（今四川奉节县）出现一种半机械化的灌水装置——"机汲"，是在辘轳上配备滑车的装置，将江水调升至高岸，然后"刳蟠木以承澍，贯修筠以达脉，走下潺潺，声寒空中，通洞环折，惟用所在"②，即将水倒入蟠木挖成的水槽，再流过像脉络一样的竹水管，千回百转，流向需水之地。因"竹圆而能通"，因此很容易制成长龙般的引水管道。以竹笕引水后来在南方普遍推广，如清代湖南、广西"山家引水者，植木为架，刳木为筒或剖巨竹为之"③

竹笕的另一个功用是输送饮用水。对许多山区农家，架笕引水乃生活中的一件大事。林洪在《山家清供》"泉源"条中载："腊月，剖修竹相接，各钉以竹钉，引泉之甘者，贮之以缸。"④苏辙在其诗文中亦记载了庐山一带居民用竹笕引山泉水供饮用的情形⑤。北方也有竹笕。

饶有趣味的是，竹笕在宋代还被用作城市自来水管道。苏轼的记载为我们展示了这一史实的全貌。罗浮山道士邓守安"好为勤身济物之事"，曾向苏东坡建议：广州除官吏、有钱人得饮刘王山井水外，市民多饮咸苦水，导致每年春夏多患疾疫。李城二十里的蒲涧山有甘泉，"若于岩下作大石槽，以五管大竹续处，以麻缠，漆涂之，随地高下，直入城中；又为一大石槽以受之，又以五管分引散流城中，为小石槽，以便汲者。不过用大竹万余竿，及二十里间用葵茆苦盖，大约不过费数百千可成。然须于循州置少良田，令岁可得租课五七千者，令岁买大筋竹万竿，作筏下广州，以备不住抽换。又须于广州城中，置得小房钱，可以日掠二百，以备抽换之费，专差兵匠数人，巡视修葺，则一城贫富同饮甘凉，其利更不在言也。自有广州以来，以此为患，若人户知有此作，其欣愿可知，喜舍之心，料非复塔庙之比矣"。邓守安从地势、营造法、经费来源、管护方法到人民对此举的支持程度都作了周密的考虑。苏东坡大加赞赏，私下告于广州地方官。广州地方官府采纳了此建议，

---

① 白居易：《白氏长庆集》卷68《石函记》。
② 刘禹锡：《刘宾客文集》卷9《机汲记》。
③ 查慎行：《浮树楼杂钞》卷3。
④ 陶宗仪：《说郛》卷74上。
⑤ 苏辙：《栾城集》卷10《游庐山山阳七咏》之一《漱玉亭》，诗中有"接竹斋厨午饭香"之句，卷2《木山引水》诗："引水穿墙接竹梢，……将流旋滴庐山瀑，……瓦盆一斛何胜满，溢去犹能浸菊苗。"

"遂作管引蒲涧水，甚善"①。以竹笕为自来水管道解决城市供水问题，实是宋人的一个创举，无疑应在世界城市供水史上占据一席之地。

"竹槽"［云南少数民族］　　　　　引水竹槽［云南佤族］(自《云南民族住屋文化》)

4. 竹制收获农具

竹制收获农具主要有竹刀（竹片）、竹夹竿、麦笼、麦绰、抄竿、掼稻簟等。

竹刀是最原始的收割农具之一，估计仰韶文化时期，人们就是用石刀、陶片以及竹刀割取稻穗的。这可从民族学资料得到佐证。如台湾高山族中的阿美人就以一小竹片割取稻穗和谷穗②。毛南族祝愿妇女顺产的祭祀活动中，有这样一种方式：他们认为，"丈夫命里持有一把（平头杀解）或七把（七令关刀）刀，胎儿害怕，不敢出生，造成孕妇难产。所以要杀牲'祭解'，

---

① 苏轼：《苏东坡全集·续集》卷4。
② 李亦园等：《马太安阿美族的物质文化》，转引自宋兆麟：《我国的原始农具》，《农业考古》，1986年第1期。

才免除灾难。'祭解'时，用竹片修成一把或七把刀，放在供神的桌上，'祭解'后将竹刀全部烧毁。"① 这折射出毛南族祖先广泛使用竹刀的情形。进入铁器时代后，竹刀作为一种具有独特功用的收割农具保留于园艺业、蚕桑业中。如唐代有的地方以竹刀剖果实。《酉阳杂俎》载："祁连山上有仙树实，行旅得之止饥渴，一名四味木，其实如枣，以竹刀剖则甘，铁刀剖则苦，木刀剖则酸，芦刀剖则辛。"② 宋元时则以竹刀剥麻树皮。王祯《王祯农书》载："（苎麻）荆扬间岁三刈……镰毕剥取其皮，用竹刀或铁刀从梢分批开，用手剥下皮，即以刀刮其白瓤。"③

珞巴族曾使用一种别具一格的收割具——竹夹竿，该族称之为"巴马"，"用两根长72.1厘米、径1.4~1.5厘米的竹竿，一端用麻绳捆着，使用时一手握着夹竿的一端，另一端两竿分开似如剪形，夹住禾穗下部后，两手把禾穗拢至竹竿中部，最后夹紧禾穗，用劲提拔，穗可以拔下来"④。傣族亦有类似竹夹竿的收割农具。

麦笼、麦绰、抄竿主要在内地使用，专用于收获麦子。麦笼又称"腰笼"，是竹编的笼，放在有四小轮的木架上，刈麦人用绳系在腰间牵着走，盛放所刈之麦。《农政全书》载："一笼日可收麦数亩。"⑤ 麦绰"以篾竹编之，一如箕形，稍深且大，旁有木柄，长可三尺，上置钐刀，下横短拐，以右手执之，复于钐旁。以绳牵短轴，左手握钐而掣之，以两手齐运，芟麦入绰，覆之笼也。"元初，麦笼与麦钐、麦绰已结合为一整套的收麦器⑥。抄竿是扶麦竹竿，长约一丈，麦熟时被风雨打倒，不能刈取，乃另用一人执竿，抄取倒伏的麦穗，以便用钐（刈麦长镰）收割。

---

① 蒙国荣、谭贻生、过伟编：《毛南族风俗志》，第110页，中央民族学院出版社1988年版。
② 段成式：《酉阳杂俎》卷18。
③ 王祯：《王祯农书》卷10。
④ 杜耀西：《珞巴族农业生产概况》，《农业考古》，1982年第2期。
⑤ 徐光启：《农政全书》卷24。
⑥ 中国农业科学院、南京农学院中国农业遗产研究室编著：《中国农学史》（初稿）（下），第77页，科学出版社1984年版。

抄　竿　　　　　　　　麦绰麦笼

元明时南方农家在收稻谷时还使用一种农具——"掼稻簟"。这是一张很大的竹席，铺于地上，再在其上放置木头或石头，将稻禾在木头或石头上掼下，散落的子粒便落于簟上，不致为泥土所污而损耗。《农政全书》称"南方农种之家，率皆制此"①。直至今日，在云南西双版纳傣族村寨中，此类用于生产的竹席还可常见。

5. 竹制装运农具

竹制装运农具种类繁多，使用范围十分广泛。历史上，无论汉族或少数民族、内地或边陲，也无论各族各地的社会形态如何悬殊，均曾大量使用竹制装运农具，对之逐一分述，既显繁琐又难以面面俱到，因此采用选择几个少数民族集中记述的办法，以期管中窥豹。

高山族的竹制装运农具主要有背篓、谷筒。背篓上口有竹（藤）索或布条做的背负带，背负时或顶于前额，或挂在双肩而负于背上，阿美人

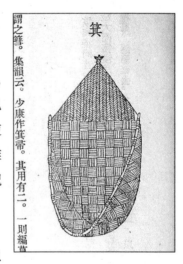

箕（《农政全书》）

普遍用它装运谷物，而曹人、布人农妇则主要用背负板和背负网，但也有使用背篓的。曹人还用背篓背婴儿。竹筒有水筒、谷筒、鱼筒3种。谷筒一般高0.5

---

① 徐光启：《农政全书》卷24。

米左右,以藤皮系之,挂于肩上,用来装运谷物。①

贵州苗族的竹制装运工具主要有粪篓、箩筐。粪篓苗语称"辽猫",敞口圆底,一般高60厘米,口径80厘米,篓上有二耳,供穿扁担用,运输时粪篓与地面距离较大,故称"高挑",这可能与山区坡陡有关。装运谷物的是箩筐,苗语称"褛",口大底小,口部呈圆形,底为方形,有大中小三种。大号高36厘米,口径42厘米,一对能容60公斤;小号高31厘米,口径37厘米,一对能装40公斤左右。②

基诺族的背箩有高箩、细高箩、方箩、矮箩四种,高箩背谷子、玉米,细高箩背水、草、菜,方箩背柴,矮箩装米③。

傣族装运谷物主要是竹编挑箩和背篮。西双版纳傣族的"叫谷魂"中如下词句正反映这种情况:

谷魂啊／快回家／谷魂啊／
快归仓／……今天主人来／声
声把你叫／带来鸡蛋黄／带来
竹扁担／还有提箩和背篮／把
你挑回寨／把你带回仓／……④

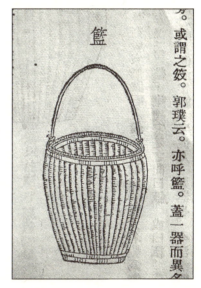

篮(《农政全书》)

傈僳族背运谷物时,要举行简单的叫魂仪式。其仪式是先叫人魂,再叫粮魂。傈僳族认为,庄稼收完了,人劳作时留在地里的脚印也应收回,如不收回脚印,人虽回归家中,人魂却会随脚印留在地里,甚至会四处游荡。这样,人会得病,甚至会随着人魂的远游不归而死亡,因此要叫人魂归家。同时,他们认为,一年庄稼的丰欠,与粮魂有关。若不把粮魂喊回家,那么,自家地里的粮魂会跑到别家地里去,来年就会欠收。所以,地里庄稼收割完后,要叫粮魂回家。叫粮魂词大意是:

---

① 许良国、曾思奇:《高山族风俗志》,第28~29页,中央民族学院出版社1988年版。
② 宋兆麟:《贵州苗族的农业工具》,《农业考古》,1983年第1期。
③ 尹绍亭:《基诺族刀耕火种的民族生态学研究》,《农业考古》,1988年第1期。
④ 杨知勇、李子贤、秦家华:《云南少数民族生产习俗志》,第123页,云南民族出版社1990年版。

料！料！杂夫（即粮魂）！
同我一路回家。
伴我一起归屋，
你归家去我就喜欢了，
你回屋去我就高兴了。
今年收一背篮，
明年让我收七背篮。
今年背九背篮，
明年让我背十二背篮。
这样耕地就高兴了。①

撮箕 [山东]

竹箕、扁担 [广东]（自《中国民间美术全集》器用编·工具卷）

这实际上是用背篮背运粮食的写照，这种背篮用竹篾编织而成，长方形，口圆，篮身上宽下窄，俗称"尖底篮"，是妇女必备的背运工具。除背篮外，背运工具还有背箩、竹筒，背箩也是用竹篾编织而成，口圆底方，上有盖，大小不一，大背箩有100厘米高，小背箩只有30厘米高；竹筒大小、长短不一，可装各种食物，远行时背于身上。②

德昂族装运粮食的主要农具是箩，这种箩大小相对固定，一箩约可装20公斤谷，以致他们以箩为单位计算亩产量，如水稻在风调雨顺的年景，上等田每箩种可收获70至80箩；中等田可收获60至70箩；下等田可收获30至

---

① 杨知勇、李子贤、秦家华：《云南少数民族生产习俗志》，第167-169页，云南民族出版社1990年版。

② 杨知勇、李子贤、秦家华：《云南少数民族生产习俗志》，第188-189页，云南民族出版社1990年版。

40 箩。①

6. 竹制加工农具

农作物的加工，有晒禾、脱粒、干谷、扬谷、舂谷、扬米等环节，每一环节都有竹制农具的参与。

（1）晒　禾

江南一带阴雨连绵，稻田泥泞不堪，难以直接在田中脱粒，因此做竹架以晒禾。

竹架分大小两种，大者称"筦"，小者称"乔扦"。筦，《农政全书》卷22载："架也，《集韵》作筑，竹竿也，或省作筦。今湖湘间收禾并用筦架，悬之以竹木，构如屋状，若麦若稻等稼，获而束之，悉倒其穗控于其上。久雨之际，比于积垛，不致郁泡。江南上雨下水，用此甚宜，北方或遇霖潦，亦可仿此。"乔扦，《农政全书》卷22载："挂禾具也。凡稻皆下地沮湿，或遇雨潦，不无淬浸。其收获之际，虽有禾穗，不能卧置，乃取细竹，长短相等，量水浅深，每以三茎为数，近上用篾缚之，叉于田中，上控禾把。"筦与乔扦"虽大小有差，然其用相类"。

用筦与乔扦晒禾，减轻了稻禾烂在田里而带来的损失，"庶得种粮，胜于全废"②。待雨过天晴，就可将稻禾挑到场圃中脱粒了。

一些少数民族也使用这类晒谷农具。如贵州苗族在村边并排埋两三根柱子，高5米多，每根柱子都横凿10个孔，安10根横梁，长8米许，形成10层晒架。为了防雨，在顶部修成十字形顶，铺以杉树皮。秋天收割糯谷穗都要挂于晒架上，也能晒谷子、红稗

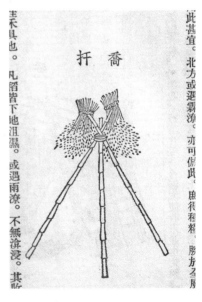

乔扦（《农政全书》）

---

① 杨知勇、李子贤、秦家华：《云南少数民族生产习俗志》，第345页，云南民族出版社1990年版。
② 徐光启：《农政全书》卷22。

和豆类。秋后则挂存稻草。这种晒架苗语称"皆辣",既能防潮,又利通风。①

如在场圃晒禾,则使用一种辅助工具——竹耙。竹耙是将竹竿一端剖开,弯曲成若干齿,在场圃上摊开或聚拢谷禾。《说文解字》云:"耙,收麦器也。"王褒《僮约》云:"屈竹作耙。"《王祯农书》则称:"竹耙,场圃樵野间用之。"

(2)脱　粒

从民族学的资料看,古老的脱粒农具不少是竹制的,如:

打谷棍　云南景颇族用竹质打谷棍脱粒,打谷棍是长约80厘米、宽5厘米、厚2厘米的竹片,一端削圆便于手握,一端劈成4杈,使用时用4杈拍敲谷穗和豆类,使谷脱粒。②基诺族的打谷棍"用木料或竹子砍制而成,棍前端弯曲或直角,似'7'字,长约1.2米,宽3厘米,手持柄端,是脱粒旱谷、荞类等作物的主要农具"。③云南德宏傣族的打谷棍用藤条或竹子制成,形似拐杖,用它反复敲打谷穗,直到谷粒全部掉下。④

竹耙、屏勺（何明摄）

独龙族先将稻束在大石头上掼打,谷粒落下,再用竹竿棍棒敲打稻束,以求脱净。⑤

连　枷　这是利用手摇的离心力推动"连枷"旋转的脱粒农具。相传作于春秋时期的《国语》即有"耒耜枷殳"之句。"枷",系指"连枷"。汉刘熙《释名》对"连枷"的解释是:"加也。加杖于头,以挝穗而出其谷也。"王祯《王祯农书》记其为木制,但实际上,许多地方和民族的连枷都以竹制,如景颇族的连枷"多为竹质,是两根长约1.2米,一头稍细的竹棍,细端用牛

---

① 宋兆麟:《贵州苗族的农业工具》,《农业考古》1983年第1期。
② 罗钰:《云南景颇族的旱地农业及其农具》,《农业考古》1984年第2期。
③ 王军:《基诺族的刀耕火种》,《农业考古》1984年第1期。
④ 杨知勇、李子贤、秦家华:《云南少数民族生产习俗志》,第122页,云南民族出版社1990年版。
⑤ 同上,第373页。

皮条拴连，手握一根的一端，甩动另一根打谷，使谷粒掉下"。① 这种古老的脱粒农具至今仍为一些地区的农户使用。

连枷［江苏］（自《中国民间美术全集》器用编·工具卷）

山东地区长期流传一种叫"别竿子"的脱粒法：在一根长竹竿的末端系一"碌碡"，再在系"碌碡"处的上边适当位置系牲畜曳引，人则双手握竹竿之上半截并向牲畜曳引的反方向作螺旋式地缓慢运行。人可任意地移动位置，驱使牲畜曳引"碌碡"滚压脱谷场上的每一个角落。② 可见，这种脱粒农具中竹子是重要构件。

（3）干　谷

脱粒后，须将谷粒变干。干粒法有两种，一种是曝晒，一种是烘烤。

竹制晒谷农具主要有：

晒　席　晒席实际上是一张竹席，但比坐卧的竹席宽大，除在汉族中长期使用外，一些少数民族也使用。如苗族称晒席为"停"，"以竹编制，皆为长方形，长6米，宽2.5米左右，供放在地上晒谷之用"。③ 畲族亦用竹席晒谷。

---

① 罗钰：《云南景颇族的旱地农业及其农具》，《农业考古》，1984年第2期。
② 李崇州：《我国古代北方的脱粒工具》，《农业考古》，1984年第2期。
③ 宋兆麟：《贵州苗族的农业工具》，《农业考古》，1983年第1期。

晒　盘　以竹编织而成，其形制与晒席有所不同。《农政全书》卷24云："晒盘，曝谷竹器，广可五尺许，边缘微起，深可二寸，其中平阔似圆而长，下用溜竹二茎，两端俱出一握许，以便扛移。"

竹制烘烤用具主要是炕箩，苗族称之为"焙笼"，"以竹编制，高80厘米至100厘米，腹部略鼓，底部安有箩腰。其中上半截可装糯谷，下半截罩在火塘上"，每次能炕5公斤左右。① 侗族亦用这种农具炕干旱谷。

（4）扬　谷

谷粒变干后，需要扬去谷粒中的碎草、秕谷和灰尘。许多扬具都为竹制，主要有：

飏　扇　又称"风车"，《授时通考》云："凡去秕，南方尽用风车扇去。"②《农政全书》卷23载其形制："其制中置篾轴，列穿四扇或六扇，用薄板或糊竹为之，复有立扇卧扇之别。"这种扬具在宋代就十分盛行，梅尧臣曾专作一首《飏扇》诗：

　　　　田扇非团扇，每来场圃见。
　　　　因风吹糠粒，编竹破筠箭。
　　　　任从高下手，不为暄寒变。
　　　　去粗而得精，持之莫肯倦。

可见当时的飏扇是以竹制成的。

竹　扇　一些少数民族用竹扇扬谷。如景颇族用竹做柄，用竹笋壳缝成圆形扇面，用来扇风吹去秕谷③。佤族扬具不用簸箕，而是由一人把谷粒慢慢从上倒下，另一人手执笋壳扎成的扇子扇去秕谷和灰尘④。西双版纳的傣族用竹和笋叶做的扇扇谷子，据说一人一天能扇25挑谷子。⑤此外，布朗族也用竹扇扬谷粒。

---

① 宋兆麟：《贵州苗族的农业工具》，《农业考古》，1983年第1期。
② （清）《钦定授时通考》卷40。
③ 罗钰：《云南景颇族的旱地农业及其农具》，《农业考古》，1984年第2期。
④ 李根蟠、卢勋：《刀耕农业与锄耕农业并存的西盟佤族农业》，《农业考古》，1985年第1期。
⑤ 杨知勇、李子贤、秦家华：《云南少数民族生产习俗志》，第122页，云南民族出版社1990年版。

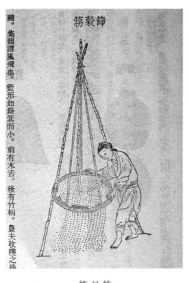 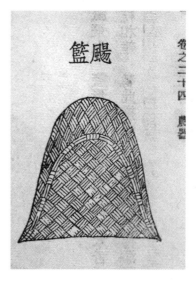

　　　筛谷筹　　　　　　　飏篮（《农政全书》）

筛谷筹　《农政全书》卷24云："筛谷筹，竹器。……其制比篦疏而颇深，如篮大而筲浅，上有长系可挂。农人扑禾之后，同秭穗籽粒，旋旋贮之于内，辄筛下之，上余穰藁，逐节弃去，其下所留谷物，须付之飏篮，以去糠秕，尝见于江浙农家。"

飏　篮　《农政全书》卷24载：飏篮"形如簸箕而小，前有木舌，后有竹柄，农夫收获之后，场圃之间，所蹂禾穗，糠粒相杂，执此籁而向风搦之，乃得净谷，不待风扇，又胜簸箕，田家便之"。

簸　箕　一种古老的扬具，既可扬米又可扬谷。

（5）舂　米

据《易·系辞》载，我国先民曾"断木为杵，掘地为臼"，用舂捣法去谷物的壳。杵臼除用石、陶、木、骨、角制外，亦有竹制[①]。可见竹杵和竹臼曾是古老的舂谷农具。

（6）扬　米

谷物去壳或研磨成粉后，需扬去糠秕。中国古代扬米农具多为竹制。

---

① 马洪路：《再论我国新石器时代的谷物加工》，《农业考古》，1986年第2期。

簸箕 这种扬米具除在汉族中长久沿用外，一些少数民族也使用。如贵州苗族称簸箕为"汪洗彩"，"以竹编成，呈圆盘状，有大中小之分，大者直径1.5米，小者直径1米左右，这是供晒谷、簸米和炕谷的工具"①。布依族曾敬簸篮（即簸箕）为神，每年农历正月十五或七月十五晚上，举行"坐簸篮神"活动，②这反映了该族广泛使用簸箕的情形。毛南族在一首叫"比轩"的民歌中有这样的词句："因为有卖簸箕和筛子的人，白米和糠才分开了。"③此外，布朗族、德昂族……都以簸箕扬米。

手簸［云南迪庆］（自《中国民间美术全集》器用编·工具卷）

竹筛 亦称筛箕，是又一种重要的扬米工具。《正字通》云："筛，竹器，有竹以下物，去粗取细。"

此外，罤罳是筛谷粉的工具。"罤罳，以竹为筐，以绢为缦，以筛米麦之粉，留粗以出细者。"④

7. 竹制贮藏农具

竹制贮藏农具主要有：

箪 既是食器，又是一种古老的贮藏农具。《齐民要术》云："藏稻，必要用箪。"⑤箪的容量较小，主要是贮藏谷种，称"种箪"。王祯《王祯农书》载："种箪，盛种竹器也，其量不容数升，形如圆瓮，上有笔口。农家用贮谷种，庋之风处，不致郁沮，胜窖藏也，古谓之修箪窖。"⑥

筐 《农政全书》载："筐，竹器之方者，《三礼图》曰：大筐以竹，

---

① 宋兆麟：《贵州苗族的农业工具》，《农业考古》，1983年第1期。
② 汛河：《布依族风俗志》，第101页，中央民族学院出版社1987年版。
③ 蒙国荣、谭贻生、过伟编：《毛南族风俗志》，第78页，中央民族学院出版社1988年版。
④ 陈元龙：《格致镜原》卷52。
⑤ 贾思勰：《齐民要术》卷2。
⑥ 王祯：《王祯农书》卷15。

受五斛,以盛米,致馈于聘宾,小筐以竹,受五升,以盛米。又曰,筐以盛熬谷。"①

竹制谷囤　是用很大的竹篾内涂泥巴制成的圆形谷仓,古代称之为筥(囤)或篅(囷),后称囤箩、囤子等。这种贮藏农具在南方使用较广,亦通行于一些少数民族中。如傣族谷囤是将竹篾里面敷上牛粪拌和的泥巴制成,体积较大,有方形的或椭圆形的,据说,牛粪有防湿作用,因此用这种农具贮藏谷子不会生虫发霉。②

竹　篮　主要用来装运什物,但也有用于贮谷者,如凉山彝族以竹编篮子贮粮食,为了防止遗漏,事先在篮子上抹许多泥巴。③

筐筥(《农政全书》)

竹　箩　是又一种重要的贮米农具。古代称稍扁小者为"筥",而称上圆下方者为"箩","筥"与"箩"虽同属一类,但贮藏功用有所不同,《农政全书》说:"盖箩盛其粗者,而筥盛其精者,精粗各适所受,不可易也。"④许多少数民族也使用这种贮藏农具,如云南丽江县长水乡纳西族在收粮时咏

---

① 徐光启:《农政全书》卷24。
② 杨知勇、李子贤、秦家华:《云南少数民族生产习俗志》,第123页,云南民族出版社1990年版。
③ 宋兆麟:《我国的原始农具》,《农业考古》,1986年第1期。
④ 徐光启:《农政全书》卷24。

颂着这样的祈词：

> 五托（地名，长水附近）阿娃妹家，
>
> 鹅妹（五谷神）请到我家来，
>
> 让我家的粮柜装得开裂，
>
> 让我家的大箩小箩装满。①

该族贮粮是先将木槽仓装满后，剩下的装于竹箩里，备平时取用。

此外，竹弓箭、竹标枪、竹签曾是重要的看护农具，起到护卫庄稼免遭野兽和盗贼侵凌的作用。

二、手工业中的竹制工具

中国古代的造纸业、制茶业、制糖业、制盐业、纺织业等手工业部门中，竹制工具均发挥着独有的作用。这里仅选择与竹制工具关系最为密切的制盐业、纺织业加以记述。

1. 制盐业中的竹制工具②

（1）四川井盐业中的竹制工具

四川井盐业"具有独特的、举世无双的工艺成就"，"是我国科技史与工艺史上一簇绚丽的花朵"③。这簇花朵之所以绚丽夺目，原因是多方面的，但竹制工具的强有力的参与无疑是个重要原因。这些竹制工具不仅在井盐业中大显身手，而且成为中国竹文化景观中又一颗光彩夺目的明珠。

四川井盐业历史悠久，其出现不会晚于公元前三世纪左右。《华阳国志》记载，秦孝文王时蜀郡太守李冰已组织民众"穿广都盐井"，广都在今成都南郊及双流县。秦汉时期，四川井盐业已有初步发展。

四川井盐业从一起步，就离不开竹制工具。这些竹制工具的功用主要有两方面，一是输送卤水，二是储藏或输送天然气。

---

① 杨知勇、李子贤、秦家华：第236页，《云南少数民族生产习俗志》，云南民族出版社1990年版。
② 这里仅考察井盐、海盐的情况，池盐与竹制工具的关系不密切，故略而不论。
③ 张学君、冉光荣：《明清四川井盐史稿》，第3页，四川人民出版社1984年版。

四川出土的汉代盐井画像砖,描绘了汉代四川从汲取天然卤水至熬盐整个制盐过程的全景,其中输送卤水的即为竹制管道,它上通井架附设的笕窝,顺地形用支架架设,直达灶上的方形储卤器。竹制输卤管道"是汉代劳动人民的重大发明之一"①,后世称之为"笕"或"卤笕",一直沿用。

西汉中叶,一种新型的煎盐燃料——天然气被发现,这是我国天然气开采史和井盐业史上的一件大事。晋人常璩在《华阳国志》中作了最早的记录:

> 临邛县……有火井,夜时,光映上昭。民欲其火,先以家火投之,顷许如雷声,火焰出,通耀数十里,以竹筒盛其光藏之,可拽行终日不灭也。

> 井有二水,取井火煮之,一斛水得五斗盐,家火煮之,得无几也。②

第一段记载中的"火井"即天然气井,储藏天然气的是竹筒,用于家庭照明和燃料。

第二段记载中的"井有二水",有的学者考订,应为"井有咸水",描述的是气(天然气)水(卤水)共见井。③气水共见井与单纯的气井、卤井不同,开采时必须有与之相适应的气水分采装置和分别输送天然气、卤水的管道。因此可以断言,当时已创制出输送天然气的竹制管道。

北宋仁宗庆历、皇祐年间,四川井盐生产中出现一件大事,那便是"卓筒井"的诞生。

"卓筒井"是一种井径极小,井深达数十丈甚至上百丈的小口盐井。苏轼《东坡志林》作了最先的记述:

> 自庆历、皇祐以来,蜀始创筒井。用圜刃凿如碗大,深者数十丈,以巨竹去节,牝牡相衔为井,以隔横入淡水,则咸泉自上。又以竹之差小者出入井中为桶,无底而窍其上,悬熟牛皮数寸,出入水中,气自呼吸而启闭之,一筒致水数斗。凡筒井皆用机械,利之所在,

---

① 谢忠梁:《汉代四川井盐生产劳动画像砖新探》,《四川井盐史论丛》,第72页,四川省社会科学院出版社1985年版。
② 常璩:《华阳国志》卷3。
③ 彭久松:《试说临邛火井》,《井盐史通讯》1977年第1期。

人无不知。①

之后,史籍中有关"卓筒井"的记载连篇累牍,不绝于书。

"卓筒井"的诞生,开辟了四川井盐业的新纪元。对此,学术界曾给予高度赞扬,有的学者认为,"卓筒井"这一新工艺的出现,是中国钻井技术从大口浅井向小口深井过渡的标志。它不仅为四川井盐生产的蓬勃发展开辟了道路,而且创造了现代盐井、油井、气井的雏形。②徐中舒先生更认为卓筒井"是我国劳动人民继造纸、印刷、指南针、火药四大发明之后,对人类文明又一卓越贡献"③。有的学者径直称它是继"四大发明"之后的"第五大发明"④。生产工具是生产力的重要组成因素,因此,井盐工具是反映井盐生产水平的重要标志。令人瞩目的是,在使人眼花缭乱的卓筒井工具体系中,竹制工具占据着举足轻重的位置。卓筒井从凿井、汲卤、置笕到煮盐各个环节,都离不开竹制工具。

竹制盐业生产工具(董文渊摄)

凿井中的竹制工具主要是:

"活塞式竹制扇泥筒"　卓筒井的钻凿,主要采用"冲击式顿锉法",

---

① 苏轼:《东坡全集》卷104。
② 刘春源等:《我国宋代井盐钻凿工艺的划时代革新——四川"卓筒井"》,《四川井盐史论丛》,第137页,四川省社会科学院出版社1985年版。
③ 徐中舒:《古井杂谈》,《四川井盐史论丛》,第12页,四川省社会科学院出版社1985年版。
④ 冉光荣:《〈中国古代井盐工具研究〉前言》,《盐业史研究》1990年第3期。

即用篾索系铁锥冲击地层。井凿到二三丈时，井中堆积了不少钻凿中的石屑，如不加清除，就无法继续开凿，因此取出这些石屑是整个钻凿过程的重要环节，这一环节被称为"扇泥"。明代，人们用竹制成扇泥筒，巧妙地解决了这一问题：每钻凿一段距离，即注水入井或利用地下水将岩屑制为泥水，然后"用筒竹一根约丈余，通节，以绳系其梢，筒末为皮钱掩其底，至泥水所在，匠氏揉绳伸缩，皮唊水入，挹满搅出，泥水渐尽，复下钎凿焉"①。这种竹制扇泥筒装有用皮钱做的活塞阀门，其原理与活塞式竹制汲卤筒殊无二致。活塞式竹制扇泥筒的创制，既保障了凿井作业的连续性，促进了钻凿进度，又可防止淡水与卤水混杂，从而保证了卤水的浓度。

竹制井壁　宋代以前，开凿的是大口浅井，只需垒石为井壁，就可起到固定的作用。而卓筒井井眼很小，"仅容一竹筒，真海眼也"②，深达数十丈甚至上百丈③，垒石为壁的固井技术已显过时。宋代人民以巨竹（楠竹）去节，使其中空而呈管状，然后根据井腔需要将巨竹头尾相连，即苏轼所言"牝牡相衔"，构成竹制井壁。

竹制井壁实质上是一根硕长的套管，其制作是十分考究的："木竹外束以布，继缠以麻，以桐子油舂灰融傅之，使无渗漏。"④

竹制井壁能够防止周围地层淡水渗入井内，同时，又在一定程度上减少了盐井的塌方和陷落，延长了盐井的使用寿命。⑤而且，这种套管式井腔取代坑穴式井腔后，使我国钻井技术从大口浅井阶段跃进到小口深井阶段。更具意义的是，"这一固井设施的出现，为后来采用木导管、钢导管的深井问世准备了技术条件"⑥。

汲卤工具是竹制汲卤筒。

盐井凿好后，接着的一道重要工序是将卤水汲出地面。由于井径小而深，

---

① 曹学佺：《蜀中广记》卷66"方物"。
② 陆游：《老学庵笔记》卷5。
③ 乾隆《富顺县志》卷2载：卓筒井"井深百余丈，大径八九寸"。
④ 《四川盐法志》卷2《井厂二·井盐图说》。
⑤ 刘春源等：《我国宋代井盐钻凿工艺的划时代革新——四川"卓筒井"》，《四川井盐史论丛》，第138页，四川省社会科学院出版社1985年版。
⑥ 张学君：《论宋代四川盐业与盐政》，《四川井盐史论丛》，第160页，四川省社会科学院出版社1985年版。

原有的牛皮囊或木桶一类的提卤器无法施展，于是人们发明了竹制汲卤筒。

竹制汲卤筒为一小于作井壁的大楠竹的口径（井径）的长竹筒，除去内节，留底不去，凿一小口，用熟牛皮一块作为活塞，置于筒底内侧，筒入水（卤水）时，筒底牛皮受到井下卤水上压力张开，卤水入灌；筒出水时，牛皮受到筒内卤水下压力闭合，卤水不得下渗，再利用机械装置将卤水提出。① 这种汲卤筒后来称作"吞筒"或"推水筒"、"取水筒"、"吊桶"，我们则可称之为"活塞式竹制汲卤筒"。

宋代的汲卤筒短小，内径寸余，长一丈左右，加之卓筒井不深，卤源不富，因此汲卤量较小，"一筒致水数斗"（每斗合 0.25 公斤）。明清时期，深井大量涌现，卤源日益畅旺，于是人们在改革原有机械设备和提卤动力的同时，对汲卤筒进行改进，增大汲卤筒的长度或直径，从而增加每筒容量以提高功效。② 通过改进，汲卤量增加了。如清代富荣盐场深井汲卤筒"巨者，可盛水一石五六分"，这比宋代"一筒致水数斗"的容量超过一倍有余。

活塞式竹制汲卤筒的创制，使深井采盐最终成为现实，而且在科学技术史上具有重要意义，有学者认为"这是世界上最早的液压活塞启闭装置"③。

输送卤水的管道是卤笕。

竹制输卤管道自汉代创制后，被广泛沿用，称为"笕（梘）"、"笕竿"、"笕管"等。因它是输送卤水的竹管，我们又可称之为"卤笕"。

卤笕的制法酷似卓筒井井壁，即将楠竹去节，使其中空而成管状，然后再将每根楠竹连接在一起，但卤笕的长度远非竹制井壁可以比拟，竹制井壁最长不过百余丈，但卤笕有的甚至长达一二十里。

宋代以前，井盐开采处于大口浅井阶段，卤水采汲量有限，输卤任务并不繁重，因此卤笕的架设并不普遍。卓筒井诞生后，尤其是明清时代浓卤深井大量涌现后，输卤量激剧增大，从而促进了卤笕的大发展。

以卓筒井极盛期的清代为例，四川井盐区架设的卤笕密如蛛网，有人估计，

---

① 乾隆《富顺县志》卷1。
② 张学君、冉光荣：《明清四川井盐史稿》，第62—63页，四川人民出版社1984年版。
③ 郭正忠：《宋代盐业经济史》，第65页，人民出版社1990年版。

清末民国初年，仅自贡一地的卤笕总长度最低达数百公里①。这些卤笕大致可分为以下几种类型②：

放水笕　利用山地丘陵的地形特点，由高到低铺设的卤笕，因卤水顺势而下，故称放水笕。地形高低相差明显时，这种卤笕铺设容易。若遇地势相差不明显时，则用"测平水"（又称"开河"）测量卤水走势。"测平水"是一种测量水平高度的仪器，亦以竹制："剖竹数尺，两端留节，而刳其中，注水以测高下。"③

冒水笕　此山之卤水，输往彼山，中有洼地相隔，则发明冒水笕。这种笕从高到低，再从低到高，沿地形铺设，形成"U"式曲管。架设这种笕，必须是放卤水处高于受卤水处，"低者即少停蓄，高者顺流而下，即可将低者激而上行，然必盈而后进，亦水性然也"④。这实际上是运用了现代物理学上"连通器"的原理。

河底渡槽笕　卤笕经过河道时，如架桥有困难，则在河底掘沟，沟里置笕，笕上覆盖石槽，石槽上压以废旧盐锅，以免被洪水冲毁。其输卤水原理，与冒水笕同。

马车提卤笕　若遇卤笕来路过低，去路过高，上述设笕方法均不能解决问题，于是发明了马车提卤笕。先在需提升卤水处修造马车房，"以大木四根，四方矗立，中以小木横逗至顶建楼，覆之以车盘斗子，用马车推之，水即运上"⑤。这实际上是用马匹带动的动力水泵。

这些卤笕的制作方法是很精良的："以大斑竹或楠竹,通其节,公母笋接逗,外用细麻、油灰缠缚"⑥。用斑竹、楠竹制作的卤笕口径大，质地坚韧，不怕盐卤腐蚀，具有金属管道所不及的优点。

卤笕的大量架设，不仅增加了输卤量，而且可使各种地形下开采的卤水

---

① 谢忠梁：《汉代四川井盐生产劳动画像砖新探——兼谈古代四川井盐业的一些问题》，《四川井盐史论丛》，第72页，四川省社会科学院出版社1985年版。
② 张学君、冉光荣：《明清四川井盐史稿》，第63—64页，四川人民出版社1984年版。
③ 《四川盐法志》卷2《井厂二·井盐图说》。
④ 同上
⑤ 同上
⑥ 乾隆《富顺县志》卷2。

输送到煎盐处，从而大大拓宽了井盐的开采范围。

煮盐中的竹制工具主要是输送天然气的竹制管道——气笕。

四川天然气生产，魏晋以后曾长期处于沉寂状态，煮盐燃料几乎都为柴薪。自从卓筒井开凿后，燃料需求骤增，森林的砍伐十分严重。为弥补柴薪之不足，明代开始，天然气开采又兴盛起来。

宋应星在《天工开物》卷5《作咸》中记述了明代竹笕输送天然气的情况："西川有火井……但以长竹剖开去节，合缝漆布，一头插入井底。其上曲接，以口紧对釜脐，注卤水釜中，只见火意烘烘，水即滚沸。启竹而视之，绝无半点焦炎意。"可见，当时的气笕不很长，因此只能采运浅层低压天然气，而且盐灶也只能安置在附近，就近煮盐。在该书中的"火井煮盐图"上，从火井口接出的弯曲的竹管注曰"曲竹"，灶即在井口旁，灶形如家用的柴薪灶，只安一口锅。清代前期天然气开采工艺仍无大的进展。清乾隆《富顺县志》卷2《山川下·火井》载："火井……井深四五丈，大径五六寸，……以竹去节，入井中，用泥涂口，家火引之即发，……周围砌灶，……"可见，由于"火井"不深导致天然气气压较低，加之气笕不长，因此天然气仍不能输送到较远距离的地方煮盐。

道光以后，随着深部岩层高压天然气的大量开采，人们研制出测试气压的"冲天笕"、调节气流的"盆"与"冷箱"，这样，人们便可同时用数十根竹笕输送天然气了。① 同时，人们对气卤进行了改制，道光时人范声山《花笑顾杂笔》说："用衔竹吸烟（指天然气），如接水状。"即采用竹制输卤管道的制法，将无数根凿去节的竹子连在一起，做成一长竹管，每根竹子间的连接技术也很高超，光绪时人李榕《自流井记》说："外缠竹篾，篾外绕麻，油灰渗之，外不浸雨水，内不遗涓滴。"这样，气笕可"引之（指天然气）百步千步"②，"远者可至百丈余"③，而且可以多管同时作业，"一井可烧二三百锅，最次者亦烧数十锅"④。这与明代一口火井一口锅就近煮盐的情境

---

① 张学君、冉光荣：《明清四川井盐史稿》，第69页，四川人民出版社1984年版。
② 同治《富顺县志》。
③ 李榕：《自流井记》。
④ 范声山：《花笑顾杂笔》。

可谓有天壤之别了。

气笕的改进及开采工艺的提高,使天然气的利用率大大提高,从而推动了井盐业的发展。

此外,还有围于锅边使锅形增大的"盐边"("编竹和泥围之")、打捞盐粒的竹制长网勺等煮盐工具以及各种竹制贮盐、运盐工具。

从以上论述可以看到,卓筒井与竹制工具之间的关系形同鱼水,可以毫不夸张地说,没有这些功用独特、制作精湛的竹制工具,就不会有"井盐凿井工艺的划时代革新"——"卓筒井"的诞生和推广,也就不会有四川井盐业辉煌灿烂的历史。对此,古人有清醒的认识。古人对卓筒井有多种称谓,可分为二类,一类冠以"卓",称"卓筒井"、"卓筒小井",另一类冠以"竹",称"筒竹"、"竹井"、"竹筒井"、"竹筒小井"。何以一井而有二名?彭久松先生作了如下考释:

> 所谓"竹筒井",是从物的角度,即从质的特点,说明井壁以"巨竹相衔"为之,是一种竹井。所谓"卓筒井",是从状的角度,即从工艺的特点,说明此种作井壁的竹筒,系嵌立于竖石之上,直立而起,以达井口,是一种立井。①

卓筒井与竹的关系,不是昭然若揭了吗?

(2)海盐业中的竹制工具

海盐业中也有不少竹制工具。

明代以前,海盐均用煎法制成,输卤无疑是煎盐工序中的重要一环。与井盐生产一样,竹管是重要的输卤管道。

宋代,福州一带煎盐,已采用了竹管输卤:"筑土为斛畎,在官灶旁以竹管引入盐盘,如畎浍之流。"② 南宋后期,这种"竹筒泻卤"技术推广到浙西一带:"卤丁轮定桦(盘)次上面,用上管竹相接于(卤)池边缸头内,将浣料舀卤,自竹管内流放上桦(盘)。卤池稍远者,愈添竹管引之"③。可见,输卤竹管视卤池与盐锅的距离,可长可短。之后,人们一直以竹筒作输卤管道,

---

① 彭久松:《"卓筒井"井名试释》,《井盐史通讯》1976年第1期。
② 梁克家:《淳熙三山志》卷41《土俗类·物产》。
③ 陈椿:《熬波图》卷下。

直到二十世纪二三十年代,浙东澉浦海滨仍多竹筒输卤。作家阿英这样记述道:

(该地)一般的灶是很大的,……灶长约二丈,宽丈余。在灶后有大的卤缸以及盛海水的缸,上面有小的卤桶,接近着盛盐盘的一个桶,以小竹筒直达盘内。在烧时,先将卤倒入卤桶,使它从竹管内流出,经过管口的篾篮(此作漉清之用),流到盘内。①

宋代,淮浙一带的盐户还有一种测定卤水浓度的器具:"先将小竹筒装卤入莲子(石莲)于中,若浮而横倒者,则卤极咸,乃可煎烧。若立浮于面者稍淡,若沉而不起者全淡,俱弃不用。"②因用石莲与竹筒制成,故可称之为"莲管验卤器"。

宋代海盐采用煎煮法。煎盐盘一般有铁制和竹制两种,陈椿《熬波图》谓:"浙东以竹编,浙西以铁铸,或篾或铁,各随相宜。"竹制盐盘又称"篾盘"、"竹镬",通行于闽、广和浙东某些地区。浙东一带的竹盘多以石灰涂抹缝隙制成:"编竹为盘,盘中为百耳,以篾悬之,涂以石灰。"③而广东、福建等地,则常将牡蛎蛤蜃之壳捣碎为末,或烧成灰,以涂抹竹盘:"竹盘者,以篾细织竹镬,表里以牡蛎灰泥之。"④竹盘是一种具有生命力的煎盐工具,如明州(今浙江宁波)某些盐场,宋末元初一度尽用铁盘,因效果不佳,不久,重用篾盘。⑤铁盘则多为淮南、浙西诸盐场所采用。此外,捞取盘中将成之盐的"筹漉"、沥除卤水的"撩床"亦为竹编成;盛盐工具如筐、箩、箕篓也为竹制。

2. 竹制纺织工具

在中国古代纺织工具中,竹制的占有相当大的比重,尤其在棉织业中,竹制织具的作用更非同小可。

(1)竹制棉织工具

棉布在九世纪的唐代尚被视为殊方异物,入宋,种棉织布日盛,棉织工

---

① 阿英:《盐乡杂信》,载中国社会科学院文学研究所现代文学研究室编:《中国现代散文选(1918~1949)》第5卷,第134-135页,人民文学出版社1983年版。
② 陆容:《菽园杂记》卷12。
③ 施宿:《嘉泰会稽志》卷17《盐》。
④ (清)《御定渊鉴类函》卷391。
⑤ 冯福京等:《大德昌国州图志》卷5《叙官·盐司》。

具渐趋齐备。竹制棉织工具主要有：

竹　弓　即弹弓，是弹松棉花的工具，因以竹做成，故名。竹弓是最早出现的弹弓。据载，十一世纪后半期，闽、广之地的织户就以"小竹弓弹令（棉花）纷起"，织成棉布（当地称"吉贝"）。①竹弓（弹弓）的出现，增加了弹棉这道工序，棉花变得均匀而疏松，便于纺织，是棉织业上的一大进步，所以很快推广开来。据胡三省在《资治通鉴》卷159注中云，至南宋时，江南一带的织户普遍"以竹为小弓，长尺四五寸许，牵弦以弹绵，令其匀细"；南宋史炤《通鉴释文》亦载当时棉花是"以小竹弓弹之"。此种小竹弓以线为弦，所谓"线弦竹弧"②，线的弹力有限，仅能用手掣弦，不能利用弹槌。至元代，黄道婆以绳弦竹弓代替了线弦竹弓，而且出现了4尺左右的大弓。弓身加长及弦的弹力增大，便于用弹槌击弦，有助于弹棉效率的提高。但此种竹弓弓背狭窄，首端弧度太大，致触棉而积；且以绳为弦，还不够坚韧。至明代后期，出现《农政全书》所说的"以木为弓，蜡丝为弦"③的木制弹弓。不过，木制弹弓并未取代竹弓，相反，绳弦竹弓仍是主要的弹棉工具。《农政全书》载："木绵弹弓，以竹为之，长可四尺许。上一截颇长而弯，下一截稍短而劲，控以绳弦，用弹绵英，务使结者开。"④明末，又出现以羊肠为弦的竹弓。到清初，竹弓有了进一步改进。从清乾隆时方观承编撰的《棉花图》中《弹花》一节的图示和说明中可看出，此时的弹弓"长四尺许，上弯环而下短劲，蜡丝为弦"，并使用弹槌，设置了悬弓的钓竿，这都是吸取了前代弹弓的长处。

卷　筵　是卷棉为筒的工具。江南一带在十三世纪的南宋，就已创造和使用卷筵了。卷筵制作材料有多种，而以竹制为多。《广韵》："筵，竹筵。"《汉书·王莽传》颜师古注："筵，竹梃也。"可见"卷筵"之名最先源于以竹棍卷棉，后才成为卷棉工具的统称。《农政全书》载："木绵卷筵，淮民用蜀黍梢茎，取其长而滑。今他处多用无节竹条代之。"其使用方法是："先将绵毳条于几上，以此筵卷而扞之，遂成棉筒，随手抽筵。"⑤

---

① 方勺：《泊宅编》卷中。
② 陶宗仪：《辍耕录》卷24。
③ 徐光启：《农政全书》卷35。
④ 同上。
⑤ 同上。

在上机就织之前，须绕线和牵经打纬，以接长经线，达到人们所需的长度。牵经工具为篗子、拨车、经架。篗子是绕线工具，多以竹制。拨车"以竹为之"，《农政全书》说其作用是："将绵维头缕拨于车上。"经架是用竹条"列环以引众绪，总于架前经排，一人往来挽而归之轴，然后授之机杼。"①

此外，椊杼的钓竿、分综的承子等，亦以竹制。

从上可知，棉织业中弹棉、卷棉、绕线、牵经、纺棉等各道工序，均离不开竹制工具。

（2）竹制丝织工具

丝织业中的许多工序也离不开竹制工具。

抽　　丝　　把蚕茧浸入沸水中，待抽丝之时，以竹签（小箸）在盆中搅动，用箸端将丝头挑起，把几根茧丝绞在一起，从盆中抽出，穿过竹针眼，先绕于如香筒样的竹棍上，再通过桄上的丝钩。

络　　丝　　用络子将丝绕于丝车上。络子是绕丝线的器具，多以竹子交叉构成。丝车称为"筳"或"軖"，柱多系竹制成，为四角或六角，以短辐交叉连成，中贯以轴。鞋的名称和形制，一直沿用到明清和近代。

牵　　经　　清代陈作霖《凤麓小志》载："经篗交齐，则植二竿于前，两人对牵之，谓之牵经。"

此外，织机中的许多构件亦以竹制，如筵子（锭子）、溜眼、蔻等。

三、竹制渔具

渔具是最古老的工具之一。恩格斯论述道："根据所发现的史前时期的遗物来判断，根据最早历史时期的人和现在最不开化的野蛮人的生活方式来判断，最古老的工具是些什么东西呢？是打猎的工具和捕鱼的工具，而前者同时又是武器。"②中国先民在以采集狩猎和捕捞为主要谋生手段的漫漫历程中，必然要制造出延长自己身体器官的相应工具；进入农耕文明以后，渔业

---

① 徐光启：《农政全书》卷35。
② 《马克思恩格斯选集》，第3卷，第513页，人民出版社1960年版。

一直是社会经济活动的一个组成部分。尤其在南方，湖泊星罗棋布，河流蛛网交织，渔业自古就十分发达。在一个相当长的历史时期中，这一地区的生产和生活方式是"饭稻羹鱼"和"以渔采为主"，渔业是可与种植业相颉颃的另一重要产业，构成"农渔并重"型经济结构。尽管唐中叶以后，南方"农渔并重"型经济结构逐步向多种经营型转化，但这并不意味着渔业衰退，相反，随着人们开发自然资源能力的增强以及商品经济的发展，渔业更向专业化和商品化方向发展。

渔业的久盛不衰，导致渔具的繁富多样。在众多的渔具中，竹制渔具是出现最早、历时最久、品类最多、使用面最广的一类。现择其要者叙述如下：

筌　又称为"笱"、"霤"、"打艋艘"，今南方多称"鱼笱"，是用竹编成的笼状捕鱼具，有一喇叭状的口，颈较狭窄，并编有许多倒立的细竹（"竹鬣"），颈下为一鼓形状腹，尾收缩成尖状，一般不封死，可以随时打开取鱼。安置方法是：用土石横截水流，留一缺口，用竹筌承之，鱼游入筌腹，因颈口有倒须而不能复出；或内装食饵，鱼入筌中食之则能进不能出。

筌出现甚早，在浙江吴兴钱三漾的新石器时代遗址中，就发现有鱼筌的实物。[①]殷墟甲骨文中也有用筌捕鱼的卜辞。[②]先秦时，筌的使用范围大为扩展。《诗经》的《齐风·敝笱》云："敝笱在梁，其鱼鲂鳏。"《邶风·谷风》又云："毋逝我梁，毋发我笱。"这反映出西周时民间使用鱼笱的情况。笱，即筌。《庄子·外物》云："筌者，所以在鱼，得鱼而忘筌。"《文选》郭璞《江赋》注文云："筌，捕鱼之器，以竹为之，盖鱼笱之属。"

之后，筌一直是一种重要的捕鱼具。唐代陆龟蒙在一首题名为《鱼梁》的诗中，将"笱"（即筌）的功用作了生动而具体的描述：

　　能编似云薄，横绝清川口。
　　缺处欲随波，波中先置笱。
　　投身入笼槛，自古难飞走。
　　尽日水滨吟，殷勤谢渔叟。

---

① 浙江省文物管理委员会：《吴兴钱三漾遗址一二期发掘报告》，《考古学报》1960年第2期。该报告称"倒梢"；即筌。
② 参见杨升南《商代的渔业经济》，《农业考古》，1992年第1期。

渔笼［海南黎族、苗族］（自《中国民间美术全集》器用编·工具卷）

笙不仅在我国东南沿海、西南汉族中长期沿用，不少少数民族也有类似的捕鱼具。如台湾高山族"在溪流狭窄处放置鱼笙，鱼笙两侧用竹枝或树枝及泥土塞住，在其上流处用石头泥沙作成小堰，以导溪水带鱼而下，流入鱼笙"①。拥有鱼笙之多寡，还是高山族贫富标志之一。② 傣族的鱼笙有多种，一种是在笼口编制一围可松可紧的倒竹刺，置于竹坝的出水口，鱼能进不能出；一种是开口呈三角形状，直径一尺多，身长约两尺多，尾部收拢，用来笼鱼（傣语称为"船巴"）；一种是大小如柚子，呈四方状，顶部开一口以便倒

---

① 许良国、曾思奇：《高山族风俗志》，第37页，中央民族学院出版社1988年版。
② 刘如仲、苗学孟：《清代台湾高山族的狩猎与捕鱼》，《农业考古》，1986年第2期。

鱼或装诱物，并有竹盖，底部为一编有倒刺的口子，鱼能进不能出。傣族将许多装有烧熟的蚯蚓的筌放入稻田里，一次可捉到许多鱼。①苗族称筌为鱼篓，为桃形，入口处留有伸向篓腹内的倒挂篾齿，将鱼篓出口处扎紧，以高粱、酒糟等作诱饵，拴一石头在篓上，用一股绳子一头拉住鱼篓，一头拴在岸上隐蔽处，然后将鱼篓沉入塘底。鱼钻进篓里吃食物，由于受倒挂篾齿的阻挡，进得去出不来。②

  罩 即罩，以竹条编成，形似椭圆体形或无底筐形，但竹条较粗，所留空间细密必须均匀，太密则罩入水中时阻力大，太稀则罩入水中游鱼易逃脱。捕鱼者执罩于水中，发现鱼后用罩将鱼罩于罩中，然后用手捕获。《说文》："罩，捕鱼器也。"罩的历史十分悠久，浙江水田畈新石器遗址中出土有竹编的鱼罩。《诗经·小雅·南有嘉鱼》中则有"南有嘉鱼，烝然罩罩"之句，说明西周时民间用罩捕鱼已具一定的普遍性。山东汉代画像砖中有很多用罩捕鱼的图案。直至今日，中国南方一些地方仍用罩捕鱼。

  罩鱼法也为一些少数民族所采用。如台湾高山族清代就盛行罩鱼法。《东宁陈氏番俗图》题记云："（高山族）竹篾编笼为罩，取之名曰鲢罩。"清人绘《台湾风俗图》中描绘了高山族罩鱼的情境：溪流的下流，身着短裙、头挽髻发、耳饰塞棒的高山族男子，正在水中罩鱼，只见他们或高举鱼罩，或罩已入水，在捕捉被罩住的游鱼。分布于贵州、广西、湖南交界的侗族至今仍用鱼罩罩鱼。③

  竹矛、弓箭 在远古时期，竹矛、弓箭既是打猎工具和武器，又是渔具。竹矛叉鱼曾是我国先民的重要捕鱼手段，后竹矛多为铁叉取代，但直到中华人民共和国成立初，居住在东北的鄂伦春人和鄂温克人及台湾高山族仍有使用竹矛叉鱼者。我国先民使用弓箭的历史始于原始社会，当时的弓箭多为竹制。以弓箭射鱼，先秦时为多，秦汉以降，间或有之。④直到清代，台湾高山族中以竹制弓箭射鱼之风仍很盛。他们常驾船到溪河之中，湖泊之心，用弓箭捕

---

① 杨知勇、李子贤、秦家华：《云南少数民族生产习俗志》，第114—115页，云南民族出版社1990年版。
② 同上，第160页。
③ 参见吴俭新：《从民俗学角度看侗族渔业》，《农业考古》，1988年第2期。
④ 周苏平：《先秦时期的渔业》，《农业考古》，1985年第2期。

射较大的肥鱼。清人阮蔡文曾有《后垅港》诗描写道："竹箭穿鱼三尺肥"，"得鱼胜得獐与鹿。"①

渔篓（何明摄）

渔篓［广东陆丰］

竹编鱼食篓［民国·云南］
（自《中国民俗艺术品鉴赏》器用卷）

竹渔具（施志镒摄）

竹制钓竿　依据大量的民族学资料，人类最早的竿钓渔具不用钩，而是用一根短小、有很好弹性的竹子，竿头拴上一条野麻绳，绳头系上蚯蚓。钓时将绳抛入水中，然后将竿斜插在岸边，将绳拉紧，鱼吞食蚯蚓时，必使竿头摆动，此时即猛拉渔竿，将鱼甩到岸上。到新石器时代中期，我国先民学会以骨制钩钓鱼②。之后，竿钓渔具日益丰富，至宋代，邵雍《渔樵问答》将竿钓归纳为竿（钓竿）、纶（钓线）、浮（浮子）、沉（沉子）、钩（钓钩）、饵（钓饵）六个组成部分，可见钓竿结构体系已基本完备。这六个部分中，纶、

---

① 阮蔡文：《淡水纪行诗》，载连横：《台湾诗乘》卷1，第39页，（民国）文海出版社（有限公司）印行。
② 曲石：《从考古发现看我国古代捕鱼的起源与发展》，《农业考古》，1986年第2期。

浮、沉、钩、饵的制作材料都曾经历了许多重大变化，惟有钓竿，自始至终可说是竹竿大一统的天下。

《诗经》的《卫风·竹竿》中有最早咏及竹制钓竿的诗句："籊籊竹竿，以钓于淇，岂不尔思，远莫致之。"远嫁的卫女，追忆儿时持细小纤长的竹竿垂钓淇水旁的情境，归乡之情顿生，但路途迢迢，欲归不能。从这首缠绵动人的诗中可窥知竹制渔竿已在民间普及开来。之后，无论是山野村夫还是帝王将相、文人学士，都喜用竹制钓竿。文人学士还留下众多咏及竹制钓竿的诗篇，如唐诗人孟浩然《岘潭作》云："试垂竹竿钓，果得槎头鳊"；白居易《渭上偶钓》云："渭水如镜色，水中鲤和鲂。偶持一竿竹，悬钓在其旁。"

一般竹制钓竿在3米以内，再长则显得笨重而不顺手，所以只能钓近水中的小鱼；如要钓大鱼，需用轮竿（又称抛竿、海竿）。轮竿上配有轮子，将鱼线缠绕其上；钓时将线抛于远水处，大鱼上钩后，转动轮子，逐步收缩鱼线。这种轮子古时又称"钓车"，有牛角、骨骼做成的，但绝大多数用竹子（筒）做成。唐代陆龟蒙有诗吟道："旋屈金钩劈翠筠，手中盘作钓鱼轮。忘情不效孤醒客，有意闲窥百丈鳞。"① 正反映了用配有竹轮的竹竿垂钓大鱼的情境。

此外，竹制捕鱼具还有籗笓（竹编成的屏障，用来捕取河虾）、罩篮、鱼簋（海中捕鱼具）等。

如同竹制生活用具一样，竹制生产工具繁富多样，它们不仅在众多的经济领域中一显身手，而且为中国竹文化景观增姿添彩。以上所述，仅仅只是大海中的几朵浪花，全面系统的阐述，尚俟来日。

---

① 陆龟蒙：《颇自桐江得一钓车以袭美乐烟波之思因出以为玩俄辱三篇复抒酬答》。

第四章　家家竹楼临广陌，座座竹殿居山坡

——竹建筑

作为"各民族对生活的不同看法和对真理的不同认识的外在表现"，作为"科学技术与艺术的综合体"，作为"文明的重要标志"，中国传统建筑与竹同样有着十分密切的联系。竹楼、竹亭、竹阁、竹廊、竹寺、竹观、竹殿、竹台等各式各样以竹为材料的建筑形式琳琅满目，各呈异彩；竹扉、竹窗、竹篱、竹椽、竹瓦、竹墙，构成了里外皆竹的竹建筑整体，风格独具。以竹为材料的建筑，从结构、外形到布局、装饰，既适应了中华大地尤其是南方湿热的地理环境，又满足了农耕文明的生产生活需要，还契合了中华民族对自然的理解与态度及其文化心态、审美趣味。我们从竹建筑的文化景观上，可体悟到中华文化的内在精神，寻绎出其构成因子。

一、从巢居到竹楼

人类在创造栖息空间的过程中，既受到自身能力与需要的制约，又受到自然条件的影响。御风雨、避禽兽，是人类改造或创造栖息空间的共同目的和需要；但创造出什么样的栖息空间或如何创造它，世界各地的民族却只能因地制宜，根据其自身的生活环境（包括气候、资源、地质状况等）和生产生活方式来抉择。

中华民族的发源地黄河中下游和长江中下游在中古以前大部地区气候炎热，雨量充沛，并有丰富的植物资源；同时，农业文化的早熟，促成定居为远古人民的主要生活方式。因而，中华民族的原始先民除了"穴居"之外，

还创造了"巢居"这别具一格的栖息空间形式,而"巢居"的始作俑者有巢氏即被视为中华文明的重要创始人之一。古文献对此曾多有记载:

《韩非子·五蠹》:

> 上古之世,人民少而禽兽众,人民不胜禽兽虫蛇。有圣人作,构木为巢,以辟群害,而民悦之,使王天下,号之曰"有巢氏"。

《孟子·滕文公下》:

> 当尧之时,水逆行,泛滥于中国,龙蛇居之,民无所定;下者为巢,上者为营窟。

《礼记·礼运》:

> 昔者先王未有宫室,冬则居营窟,夏则居橧巢。

《淮南子·本经训》:

> 舜之时……江淮通流,四海溟涬,民皆上丘陵,赴树木。

《太平御览·皇王部》引《始学篇》:

> 上古皆穴处,有圣人教之巢居,号大巢氏,今南方人巢居,北方人穴处,古之遗俗也。

以上诸说的内容大同小异,均把"为巢"的原因归结为避禽兽洪水等"群害",略有差异者是对"巢居"与"穴处"之间的关系及地理分布位置各说不一,其一似说"构木为巢"为最早的建筑形式,其余则都认为两种建筑形式并存,但具体何处何时"巢居",何处何时"穴处"又说法不一,或云冬季营窟,夏季构巢,或说在水流下游构巢,上游营窟,又说南方人巢居,北方人穴处……但诸说又有共通之处,即在温度高、湿度大和水流多地域生活的原始初民采用"巢居",而在温度低、湿度小、地下水位低、土质细密而干结地域生活的原始初民则选择"穴处"。地理环境决定了原始初民的居处方式。

生活于温湿地区的原始初民为了"御风雨"、"避群害",从鸟儿在树上构巢而居得到启示,开始"赴树木"。开始,仅会选择树冠较大较密的大树,爬上坐靠在枝干上,完全依从于自然,尚未学会改造自然、创造自然。其后,随着原始先民"人化"程度的提高,学会利用笨重粗糙的石斧砍伐树的枝叶,在一棵大树的众多枝杈之间构筑居住面。由于这一居住面过于狭窄,栖息其上稍有不慎则有坠下之险,不能完全放松,缺乏安全感,只能"栖",而不能完全"息"。于是,人类祖先经过不知多少年的探求,寻找、发明了一种新的"为巢"之法,即在树上构筑起类似窝棚的"巢"。此后,人们继续拓展居住面,以邻近的几棵大树的主干为支柱,建造出居住面更大的"巢"。此类窝棚似的"巢",支撑稳固,居住面较大,上可遮蔽风雨日照,下能避御猛兽水患,居其上既得"栖"又得"息",整个身心可以放松休息。这种"巢"对自然(树的自然状态)的依赖性仍很强,与鸟儿之巢相去不远,还未成为完全意义上的人的创造物,但它却是后世"干栏"式建筑的原始雏形。

"自然人化"在不断深化,人的创造力在不断增强,人对自然的顺从与依赖逐渐减少,因而以自然生长的树为基础的"构巢"方式渐被淘汰,代之以人的创造物——房屋。但"巢居"之"巢"的悬离地面、以树木为支柱、以竹木为建筑材料等特点,却作为中华建筑文化的细胞保留下来,演变成"干栏"这一建筑形式。

竹棚[云南西双版纳傣族地区](自《云南民族住屋文化》)

距今7000年前的浙江省余姚县河姆渡新石器时代遗址中,出土了木构建筑,这是中国迄今发现的最早干栏式建筑设施。其构筑方法是先在地上打入木桩,上架横梁以承托地板,再于其上立柱、架梁、盖屋顶。在云南省晋宁县石寨山以及四川、贵州、湖南、江西、广东等考古发掘中，均发现过不少铜制和陶制干栏式建筑模型。中国古代，尤其是南方盛行这种建筑，《魏书》《蛮书》、《太平寰宇记》等史籍均有记载。现在，傣、佤、基诺、独龙、德昂、拉祜、布朗、景颇、瑶、壮、京、高山、苗、侗、水、布依、土家等民族地区仍盛行这种建筑形式。

干栏式建筑为竹木结构，竹为其重要的建筑材料。采用竹结构或以竹材为辅助材料的秦汉建筑遗迹近年多有发现。秦都咸阳1号宫殿遗址发现屋顶棚敷竹席，其中6室和7室的隔墙为"夹竹抹泥墙"；3号宫殿遗址作为檐墙的1室北墙，"从倒塌建筑堆积发现墙体为夹竹草泥墙"。临潼秦始皇陵东侧兵马俑坑过洞隔梁的棚木上也铺有席子。被考古工作者认为"似为仿照当时贵族第宅而筑"的咸阳杨家湾汉墓墓室顶部至二层台间有一层护壁土，其中以直立的圆木作为骨干，下部外表有人字纹竹席印迹，圆木之间用较细的树枝或竹竿作衬筋，然后用草泥土涂抹。①汉代的甘泉祠宫亦用竹建构而成，《三辅黄图》云："竹宫，甘泉祠宫也。以竹为宫，天子居中。"至唐代，南方"江淮州郡……盖多竹屋"②。北宋初期文学家王禹偁被贬为黄州（今湖北黄冈县）刺史时，亦曾修筑竹楼二间，并做《黄冈竹楼记》一文，文曰："黄冈之地多竹，大者如椽。竹工破之，刳去其节，用代陶瓦。比屋皆然，以其价廉而工省也。"以竹为主要建筑材料的干栏式建筑即竹楼，虽然在经济较发达地区渐趋减少，但在南方少数民族地区，长期以来仍为主要建筑样式。元人李京《云南志略》载："金齿百夷，风土下湿上热，多起竹楼。"清人沈曰霖在其《粤西琐记》中称粤西"不瓦而盖，盖以竹；不砖而墙，墙以竹；不板而门，门以竹"，整个建筑几乎"通体皆竹"。清末，夏瑚曾巡视云南独龙族聚居区，写下《怒俅边隘详情》，对其住房形式做了记述，说："俅江尤为地广人稀，该处山多蕉竹、董棕、藤竹之类，房屋概以竹构成楼，离地三五尺不等，上覆茅草，聚族而居，中隔多间，每间即属一家，每房屋有多至十余间、二十余间者；且多结房于树以居，如有巢氏之民者。考其巢居之由，在昔野兽较多，白昼

---

① 王子今：《秦汉时期的关中竹林》，《农业考古》1983年第2期。
② 《太平广记》卷第219"高骈"。

125

且将啮人而食,逮晚则成群入室,抵御无方,故其先人创此巢居,以避虎患,近则杀人拉人,所在恒有,亦仍以巢居避患为乐;有就地以居者,必其族大丁繁也。"这里说明了竹楼与巢居之间的承继关系。

时至今日,在南方少数地区,尤其是在云南省德宏州和西双版纳州,一幢幢竹楼构成的村落随处可见。

竹楼外观[云南西双版纳傣族](自《云南民族住屋文化》)

二、自然的选择:竹成为建筑材料

建筑是由具体的物质构成的,并通过物质对象满足人们的物质和精神活动的需要。选择何种或哪几种物质为建筑材料,一方面取决于人们所生活的自然环境提供了哪些适宜于用作建筑材料的物质,另一方面取决于对物质材料的加工能力和工艺水平、生产和生活的物质需要、文化观念和审美趣味等精神需要以及社会惯例和生活习俗的制度文化需要。而早期人类对自然具有很大的依赖性,故而他们对建筑材料的选择主要是一种自然选择或天然选择,即因地制宜地择取其生活的自然环境富有的自然物质,用以筑屋构室。

中国是竹类资源最多的国家之一,竹子的属、种和面积在世界上都居领先地位。而在上古，竹的分布范围比现在要广阔得多，竹林资源要比现在丰富得多。据历史典籍记载，上古时期不仅南方广布竹林，而且北方黄河流域也曾是竹类的原产地之一，竹林分布面南及海南，东至台湾，北达山西，西到西藏。陕西西安半坡遗址、山东历城龙山文化遗址、河南安阳殷墟遗址等地的考古发掘证明，远古时期中国竹材极为丰饶，中华民族很早就开始栽培和利用竹材。《诗经》、《山海经》、《左传》、《四民月令》、《西京赋》、《史记》、《汉书》等典籍的记载亦说明竹林上古时期分布之广、利用之早。总之，自然界提供给中华民族祖先选择的"大仓库"中，遍布竹林资源。

中华民族的祖先没有拒绝大自然的无私馈赠，最大限度地利用竹材，并积极栽培竹林。在建造房屋时，我们的先人因地制宜，把竹材作为一种主要建筑材料加以充分运用，甚至"不瓦而盖，盖以竹；不砖而墙，墙以竹；不板而门，门以竹。其余若椽、若楞、若窗牖、若承壁，莫非竹者"①。竹子种类繁多，各类竹的粗细、长短、质地不同，因而可以"随物赋形"，用作房屋各个部分的建筑材料。

"编壁"是中国传统建筑中建墙的一种方式。唐代大诗人白居易为江州司马时，曾于元和十二年（817年）在庐山香炉峰寺间建成草堂，并赋《偶题东壁》诗描绘，说："五架三间新草堂，石阶桂柱竹编墙。"白氏所建草堂之墙即由竹编制而成。宋人李诫所作《营造法式》卷12"隔截编道"一节曾对以竹篾编织墙壁之法做出如下描述："造隔截壁桯内竹编道之制，每壁高五尺，分作四格，上下各横用经一道，格内横用经三道，并横经纵纬交织之。"在房屋墙壁方位立下方柱，柱间留下约90～120厘米的空位，以竹篾条纵横编织绑紧，然后在其内外抹泥，泥上抹石灰，即成厚度不足6厘米的薄轻墙壁。亦有不在编壁上抹泥和石灰的编壁，如小凉山彝族居住的"竹篱板舍"，其墙壁是由竹木篱笆排扎而成；云南的傈僳族和怒族居住的竹篾房，墙壁多为竹篾席。

竹材还可制作椽梁。东汉著名学者蔡邕曾述说过他的奇异见闻："吾昔尝经会稽高迁亭，见屋椽竹东间第十六，可以为笛。取用，果有异声，伏滔

---

① 沈日霖：《粤西琐记》。

《〈长笛赋〉序》云：'柯亭之观，以竹为椽，邕取为笛，奇声独绝'也。"① 可见其时今江浙一带以竹为材料的建筑很普遍。宋人朱翌《猗觉寮杂记》记载："岭表有竹，俗谓司马竹，又曰私麻竹。《南越志》曰：沙麻竹，可为弓，似弩，谓之溪子弩，或曰苏麻竹，或曰虫麻竹，今讹为司马竹。《岭表录异》云：沙麻，大如茶碗，厚而空小，一人擎一茎，堪为椽梁，正此竹也。""司马竹"茎粗大，内空小，壁厚实，具有较大的承受能力，故可制作椽梁。唐宋许多诗文咏到竹制椽梁。元稹《茅舍》诗曰："楚俗不理居，居人尽茅舍。茅苫竹梁栋，茅疏竹仍罅。"苏轼亦有《寄葛苇》诗云："竹椽茅屋半摧倾，肯向蜂窠寄此生。"中国南方传统建筑以竹材为椽梁者为数不少。

以竹为梁柱时亦有之。上文所引《猗觉寮杂记》说"司马竹…堪为椽梁"。在南方少数民族地区，粗大的"龙竹"常用作房柱和房梁。房柱或为劈成两半的竹，或整根竹。在竹房柱适当位置挖出孔，把竹梁穿进孔中，略为绑捆加固，就构成了竹房屋的屋架。

竹还可以加工成建筑用瓦。竹子一剖两半，其形状与陶瓦相若，正反相扣相衔，铺排在房顶上，可起遮阳挡雨之用，故而名之曰竹瓦。元稹《夜雨》云：

水怪潜幽草，江云拥废居。
雷惊空屋柱，电照满床书。
竹瓦风频裂，茅檐雨渐疏。
平生沧海意，此去怯为鱼。

诗中所描写的"废居"之顶覆盖的就是竹瓦。唐代另一诗人齐己《荆渚偶作》诗亦咏及竹瓦："竹瓦雨声漂永日，纸窗灯焰照残更。"

竹材尚可制作门窗。古人诗文每每写到竹门、竹扉、竹扃、竹关、筚门等。吴均《王侍中夜集诗》曰："抽兰开石路，翦竹制山扉。"唐人李中《访山叟留题》诗云："策杖寻幽客，相携入竹扃。"《寄庐山庄隐士》又云："烟萝拥竹关，物外自求安。"周洛《春喜友人至山舍》诗云："鸟鸣春日晓，喜见竹门开。"杜牧亦有《冬至日遇京使发寄弟》诗曰："竹门风过还惆怅，疑是松窗雪打声。"叙及竹窗者亦为数不少。卢纶《宿澄上人院》诗云："竹

---

① 《后汉书》卷60下《蔡邕传》注引张骘《文士传》。

窗闻远水,月出似溪中,"李中《秋雨二首》(其二)曰:"竹窗秋睡美。"《怀庐岳旧游寄刘钧因感鉴上人》又说:"寄宿爱听松叶雨,论诗惟对竹窗灯。"可见中国古代竹制门窗并不少。

此外,还有竹楹、竹簷等。唐人张珀《奉和岳州山城》诗说:"郡馆临清赏,开扃坐白云。讼虚棠户曙,静观竹簷曛。"中唐诗人姚合《垂钓亭》诗云:"由钓起茅亭,柴扉复竹楹。"

竹材在中国古代是一种极为重要的建筑材料,建筑物的柱、梁、椽、门、窗、瓦、楹、簷及楼板、阳台等部位均可用竹建构。故而陆游在《成都府江渎庙碑》文中叙述宋孝宗淳熙四年(1177年)成都建成江渎庙的用材情况时说:"总其费,木以章计者,八千一百二十有八,竹以个计者,四万九千四百七十……"可见竹材在建筑中的地位是多么重要。

三、竹制民居:中华民族的一种世俗生活之所

常言道:"一方水土养一方人。"同样,一方水土造一方屋。中华大地在上古时期气候温湿,竹林资源丰饶,这为中华民族取竹材建筑其生活居所提供了基本条件。"以竹为家"是古人的一种生活与文化观念。宋代爱国诗人陆游在《幽怀》诗中说:"苫茅架竹亦吾庐,病起幽怀得小摅。"在《青羊宫小饮赠道七》诗中又说:"青羊道七竹为家,也种玄都观里花。"竹与中国传统建筑的密切关系,集中地体现在建筑的基本样式民居之中,即名目繁多的竹房、竹舍、竹馆、竹屋、竹楼、竹阁、竹轩、竹斋、竹棚、竹宫等。

1. 竹 屋

屋为中国民居的泛称,可称代所有的居住建筑。但在特定语境中又与楼、阁等相对应,指单层的普通居住建筑形式。竹屋之屋大都为后一义。

竹屋在中国古代的南方非常普遍,而今日佤族、怒族、布朗族等少数民族聚居区仍保留有竹屋民居建筑形式。

盛唐诗人张籍在《江南曲》一诗中曾描述了其时江南的竹屋建筑,诗云:

江南人家多橘树,吴姬舟上织白纻。

土地卑湿饶虫蛇，连木为牌入江住。
江村亥日长为市，落帆渡桥来浦里。
青莎覆城竹为屋，无井家家饮潮水。
长江午日酤春酒，高高酒旗悬江口。
倡楼两岸悬水栅，夜唱竹枝留北客。
江南风土欢乐多，悠悠处处尽经过。

江南地势低，气候炎热，湿度较大，故而普遍构竹为屋，呈现出"青莎覆城竹为屋"的景象。唐代另一诗人刘威亦曾写到竹屋，其作《宿渔家》云：

竹屋清江上，风烟四五家。
水园分荟叶，邻界认芦花。
雨到鱼翻浪，洲回鸟傍沙。
月明何处去，片片席帆斜。

时至宋代，苏轼和陆游两位诗人都曾不止一次写到竹屋。苏轼在《泗州南山监仓萧渊东轩》诗中云："偶随樵父采都梁，竹屋松扉试乞浆。"还说："岁行尽矣，风雨凄然。纸窗竹屋，灯青荧荧。时于此间，得少佳趣。"① 陆游的《简苏训直判院庄器之贤良》诗云："行尽天涯白发新，槿篱竹屋著闲身。读书达旦失衰病，食菜终年安贱贫。"《西邻亦新葺所居复与儿曹过之》诗又曰："竹屋茆檐烟火微，长歌相应负樵归。"二人均把竹屋视为安贫乐道、恬淡自适、皈依自然等性格情趣之所，赋予竹屋以特定的文化内涵。

随着人们生产能力的提高，竹屋在江南沿海一带逐渐减少，但一些少数民族聚居区至今仍保留有竹屋这种民居建筑。清人余庆远在《维西见闻记》中记载道：怒族"覆竹为屋，编竹为垣"。居住在台湾省的高山族支系泰雅人和赛夏人常以竹材构屋。他们用粗竹为柱，把竹劈成两半如砌瓦式竖立为墙壁、平铺为屋顶，屋顶以竹为葺，建成竹结构住屋。②

---

① 潘永因：《宋稗类钞》卷22《辞命》。
② 参见许良国、曾思奇：《高山族风俗志》，第23~25页，中央民族学院出版社1988年版。

2. 竹　楼

竹楼是最有代表性、最富特色的竹制民居建筑。

在中国古代，竹楼遍及南方各地。唐代政治家、哲学家、文学家刘禹锡在公元805年被贬到郎州（今湖南常德）时，写下《采菱行》一诗描绘常州风土人情，说当时武陵郡"家家竹楼临广陌，下有连樯多沽客"。"家家竹楼"，说明其时竹楼建筑之盛。唐人李嘉祐亦有《寄王舍人竹楼》诗云："傲吏身闲笑王侯，西江取竹起高楼。南风不用蒲葵扇，纱帽闲眠对水鸥。"唐代文献述及竹楼者甚多。

唐代以降，竹楼的兴建仍未衰竭。宋初王禹偁在咸平元年(998年)被贬为黄州（今湖北黄冈县）刺史的次年，在任所修建竹楼二间，并作《黄冈竹楼记》一文以记之。明人陈确诗中常常提及竹楼，《寻晶公同访董居士次品韵》说："昨日寻师到竹楼，今朝许我共郊游。"《过尔立山中》又说："竹楼高敞四窗虚，明月清宵好看书。"

在经济较为发达的东南沿海地区，竹楼逐渐为砖木结构和钢混结构建筑所取代；但在西南少数民族地区，竹楼仍相沿不衰。钱古训《百夷传》记载："公廨与民居无异，虽宣慰亦楼房数十而已。制甚鄙猥，以草覆之，无陶瓦之设，头目小民，皆以竹为楼。"时至今日，在傣族、景颇族、德昂族、布朗族、基诺族和部分佤族、傈僳族、拉祜族、怒族、哈尼族聚居区，竹楼仍为主要的民居建筑样式。西南少数民族的竹楼是用粗竹或圆木为柱、梁，以竹篾编成墙栏，用草排盖房顶，以竹或木板铺楼板建成的两层楼房。上层住人，下层养牲畜和放杂物。具体式样、材料，不同民族、不同地区又略有不同。

竹楼一角［傣家］（刘普扎摄）

3. 其他竹构民居

竹构民居尚有竹堂、竹馆、竹阁、竹轩、竹斋等建筑形式。

蜀南竹海竹制门亭（董文渊摄）

堂在中国传统建筑中占有重要的地位。其一义为宫室的前部分，另一义则指四方而高的建筑。堂的建筑形式亦可以竹为材料建造。初唐文人虞世南所作《春夜》诗写到竹堂：

春苑月裴回，竹堂侵夜开。

惊鸟排林度，风花隔水来。

竹堂被描绘为极为静谧之所。中唐诗人元稹《题王右军遗迹》描写竹堂说："生卧竹堂虚室白，逍遥松径远山青。"宋代大文豪欧阳修亦有《绿竹堂独饮》、《暇日雨后绿竹堂独居兼简府中诸僚》等作品咏及竹堂。

阁为中国传统楼房的一种，以四周设隔扇或栏杆回廊为特点，供远眺、游憩、藏书和供佛之用。阁以竹材建构而成为竹阁。中国古典文献对竹阁也颇多记载。唐人周贺《寄金陵僧》诗曰："水石致身闲自得，平云竹阁少炎蒸。"赵嘏的《吕校书雨中见访》诗曰："竹阁斜溪小槛明，惟君来赏见山情。"白居易所修筑的竹阁至宋时犹存，僧志诠作柏堂"与白公居易竹阁相连"，苏轼由是作《竹阁》诗，云：

海山兜率两茫然，古寺无人竹满轩。

白鹤不留归后语，苍龙犹是种时孙。

两丛却似萧郎笔，十亩空怀渭上村。

欲把新诗问遗像，病维摩诘更无言。

轩为有窗槛的长廊或小室，也有以竹制成的。赵嘏《忆山阳》说："家在枚皋旧宅边，竹轩晴与楚坡连。"谭用之《送友人归青社》又说："好期圣代重相见，莫学袁生老竹轩。"苏轼对竹轩也颇有兴趣，所写《送鲁元翰少卿知卫州》诗说："夜开丛竹轩，搜寻到箧笥。"竹轩引申为隐者之居。此外，杨万里《清虚子此君轩赋》、方孝孺《友筠轩赋》等均写到竹轩。

竹棚为用竹、木、芦苇等搭成的临时性或简陋小屋。临时需要或因经济条件差时建构居住栖息之所，则因陋就简，就地取材，用竹构架竹棚。马祖常的《钱塘潮诗》即云："石桥西畔竹棚斜，闲日浮舟阅岁华。"诗中所言竹棚，有表现尚俭避华生活意趣的旨意。

四、竹制宗教建筑：通往彼岸世界的驿站

中国是一个多种宗教并存的国家，既有古代流传下来的宗法性宗教和后来产生的道教，又有长期存在于民间的秘密宗教，还有从国外输入并逐渐中国化的佛教、基督教、伊斯兰教。各种宗教均有其独特的宗教活动场所，建

竹亭［江西井冈山］（字应军摄）

有别具一格的宗教建筑。竹亦被引入中国的宗教建筑之中,建构成带有浓厚中华文化特色的中国宗教建筑。

1. 竹制佛教建筑

佛教在两汉之际传入中国后,即不断被中国化。佛教中国化的一种外显的标志即佛教建筑融入中国传统建筑的一些特征。在建筑材料上,竹木材料被佛教建筑大量采用。南朝营造大批寺院,耗费了包括竹材在内的大量财富,故萧摩之揭露刘宋广造佛寺的情况说:"各务造新,以相夸尚。甲第显宅,于兹殆尽;材竹铜彩,糜损无极。"① 佛寺、佛殿、佛院、佛房等佛教建筑群均有以竹构造的。

佛寺是僧众供佛的处所,为佛教建筑的统称。佛寺以竹营造者颇多。唐人李洞《送贾岛谪长江诗》说:"筇桥过竹寺,琴台在花村。"谭用之《闲居诗》亦云:"破梦晓钟闻竹寺,沁心秋雨浸莎庭。"苏轼所作《送范景仁游洛中》诗说:"折花斑竹寺,弄水石楼滩。"

中国佛教建筑采纳了中国传统建筑"院"的形式,建成佛院、寺院。有时佛院或寺院亦兼指佛教场所的其他房屋。佛院以竹构造而成则被称为"竹院"。唐人李涉《题鹤林寺僧舍》诗曰:"因过竹院逢僧话,又得浮生半日闲。"顾况《鄱阳大云寺一公房》诗也说:"尽日陪游处,斜阳竹院清。"另鲍溶也写有《题禅定寺集公竹院》诗描绘竹院。

禅房为佛教徒修行禅定和栖息之所,以竹营造者则称之为"竹房"。唐初文人宋之问《游法华寺》诗咏及佛寺的竹房:"苔涧深不测,竹房闲且清。"刘长卿《将赴岭外留题萧寺远公院》诗也说:"竹房遥闭上方幽,苔径苍苍访昔游。"李嘉祐还写有《题道虔上人竹房》诗。

佛殿是供奉佛之所,以竹构之则为"竹殿"。唐代贞元年间的栖霞寺的佛殿即由竹营造。张汇《游栖霞寺》诗描绘到这座竹殿:

跻险入幽林,翠微含竹殿。

泉声无休歇,山色时隐见。

---

① 《宋书》卷97《天竺迦毗黎国传》。

潮来杂风雨，梅落成霜霰。

一从方外游，顿觉尘心变。

2. 竹制道教建筑

在佛教传入中国的两汉之际，中国本土文化同时培植出道教。道教这一本土宗教与竹的关系极为密切，不仅许多建筑以竹建构，而且以竹为崇拜物之一（关于道教的竹崇拜情况详见第九章）。道教的竹建筑有竹观、竹殿等。

观为道教的庙宇，以竹建者为竹观。五代人杜光庭《题本竹观》曰：

楼阁层层冠此山，雕轩朱槛一跻攀。

碑刊古篆龙蛇动，洞接诸天日月闲。

傣族宗教活动"耗干"的场所和僧人居住的房屋"杜"（刘村摄）

帝子影堂香漠漠，真人丹涧水潺潺。

扫空双竹今何在，只恐投波去不远。

道教供奉太上老君及神仙的殿也有以竹筑就的。杜光庭《题福堂观二首》（其一）曰："盘空蹑翠到山巅，竹殿云楼势逼天。"福堂观的竹殿高大巍峨，气势宏壮。

道教进行宗教活动的法坛也有用竹子搭成的，名之曰"竹坛"。唐代诗人钱起《宴郁林观张道士房》诗说:"竹坛秋月冷,山殿夜钟清。"

3. 竹制宗法性宗教建筑

绵亘数千年的中国封建社会建立在周朝形成的宗法制基础之上。

宗法制度要求人们重视血缘关系,崇尚祖先,因此从周代起,经过春秋战国时期的酝酿,至秦汉时期《周礼》、《仪礼》、《礼记》所谓"三礼"的出现,标志着中国的宗法性宗教正式建立。该宗教认为天地是生之本,先祖是类之本,君师是治之本,故应"上事天,下事地,宗事先祖而宠君师",对亲祖鬼神的祭祀是其中心内容。

中国宗法性宗教的建筑亦常由竹材建构,形成了竹宫、竹庙、竹祠等建筑形式。

宫即宗庙,为中国古代帝王、诸侯或大夫、士祭祀祖宗的处所。以竹构之则为竹宫。汉武帝曾在甘泉祠旁营造竹宫(此宫又名甘泉祠宫)。《三辅黄图》载:"竹宫,甘泉祠宫也。以竹为宫,天子居中。"① 南朝任昉作《静思堂秋竹赋》写及甘泉祠宫,曰:"竹宫丰丽于甘泉之右,竹殿弘敞于神嘉之傍。"② 似乎此宫的建筑群以竹构营造者甚众。梁朝时在泰山亦有竹宫建筑,梁武帝《祠南郊恩诏》曾说:"临竹宫而登泰坛,服裘冕而奉苍璧。"③ 韦庄的《鹧鸪》诗写及祭祖的宗庙,说:"孤竹庙前啼暮雨,汨罗祠畔吊残晖。"此外,竹材还普遍用于园林建筑与军营建筑之中。

五、竹建筑的文化内涵

原始建筑中的选材与构筑方式主要取决于自然的选择,受制于生活环境所能够提供的资源及所提出的需要。但建筑材料和构架的确定与演进方向,却受到人的生活方式、礼仪规范、社会观念、文化心态、审美心理等文化因素的制约与影响。竹如此普遍而持久地被中华民族列为建筑材料,用以构筑

---

① 无名氏:《三辅黄图》卷3。
② 欧阳询编:《艺文类聚》卷89。
③ 张溥编:《汉魏六朝百三家集》卷80。

民居、宗教建筑等建筑物，与中华文化和审美意识不无关系。

竹建筑的形成与中国自古以农立国的社会生活方式密切相关。远在新石器时代，中华民族就已经懂得并掌握了垫灰、夯土、垒砌等用于石材建筑的基本技能，拱券技术也早被大量运用于秦汉墓室墓道建筑之中，隋代赵州桥的起拱技术至今仍令人们赞叹不已。中华民族的建筑匠师们对石质构筑的基本技巧"非不能也"，只是"不为"罢了。"不为"的原因是石质建筑与中华民族传统的"以农立国"生活方式和生活趣味不相吻合。

炎黄子孙世世代代生息的东亚大陆，是人类农业生产的最早起源地之一。据考古发掘，陕西岐山县斗鸡台、西安半坡出土的大量炭化粟粒，证明早在六七千年前，中华民族已经开始栽培粟（禾）了，为世界上最早的粟（禾）栽培地；在浙江河姆渡新石器文化遗址亦曾发现大量籼稻粒，说明早在7000年前，中华民族即开始种植水稻。与此同时，北方开始栽种小麦，河南陕县东关庙底沟原始社会遗址出土的红烧土留有麦类印痕可以证明这一点。

以农业为主的经济生活培育了中华民族的崇农意识，"教民农作"的神农氏、"教民稼穑"的后稷被尊为神，进而国家被称之为"社稷"。崇农意识使中华民族与植物之间建立起深刻而持久的情感纽带，中华民族对于包括竹在内的植物倾注了更多的感情，其不断流动绵延的生命之流似乎在植物中得以显现，植物春华秋实、生长衰亡的生命循环与人的生命循环相对应、契合，使中华民族不再视之为异己之物，于是竹（还有木）大量用为建筑材料。居住在竹木建造的房屋中，不仅他们的身体得到休息，而且心灵亦觉回返"家园"，获得安宁与温暖。

在古希腊神话中，人们把石头比作"大地母亲的骨骼"，在一场大洪水后，人类几乎灭绝，幸存的人将这"骨骼"抛起，于是，再造了人类。因此，希腊人"永远不忘记造成他们的物质"，①西方古典建筑的基本材料是石头。而在中华民族的神话中，却有许多人源出于竹、竹搭救祖先性命等方面的故事（详见第九章），中华民族像希腊民族一样"永远不忘记造成他们的物质"，与竹结下深固的情结，以竹构屋，生于斯、居于斯、死于斯，似有在母亲怀

---

① 斯威布：《希腊的神话和传说》，第23—26页，人民文学出版社1978年版。

抱中的安全感。竹建筑与中国传统的实用理性精神相关。西方古典石构建筑有着很强的耐久性，古罗马建筑师维特鲁威提出的建筑三原则中，"坚固"即被列为其中之一，表现了西方文化与自然抗衡、追求永恒性的意识和观念。而中国人则抱有"不求原物长存之观念"，只求近期实用效果，忽视长久之深远意义，缺乏对永恒性的企求，因而"盖中国自始即未有如古埃及刻意求永久不灭之工程，欲以人工与自然物体竞久存之实，且既安于新陈代谢之理，以自然生灭为定律；视建筑且如被服舆马，时得而更换之"①。竹建筑极易毁坏，经受不住风吹日晒，易腐坏燃焚。唐人元稹《茅舍》一诗描绘了竹建筑被火烧为灰烬的情景：

  楚俗不理居，居人尽茅舍。
  茅苫竹梁栋，茅疏竹仍罅。
  边缘堤岸斜，诘屈檐楹亚。
  篱落不蔽肩，街衢不容驾。
  南风五月盛，时雨不来下。
  竹蠹茅亦干，迎风自焚烧。
  防虞集邻里，巡警劳昼夜。
  遗烬一星然，连延祸相嫁。
  号呼怜谷帛，奔走伐桑柘。
  旧架已新焚，新茅又初架。

  前已引述的元稹《夜雨》诗还描写了竹建筑不耐狂风吹刮和暴雨冲刷的情况，所谓："雷鸣空屋柱，电照满床书"，"竹瓦风频裂，茅檐雨渐疏"，因此，诗人有了"平生沧海意，此去怯为鱼"的担心。

  李商隐《唐故江西观察使武阳公韦公遗爱碑》亦叙述了洪州竹屋"竹戛自焚"、"火水夹攻"的状况。

  竹建筑尽管极易毁坏，但建构起来也非常简便容易，正如元稹所说"旧架已新焚，新茅又初架"，伐来竹子和茅草，略经锯砍绑又成新居。只求兴建之易、不惮修葺之烦的建筑文化心理，致使竹建筑在中国相沿不断。

---

① 《梁思成文集》（三），第11页，中国建筑工业出版社1985年版。

尚俭归朴的生活情趣是中国竹建筑兴盛的另一根源。中国古代知识分子倡导节俭朴实的生活态度，反对奢华浪费。《论语·八佾》说："绘事后素。"墨翟则更为激烈地抨击浮糜挥霍之风，《墨子·非儒下》说："繁饰礼乐以淫人，久丧伪哀以谩亲，立命缓贫而高浩居（踞），倍（背）本弃事而安怠傲。"对于大多数中国古代知识分子来说，崇尚俭朴的生活情趣并非简单地出于物质上节约的原因，而是借此减少人工的做作雕琢，求得淡泊无为的心境，"见素抱朴，少思寡欲"①，达至"复归于朴"、"万物一齐"的天人合一、人与自然混合的境界。竹建筑正是此种中国古代知识分子精神追求的寄托之所。唐人李嘉祐《寄王舍人竹楼》诗曰：

  傲吏身闲笑五侯，西江取竹起高楼。

  南风不用蒲葵扇，纱帽闲眠对水鸥。

竹楼寄寓着"傲吏"视侯爵官位如粪土、放浪形骸、怡情自然的情怀。宋初王禹偁筑竹楼于湖北黄冈，虽有"以其价廉而工省"的原因，但更为主要的原因是竹楼表现了他的自然之趣和超逸淡远情怀，所作《黄冈竹楼记》云：

  子城西北隅，雉堞圮毁，榛莽荒秽，因作小楼二间，与月波楼通。远吞山光，平挹江濑，幽阒辽复，不可具状。夏宜急雨，有瀑布声；冬宜密雨，有碎玉声；宜鼓琴，琴调和畅；宜咏诗，诗韵清绝；宜围棋，子声丁丁然；宜投壶，矢声铮铮然——皆竹楼之所助也。

  公退之暇，披鹤氅衣，戴华阳巾，手执《周易》一卷，焚香默坐，消遣世虑。江山之外，第见风帆沙鸟，烟云竹树而已。待其酒力醒，茶烟歇，送夕阳，迎素月，亦谪居之胜概也。彼齐云、落星，高则高矣，井干、丽谯，华则华矣，止于贮妓女，藏歌舞，非骚人之事，吾所不取！

作者在竹楼中可纵情山水、饱享夕阳素月的自然美景，亦可消遣世虑、恬淡心绪。竹建筑与中国传统文化的生活情趣和精神追求相吻合，故而历代士大夫们常弃高楼华屋而筑竹制楼舍。

---

① 《老子》第19章。

六、竹建筑的审美特征

竹制建筑物没有高耸入云的巍峨之势，没有漫延阔大的恢宏之态，亦无石建筑的敦实坚固之形，更无现代钢混建筑的艳丽之色，但却以其轻盈的造型、柔和的线条和自然的色彩，呈献给人们优美和谐的审美风格，显示出幽雅细腻的艺术魅力。

竹建筑的优美和谐风格首先体现在其适中体量上。

西方传统建筑以尺度的雄伟与体量的宏巨为特征。古罗马的斗兽场、神庙、浴场和宫殿，无论是外部体量与内部空间，都十分巨大。

"中世纪的哥特式教堂继承了这一传统，超尺度的建筑体量，与不可思议的巨大内部空间，是中世纪教堂建筑所竭力追求的目标之一"[1]。大尺度大体量建筑形式表现了西方民族追求量的崇高的审美趣味。

中国竹建筑的形体不是超尺度大体量的，而是适中的。中国人认为建筑不宜建得过分高大宏巨，"夫高室近阳，广室多阴，故室适形而止"[2]。过分高大的建筑"远天地之和也，故人弗为，适中而已矣"[3]。因此要"卑宫室"。竹建筑适中的体量是其优美和谐风格的根源之一。

竹建筑的优美和谐风格又体现在柔和线条和对称比例上。

西方建筑着力于竖直方向发展，向下凿挖地下室，向上则几乎没有遏制地发展。中世纪的哥特式教堂建筑从总体上向高空延伸，而且外观比例修直高耸，富于整体向上的感觉，内部空间陡高挺拔，外部造型则用窄高的侧窗与修长的人物雕刻、直插云霄的尖塔，强调垂直线条的表现。同时，凌空飞架的飞扶壁，使整座建筑表现出一种冲天而起的意欲[4]，因而西方建筑常给人以力量的崇高感。

中国竹建筑虽有竹楼与竹屋的高矮之别，并有历史与地域的差异，但从总体上说，中国竹建筑比例协调，线条柔和，给人以亲切感与和谐感。

---

[1] 王贵祥：《建筑如何面对自然》，《建筑师》，第37期，1990年7月版。
[2] 欧阳询编：《艺文类聚》卷61。
[3] 董仲舒：《春秋繁露》卷16。
[4] 参见王贵祥：《建筑如何面对自然》，《建筑师》，第37期，1990年7月版。

傣族竹楼可谓竹建筑比例协调、尺度适宜和线条柔美的典范。西双版纳傣家竹楼，其平面形状看似方形，实则为不显眼的矩形，长宽比近似矩形（长宽比为1.4472∶1），立面比例亦大体如此，屋面坡度多为45°；尺度以傣族男女自身的尺度为基准，类推出整栋干栏乃至整个村寨的尺度。干栏底层一般是1.8～2米，略高于人体，楼层和梁枋的高度也与底层相近。整根立柱的高度在4米左右（连插入土中部分）。这种尺度使傣家竹楼显得小巧玲珑。就几何形状言，傣家竹楼表现为比较规范的几何形。侧立面为等腰直角三角形及矩形，立面和平面是矩形或正方形。对称、均衡等要素表现得较为充分[①]，从而给人以柔和娟秀的优美感。

傣家竹楼［云南西双版纳］（自《中国竹工艺》）

竹建筑的优美和谐风格还体现在其虚体量和内收感上。

西方建筑在外观上强调实体块面的表现，在建筑外轮廓的处理，有意强调由砖石砌筑的体量的各个凸出部分，使建筑有明显的实体团块感。在屋顶与外墙轮廓的造型处理上，十分强调凸曲线、凸曲面的运用，突出巨大的穹窿顶的富于几何意味的向外凸出的造型性格，[②]表现出激荡外张的情感形式。

中国竹建筑不强调建筑个体的实体体量感，建筑立面的基本单位是"开间"，建筑开间是由周围廊或前后檐廊的廊檐柱分划而成，凹入的柱廊，与悬挑的屋檐，使建筑物立面呈现大片有韵律感的阴影，檐下冷色调的色彩，

---

① 详见郑思礼：《滇文化景观中的建筑艺术》，《滇文化与民族审美》，第399页，云南大学出版社1992年版。
② 参见王贵祥：《建筑如何面对自然》，《建筑师》，第37期，1990年7月版。

与窗牖上通透的格栅,使檐下的凹入感更为突出,因而显示出"内收"的虚体量和凹入感,①表现出平和沉稳、内倾含蓄的情感形式,即和谐优美的情感形式。

  总之,以竹材建构而成的中国竹建筑植根于中国传统文化的土壤中,尽管随着建筑材料和建筑工艺的进步与发展,竹建筑现今只在一些少数民族地区和旅游景点中得以保留,然而其所蕴含的东方文化韵味和审美魅力却是深永而长存的。

---

① 参见王贵祥:《建筑如何面对自然》,《建筑师》,第37期,1990年7月版。

第五章　跨涧越壑，渡河登山

——竹制交通设施和工具

中国幅员辽阔，各地区的自然环境千差万别，既有一望无际的平原、河湖密布的水乡，又有山高林密、谷深流急的险峻之区。自然条件的差异性，决定了交通方式的多样性；而交通方式的多样性，则是通过交通设施和工具的多样性得以实现的。当我们对漫漫历史作一番梳理，不难发现，承载中华文明庞大躯体的不仅仅是扬子江上的宏舸巨舫、黄土道上的笨拙牛车、屹立千百年的石拱桥，而且还有竹制交通设施和工具。在深山峡谷之区，竹索桥使天堑变通途；竹筏曾在水急流湍的山区大放异彩；竹舆（轿）是崎岖山道上一种重要的代步工具。竹制交通设施和工具曾在各地经济文化交流中发挥过重要的作用。

一、竹制交通设施

1. 竹索桥：西南各族人民的杰作

与北方和江南纵马泛舟的情形迥异，在我国西南地区，幽深的峡谷，湍急的河流，形成了对外交通的重要阻障。交通的梗阻造成了这些地区文化的相对封闭和迟滞。然而，世代生息、繁衍在这块土地上的先民们，却以惊人的毅力承受了恶劣环境的重压，以其独有的智慧创造出与环境相适应的独具特色的交通文化，从而最大限度地创造了与外界先进文化交往、涵化的条件和机会。竹索桥，就是西南交通文化丛林中一个辉煌的质点。

（1）传说与真实

云南怒族至今仍流传着这样一个传说：怒族祖先原来不知溜索。一天，一位聪明的祖先来到怒江边，面对汹涌奔腾的江水，冥思苦想过江的办法。正一筹莫展时，忽然看见蜘蛛在树枝间织网。蜘蛛沿丝线在两树枝间来回摆荡。他受到启迪，心智顿开，动员本族人民用竹篾扭成竹索，将竹索拴在箭上射到江对岸，再想法把竹索固定扎牢，这样就发明了竹索桥。① 这一传说从一个侧面反映了怒族先民战天斗地的伟业。但是，竹索桥并非怒族的独创，从文献记载及文化发生学的角度考察，竹索桥应是西南各族先民的共同创造。

我国西南各族人民很早就在深涧绝壑间架设竹（藤）索桥。他们称竹（藤）索桥为"笮"，今纳西语、彝语中的桥与"笮"音十分接近，正是历史的遗存。有趣的是，西南地区不少少数民族自称"笮"，光绪《盐源县志》谓："笮为夷之自名，今夷谓九所（指盐源之九所土司）曰阿笮，丽江人（即纳西族）至今自称为笮。"称竹（藤）索桥为"笮"与自称其族为"笮"，两者惊人地雷同。是因为"笮"与这些民族生产生活关系十分密切，遂以之命名本族呢？或是以族名命名竹（藤）索桥，以显示这种桥是该族的独创呢？或是纯属巧合？抑或其他原因？无论作何解释，有一点是肯定的：竹（藤）索桥乃西南各少数民族的共同创造，其历史犹如这些民族的历史一样久远悠长，非独自称"笮"的民族有之，四川西北、西南及云南许多地方都有。

囿于西南少数民族自身的文献杳然难寻，而正史对之记载又过于简略和粗疏，因此他们飞架竹索桥的壮举被隐匿在重重历史迷雾之中。尽管如此，我们仍能从众多史籍中窥知一二。据《华阳国志》和《太平寰宇记》记载，古时成都西南有两江，一名汶江，一名流江。两江之上建有7座桥，其中一座叫夷里桥（一作彝里桥），建于流江之上，因以竹索为之，故又名笮桥。据说这7座桥是蜀郡守李冰所造。细细推绎，流江上的笮桥（竹索桥）为李冰主持修建不是没有可能，但当时无论关中或关东之地，均无建笮桥的技术可供借鉴，李冰纵然聪慧过人，想来也难在短时间内奇迹般地首创出这种新式建桥方式。合理的解释应是，李冰入蜀后，吸取了当地少数民族独有的笮

---

① 参见龚友德：《云南古代民族的交通》，《云南民族学院学报》，1989年第3期。

桥建造技术，造了这座竹索桥。如果这一推论不妄，则公元前三世纪，川西南地区少数民族已熟练地掌握了竹索桥的建造技术。这种竹索桥几经修缮，至东晋时仍存。晋永和四年（348年）桓温伐蜀，蜀主李势率领军队与晋军交战于笮桥，兵败降于温。① 唐时四川省松潘县叠溪营北架有一竹索桥，《元和郡县图志》载："在卫山县北三十七里，以竹篾为索，架北江水。"②

云南省山道之险较之蜀道，有过之而无不及，竹索桥自古就是重要交通设施。在保山县水寨乡和永平县杉阳乡交界处的澜沧江上，横跨一条号称"西南第一桥"的铁索桥——霁虹桥。该桥处于博南古道的要津，是汉代"兰津古渡"所在地。当时，巴蜀商人便通过此渡将蜀布和筇竹杖贩至身毒（印度）。唐代在河上架起竹索桥。唐代咸通年间任岭南西道节度使从事的樊绰在《蛮书》中描写道："龙尾城西第七驿有桥，即永昌也。两岸高险，水迅激。横亘大竹索为梁，上布篾（竹席）。篾上实板，仍通以竹屋盖桥。"后或架木桥，或以舟渡。明成化十一年（1475年）始改建成铁索桥，"以铁索横牵两岸，下无所凭，上无所倚，飘然悬空"③。事实上，云南铁索桥的前身多为竹索桥或藤索桥。

从文化发生学的角度看，西南各族先民生存环境均为崇山峻岭，文明程度又大体相若，自然的、人文的因素交互作用，使他们不约而同地选择了大体一致的交通方式，发明了竹索桥，之后又在文化交流中相互学习，取长补短，最终共同创造出竹索桥这一重要交通设施，并在该区广泛推广使用。这种推断应是可以成立的。

（2）巧夺天工的竹索桥建造技术

竹索桥不仅历史悠久，而且随着西南地区与外界经济文化交流的日趋频繁而得到广泛营造。中国古代竹索桥的建造技术鬼斧神工，概言之，主要有以下几种构造形式：独索溜筒桥、双索双向溜筒桥、多索平铺吊桥、双索走行桥、V形双索悬挂桥。④

---

① 顾祖禹：《读史方舆纪要》卷67《成都府·华阳县》。
② 李吉甫：《元和郡县图志》卷33。
③ 康熙《永昌府志》。
④ 此部分借用了唐寰澄先生在《中国古代桥梁》（文物出版社1987年版）一书中对中国古代索桥构造形式的划分法，并引用了书中部分资料，特此说明并致谢。

独索溜筒桥是只有一根竹索,高绷于两崖之间,人或物缚于竹筒上,由此岸溜至彼岸。

据《四川通志》记载,昭化县曾有一座专门输送官府文书的竹索桥。该县东面有一溪阔 11 丈余,夏水暴涨时,官方文书的传送常常受阻。当地官府遂在山涧两岸设高 3 丈余的方架各一座,绞成长 16 丈余的竹索一根,系于两岸的方架上。竹索上套铁圈,铁圈之下系方铁架,铁架之内设木匣。铁架两旁各插铁条一根,以便抽取夹合。在铁圈两端各拴麻绳一根,长如篾索,与之并列。官方文书到,抽取铁条,贮文书于匣内,将铁条关压,鸣锣告知对岸牵拽麻绳,麻绳即带动木匣越涧而过。更多的独索溜筒竹桥则用以渡人,其营造方法大同小异。如灌县府西 10 里处曾有一座溜筒桥,"两岸系以石柱,竹绳横牵,削木为筒状似瓦,覆系于绳上,渡者以麻绳悬缚筒下,仰面缘绳而过"①。

有的独索溜筒桥因竹索绷得过软,人至中间,下垂过多,得靠四肢力量,半攀半爬到对岸,如无力自行攀挽,则需缚绳于身,由对岸人牵引而上。为省攀挽之力,有的竹索上缀挂若干藤环或竹环,这样渡者便能以手挽之,递次而上了。

双索双向溜筒桥的营造方法是:在深谷两岸立桩各两根,一高一低。如竹索系于东岸的高桩上,则西岸系于低桩上;反之亦然。或剖竹做成瓦状,两瓦相合绑缚于竹索上,或以藤或竹编成箩圈,然后将渡者绑缚于竹瓦上或箩圈中,用力一推,则竹瓦或箩圈带着人沿着竹索自此岸的高处溜至彼岸的低处,飞渡告遂。据清代王昶《雅州道中小记》载,四川松潘杂谷架有此种桥,大人、婴儿及货物均可缚于竹瓦上以渡。又据清代张泓《滇南新语》记载,云南澜沧江异常险峻的地段,江面阔达二三十丈,无法架设铁索桥。于是当地人民用大竹的篾绞成围径达 1 尺的两根竹索,择地势系于两岸的石桩上,如东岸的高则西岸的低,反之亦然。渡者被缚于箩圈中渡江。当地人凭这种桥渡江,所以俗称澜沧江为溜筒江。张泓所记载的这座桥,可能就是"青云桥"

---

① 光绪《增修灌县志》。

的前身。①

双索双向溜筒桥实际上是由两座单向运行的独索溜筒桥构成的，但因每根溜索一端高一端低，渡者可以利用地球引力快速滑动，因而较之独索溜筒桥，既省去许多攀挽之力，又提高了效率。当然，能滑多远，则视具体情况而各殊。如果两岸落差较大、河面不太宽而且竹索绷得很紧，则渡者可不费吹灰之力径直滑至对岸，如上述松潘谷的溜索桥；如果两岸落差不大、江面过宽或竹索绷得不紧，则渡者只能滑至竹索的中段，之后就只能靠两手攀援而上了。上述澜沧江上的溜筒桥就只能滑过一半。

多索平铺吊桥 据曹学佺《蜀中广记》卷7记载，这种桥的一般造法是："先立两木于水中为桥柱，架梁于上。以竹为红，乃密布竹垣于梁，系于两岸，或以大竹箩盛石系绳于上，又以竹缏布于绳。夹岸或以大木为机，绳缓则转机收之。"《古今图书集成》中记载的四川汶县铃绳桥就是座多索平铺吊桥。其营造方法为：先在河中立两根同样高达6丈的巨木柱作为梁架，在东西两岸各建层楼，楼之下有立柱和转柱。再将围径达1尺5寸的14根竹索铺于河中两根梁架上，然后系于立柱上，用转柱将竹索绞紧。又在14根竹索上铺设紧密的木板，这样就建起了长近百米、宽达8尺的吊桥。为保安全，在桥的两翼各牵四根缆索作为护栏。这座桥不仅渡人，还可渡牛马。现在该桥竹索已被钢丝绳所取代。

历史上最著名的多索平铺吊桥莫过于四川灌县的安澜桥。该桥位于都江堰口，横跨岷江的内外二江上，始建年代不详，至迟宋代已建。史载，历史上此段河流十分湍急，冬天枯水季节尚可用竹木筏连起来做成浮桥以渡，夏季洪水暴发则多覆溺之患。北宋淳化元年（990年），安定人梁楚以大理评事身份镇守此地，组织当地人建了一座"绳桥"，当地人为表不忘之情，以梁楚官职命名，称"评事桥"。一百余年后，范成大在《吴船录》中记述了所见的这座绳桥："将至青城，再渡绳桥。桥长百二十丈，分为五架。桥之广，十二绳排连之，上布竹笆，攒立大木数十于江河中，辇石固其根。每数十本作一架，挂桥于半空，大风过之，掀举幡幡然。"可见这是一座多索平铺吊桥。

---

① "青云桥"建于澜沧江的功果渡口，原是两根竹溜索，民国十年（1921年）改建成铁索桥。

范成大面对这座惊险宏伟的吊桥，不由诗意勃发，特赋《戏题索桥》诗赞之：

织篁匀铺面，排绳强架空。

染人高晒帛，猎户远张罿。

薄薄难承雨，翻翻不受风。

何时将蜀客，东下看垂虹？

该桥元明时仍保存，明末张献忠起义军入蜀时被荡毁无遗。要到河西，只能从上游白沙渡，然而这里河流湍急，舟船常受覆溺之祸。清嘉庆八年（1803年），知县吴升"乃召父老咨地利而重建"，仿旧制重建吊桥，"行旅称便"①。因重建的吊桥较安全，遂改名为"安澜桥"。

安澜桥桥面用粗如碗口的10根竹索平列，上面平铺木板而成，两旁各有较细竹索6根作栏杆。10根竹索用深插江底的8座木架和1座石礅承托。礅用花岗石砌成，周围打有木桩，以防御河水的冲刷。木架和石礅将桥分成9孔，最大的孔跨度达61米。桥两头建层楼，楼下各有立柱、转柱，以绞紧竹索。桥全长达320米。该桥建造奇巧，清人杨均有《过安澜桥》诗赞之："波涛汹涌相击搏，岸阔江深唯构索。果然人巧夺天工，百丈长桥善斟酌。"此桥现已变为钢筋混凝土排架、钢丝索的吊桥。

此外，还有双索走行桥、V形双索悬挂桥。双索走行桥是在一个垂直面内高下各悬一索，上下索之间高差约1.45米。行者手扶上索，脚踏下索，步行过桥。这种桥危险性很大，已淘汰殆尽。V形双索悬挂桥是将二绳并行悬挂，相距约1米；从二绳之上，V字形地下挂连续的独木桥面。人行其中，手扶二索，脚踏独木过桥。

当然，索桥的缆索除了竹索外，还有藤索、铁索、钢索等。事实上，竹索尽管有取材便利、加工难度较小、重量较轻、易于架设等优点，却不能经久耐用，时日未久（一般三四年）就得更换，因此，随着冶炼和铸造技术的提高，竹索大多数都被铁锁链或钢丝绳所取代。前述霁虹桥、铃绳桥、安澜桥均如此。

值得一提的，是竹索的编制。西南各族人民的竹编技术是十分高超的，

---

① 张应昌编：《清诗铎》卷4吴升《绳桥》诗序。

竹索是其具体表现。竹索一般直径1尺左右，长可达140米。每根这样的竹索是用无数根竹子整根劈成数片篾青篾黄，然后用巨大的力量将其绞结在一起制成。如没有高超的分篾、编篾技术和惊人的臂力，岂能告其功！难怪马可波罗在《马可波罗游记》中以无限赞赏的口吻叙述道："他们有十五步长的竹子，他们把它整根劈成薄片，用这些薄片编在一起，可以做成长三百步的索。工作非常技巧。"

竹索桥的建造可谓巧夺天工，可以毫不夸张地说，它是人类桥梁营造史上最为惊心动魄的篇章。西南各族人民在筚路蓝缕中创造了自己辉煌的文化。

（3）惊险异常的过桥场面

深涧绝壑，一索飞架，人缚于竹筒上，如荡秋千，摆幅很大，因此过溜筒桥是十分惊险的。对于初渡者来说，无不心惊肉跳、头晕目眩。历代文人墨客曾赋诗作文，记述这种惊险壮观的场面。梁简文帝《南郊颂》中就有"悬绳度筰，驾虎追风"的诗句。唐代独孤及《筰桥赞》云："筰桥组空，相引一索。人缀其上，如猱之缚。转帖入渊，如鸢之落。寻植而上，如鱼之跃。顷刻不戒，责无底壑。"①描绘得具体而生动，渡者被缚于竹筒上靠强大的引力，如鸢般冲至竹索中段，再鱼跃般节节攀援而上。稍有不慎，就会坠入深谷之中。宋代大诗人陆游在四川生活过相当一段时间。他将竹索桥与梯田并列为蜀地的两大文化景观："度筰临千仞，梯山蹑半空。"他的入蜀之行是异常艰辛的，曾有过"断筰飘飘挂渡头，临江立马唤渔舟"的经历。清人杜昌丁在《藏行纪程》中追述他过澜沧江溜筒桥的情境最为细致入微："从溜筒过，以百丈之宽，命悬一索。一失足则奔流澎湃，无所底止。此中惶惶然，不得不以身试也。令扶过，初脱手闭目不敢视，耳中微闻风声。稍开见洪流汤汤，复急闭，达彼岸然后开视。坐观行李人马，俱从索渡，真一奇胜；然天下之险莫过于此也。"余悸溢于字里行间。

相比之下，多索平铺吊桥要平稳一些，但这也要视跨度大小、桥面宽窄以及竹索的松紧程度而定。如安澜桥，虽然每一孔的跨度并不算大，但因邻孔的影响，相对地增大了其摆幅和振动强度，因此过桥并不轻松。吴升《绳桥》

---

① 曹学佺：《蜀中广记》卷6。

诗这样描述他试过该桥的情境:"我为长吏请先导,临渊之惧心忡忡。一跬蹈蹈愈簸荡,慕我疾走毋春容。上无一发可援手,下则百尺奔惊泷。未能乘查竟八月,已似梯霞而御风。身如云浮脚棉软,达岸回视人飞空。"清同治二年(1863年),四川按察使窦塘坐轿过安澜桥时,也有魂飞魄散之感:"履履即动摇,目眩洪涛起。缓步愈倾侧,飞行不可止。忍死肩舆中,已过犹披靡。仙人好乘龙,此味殊不美。"杨均《过安澜桥》诗亦云:"到此人如履薄冰,动魄惊心难立脚。……到此飘飘真欲仙,宛似云中能跨鹤。"郭仲达的《索桥歌》中更有"神昏目眩心胆裂,桥不自摇人自摇"的咏叹。

然而,对于世世代代生活在崇山峻岭的西南各族人民,过竹索桥就不再是件心惊胆战的事了。他们能在溜索上从容往来,显示出高超的技巧和惊人的胆量。如清代四川雅州道的土著居民过松潘杂谷上的溜筒桥,"渡者如激矢,其下石如犬牙,与波相戛摩,而土人殊不为意"①。生活在云南怒江峡谷的傈僳族、怒族、独龙族人民则凭借竹索上的溜板飞越怒江天堑,那情境,观者无不瞠目结舌。至于他们过多索平铺吊桥,则如履平地,游刃有余了。如附近山区居民过安澜桥,完全是另一番情境:"山民缘竿止一索,到止骋步康庄同。肩担首戴踵趾错,见星未已来憧憧。"②平常人自顾尚有不暇,山民肩挑背负却从容而渡,其间差异,可谓大矣。

(4)西南地区对外交往的重要通道

西南许多地区河流湍急,谷深坡陡,古代无法在这些河道上架设梁桥与石拱桥,舟船行驶亦困难重重,甚至连竹木筏都难以渡河,在冶炼和铸造技术相对落后的情况下,又无法架设铁链桥、钢索桥,这样,筰桥(竹索桥与藤索桥)便成为有的地区主要的甚至是惟一的对外交往之道。竹索桥与藤索桥一道,曾在西南各族经济文化交往历史上留下自己矫健的身影。

竹索溜筒桥主要用以渡人,但不少亦能运送货物,如前述雅州松潘谷的溜索桥"财货器用及婴儿皆可用以渡"。清代至民国初年,滇西产盐基地乔后及云龙所产的食盐,全凭两根竹索横渡澜沧江西运至保山、腾冲等地,每

---

① 王昶:《春融堂集》卷49《雅州道中小记》。
② 张应昌编:《清诗铎》卷4吴升《绳桥》诗。

年运量在 5000 驮左右。

至于多索平铺吊桥，因桥面较宽而平坦，负载量就大多了。人们背负的货物增加，更重要的，大队马帮可驮着重物从上经过，使经济文化交往的步伐向前推进了一大步。

可以这样说，竹索桥（当然也包括藤索桥）是西南丝绸之路上不可或缺的环节和纽带，没有竹索桥，就没有西南丝绸之路的畅通。

（5）竹索与舟桥

在中国古代，竹索尚有一个不引人注目却非常重要的用途，那便是将无数船只串联在一起，构筑成舟桥。竹索虽不直接成为河上交通设施，却是舟桥这种河上交通设施的重要构件，在其中起着举足轻重的作用，因此特放在竹制河上交通设施中予以论述。

舟桥亦称浮桥、浮梁、桥航，是将河中的无数船只串在一起筑成桥面，人从其上通过。其历史悠久。西周初年，周文王为了迎亲，就用船在渭水上构筑浮桥。《诗经·大雅·大明》："亲迎于渭，造舟为梁。"之后，舟桥相沿流布，为数众多，成为中国古代一种颇具特色、用途独到的重要交通设施。

维系船只的用具有竹索、苇索、铁链等，而以竹索使用最广、效果亦佳。

在中国古代，以竹索系船而成的浮桥（舟桥）所在多有。兹举几例。战国时期，在山西省永济县黄河上建有一座舟桥，名蒲津桥。该桥经汉而唐，其间兴废不一，即以竹索系舟。唐人张说的《蒲津桥赞》就记述道："其……旧制横绠制，连舰千艘，辫修筜以维之，系围木以距之，亦云固矣。然每冬冰未合，春冱初解，流澌峥嵘，塞川而下，……绠断舫破，无岁不有。虽残渭南之竹，仆陇坻之松，败辄更之，馨不供费。津吏咸罪，县徒苦劳，以为常矣。开元十有二载……俾铁代竹。"[①] 虽然百根竹索紧紧相缚，仍被春暖冰融后的滔滔巨流冲断，竹索更换频繁，所费甚巨，不得不以铁链代之。但一般河流上的浮桥，竹索是能负维系之任的。据《四川通志》载，明代嘉靖年间，在嘉陵江漱玉滩建浮桥，"贯以绰绚（竹索），系横江舫百数十艘。版其上，施篷僚（粗竹席）为阁道以通舆马"。

---

① （清）《御定渊鉴类函》卷352。

舟桥与竹索密如鱼水的关系可以从竹索巨大的需求量上洞悉。曹魏时,"今造舟为梁,其制甚盛。每岁征竹索价,谓之桥脚钱,数至二万,亦关河之巨防焉",因所费过巨,遂改竹索系船为铁索系船[①]。但铁链终究替代不了竹索。宋代舟桥数不胜数,就主要用竹索,因此其消耗甚巨。江少虞《事实类苑》卷3引杨文公《谈苑》载:"有司岁调竹索以修河桥,其数至广。(宋)太宗曰:'渭川竹千亩,与千户侯等。白河渠之后,岁调寖广,民间竹园,率皆芜废,为之奈何?'吕端曰:'荻苇亦可为索。后唐庄宗白杨留口渡河,为浮梁,用苇索。'上然之。分遣使臣,诣河上刈苇为索,皆脆不可用,遂寝。庄宗渡河,盖暂时济师也。"可见,北宋前期设专门机构征调竹索,数量巨大,以致民间众多竹园被砍伐,竹索来源日渐枯竭,不得不另觅他途。从中亦可看出,竹索牵引力很强,远非苇绳、麻绳等可比拟,所以人们趋之若鹜,竞相采用。

中国古代,竹索系船而成的舟桥可以架设在其他类型桥梁无法架设的宽阔河面上,如长江、黄河。上述蒲津桥架于黄河上;北宋灭南唐,是在长江采石用数千艘船连成浮桥,才得以渡过长江天险的[②]。几百米甚至上千米长的舟桥绵绵续续,随波起伏,蔚为壮观。

竹桥[云南德宏大盈江](谷中明摄)

---

① 《三国志·魏志》。
② 《宋史》卷478《李煜传》。

诗圣杜甫在《桔柏渡》诗中就赞道:"连笮嫋娜,征衣飒飘飘。"韩愈在《晚秋郾城夜会联句》中描绘河南郾城黄河上的浮桥说:"雷鼓褐千枪,浮桥交万笮。"万笮:言竹索众多。在古代,浮桥(舟桥)可说是能在黄河、长江上架设起的惟一的一种桥梁,它使"渡江若履平地",曾在中国统一大业及经济文化交流中发挥过重要作用。因此,从这个意义上说,作为浮桥重要构件的竹索维系的不再是呆板的船只,而是民族的统一、经济文化的交往。

2. 享誉域外的竹桥

与竹索桥相比,竹桥流布的地理空间就要广阔得多。在中国南方,无论是水乡泽国或是丘陵山地,都能找到竹桥的影姿。

竹桥亦称竹梁,是梁桥中的一种,在我国有悠久的历史。早在新石器时代,随着活动区域的拓展,人们已在溪涧小河横架竹木以渡,如用的是独木(竹),则称"榷"。之后,随着气候变迁而来的竹材资源分布的激剧变化以及南北造桥技术的差异,大约在战国时期,梁桥的营造呈现出鲜明的地域性:在北方,普遍建设的是用石块堆积为磴,上架原木作梁的跨空桥梁;在南方,则多为架竹为梁的竹桥。尽管这两种桥都有向石梁桥演进的趋势,但并不同步。宋以前,由于北方生产力水平高于南方,演进速度要快些,如灞桥西汉始建时为木桥,东汉时就改建为石梁桥;而南方生产力水平稍逊一筹,演进速度要慢些。从唐宋文人的诗文中可以看到,唐宋时期,竹桥仍是南方广大地区重要的河上交通设施。兹举几例。与白居易齐名的元稹任武昌节度使时,寓所外溪流上有竹桥,作《苦雨》诗咏之,中有"门外竹桥折,鸟惊不敢逾"的诗句。唐人伍彬在楚地做官时,赋《夏日喜雨》诗咏道:"稚子出看莎径没,渔翁来报竹桥流。"宋人杨万里的《绍兴府学前景》诗咏及绍兴府内的竹桥:"竹桥斜度透竹门,墙根一竿半竿竹。"陆游《入蜀记》中记载荆州西山甘泉寺"竹桥石磴,甚有幽趣"。

事实上,对于与竹结下特殊感情的中国文人,竹桥不仅是供人行走的河上交通设施,还成为审美的对象。白居易《张常侍池凉夜闲宴赠诸公》有"竹桥新月上,水岸凉风至"之句,新月、竹桥、凉风使这夜晚洋溢着恬静宁和的气息。唐人欧阳炯的《南乡子》词亦描述了南方的竹桥:"画舫停桡,槿花篱外竹横桥",槿花点缀的竹篱围绕住宅,不远处的河上竹桥横架,舟船从河上驶过,构成一幅江南农家的画卷。谪居柳州的柳宗元有首《苦竹桥》诗:"危竹属幽径,缭绕穿疏林。……俯瞰涓涓流,仰聆萧萧吟。……"他伫立竹桥,凝视溪水涓涓流,聆听竹林萧萧吟,其忧郁之情是可想而知的。

竹桥构造较为简单,但承载量较小,而且不能维持长久,过不了几年就要加以更换。宋代以后,由于中国经济重心移至江南,这些地区交往需求骤然加大,竹桥已不能适应时代的需要,于是在交通要津,竹桥大多被石梁桥、石拱桥所取代。而在小河溪流众多的地区,竹桥却得以顽强地保存,时至今日,我们仍能随处捕捉到它那轻盈柔和的身影。

如果说竹桥在汉族地区由于经济文化的演进使之仅存流风余韵,那么,在有的少数民族中它至今仍不失为一种重要的交通设施。台湾高山族在溪流上架设长竹桥,先将数根竹插入溪流中作为桥桩,再用排竹四五根搭在溪岸与桥桩间,人即可从上面通行。云南的傈僳族、独龙族、怒族等少数民族靠竹索桥或藤索桥飞越大河深谷,而对于较小的沟溪,则取数根长竹并排固定其上架成竹桥,并用藤条作网当扶手,以通往来。傣族之乡更是无河没有竹桥。最引人注目的,是在中缅交界的瑞丽江上架设的一座竹桥。该桥是一座多架平铺竹桥。先用粗壮结实的竹桩做成无数个梁架,高低基本一致地固着于江中,一般架与架间相隔3米左右,然后将竹子劈为数片,编成与梁架间距同宽的篱笆,平铺于梁架上,以为桥面。中缅两国人民就从篱笆上从容跨过这条宽达四百余米的河流。这座竹桥把中缅两个睦邻之邦紧紧连在一起。一年四季,桥上熙来攘往,欢声笑语不绝于耳。该桥不仅是经济文化交往的通道,也是

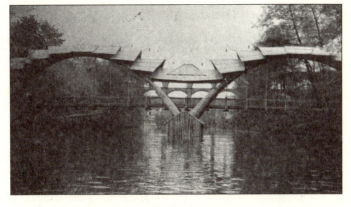

竹桥[德国毕梯海姆市符腾堡州花园](田嘉农摄)

中缅友谊的纽带。

不仅如此，竹桥一旦走出国门，进入更广阔的文化背景中，便进而成为中国传统文化的标志。1989年，昆明市建筑工程管理局在原西德毕梯海姆市恩茨河上架起一座竹桥。桥为全竹结构大型双拱吊桥，中间高，两头低，桥长55米，高7.2米，拱跨22米，桥两端各宽2米，中间宽1.5米，每平方米负荷300千克。整座桥除拱间支撑系统采用少量木材，吊索和拱箍使用钢材外，主拱、桥梁、桥顶板、桥面纵横梁、栏杆、桥面以及装饰铃铛，均采用竹材。[1] 该桥建成后，轰动一时，当地报纸、电视台誉之为"来自东方的奇观"、"欧洲第一竹桥"。后该桥被正式定名为"双拱竹结构人行游览桥"。在中西文化强烈的比照中，我们看到了竹桥丰富的文化底蕴。

二、竹制水上交通工具

尽管中国古代造船业历秦汉、唐宋两大高峰，至明达于极盛，造船工艺精进、造船数量十分巨大，然而，木船始终未能独霸水运天下，其他如羊（或牛）皮筏、牛皮船、竹筏等水运工具都曾在中国水运史上放射着光芒，其中尤以竹筏最耀眼夺目。

1. 竹筏：源远流长的水上运具

竹筏亦称竹笔、竹箄、竹竿筏、竹排等。《拾遗记》载："轩皇变乘桴以造舟楫。"可见筏的历史比舟楫更悠久。从"伏羲始乘桴"[2]和"伏羲氏刳木为舟"[3]等传说来看，早在新石器时代，筏便与独木舟一道问世了。桴，小筏子。《广韵》解释道："筏，大曰筏，小曰桴，乘之渡水。"筏有竹筏又有木筏，但古人在长期的水运生涯中逐步发现，用空心竹子做的筏较之用实心木做的筏浮力大并且加工难度也要小得多，因此做筏多用竹，以至《海篇》对"筏"作如是阐释："筏，编竹渡水，曰筏。"

---

① 昆明市地方志编纂委员会编：《昆明市志》第二分册，第295页，人民出版社2002年版。
② 高承：《事物纪原》卷8。
③ 《周易·系辞》。

殷商时代，木板船（"舟"）诞生，并造出由船相连而成的舫。周代以多少只单体船连接的舫象征奴隶主贵族的地位，《周礼》规定天子出巡乘"造舟"（多条船并成），诸侯乘"维舟"（四船并成），大夫乘"方舟"（两船并成），士乘"特舟"（单体船），一般平民只能乘筏①。这一方面说明周代等级制度之森严，同时也反映出筏在民间广泛使用的历史事实。《诗经·邶风·谷风》云："就其深矣，方之舟之；就其浅矣，泳之游之。"方者筏也。筏舟并称，可见其在水运中的重要地位。之后，筏作为一种难以替代的水运工具，广泛参与了摆渡、运输、捕鱼等水上交通活动。

（1）竹筏与封建小农家庭

尽管中国古代舟船运输十分兴盛，诚如唐代崔融所言："天下诸津，舟航所聚。……七泽十薮，三江五湖。控引河洛，兼包淮海。弘舸巨舰，千舳万艘。交贸往还，昧旦永日"②。江河湖海，舟船鳞集，但这种盛况主要是就官方运输和商业运输而言的，对于难以数计的个体小农家庭，姑且不论拥有"弘舸巨舰"，就是轻舟小船也是不易拥有的。因为，舟船的制造工艺是较为复杂的，一般难以在一个小农家庭内完成，他们只有从造船厂购买，对于仅能维系简单再生产的大多数小农来说，购买一条小船就是一个梦寐以求的目标了。竹筏则不同。竹筏制造较为简单，造价低廉，只要将数根粗竹紧紧绑缚在横竹档上就可制成，这在一个小农家庭中就能完成。由于竹筏契合了中国封建小农家庭自给自足的固有特性，因此成为小农普遍使用的水运工具。如同自给性赋予中国小农经济结构惊人的持久性和赓续力，自给性同样赋予了竹筏很强的生命力。

竹筏（施志镒摄）

---

① 《尔雅》："天子造舟，诸侯维舟，大夫方舟，士特舟，庶人乘桴。"桴：筏也。
② 《旧唐书》卷94《崔融传》。

竹筏在小农家庭中担负重任，除运输各种农作物外，还将部分剩余产品运至附近的市场或市镇出售。唐人萧遘在《成都诗》中为我们留下这样的诗句："月晓已开花市合，江平偏见竹筏多。"入夜，月亮升起，白天喧闹的花市关闭了，平静的江面上停泊着无数竹筏……这些竹筏应是附近农民运送各色货物入市售卖后傍晚停泊在那儿的。江南素称"鱼米之乡"，竹筏更是渔家的重要水上用具，有湖必聚，无河不有。清代吴振棫有一首《捕鱼叹》就生动地描绘了百筏围捕的宏大捕鱼场面：

  捕鱼不用舿与舠，编竹作筏何坚牢。
  一头贴水青拖梢，一头缚急轩然高。
  厥长三丈阔逾尺，两脚以外飞波涛。
  波涛漱石白齿齿，撇潋更比桂帆驶。
  狂呼拍手下前滩，乌鬼惊飞冷烟里。
  一人筏巡百匝[①]，百筏百人围忽合。
  纤鳞巨鼋无处逃。日暮人声水声杂，
  嗟哉竭泽古所诃。今人巧取术转多，
  鱼兮鱼兮可奈何。何不舍此东入海，
  出没万里之洪波。

竹筏［云南德宏傣族］（戴振华摄）

---

① 此句疑缺一字。全诗疑缺一句。本首诗引自张应昌编《清诗铎》卷24"戒杀"。

百筏合围，大小鱼类俱入网内，这种竭泽而渔之法固不足取，但我们却能从中看到竹筏捕鱼之盛以及渔人操筏技术之精湛娴熟。当然，这种"大兵团"捕鱼活动只会出现在较为宽阔的湖区，在山溪小河，情境往往是单篙独筏。个体小农对于竹筏是倍加珍视的，不到万不得已，不会轻易变卖。宋代范成大《梅雨诗》中"肯将筏舫换柴扉，卧听打鼓踏车声"的描绘，其实是用连农民都不得不以竹筏换薪柴来烘托江淮梅雨之淫绵。细细想来，农家"筏舫换柴扉"之事即使有，也是少而又少的。

中国封建社会的中后期，小农被越益广泛地卷入商品市场，竹木筏随之大量进入商品贩运领域。统治者对此当然不会无动于衷，他们将搜刮钱财的魔爪伸向曾不屑一顾的小小竹筏身上，如清代规定："竹木箄筏，每甲一钱。"①即凡过关的筏，每只交关税一钱。竹木筏在小农家庭中的普及程度可见一斑。

（2）竹筏与古代军事

中国古代不少重大战役都离不开水上运输。每当这样的重大战役展开，总是船队浩荡，"舳舻千里"、"泛舟万艘"、"舟舻千里"。潜移默化间，人们在考察古代军事水运状况时，便不约而同地将注意力集中到舟船身上。然而，当我们把视角放平，考察整个水上军事活动，就会发现，筏（主要是竹筏）在其中扮演过重要角色。它能引导大军深入河流湍急的崇山峻岭，能冲破防线扭转战局……发挥着舟船难以替代的作用。

东汉光武帝建武二十三年（48年），"（哀牢首领）王扈栗遣兵乘箄船南攻鹿茤。鹿茤民弱小，将为所禽（擒）。会天大震雷，疾风暴雨，水为逆流，箄船沉没，溺死者数千人。后扈栗复遣六王攻鹿茤。鹿茤王迎战，大破哀牢军"。②箄即竹木筏，鹿茤在今施甸、镇康一带，文中的河流为怒江。怒江谷深流急，礁石众多，即使哀牢夷能像汉王朝那样造出"可载万人"的"豫章大船"，在此也是难有用武之地的，于是就只好近便伐竹（木）造筏了。事实上，竹筏乃西南各族军事活动中的重要水上运输工具。

---

① 《清会典事例·户部·关税》。
② 常璩：《华阳国志》卷4《南中志》。

竹筏（董文渊摄）

  竹筏浮力好，如顺急流而下，其速如飞，具有很强的冲击力。西晋大将王濬就是利用竹筏冲破孙吴的防线的。孙吴知道西晋将沿长江而下，就在长江惊险要害处横置无数铁链，并在江中打进丈余长的铁锥，以阻止西晋的船只，致使西晋千万只船不敢动弹。王濬就造了宽百余步的巨型筏子数十张，随流而下。巨筏势如脱兔，冲破了铁链、撞倒了铁锥。①航道清除，大批船只东下，最终灭了东吴。西晋灭吴，说筏子先拔头筹、立下首功，应不过誉；说筏为统一大业立下功劳，也未尝不可。然后，近七百年后，命乖运蹇的南唐后主李煜故技重演，却免不了亡国之祸。时宋太祖赵匡胤为渡长江天险，命大将郝守濬在采石（地名，今安徽省马鞍山市长江东岸）用无数船只相连做成浮桥，使宋军"渡江若履平地"。李煜获悉这一情况，命朱令赟于长江上游连巨筏载甲士数万人顺流而下，欲冲破浮桥。未到采石，就被宋将刘遇所破。②

  有时竹筏又是应急运具。如公元208年，曹操挥师南下，进军至长江边，"欲从赤壁渡江，无船，作竹簰，使部曲乘之"。③

---

 ① 《晋书》卷42《王濬传》。
 ② 《宋史》卷478《南唐李氏》。
 ③ 李昉等：《太平御览》卷771。

（3）竹筏与少数民族交通

竹筏很早就是部分少数民族的重要水上运具。澜沧江上的霁虹桥，汉代为"兰津渡"，当时当地的少数民族就是靠竹筏渡江的。

时至今日，使用竹筏的少数民族所在多有。居住于西藏珞渝地区的珞巴族称竹筏为"希白加"，意为"漂浮在水上的编织物"。竹筏分大小两种，大者以数十根整竹编扎，载人多达10余人；小者由数根整竹编扎而成，均为该族日常运输的重要工具。台湾高山族中的阿美人，在近海航行中使用竹筏。竹筏是将粗竹6~8根用藤皮缚于横竹档上，长约3米，横档为粗竹4根，中部有固定座位，用单桨或双桨划行。① 竹筏与傣族结缘最深。澜沧江两岸的傣族用竹筏在澜沧江上行走。他们用4根长竹并排相拴，中间用3～4根短竹横向加固，筏子前头翘起，操作自如，顺流而下，走水若飞。② 中缅边境上的瑞丽江如诗如画、妩媚迷人，傣族人民世世代代划着竹筏扬波其上。而今，宽阔莹洁的江面上依然竹筏点点，穿波戏浪的竹筏犹如金梭，织起了中缅两国人民的友谊之网。

竹筏之所以久用不替，除了这些少数民族生产力水平相对低下制约了其造船业的发展等因素外，实在应有更合理的解释。一般而言，这些民族均居住在山区，许多河流都十分惊险，有的河段落差大、河水浅而十分湍急；有的河段则深不可测形成漩涡，有的河床礁石密布、河道千回百转。正是这样的地理环境使他们选择了竹筏而非舟船。因为，竹筏浮力好、吃水浅，而且形体较小、运转灵活，可"随波逐流"，在上述河道上行驶，看似惊险万分，实则只要操驾技巧高超，反而较安全。船只则不同，水浅处，会搁浅触礁；急转弯处会撞到两岸的石壁而成为碎片；更多的则因落差太大、流速太疾而船翻人亡。

是否可以这样说，部分少数民族钟爱竹筏，与其说是落后的标志，倒不如说是智慧的体现？与其说是对大自然的屈从，倒不如说是对恶劣环境的征服？

---

① 杨国才、龚有德：《少数民族生活方式》，第58页，甘肃科学技术出版社1990年版。
② 裘友德：《云南古代民族的交通》，《云南民族学院学报》，1989年第3期。

2. 竹　船

在中国品类繁多、制作精良的船种中，竹船实在不惹人注目，但它的确在中国水上运输中发挥过作用，我们没有理由将它忘记。

竹筏（董文渊摄）

竹船最先称为"竹舟"，其出现时间是较早的。据《山海经》载："卫丘之田有竹，大可为舟。"①可见战国时已有竹舟②。东晋戴凯之《竹谱》载："猫竹，一作茅竹，又作毛竹，干大而厚，异于众竹，人取以为舟"；"员丘帝竹，一节为船，巨细已闻，形名未传。"可见东晋时南方竹船制造是有发展的。南朝时，还以竹制成战舰，《南史·吕僧珍传》："取檀溪材竹，装为船舰，葺之以茅，并立办。"这说明以竹造船效益是很高的。

唐代，岭南多以竹制船。《太平广记》卷412引《神异经》载："南方荒中有涕竹，长数百丈，围三丈六尺，厚八九寸，可以为船。"同书卷引《岭表录异》载岭南罗浮山的巨竹"一节为船"。当时近海岛屿上的"蛮族"用竹船承载各种海货、珠宝到沿海集市上出售。张籍有一首《送海南客归旧岛》

---

① 郭璞：《山海经》卷17。
② 《山海经》著作时代无定论，多认为战国时记录成文，秦汉又有增补。

就反映了这种情况：

> 海上去应远，蛮家云岛孤。
>
> 竹船来桂浦（一作府），山市卖鱼须。
>
> 入国自献宝，逢人多赠珠。
>
> 却归春洞口，斩象祭天吴。

尽管竹船未曾有过辉煌的历史，却有惊人的生命力。时至今日，竹船与竹筏一样，是台湾高山族阿美人近海航行的重要运输工具。其竹船比竹筏稍大，船身较长，两端稍向上翘，可乘坐两人，用两支或四支木桨划行。①

古代还有一种以竹叶造的舟，称"竹叶舟"。宋人范成大就留下"故人竹叶舟，岁晚梦漂泊"的诗句。竹叶怎能造舟？颇为费解。据《异闻实录》载："命折竹叶作舟，置图上"，大概竹叶舟只是一种模型或精巧的工艺品。友人漂泊异地他乡时，赠一只竹叶舟，友人睹之就会勾起绵绵的思情，并非真的是逐波戏水、运人载货之舟。

此外，竹索是中国古代重要的挽舟用具。《天工开物》载："凡竹性直，篾一线千钧。三峡入川上水舟，……即破竹阔寸许者，整条以次接长，名曰'火杖'。"竹篙、竹桨则是重要的辅助性水运工具。竹子还是古代造船业中重要原材料，可做成竹钉、护栏、撑帆的架等。

三、竹轿：中国特有的人力交通工具

竹轿亦称竹篼、竹舆、筍舆、竹笕、竹笕儿、笕笼、篮舆等，是中国特有的人力交通工具。

1. 竹轿概览

竹轿肇始何时，似难确考。《尚书·益稷》载：大禹治水时，"乘四载，随山刊木"。所谓"四载"，是"水乘舟、陆乘车、泥乘輴、山乘樏"。"樏"，有人认为是轿子之滥觞。大禹乘的轿子不一定是竹轿，但竹轿已出现是有可

---

① 杨国才、龚有德：《少数民族生活方式》，第58页，甘肃科学技术出版社1990年版。

能的。

　　竹轿虽然出现甚早，但推广速度缓慢。春秋战国时期，称竹轿为竹篾、编舆，而在齐鲁以北，则简称为"笐"。当时不乏坐竹轿者。如《公羊传·文公·十五年》中"笐将而来也"，意为用竹轿送来。但整体而言，上层贵族盛行乘车，坐轿（包括竹轿）者属少数。汉代，北方也只有极少数达官贵人乘轿，但在南方，山道崎岖，官吏乘轿者为数不少，这些人乘坐的轿多为竹轿，如《汉书·严助传》中"舆轿而逾岭"，"舆轿"即竹轿，注文曰："今竹舆车也，江表作竹舆以行是也。"魏晋南北朝时期，竹轿的使用面有所拓展，尤其在南方的士族阶层中具有相当的普及面。这一阶层大多锦衣肉食、羸弱不堪，却沉溺于山水，精神上的欲求与体能上的羸弱造成的冲突，往往通过轿（主要是竹轿）得以缓解。他们乘轿登高，点山评水，恣意享乐。如谢万、王献之、潘安等都曾坐过舆轿（即竹轿）。一些人乘竹轿则是出于生理的需要，如陶渊明"素有脚疾，向乘篮舆，亦足自反"①。

　　唐代，竹轿仍主要在民间流行，尚未成为以法律形式认可的官方轿种。唐文宗曾下过这样一道敕令：胥吏及商贾之妻，不得乘奚车及檐子，而听任她们乘苇軬车及篼笼。②篼笼即竹编的小轿，这从一个侧面反映了竹轿在民间流行的情况。《太平广记》卷458 就载：僧令因过子午谷（在秦岭山中）时，"见一竹舆先行，有女仆服缭而从之"。

　　竹轿成为官方正式认可的交通工具是在南宋以后。宋室南渡后，鉴于"道路阻险"，诏许百官乘竹轿，竹轿的形制为："正方，饰有黄黑二等，凸盖无梁，以篾席为障，左右设牖，前施帘，舁以长竿二，名曰竹轿子，亦曰竹舆。"③这样，竹轿正式成为官方交通工具，首次堂而皇之地进入官场。明代中后期，轿更为普遍流行，以至"人人皆小肩舆，无一骑马者"④。当时称竹轿为竹篼，是各种轿中最受走山道者欢迎的轿种。如明代李华《玺召集》载刘孟驶游观音山，先坐船舫，至山脚改乘竹篼；王世贞在《游东林天池记》中记述他乘

---

① 《晋书》卷94《陶潜传》。
② 王溥：《唐会要》卷31"内外官章服·杂录"。
③ 《宋史》卷150《舆服志》。
④ 顾起元：《客座赘语》。

164

竹筏至"登高亭"的游历。

上层社会或有钱人乘坐的竹轿装饰都很华丽；而在民间广泛普及的竹轿则较简朴，只需用两根比较细长而耐用的竹竿，两竿间扎上一把椅子（藤椅或竹椅）或用竹片编成的坐垫就制成了。藤椅或竹椅相当于轿厢；坐垫犹如笾子，高处作靠枕，低处当坐椅，笾子下吊一块木板，可以搁脚。这种竹轿江南人叫"椅显轿"，四川地区称"滑竿"，两人相抬，一前一后，熟练而健壮的轿夫即使抬着人也能在山道上行走如飞。封建社会被推翻后，竹轿的使用面大大缩减了。近年来，在一些作为旅游胜地的名山大川，如峨眉山、青城山，滑竿作为一种旅游工具而迅速崛起，为数众多的抬滑竿者穿梭于各个旅游景点之间，竞相招揽游客。游客坐于滑竿上，就可免去攀援之苦了。当然，这种供游客乘坐的滑竿与古代供达官贵人乘坐的竹轿有着本质的区别。

2. 竹轿的文化意蕴

纵观中国古代交通文化，不难看出，真正能代表中华传统文化的并不是舟楫、车骑和石拱桥，而是轿。轿为中华民族所独有，其中的竹轿更成为一种难以替代的山道交通工具，发挥独特的作用。

应该说，竹轿之成为山道交通工具，地理环境是个重要因素。在人类文明的早期，地理环境对交通方式起着重大的甚至是决定性的影响。中华先民活动的地理空间地形千差万别，既有一望无垠的平地，又有蛛网交织的河湖，还有高低起伏的山地，致使中华文化在诞生之初便形成了多样化的交通文明：陆地乘车、河湖乘舟筏，而在山间小道，舟车无从施展，轿遂告诞生。之后一个相当长的历史时期中，中华文明的中心是在地势平坦、河宽流缓的北方，体型庞大的各型车辆可以纵横驰骋，大小舟船亦能漂荡无阻，已基本满足了人们的交通需求，陆乘车、水行舟成为普遍的交通方式，轿尤其是竹轿只在少数人中使用。唐宋时期，中国经济重心逐步南移，特别是宋室南渡后，南方成为经济文化重心之所在。水上交通尚可赖密如蛛网的河湖得到满足，陆上交通则因丘陵山地众多、车辆受到限制而产生了困难。于是人们充分利用当地丰富的竹材资源，制作了大量轻巧灵便的竹轿，以适应山地交通的需要。竹轿与山地交通之间的关系，可从当时人的诗文中洞悉。如陈与义《将次叶城道中诗》:"荒野少人去,竹舆伊轧声。"尹廷高《双溪道中值风雨》:"竹舆咿轧岭岖崎,三宿才方出萝微";陆渊《过崇仁暮宿山寺书事》:"驿路泥涂一尺深,竹舆高小历千岑","岑",小而高的山;杨万里《寒食雨中舍人约游天竺呈陆务观》:"筍舆冲雨复冲泥,一径深深只觉迟";陆游游柳姑庙时,也是乘竹舆,故留下《小霁乘竹舆至柳姑庙而归》一诗。

然而,一个显而易见的事实是,世界上居住在山地丘陵的民族为数众多,他们同样有交往的需求,为何只有中华民族选择了竹轿?因此,仅从地理环境着手,或许可以说明竹轿在中国的存在,而无法解释它何以未在自然环境基本相同的其他民族中出现。我们尚须从文化的层面寻找其存在的根源。

可以说,中国绵延数千年的农耕文明乃是竹轿滋生流衍的温床。农耕文明是一种慢节奏、高稳定的文明。在这种文明熏陶下,人们逐渐形成了一种优游从容、求平求稳、缺乏冒险的心态,在交通方式的选择中,逐步表现出对驰道飞车、扬鞭纵马的排斥,而对四平八稳的轿子表现出兴趣。"轿",释义:"谓其平如桥也",即是求平稳的产物。也就是说,竹轿的盛行,乃是因这种交通工具契合了中国传统文化的文化心理节奏。从这个意义上,轿(包括竹轿)逐渐代替车骑的过程(指达官贵人乘坐出行而言),亦即是中华文明逐渐丧失其锐气、减弱其光芒的过程。轿最盛于明清时期,绝不是偶然的。

而竹轿从民间走进官场,则与以儒家伦理为核心的中国文化有着内在的联系。西方文化是以基督精神为核心的文化。基督教宣扬信徒在上帝面前一律平等,平等观使人们对以役使他人为方式的轿表现出强烈的排斥;儒家伦理则强调君臣父子夫妇的纲常等级秩序,贫富贵贱均听命于天,等级名分不仅是维系社会生活的纽带,还根深蒂固地影响着人们的价值观。中国士大夫阶层中不乏对劳苦大众寄予同情者,但均对坐轿而行安之如素,坐之泰然,因为在他们头脑里,这种役人与被役的关系,一如"劳心者治人,劳力者治于人"一样,是不悖圣训和合乎纲常的;对于平民百姓,也不认为抬轿这种被人役使的差事是丢人现眼的。有人认为轿之风行,是因为它"最能体现封建统治者对平民百姓的统治与奴役"、"最容易体现封建的等级差别",是有一定道理的。

简言之,竹轿在中国的出现及盛行,除了地理环境的因素外,尚有着深

刻的文化根源。它既与中国人慢节奏、高稳定的文化心态相契合，又体现着中国封建等级名分。乘轿出行，一如女子缠足，也是中国封建文化迟滞衰竭的重要表征。

第六章 写作阅读，相伴以竹

——竹制文房用具

中国书写工具的发展史上，竹笔是硬笔书写阶段的主要书写工具，并是后世毛笔的始祖和最初的原型；在软笔书写阶段，竹又是毛笔的构成要件，竹管笔轻捷便用，历来受到文人墨客的青睐。竹简曾是中国文字的主要载体之一，对中华文明的发轫和定型产生深远影响；隋唐以后，竹日渐成为一种重要的造纸原料，种类繁多、品质精良的竹纸，在中国造纸业中居于举足轻重的地位，对中国文化的传播起过相应的推动作用。

一、竹制书写工具：竹笔与竹管笔

1. 古朴刚劲的竹笔

（1）"万笔之祖"

汉字出现以前，上古初民采用结绳、刻划、图画等原始记事方法来帮助记忆、交流思想。这些记事方法中，除了结绳是直接用手编织成某种样式外，其余几种均要借助某种书写工具来完成，如刻划须用石刀、兽骨或陶片。随着人们交往需求的增强，刻画结合的图画记事出现了。刻的工具可沿用石刀、兽骨或陶片，画的工具从何而来呢？上古初民在长期的狩猎生涯中逐步发现，用竹棍、树枝蘸兽血可以画出符号！于是，出现了一种新的记事工具——竹木棍。

随着社会交往的频繁和复杂，记事性图画也已不能满足人们的需要，于是，人们逐渐地把记事图画上的种种符号加以简化、整理和定型，成为表达某种特定含义的固定的符号，并配以读音，这样，文字便孕育而生了。这一

过程大致在新石器时代晚期完成。文字的出现，书写量骤然加大，石刀、骨刀、陶片、粗糙的竹木棍等记事工具远不能满足需要，几经筛选，一种新型的书写工具——竹笔便应运而生了。

关于竹笔的历史，古文献上有一些简略的记载。《宋稗类钞·古玩》载："上古无墨，竹挺点漆而书。"元人吾丘衍《学古编·三五举》载："上古无笔墨，以竹挺点漆书竹上。"同代人陶宗仪《辍耕录》载：上古人们以"竹挺点漆而书"。马永卿《懒真子录》载："古笔多以竹，如今木匠所用木斗竹笔，故字从竹。"清人陆凤藻《小知录》和《天清录》载："上古以竹挺点漆而书。"这些记载均肯定了竹笔是毛笔出现以前的主要书写工具，并且是蘸漆而书，但详情就未见史乘了。看似千峰叠嶂，迷雾重重，然而我们仍能沿着人类文明的轨迹去作一番大胆的索求。

在人类的早期文明中，囿于自然知识的贫乏，人们所制造和使用的工具，常常是在结构和功能上都直接仿照人体器官的用器，在这里，人们关于物质生产的技术文化，更多地还停留在以自身的形体、机能、活动方式等物种因素为尺度的范围内，只是对人身自然器官简单的、直接的延伸和物化，即对人自身的"仿生"。布哈林就引述别人的话来说明这一有趣的文化现象："最早的工具是利用手头现成的物件充当的，就像是身体器官的延长、加强和锋锐化。""钝器（指作为工具的）是以拳头为自己的模型的，同样，锐器是以趾甲和门齿作为模型的。一柄锋利的锤子逐渐演进为斧头和柴刀；伸直的食指及其尖锐的指甲，在技术形象上逐渐演变成钻头；一排普通的牙齿，在技术形象上逐渐演变成锉和锯；握东西的手和上下颚，则在技术形象上逐渐演变成钳子和夹具。"①

语言出现之前，人们就试图用各种手势来交流思想、传递信息。语言诞生之初，由于语汇的贫乏，人们仍必须借助于手势来完成思想的交流，有时为使表达的意思更明确，便用手指在地上或其他易留下印迹的地方将手势模拟成图像。天长日久，这些符号便具有相对固定的含义，而被刻于武器、农具或其他器皿上。事实上，原始记事中器物上的刻划符号、图画都是人的手

---

① 布哈林：《历史唯物主义理论》，第129页，人民出版社1983年版。

势图像化、固定化的结果。文字出现后，书写量骤然加大，亟需一种既灵活又能经受长久磨损的新型书写工具。这时，古代便从具有勾勒图画、绘出字迹的功能又较灵活的手指上得到启示，从自然界中找到形质上酷似手指的动植物材料做成笔，作为手指的替身。如古埃及人以削尖的芦苇秆作笔，古巴比伦人以削尖的小木棍、骨棒及芦苇当笔，西欧很多国家以翎羽削尖为笔，而生活在丛竹密林中的中华先民则选择竹子制笔。值得注意的是，中国不少少数民族都经历过以竹笔为主要书写工具的阶段。如傣族在很长一段历史时期，书写文字都是靠竹笔，竹笔是"取竹削成小杆，短于汉人用的筷子而薄细，将其一端削尖，濡墨而书"①；而纳西族的东巴经是以尖头竹笔书写而成的。竹笔是藏族传统书写工具，藏语叫"拍牛"，汉族称"藏笔"。制作时，用青竹削成长片，根据需要，可做长、短、粗、细、大、小不等的笔，但笔尖均为扁平，方可显出藏文横细直粗的特点，用到一定时候，可以用刀削修笔尖。

最先使用的颜料可能是动物的鲜血。在狩猎经济兴盛之时，人们是很容易发现兽血可作颜料的功能的。随着狩猎经济的衰退、农业经济的兴起，兽血逐渐被一种新兴的书写颜料——漆所取代。人们从漆树皮下割取的乳灰色的漆汁，涂于器物上会逐渐变成黑色，并具有很强的粘连性，是当时一种理想的书写颜料。竹笔蘸漆而书的状况持续了相当长的时期。明代罗颀《物原》中说："虞舜造笔，以漆书于方简。"说虞舜造笔应属附会之词，说用笔（指竹笔）蘸漆书于竹简却非凭空臆测。

考古资料为以上认识提供了有力的佐证。从大量出土文物来看，殷代以前，中国应处于硬笔书写的阶段，硬笔包括镌刻用的骨刀、陶刀、石刀、锥子、青铜片等和书写用的竹笔。殷末周初，才由硬笔书写阶段过渡到以毛笔为书写工具的软笔书写阶段，直到春秋战国时代，毛笔才得以普遍推广使用。大汶口文化遗址出土的陶器上的文字，有镌刻的和书写的两种；河南安阳殷墟出土的一些甲骨和陶器上的文字，既有刻上的，又发现一些未经契刻的朱、墨字迹。镌刻的工具无须争议，书写的工具是什么呢？有人认为是毛笔，但

---

① 陶云逵：《车里摆夷之生命环》，转引自何斯强：《傣族文化中的稻和竹》，《思想战线》，1990年第5期。

笔者认为是竹笔，因为毛笔具有其他硬笔难以比拟的优越性，一旦出现，便会很快淘汰各种硬笔，结束硬笔阶段而进入软笔阶级，但中国直到商末周初才进入软笔书写阶段，说明之前的书写工具不是毛笔而应是竹笔。

竹笔虽然具有蓄墨性能差、辄写辄停以及书写不流畅等缺点，但它却是中国最早蘸墨（漆）而书的正式书写工具，后来崛起的毛笔，无论在形制上或是功能上都是对它的直接改进。从这个意义上说，竹笔实乃"万笔之祖"，是中国书写工具的原型和鼻祖。

（2）艺苑奇葩——竹笔书画

毛笔崛起后，竹笔很快退出日常书写领域，但它却作为一种独特的书写工具，在书法和绘画领域中迸发着奇异的光芒。

中国书法可分为软笔书法和硬笔书法两大类。在中国古代，软笔书法的主要书写工具是毛笔，硬笔书法的书写工具则有荆笔、荻笔、苇笔、竹笔等，其中，以竹笔的使用最盛，并逐步形成一门独立的硬笔书法艺术——竹笔书法。竹笔书法的源头可远溯至竹笔成为正式书写工具的原始社会末期。你看那书写于各种陶器和甲骨上具有方、圆、肥、瘦变化的字迹，不正在"大朴"中萌含着艺术因子和审美因素了吗？然而，竹笔书法的诞生却是在毛笔书法之后。

我们知道，中国特有的书写工具毛笔，曾对书法艺术的形成与发展起着至关重要的作用。毛笔蓄墨性能好、书写灵便等特性，使"中国古代书法有可能自由地运用形式美的规律来表现出人们的情感、气度以至个性"[①]。没有毛笔，就没有中国书法艺术（指软笔书法）。书法艺术的诞生，即将文字本身艺术化，成为"有意味的形式"，是在毛笔取代竹笔成为普遍书写工具的春秋末期，绝不是偶然的。之后，毛笔书法艺术日臻成熟和完善，从而为竹笔书法艺术的诞生铺平了道路。

竹笔书法之所以晚于毛笔书法而诞生，是因为竹笔书法需要比毛笔书法更为高超、娴熟的艺术技巧。由于竹笔蓄墨性能差，蘸墨后容不得丝毫犹豫，落笔就要快速书写，否则墨汁会从笔尖掉下来或很快变干。书写时，腕、指

---

① 冯天瑜、周积明：《中国古文化的奥秘》，第 276 页，湖北人民出版社 1986 年版。

要灵活地运动,不断改变竹笔与纸张间的角度,才能落墨得当、肥瘦适度,达到上乘的艺术效果。竹笔书法,蘸墨、落笔、运笔,一气呵成,这就要求书法家不仅要具备精深的书法理论素养,而且必须在长期的勤习苦练中掌握高超的书写技巧,做到运笔自如,心到笔到。

竹笔书法风格奇特、韵味别具。从气势而言,它犹如狂草,流走快速,连字连笔,迅疾骇人,"挥毫落纸如云烟"①,有"奔蛇走虺"、"骤雨旋风"之势;从笔锋来讲,它或藏或露、或虚或实、或全或半、或中或侧,俯仰纵擒,千变万化;从神韵来看,它锋芒毕露、古朴刚健、力透纸背,具有很强的流动感和金石韵味。

竹笔书法不像毛笔书法那样辉煌灿烂,却以其独特的艺术生命力而久传不绝,直到中华人民共和国成立初,有些地方仍有用筷子写字的,称"筷子书"。之后,就渐渐濒于绝迹了。近年来,竹笔书法又重放艺术之光。下面介绍两位竹笔书法家。

第一位叫李国桢,曾任安徽滁县地区文联副主席。他从八九岁起就练习竹笔书法,经过长期的勤习苦练,终于掌握了竹笔书法的要领。他认为,竹笔书法应做到"手中有竹,胸中无竹",所谓手中有竹,是指用粗竹、细竹、大小不一的竹管均能写出意想不到的书法来;所谓胸中无竹,则指孕育构思、走笔成书时,不囿成规、不拘一格。挥笔时,要注意将竹管蘸墨的深度、行笔的速度、执笔的角度三者有机地结合起来。李国桢的竹笔书法不仅得到许德珩、赵朴初、启功等书法家的赞誉,而且引起日本现代硬笔书道学会会长柴田木石等外国艺术家的注目。其作品被国家有关部门作为礼品送到日本、美国、法国、原联邦德国等10多个国家。②

第二位叫沈安良,曾任中华硬笔书法家协会副秘书长。他从1982年开始练习竹笔书法,经过10年的不懈努力,形成了自己的艺术个性。他拥有不同规格、型号的十几种竹笔,长短、粗细各异。他能用竹笔书写行、草、隶、篆等不同的字体,小可1寸,大到4尺,形态各异,妙不可言。著名书法家

---

① 杜甫:《饮中八仙歌》。
② 资料来自蔡善武:《竹笔之光》(《瞭望》1987年第8期)和江海:《奇特的竹笔书法》(1987年2月21日《文汇报》)两文。

杨再春曾题写"竹笔生花"四字相赞。沈安良的竹笔书法多次在国内外书法大赛中获奖,并被选送美国、日本、新加坡、台湾和香港地区展出,引起轰动。①

特别值得一提的是藏族的竹笔。近代著名藏学家任乃强在《西康图经》中有如下记述:

> 其笔用竹签削成,形如薄筷,尖端似方头钢笔尖,凡能书之番皆能削之。尖头用瘘,再向上削,竹签一枚,可削成新笔十余次,可谓经济。然自打箭炉以西,直抵西藏,北至青海、内蒙古,即凡藏文流行之地,皆无竹;削笔材料,须远自内地与印度、缅甸、尼泊尔、布丹(即不丹)等处输入。番人获一竹片,珍如拱璧矣。盛绳祖《藏卫识略》云:"西藏不产竹,其识字头人番民,所用竹签,倍极珍惜。有自内地携竹箭至藏者,辄不惜多方购致之。"或问竹书之文,何以创于无竹之地?曰:竹书为印度古制,藏文书法仿于印度,故亦采用竹笔也。
>
> 竹笔写字,与钢笔同,并无不便;惟吸墨太少,手法拙者,未完一字而墨已罄。故书藏文者,例有一墨海,时时入笔蘸墨。其墨海完全系内地制法。此亦西藏文化与中原文化有关之处。②

竹笔还是绘画的工具。竹笔画与竹笔书法一样,是中国艺术领域中的又一奇葩,其中,以纳西族的竹笔画最负盛誉,有研究者曾对之作了较为全面深入的论述:"(纳西族的)竹笔画主要指用书写东巴经的尖头竹笔所绘的图画,包括经书封面装帧、经书扉页画、题图、插图、各种图画符号和画稿。东巴经封面装帧多画法轮、宝伞、净水瓶、如意结、法螺、莲花、双鱼、宝珠等宗教图案,缀饰以云霓花草、水波等。竹笔画有白描,也有彩色,彩色用松树花尖或用毛笔平涂,色调明亮而谐和。最能集中体现竹笔画风格的是东巴经中的画稿部分,它与木牌画的画稿同属一类,内容丰富,包罗万象,内有各种神人鬼怪、鸟兽虫鱼、山水云霓、花草树木、日月星辰、衣冠服饰、狩猎游牧、吹弹歌舞、纺麻织布、砍伐拉车、骑射、男女恋情等,再现了纳

---

① 赵亦冬:《沈安良:独辟蹊径写人生》,1992年10月18日《工人日报》。
② 任乃强:《西康图经》之《民俗篇》(1934年出版)。

西族的自然崇拜观念和丰富多彩的社会生活。竹笔画笔力劲健刚直、清新古朴，线条简练、粗细有致、棱角分明，其清朗风格有青竹般的气韵。"并指出，竹笔画与木牌画、纸牌画一样，"是极具纳西族原始艺术风格特点的绘画"，而且早期的木牌画是用东巴传统的自制竹笔绘成，纸牌画也有用竹笔画成的。①

2. 誉贯古今的竹管毛笔

在纷繁多样的毛笔家庭中，竹管毛笔可以说是最为庞大的一支。

从毛笔诞生的那一天起，竹管毛笔便压倒群芳、鳌头独占，这种地位延绵数千年未有丝毫动摇。竹管毛笔以其无与伦比的实用和审美功能备受历代文人墨客的钟爱，称誉古今。

（1）竹管毛笔历史巡礼

毛笔何时出现，众说纷纭，有的认为出现于仰韶文化时，有的认为半坡遗址上的彩陶就是毛笔书画的痕迹。笔者认为，毛笔的出现应是在商末周初。

殷商时代，书写材料主要是龟甲和兽骨，甲骨上的文字既可镌刻又可书写，而以镌刻的为主，书写量不大，以竹笔"点漆而书"即能应付。由于文化交流日趋频繁，在龟甲兽骨上刻写文字已不能适应时代的需要，商末周初，一种新型的文化传播媒体——竹简崛起，并最终取代甲骨而成为主要的书写材料。与此同时，一种以天然石炭如煤炭等制成的书写颜料——石墨问世。由于竹简上的文字只需书写不需镌刻，书写量骤然加大，蓄墨性能差、浅书辄止的竹笔已难负重任，于是人们对竹笔进行改进，将竹笔一端劈为数片，插进动物毛，外用细麻线捆扎结实，制成笔头，以增强其蓄墨性能。这样，植物材料与动物毛合制的书写工具毛笔诞生了，并很快取得了独尊的地位，中国书写的历史由硬笔阶段进入软笔阶段。

毛笔因直接从竹笔那里脱胎衍化而来，所以肇始之初就是以竹为笔管。之后虽然出现了其他各种材料的笔管，但竹管始终是当仁不让的老大哥。悠悠数千载，我们不可能对其来踪去影洞悉无遗，只能沿着历史的足迹，去作

---

① 杨福泉：《东巴文化的艺术个性》，《滇文化与民族审美》，第223—224页，云南大学出版社1992年版。

一番匆匆的巡礼。

西周的毛笔，至今未有出土实物。但《诗经·邶风·静女》中有"静女其娈，贻我彤管"的记载，《郑笺》："彤管，赤笔管也。"即以竹木杆髹漆而成的笔管。欧阳修在《诗本义》中指出："但彤是色之美者，盖男女相悦，用此美色之管相遗，以通情结好耳。"可见，西周时，彤管成为男女间传递爱情的信物。当时，彤管笔专由女史官执掌，记载宫中政令及后妃之事。

春秋战国时期，毛笔的使用已很普遍，这些毛笔大多以竹为管。1954年，在湖南长沙左家公山一座战国时期的木椁墓中，发掘出一支完整的毛笔，笔管为实心的竹竿，长18.5厘米，直径仅0.4厘米，笔毛为上好的兔箭毫制成，围于竿的一端，然后用丝线缠住，外面涂漆。该笔全身套于一个小竹管里。这可说是迄今出土的最古老的毛笔了。在湖北江陵、河南信阳等楚墓中出土的毛笔亦多以竹竿为笔管，只不过保存不完整罢了。

秦代，对毛笔进行了改进，但主要是对笔头的改进，即变缠缚动物毛于笔管一端为镂空以盛笔毫。而以竹为管则一仍其旧。《通训·定声》就载："秦以竹为笔。"考古发掘证明了这一点。1975年，在湖北云梦睡虎地一秦墓中，出土了3支毛笔笔管，均为竹竿，上端削尖，下端较粗。镂空成毛腔，笔毛放在腔内。其中一支毛笔长21厘米，径宽0.4厘米，笔毛长约2.5厘米，虽经历了2100多年，其笔尖形状至今团聚圆饱。3支笔均放于竹筒里。

汉笔制作承袭秦制，亦以竹管笔居多。1975年，在湖北江陵凤凰山两座西汉墓中，分别出土两支毛笔，均为竹质笔杆，细捷圆挺；1957年、1972年，先后在甘肃武威磨咀子东汉墓中出土毛笔各一支，亦均为竹质笔杆，一支上刻有"史虎作"三字，一支上刻有"白马作"三字。"史虎"、"白马"可能是制笔工匠或作坊的名称，可见当时竹管笔的制造已形成规模。汉代有一种叫"赤管大笔"的毛笔，与西周时的彤管笔极为相似，只不过赤管大笔是皇帝赐给尚书令属官的，《汉官仪》载："尚书令仆丞郎，月给赤管大笔一双。"这种笔多以髹漆成红色的竹管制作而成。汉代，尽管也不乏木管毛笔，如出土的"居延汉笔"，但最受人们欢迎的却是竹管笔，所以东汉书法家蔡邕《笔赋》中就强调，毛笔的制作应"削文竹以为管，加漆丝之缠束"。

魏晋南北朝时期，竹管笔得到皇帝、士大夫的喜爱。南朝梁元帝萧绎为湘东王时，用金管笔、银管笔、斑竹管笔分别记录部下不同的人品政绩，如对"文章赡丽者，以斑竹管书之"，可见斑竹管笔已跻身名贵笔之列。西晋文学家傅玄喜用未经任何修饰的竹管，即"素管"，其《杂诗》中有"握素管，搦采笺"之句。当然，为增强观赏性，不少竹管是经过髹漆的，诚如东晋大书法家王羲之在《笔经》中载："近人有以绿沉漆管及镂管见遗，斯亦可玩。"

唐代，封建文化蓬勃发展，毛笔的制造，无论在数量上还是质量上，都达到了前所未有的水平，而饮誉当世的毛笔均为竹管制成。如为文人学士称颂不已的宣笔就以竹为管，代宗时进士耿讳《咏宣州笔》就这样称赞宣州笔："寒竹惭虚受，纤毫任几重。影端缘守直，心劲懒藏锋。"当时改进而成的一种形如鸡距的短锋笔，即"鸡距笔"，是"拔毫为锋，截竹为筒"①，为竹管毛笔。而越笔以产于浙江的水竹、鸡毛竹为笔管，也很有名，女诗人薛涛将它与"宣毫"并称："越管宣毫始称情，红笺纸上散花琼。"②唐代，斑竹管笔也叫"宝相枝"，因精美实用，成为宫中赐品。陶毂《清异录》中载："开元二年，赐宰相张文蔚、杨涉、薛贻宝相枝各二百。"斑竹管笔还流传异国他乡，日本奈良正仓院珍藏的一支，笔杆上书有"文治元年八月二十八日开眼法皇用之天平笔"字样，故称"天平笔"，这一珍贵艺术品成为中日两国文化交流的一个象征。

紫竹管笔（廖国强摄）

宋代，由于桌、椅的普及，人们的坐姿变得从容舒和了，写字作画的毛笔也由单调的坚挺为上向软熟、散毫、虚锋等多样化方向发展，涌现出多种多样的毫材，但以竹为笔管良材却一仍其旧。无论是久享盛誉的宣笔，还是初露头角的湖笔，抑或是隐而待发的湘笔，都主要以竹为管。如湖笔笔管主

---

① 白居易：《白氏长庆集》卷38《鸡距笔赋》。
② 薛涛：《笔离手》。

要以鸡毛竹制成,称为鸡毛竹管;而湘笔笔管多以湘竹(斑竹)制成,所以苏辙留下了"早与封题寄书案,报君湘竹笔身斑"的诗句。① 当时的文人墨客大多爱用竹管笔,苏辙的《子瞻寄示岐阳十五碑》诗云:"何年学操笔,终岁惟箭笴",正反映了这一历史实际。

明清时期,湖笔取代宣笔而蜚声全国,湘笔也异军突起。其管亦多以竹制,竹管有鸡毛竹管、斑竹(湘竹、湘妃竹)管、水竹管。当时有一种叫"乌龙水"的毛笔,其管用水竹作原料,将皮刮削后,染上墨色,再涂一层透明漆而成,乌黑发亮,故名乌龙水。但最受欢迎的还是未经任何装饰的竹质笔管,时称之为"白竹管"。②

(2)竹管笔备受钟爱的原因

本来,毛笔笔管的制作材料是异常繁富而多样的,除竹管外,还有琉璃管、象牙管、麟角管、芦管、花梨管、沉香木管、丁香管、松枝管、牛角管、金管、银管、玳瑁管、水晶管、楠木管、柘木管、椴木管……它们当中也不乏受宠一时者,如麟角管笔曾是晋武帝时代的赐品;松枝管笔因唐诗人司空图隐于中条山中制作而名扬一时;唐代书法家欧阳通以象牙、犀角为笔管;而象牙、

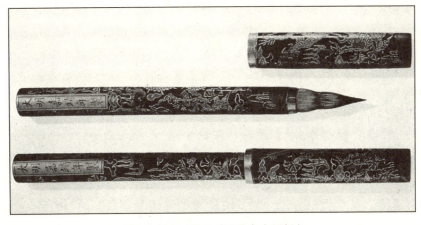

彩漆竹管笔[明宣德](武有福摄)

---

① 苏辙:《子瞻见许骊山澄泥砚》。
② 屠隆:《考槃余事·笔笺》。

水晶、玳瑁等都曾是明朝天子的御用笔管。然而，只有竹管能历尽3000年的沧桑，自始至终备受人们的喜爱，甚至到了"何年学操笔，终岁惟箭筈"的地步。这一文化现象的出现不是偶然的，我们既能从实用功能上找到其合理的解释，又可从中国传统文化中去发掘其存在的因子。

竹管具有其他笔管无法比拟的种种优势。一是取材容易。《诗经》中的《卫风·淇奥》"瞻彼淇奥，绿竹青青"，《小雅·斯干》"秩秩斯干，幽幽南山。如竹苞矣，如松茂矣"，说明先秦时，无论南北均遍布竹林。之后，北方竹子逐步减少，但南方始终是青青翠竹，取材便利。古今不少笔管，本较竹管为优，因原料所限未得广泛普及。二是易于加工。笔管需细捷圆挺，即南齐王僧虔《笔意赞》中所说的"心圆管直"。选择自然形态逼近笔管的竹类，加工难度会大大降低。如湖笔笔管的主要材料鸡毛竹，产于浙江天目山北麓，高仅15厘米，节稀杆直，杆内空心小，稍加修凿，就能制成上乘笔管；另一种分布于我国长江流域以南的水竹（"烟竹"），竹竿一般高1.5米左右，直径3～5毫米，坚韧细直，天然就是制作笔管的优质材料；而斑竹（湘妃竹）主要产于浙江、湖南、广西等地，茎匀杆直，配以紫褐色的圆斑纹，韵味别具，成为湘笔等名笔的理想制作材料。三是轻捷便用。人们在长期的书写实践中意识到，笔管贵在轻捷便用，而非名贵华丽。东晋大书法家王羲之在《笔经》中指出："昔人或以琉璃、象牙为笔管，丽饰则有之，然笔须轻便，重则踬矣。"[①] 唐代大书法家柳公权也认为"管小则运动省力"。以竹为管，坚劲轻巧，便于挥毫点染，诚如明人屠隆在《考槃余事·笔笺》中所言："古有金管、镂金管、绿沉漆管、棕竹管、紫檀管、花梨管。然皆不若白竹之薄标者为管，最便于用，笔之妙尽矣。"竹管既然能竭尽用笔之妙，其在笔管中独占鳌头，也就不足为怪了。

竹管笔之备受人们喜爱，除具有优越的实用功能外，尚与它具有的认知功能有着内在的联系，这种联系常常通过中国士大夫阶层的群体意识显现出来。中国士大夫对竹有特殊的感情，赋予竹诸多的文化意义，使之成为具有诸多认知功能的文化符号，这些功能必然或多或少地投射到竹管笔身上。竹

---

① 朱长文：《墨池编》卷6。

管笔不像以金、银、象牙、玳瑁等为管的毛笔那样奢侈华贵，也不像以楠木、丁香、沉香木、花梨等为管的毛笔那样珍稀难求，而是充满淡雅、质朴的气息，这恰恰与中国士大夫阶层戒奢崇俭、恬淡高雅的价值观一脉相通；竹管节与节之间匀称而分明，这与中国士大夫高风亮节的人格追求若合符契；而竹管的坚劲挺直，寄托了士大夫坚贞耿介的志向；竹管的空心，又可暗喻谦谦君子之气度。所有这些，使竹管笔具备了某种认知功能，书写者可以通过它表现出自己的价值观念、人格追求等。如人们之所以喜用宣州笔，是因其以竹为管，"影端缘守直"，暗含着端正耿直的人格精神。竹丝笔是以竹子的一端捶成的丝为毫制成的书写工具，是一种独特的竹管毛笔，在宋代颇受人们欢迎，岳飞之孙岳珂曾赋《试庐陵贺发竹丝笔》诗相赞："此君素以直节名，延风挹月标颤清"，明白无误地点明，人们之所以乐于以竹（"此君"）为管，是因其具有的节节相扣、挺直坚劲的形质与中国士大夫的人格追求相契合。唐代大诗人白居易在《养竹记》中，对竹的空心有一番高论："竹心空，空以体道，君子见其心，则思应用虚受者"，因此也就留意于空心竹管所传导的意蕴，如他"窥其（鸡距笔）管，如玄元氏之心空"。①

竹管笔所具有的审美功能，也是其备受青睐的因素之一。竹管表面光滑，杆圆而直，有很好的审美效果。至于斑竹管，表面呈淡绿色并点缀着紫褐色斑纹，给人以独特的美感，加上湘妃泪洒竹上的动人传说，更增文化意蕴，自然备受欢迎了。

二、竹制书写材料：竹简与竹纸

1. 古老的书写材料：竹简

竹简源起甚早，一说虞舜时就用笔（应为竹笔）蘸漆书于"方简"上②。但直到殷商时期，主要书写材料还是龟甲和兽骨。由于文化交流的频繁，在

---

① 白居易：《白氏长庆集》卷38《鸡距笔赋》。
② 罗欣：《物原》。

甲骨上刻写文字已渐渐不能适应时代的需要，商末周初，竹（木）简以崭新的姿态正式登上文化传播的舞台，并在春秋时代取代甲骨而成为主要的书写材料。

竹简成为主要书写材料后，促进了中国文化的大发展，书籍急剧增加，文化交流空前频繁。当时一些重要典籍均书于竹简而传之后世，竹简成为重要的文化传播媒体。孔子整理的易、书、诗、礼、乐、春秋六种书（"六经"），就是写在2尺4寸长的竹简上的。可以说，"孔子的学说既来源于竹文化，又充实和丰富了竹文化"①。传为魏国编年体史书的《竹书纪年》，则直接是

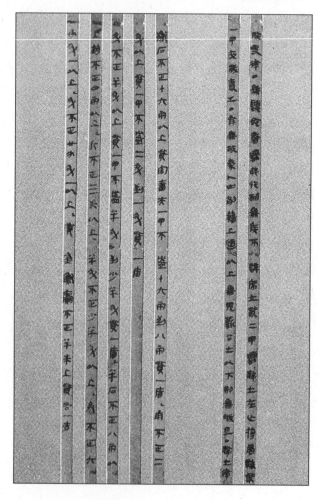

竹简［秦代］（武有福摄）

---

① 何养明：《中国竹文化丛谈》，《现代中国》，1991年第7期。

因其书于竹简而得名，据史载，该书竹简达数十车之多。① 鲁国所藏"三坟、五典、八索、九丘"亦多以竹简书成。战国时人惠施有书于竹简的书籍五车，遂有"才（学）富五车"之说。从出土文物看，许多重要典籍就是书于竹简而得以复现的。1972年4月，在山东临沂银雀山1号及2号汉墓出土了《孙子兵法》、《孙膑兵法》、《六韬》、《尉缭子》等古代著名兵书，其中千古奇书《孙子兵法》的发现，轰动全世界。1975年12月，在湖北云梦睡虎地秦墓出土了一大批竹简，共计1100多枚，内容包括《南郡守腾文书》、《大事记》、《为吏之道》、律文三种等，均是战国、秦的珍贵史料。以《大事记》为例，因战国时代缺乏一部像《春秋左传》一样的编年史，尽管司马迁煞费苦心将这段历史大体梳理出一个眉目来，但尚有不少缺略的史实和矛盾的地方留待后人补订和修正，而《大事记》的出土，至少已稍微补充了秦国自昭王元年至始皇三十年这段历史的缺略。

　　竹简取材便利、加工难度小，表面光滑、纹路明晰便于书写，能较长久地保存而不易破损，是当时一种较先进的书写工具。但竹简最大的缺憾是厚重。据说秦始皇每天批阅写在竹简上的文书，重达60公斤；东方朔给汉武帝写了篇文章，用了3000片竹简，由两名武士吃力地抬进宫里，汉武帝把竹简一片片地解下来看，足足用了两个月才看完。随着封建文化的进一步繁荣，竹简已不能适应时代的需求。西汉中期，纸应运而生了，② 但质量差、数量小，竹简仍是主要书写材料。东汉仍是竹（木）简、绢帛、纸并用。公元105年，蔡伦改良造纸法，纸的功用向前跨进一大步，纸开始在全国推广。四世纪时，桓玄下令废竹简，以黄纸代之。又过了100年，约五世纪的南朝，纸才完全代替了竹简的地位。竹简从殷商时代产生到南朝为止，作为书写材料流行了约两千年。③

　　竹简广泛使用于中国文明定型化的春秋战国秦汉时期，因此必然对中华文化的起源和发展产生深远影响。竹简潜藏着中华传统文化的丰富底蕴。

---

① 《晋书》卷51《束皙传》。
② 1957年5月在陕西西安市郊灞桥西汉古墓中出土的一叠古纸残片，经鉴定为汉武帝时制造，定名"灞桥纸"，这是迄今发现的世界上最早的植物纤维纸，比"蔡侯纸"早200年。
③ 何养明：《中国竹文化丛谈》，《现代中国》，1991年第7期。

竹简［东汉］（武有福摄）

中国文化典籍的诸多称谓都直接源于竹简。先秦时，一篇文章或一部著作，是用皮绳（韦）将无数片竹简（或木简）贯串起来编缀而成，称为"韦编"。孔子所读的《易》，就是这样制成的，因他反复研习，皮绳断了三次，这便是"韦编三绝"的来历。后以"韦编"作为古代典籍的泛称。因书是用皮绳将竹片编串而成，所以造出"册"这个象形字来指代书籍。单根竹片称为"简"，数简穿连而成策（册），一部书就是一捆竹简，称之为"青册"。事少书之于简牍，事多书之于策（册），合称"简策"，亦指代书籍。牍是用于书写的木片，又称木简、木牍、板牍，与竹简并用，古人常"简牍"合称，同时是书籍的代称。

写字前，先用火炙烤竹简，使其变干，干则易于书写，又可防虫蛀，炙烤时青竹皮上冒出水珠，犹人体出汗，名"汗青"。汗青后引申为书册或史册。南宋著名爱国将领文天祥《过零丁洋》诗中"人生自古谁无死，留取丹心照汗青"

之句，就以汗青代史册。古人还有"杀青"一说，"杀青者，以火炙简令汗，取其青易书，复不蠹，谓之杀青，亦谓汗简"①。后泛指书籍定稿。陆游《读书》诗："《三苍》奇字已杀青，九泽旁行方著录。"即说《三苍》一书已定稿。

与简牍并用的另一种书写材料是绢帛，所以古人常以"竹帛"、"竹素"、"简素"指代书册、史乘。如晋代人陆机《长歌行》："但恨功名薄，竹帛无所宝。"春秋战国时期，诸侯国间纷争不已，如某一诸侯国有难，则书于竹简告于盟国，谓之"简书"，盟国得"简书"便会火速发兵相救。因"简书"具有沟通信息的作用，后用以泛指文书、信札。唐代人李商隐《为举人献韩郎中琮启》诗中"仰瞻几阁，伏待简书"之句，就以"简书"代信札。《吕氏春秋·明理》载："乱国所生之物，尽荆越之竹，犹不能书也。"意为事情烦冗，书不胜书。后衍化为"罄竹难书"这一成语，专用于列举对方罪状的声讨檄文中，如隋李密在列举隋炀帝的十大罪状后说："罄南山之竹，书罪未尽。"②这里并非真以南山竹书其罪，而是引申义了。

因先秦古籍与竹简结下了不解之缘，因此即使后人要伪造那一时期的典籍也必须借助于竹简。明代就曾发生一件这样的事。享有文坛盟主盛誉的王世贞，声称在一次耕种中，从田野里发现了一批用大篆书写的题名为《短长》的竹简，共有40则之多。他进而断言，这批竹简就是太史公《史记》所采录、

竹简（董文渊摄）

---

① 《后汉书》卷94《吴祐传》注文。
② 《旧唐书》卷53《李密传》。

刘向《战国策》所依据的《战国策》原始本《短长》书。这件事曾轰动一时。以他领袖群伦的声望配以古色古香的竹简，使人们对这一"发现"的真实性深信不疑，连清代考据大师们也未启疑窦。直到二十世纪七十年代，才有学者考证出这批材料原来是王世贞伪造出来的！笼罩文化宝库约400年的历史迷雾散去了，但从中不难看出竹简对中国文化浸濡之深。

2. 纸中上品——竹纸

竹简最终被淘汰了，但时日未久，竹纸又在中国书写领域中崭露头角。

（1）竹纸的历史考察

竹纸肇始何时，不可确考。提到竹纸的最早文献是李肇《唐国史补》，其中说："纸则有……韶（今广东韶关）之竹笺。"稍晚一点的段公路也提到睦州（今浙江建德县）出"竹膜纸"。据此，李约瑟博士认为，"首先把竹子用来造纸的年代不会晚于唐代中叶，即八世纪后半叶"。他进而指出："竹纸的制造，可能肇端于气候暖湿、盛产竹类的广东。"①

北宋时，竹纸制法传到浙江和江苏。刚开始，竹纸质量并不高。正如苏易简《文房四谱》卷4所言，当时江、浙以嫩竹造纸，"如作密书，无人敢拆发之，盖随手便裂，不复粘也"。竹纸的制造也不普及，故大诗人苏轼在《东坡志林》卷9中说："今人以竹为纸，亦古所无有也。"另一位作家周密的《癸辛杂识》则称：他的家乡浙江吴兴"淳熙（1174~1189年）末，始用竹纸"。但竹纸制造业发展迅猛，到南宋，竹纸已成为可与楮皮纸相颉颃的主要纸种之一。各种竹纸中，以"越之竹纸，甲于他处"②。而享誉甚久的剡溪藤纸已被竹纸所取代，"独竹纸名天下"，这种纸不仅质地好，而且品种繁多，以姚黄、学士、邵公三种尤受书家喜爱。③当时有一种叫"春膏纸"的优良竹纸，制法考究："吴人取越竹，以梅天水淋，晾令稍干，反复捶之，使浮茸去尽，筋骨莹彻，是谓春膏，其色如蜡。若以佳墨作字，其光可鉴。"④宋元时，福

---

① 李约瑟：《中国科学技术史》第5卷第1分册，科学出版社、第54页，上海古籍出版社1990年版。
② 陈梗：《负暄野录》卷下《论纸品》。
③ 施宿等：《嘉泰会稽志》卷17。
④ 陈桶：《负暄野录》卷下《论纸品》。

建邵武、光泽,江西铅山等地出产一种优质纸——"连四纸",以嫩竹为原料,经石灰处理,漂白打浆,后用手工抄造而成,纸质精致,洁白匀细,经久不变,为当时印刷书籍和题诗作画的常用纸张,以铅山所产最丰,故有"铅山惟纸利,天下之所取足"①之说,又称之"铅山纸"。这种纸历元明清而享誉不衰。由于江浙竹纸量大质好,所以与徽纸、池纸等名纸一道被贩至四川。宋佚名撰《笺纸谱》载:"然徽纸、池纸、竹纸在蜀,蜀人爱其轻细,客贩至成都,每番视川笺价几三倍。"②

斩竹漂塘　　　　　煮楻足火(《天工开物》)

明清时,竹纸制造进入蓬勃发展的兴盛期。南方各地多有制造,"而闽省独专其盛"③,其中以顺昌出产最多、销路最广,其竹纸"曰'界首',曰'牌',行天下"④,而将乐、古田、宁德、罗源等地也盛产竹纸。江西是竹纸的另一重要产地。该省以盛产毛边纸、毛太纸闻名。

谈到毛边纸、毛太纸,还有一段来历。明末常熟人毛晋,性嗜卷帙,在

---

① 笪继良、柯仲:《铅书》。
② 陶宗仪:《说郛》卷98。
③ 宋应星:《天工开物》卷下《造纸》。
④ 何乔远:《闽书》卷38《风俗志》。

汲古阁刻书甚多,派人到江西定制或采购大量竹纸,再在纸边上盖一个"毛"字,故称为"毛边"、"毛太",名称沿用至今。二者性能基本相同,只是毛太稍薄,毛边稍厚。铅山县竹纸制造更向前发展,品类繁多,"曰毛六,曰黄表,色样不一,命名各殊"①。而上饶、广丰、弋阳、贵溪等地所产竹纸,亦有不少为纸中上品。

荡料入帘　　　　　　　　覆帘压纸

清代,陕西汉中、定远、洋县等地的竹纸制造一片兴旺。如定远等地居民以卖竹至纸厂为生者,众至数万。②足见竹纸制造的盛况。这些地区竹纸品类繁多,著名的有"二则纸"、"圆边纸"、"黄表纸"等。

竹纸业的兴盛,标志着古人在竹子的开发利用上向前跨进了一大步。竹纸出现以前,竹子的开发主要停留在对其物理属性或机械属性的利用,如竹中空可盛物或做筏,韧性好纹路直可作纺织材料,抗拉强度高可做缆索……竹制品无论怎样的繁富多样,都是对竹子形状的改造和重组,究其本质仍是竹,竹制品仍寓于竹材之中。竹子的物理属性是可以感知的,因而加工工艺也相

---

① 乾隆《铅山县志》。
② 严如煜:《三省边防备览》卷9。

对直观和简单。竹纸则迥然不同。它是利用竹子富含纤维的化学属性创造出新事物的过程。竹纸已不再是"竹",而成为另一种东西——"纸"。竹子的化学属性很难感知,它依靠更多的理性认识,因而加工工艺也要复杂得多。据清末学者杨钟羲所说,制造竹纸需要经过砍竹、提纯纤维、蒸煮、洗料、曝料、灰沤、碓舂、提纯浆料、作浆槽、织造竹帘、榨干水分、焙干纸张共十二道主要工序①。足见工艺之繁。竹纸的出现及推广,说明人们对竹子的开发已从物理属性深入到化学属性,从表层深入内部,从感性认识上升到理性认识。

透火焙干(《天工开物》)

---

① 杨钟羲:《雪桥诗话续集》卷5,第873-875页(民国)文海出版社(有限公司)印行。

（2）竹纸与中国文化

宋代以后，竹纸成为一种重要的文化传播媒体，对中国文化的发展起到了不可忽视的作用。

首先，竹纸在书法绘画领域绽放异彩。

据研究，"竹材的纤维细而长，平均长度约为2161微米，宽度约为13.4微米，长与宽之比约为161比1。竹纤维细胞壁厚，吸收性能好，表面均整近于棉纤维，聚合度分布及解聚中都较均整"①。因此用竹材造的竹纸是一种质地优良的纸张，具有独特的润墨性和渗透性，毫之所至，墨的肥瘦疏密、深浅浓淡跃然纸上，具有很强的艺术表现力，因此从宋代起便跻身书画领域，并很快赢得崇高的地位。宋代人将绍兴竹纸（越纸）的优越性归纳为五点：一是纸质光滑细腻；二是容易发墨；三是行笔流畅不滞；四是收藏年代久远而墨色不褪；五是不易遭虫蚀。因此"惟工书者独喜之"②，深得书画家青睐。宋代书法家薛道祖对越州竹纸推崇备至："越纸滑如苔，更加一万杵；白封翰墨乡，一书当万户。"著名书法家米芾对越州竹纸的赞扬简直到了无以复加的地步，他认为越纸"光透如金版"③，赋《越州竹纸》诗相赞：

越筠万杵如金版，安用杭油与池茧；

高压巴郡乌丝阑，平欺泽国清华练。

诗中提到的杭州油纸、池州茧纸、巴郡乌丝阑纸和泽国青练纸，都是古代名纸，据传，王羲之的《兰亭序》就书于乌丝阑纸上。但在米芾眼里，这些名纸都比不上越纸。他的字画合璧的珍品——《珊瑚帖》，据今人研究，就是作于越纸上。王安石好用竹纸。史载："自王荆公好用小竹纸，士大夫翕然效之。"④大文豪苏东坡亦喜用竹纸，据说"东坡作书，竹纸居十之七八"，而最令他钟爱的则是越州的竹纸。据载，他从海南岛结束流放生涯回来后，马上就给朋友程德孺写信，要他代购越纸两千幅。尚书汪圣锡收集东坡的书帖，"刻为十卷，大抵竹纸居十七八"⑤。其他如毛边、毛太、圆边、

---

① 南京林产工业学院竹类研究室：《竹林培育》，第170页，农业出版社1974年版。
② 施宿等：《嘉泰会稽志》卷17。
③ 米芾：《书史》。
④ 施宿等：《嘉泰会稽志》卷17。
⑤ 同上。

二则等竹纸亦深得书画家喜爱,不仅自己的作品爱作于竹纸上,连摹写名人书画,亦多用竹纸,如今天传为王羲之的《雨后帖》和王献之的《中秋帖》,都是宋人用竹纸摹写的。

竹枝透光笺[清](武有福摄)

其次,竹纸的大量涌现,促进了印刷业的发达,从而也就促进了文化的传播。如宋元时期,福建所产竹纸,质量不如吴、越所产,数量也不大,所以该省印刷业并不发达,叶梦得《石林燕语》中记载:"今天下印书,以杭州为上,蜀次之,福建最下。"① 明清时期,福建竹纸生产迅猛发展,竹纸产量巨大而且成本较低,被用于印刷书籍后,闽省印刷业遂突飞猛进,闽版行销范围迅速超过了曾享盛名的蜀版、浙版和江西版。又如,四川绵竹年画自

---

① 叶梦得:《石林燕语》卷8。

清代至今，久盛不衰，而其繁荣全赖竹纸的优良。当地用竹制成的"粉笺纸"，用以制年画，不论印刷、套版或彩绘，墨色一着即显，固色吸水，符合用水色印刷、彩绘，加之硬度较强，很适宜年画多工序印制。①

三、其他竹制文房用具

其他竹制文房用具主要有笔帽、笔筒、竹砚。

笔帽古称笔㮰、笔殺，俗称笔套。为圆锥形或圆柱形，罩在笔头上起保护作用。古代笔帽多以竹制成。历史文人喜用竹管毛笔书写，挥毫之余又将之装入精致的竹制笔帽内，精心保养。

毛笔用笔帽套好后，放入笔筒内。古往今来，笔筒多以竹筒制成。东晋书法家王献之有斑竹笔筒，名"裘钟"。历代文人都喜爱在书桌上摆一竹笔筒，将各色毛笔插于其中。这些竹笔筒制作都十分精美，既是实用品，又起到装饰居室、烘托气氛的作用。天长日久，他们对竹笔筒有了深厚的感情。宋代文人石介专门作《竹书筒》诗二首②，将这种感情表现得淋漓尽致，全引如下：

留青笔筒［四川］
（自《中国竹工艺》）

方竹笔筒［四川成都］
（武有福摄）

第一首：

　　截竹功何取，为筒妙可谈。

　　长犹不盈尺，青若出于蓝。

---

① 文闻子主编：《四川风物志》，四川人民出版社1985年版，第523页。
② 石介：《徂徕石先生文集》卷3。

浮薄瓢皆去，嵌鉴节独堪。
谁言但空洞，自是贵包含。
虚受殊招损，多藏不类贪。
巾箱经谩五，谤牍箧空三。
泪有湘妃洒，书疑禹穴探。
质曾冒霜雪，价本擅东南。
陨箨遗轻粉，移根破冻岚。
龙音终不死，凤实尚余甘。
朴陋我为贵，雕镂彼合惭。
居常置几案，出或系腓骖。
唱和友朋倦，提携童仆谙。
纯姿斥丹漆，美干敌根楠。
其直如周道，虚心学老聃。
吾徒正得用，诗笔战方酣。

第二首：
达者创奇制，霜圆断竹寻。
苍筤破云色，萧瑟移风音。
径寸不为短，探幽乃觉深。
中间自空洞，枝干何嵌签。
投恐成龙去，吹还作凤吟。
棱棱人有节，窍窍易无心。
俭朴他难比，提携力易任。
绝姿古皇道，虚受圣人襟。
或贮谏官草，多收女史箴。
筒兮用可贵，吾不换南金。

就是说，竹笔筒具有诸多优点：素雅俭朴，质轻便于携带，加之竹子本身所具有的诸多意蕴，如独傲霜雪（"质曾冒霜雪"）、虚怀若谷（"谁言但空洞，自是贵包含。虚受殊招损，多藏不类贪"、"虚心学老聃"）、耿直有节气（"其直如周道"、"棱棱人有节"）等被投射到竹笔筒身上，使它备受文人墨客的钟爱，不仅常置几案，就是外出也随身携带。

中国古代还曾以竹制成砚,名"竹砚"。《砚谱》载:"广南以竹为砚。"

通过以上便览式的论述,我们可以看到,竹制文房用具在中华传统文化的传承和演进中起到过重要的、独特的作用。

第七章　精编细刻，极尽其巧

——竹制工艺品

如果说竹文化是浩瀚大海，那么竹制品就是这大海中精致玲珑的一枚贝壳。

太阳给予竹光和热——

月亮给予竹优雅和宁静——

泉水给予竹甘甜和滋润——

有了造物者的恩赐，才有了竹的品性、竹的风韵、竹的艺术。

——自 google

我国在世界上享有"工艺之国"的美誉。在中国工艺品的百花园中，有一朵华美灿然的奇葩，那就是竹制工艺品。千百年来，竹制工艺品以其实用性与审美性、物质性与精神性的高度和谐统一而久享盛誉。

中国竹制工艺品琳琅满目，从制造工艺角度，大致可分为两大类，一类是竹编工艺品，一类是竹雕刻工艺品。它们虽同属竹制工艺品的范畴，但各自的工艺（制作技术）、艺术形式（造型、装饰、色彩等）颇多殊异，发展历程也不尽相同。

一、从实用到审美：竹制工艺品的形成

作为生产工具和生活用具的竹制品，是物质生产的产物，其目的在于满足人作为动物的本能需要，为了生存与种族的繁衍、人自身的扩大再生产，适应于最基本的低层次需要。随着人的进化与社会的发展，人超越了动物的本能需要，精神需求逐渐萌生，产生了精神生活和意识观念，不再简单地把身旁常备常用的生产工具和生活用具看作只是满足赢接功利需要的器物，不

自觉地赋予它们以非实用性的功能和意义,将人的观念和幻想外在化,用以满足人的精神需要的活动。这种活动尽管也包括功利性的内容,但其功利已隐化为间接性的,从而使之兼具实用与非实用的多种用途,既满足直接功利,又满足间接功利,既是现实的"人的对象化"和"自然的人化",又是想象中的"自然的人化"和"人的对象化"。竹制工艺品就是在这种情况下获得了实用和审美两种功能,集用具与艺术品为一身,成为既满足人的生理需求又满足人的精神需求的器物。正如马克思所说:"思想、观念、意识的生产最初是直接与人们的物质活动,与人们的物质交往,与现实生活的语言交织在一起的。观念、思维、人们的精神交往在这里还是人们物质关系的直接产物。"[1] 处于单纯用于生产和生活的竹制用具与完全用于演奏的竹制乐器和道具之间的竹制工艺品,恰是中国人民物质活动与精神活动交织的产物。也就是说,当竹制生产工具和生活用品被人们不断美化,达到能够体现一定的审美意识(趣味、观念、理想),从而使该产品的外部形态成为可以供人观赏的艺术形象时,竹制用具就演进为竹制工艺品。

竹制工艺品是人们自觉地将竹制日常生活用品经过艺术处理之后使之带有强烈的审美价值的产品,故而一般说来兼具实用价值与审美价值。但在具体工艺品中,两种价值的比重不尽相同。根据实用价值与审美价值比重的差异,竹制工艺品可以分成竹制实用工艺品和竹制陈设工艺品两大类。竹制实用工艺品虽然具有强烈的观赏价值,审美因素占有较大比重,但并未能完全摆脱实用性,实用价值甚至仍占有主要地位,如蕲簟尽管编织技法高超、造型优美、装饰典雅、色彩明快,具有很高的审美价值,但其铺垫在床、消热祛暑的实用功能仍未消失。其他如四川龚扇、安徽舒席、湖南水竹凉席、浙江东阳竹篮、广西毛南族的花竹帽、湖北战国古墓出土的竹卮、明人朱松邻雕刻的竹笔筒和竹簪钗及云南傣族的竹扁担等,均为竹制实用工艺品。

竹制陈设工艺品是特种工艺品,其中的审美价值具有了突出的地位,而实用功能却已减弱,有的甚至完全消失。如云南德宏地区景颇族的竹腰圈,其御寒蔽体的功能几乎淡化到无,仅余下装饰的审美作用。至于浙江嵊县以

---

① 《马克思恩格斯全集》,第3卷,第29页,人民出版社1960年版。

竹编制的岳飞等人物、梅兰竹菊等植物及飞禽走兽的竹编工艺品，银川西夏陵园第 8 号墓出土的西夏人物竹雕，明人朱小松所刻的竹刻人物等，则纯属供观赏的艺术品，实用功能已不复存在。只因它们对物质材料的依赖性较强，创作时带有更多的生产技艺成分，而归之于竹制工艺品之列。

二、称誉古今的竹编工艺品

1. 滥觞：原始社会的竹编工艺品

竹编工艺是最古老的工艺美术种类之一，从考古发掘中推断，至迟在新石器时代，人们就利用毛竹编织各种用具了。

近年来，在吴兴钱山漾新石器时代遗址中，发现 200 多种竹编织物，其中有篓、篮、席、谷箩、刀箭、簸箕等农业和日常生活用具，有捕鱼的"倒梢"（即"筌"）。这些竹编织物绝大多数是用刮光的篾条制成。编织工艺精细多样，有多经多纬的人字形，有纬密经疏的十字形、菱形方格和梅花眼等，并且注意到实用的要求，器物的体部用扁篾，边缘部分用"辫子口"，表明人们已运用了实用与美观相结合的原理。而在西安半坡新石器时代遗址中，有许多陶器底部留下竹编织物的印迹。据分析，当时的编织方法有斜纹编织法（包括人字纹编织法和辫纹平直相交法）与缠结编织法，[①] 反映了当时竹编技术已具有一定的水平。

当然，这些原始的竹编织物是质朴的、粗糙的，其审美价值尚被实用的重重外衣所包裹。然而，那竹编织物上的道道花纹，却显示出人类对美的执著追求。

2. 定型：春秋战国时期的竹编工艺

竹编织物迸发出夺目的艺术之光是在春秋战国时期。这一时期，竹编工

---

① 中国科学院考古研究所、陕西省西安半坡博物馆：《西安半坡》，第 161–162 页，文物出版社 1963 年版。

具开始由原来的石刀、骨刀、角刀和青铜刀变为铁刀,这样,砍竹、削竹、破竹、分篾的功效大大提高,又可使分出的篾丝既光滑均匀,又纤细入微。编织材料的精细,为编织工艺的提高奠定了坚实的基础。与此同时,人们在竹编工艺中广泛引入了漆艺装饰。以漆髹竹编物,既是防潮、防腐、防酸、抗热等实用的需要,又是审美的需要。由于竹篾纤维较粗,具有较强的吸附性,漆可渗入竹篾微孔,掩盖器物粗糙的表面,使之变得平滑、光洁,又可改善器物的外观,使之具有一种明快绚丽的色彩。为了增加美感,人们在漆中调入颜色,最先是"墨染其外,朱画其内",周代还是墨多赤少,春秋战国时期,色漆逐渐增多,有黑、红、赭、黄、蓝、绿等多种,漆艺装饰趋于丰富多彩。竹编工具的改进及漆艺装饰艺术的引入,使竹编织物的实用性与审美性得到进一步的统一,一批"材艺结合"、"材艺一体"的竹编工艺品遂告诞生。

竹席[战国·湖北江陵沙冢1号墓出土](何明摄)

从出土文物看,当时的竹编织物不仅品种繁、数量多、用途广,而且有些竹编织物既是非常实用的生活用具,又是具有很高审美价值的工艺品,如:江陵沙冢1号墓出土的一件彩漆竹席,篾片宽仅2.5毫米、厚约0.5毫米,并分别涂红、黑漆,它是以涂红漆的篾片为地,涂黑漆的篾片编织花纹,其编织方法是以涂红漆竹篾的经条与涂黑漆竹篾的纬条垂直相交,构成2～4个平行直线纹以及18个正方格纹,在正方格纹内又编织出一大四小的"十"字形纹样,编织精工,图案优美,类似今天的织锦图案;湖南湘乡牛形山1号墓出土的一件圆形竹笥,用人字交叉成回形纹,盒盖边框用细竹片15条加固,底与盖的口沿用一条竹片将竹边夹紧，盒底则用双层竹篾编织，盖以红漆细篾编地，黑漆细篾编纹饰，底则用褐色漆篾编织，手工非常精致；此外，江陵望山1号墓和九店砖瓦厂410号墓各出土的一件竹笥、马山砖瓦厂出土的一件竹扇和长方形、圆形竹笥，篾片细而薄，并分别涂红、黑漆，精工编织成矩形纹，内填上十字形纹样，艳丽的红、黑漆相映成趣，编织之精美让人惊叹。① 这些竹编工艺品，代表了当时全国竹编工艺的最高水平，堪称中国古代手工艺术的珍品。

3. 发展：秦汉以后的竹编工艺

如同中国文化定型于春秋战国时期，中国的竹编工艺也在这一时期形成一门独立的艺术分支。之后，中国竹编工艺日精一日，精湛绝伦的竹编工艺品大量涌现。我们在"竹制生活用具"和"竹制生产工具"中述及的许多竹编织物，都是物质功能与精神功能的综合体。以物质功能而论，它们既是人们经济生活中不可或缺的日常用品，或用于盛物贮物，或用于消暑祈凉，或用于遮雨避阳，又是居室的陈设和摆饰，它们充实或美化了现实生活的空间，使单调的生活变得绚丽多姿，同时还进入商品经济的领域。以精神功能而论，它们不仅编织技法十分高超，而且造型优美、装饰典雅、色彩明快，具有很高的审美价值。如饮誉唐宋的蕲簟，具有良好的祛暑功能，是炎热之区的上等祛暑用具，编织技法也十分高超："碾玉连心润，编牙小片珍"，以纤细的竹篾精心编成；可以"卷作筒中信，舒为席上珍"，任意折叠；竹席表面"滑如铺蕰叶"，光滑无比；其纹如"龙鳞"，金光灿灿。因此，蕲簟成为文人墨客反复吟咏的审美对象及传导友情的馈赠佳品，其精神功能表现得十分充分。应当指出，将竹编织物划分为竹制生活用品、竹制生产用具和竹编工艺品，主要是出于记述的需要，事实上，竹编工艺从始至终都主要是民间工艺即大众工艺，它深深地根植于现实生产和生活中，仅仅当作观赏或摆饰的纯艺术品是不多的，许多竹编工艺品都具有较强的实用功能，在生产生活中发挥重要的作用。正由于许多竹编工艺品是包容在竹制生产生活品的汪洋大海

---

① 陈振裕：《楚国的竹编织物》，《考古》，1983年第8期。

之中，因此，其艺术之光常被淹没。以下依照地域记述几种最具代表性的竹编精品①，以企管中窥豹。

四川竹编种类繁多，制作精美。自贡竹丝扇、成都瓷胎竹编、梁平竹帘、长宁竹丝蚊帐都是精湛绝伦的工艺品。

自贡竹丝扇是十九世纪末由一位名龚爵五的民间艺人根据自贡夏季炎热，群众有用竹扇纳凉的习惯，独具匠心，在竹扇上编织民间喜闻乐见的福禄寿喜及古钱、花卉、山水、人物等图案，精心制作而成，故又名龚扇。该扇一出，即名噪当时，被光绪皇帝赐名为"宫扇"，列为皇宫贡品。后经龚家四代相传，不断在原料选用、制造工艺、造型设计、美术装潢上大胆追求和创新，使竹丝扇以其图案精美、造型独特、清淡素雅的艺术风格，名扬海内外。

"龚扇"[四川自贡]（自《中国竹工艺》）

龚扇用料考究，只选用阴山肥土生长的、长度每节在67~75厘米之间的一年青黄竹。为了确保竹中水分，又以每年元月或十二月阴天砍伐的竹为上品。加工时，先刮去竹青，划成小片；反复刮削二三十次，直至竹质由青蓝变成黄嫩后再均匀成条，使其竹丝纤细伸直，透明莹洁，细如发丝，薄如蝉翼。编织技法更是出神入化：在半径约12厘米的团扇上，密排700多根竹丝作经线，再用同样细的竹丝作纬线，利用竹丝正反两面有光和无光的特点，按照名家字画编织。每穿一根纬线，要穿插700多次甚至上千次。编织的图案神形毕肖，多姿多彩，敦煌壁画的"飞天"、八大山人的山水、齐白石的花鸟，以及薛涛制笺、文君听琴等历史故事，都能通过折光而逼真地呈现出来。之后，

---

① 资料主要引自余世谦：《中国文明大观》（江苏文艺出版社1989年版）、《国内风味特产精要》（江西科学技术出版社1990年版）、《四川风物志》（四川人民出版社1985年版）、《湖南风物志》（湖南人民出版社1985年版），田自秉：《中国工艺美术史》（知识出版社1985年版）、《云南——可爱的地方》（云南人民出版社1984年版），何养明：《中国竹文化丛谈》（《现代中国》1991年第7期）等著述，以下不再一一注明出处。

再辅以其他装饰，如人面竹柄、象牙柄、虎头节、彩丝流苏等。制作一把龚扇，需40多天时间。

龚扇是中国竹编工艺中一朵光彩夺目的奇葩，被誉为"竹锦"。它是我国竹编工艺的高峰，也是我国对外文化交流的珍品，产品行销美、英、日、德等50多个国家和地区。

瓷胎竹编又名竹丝瓷胎或竹丝扣胎，是用千万缕素色或彩色的竹丝均匀地编织于瓷胎上，既对瓷胎起保护作用，又以自身的精湛艺术在竹编工艺中独树一帜。早在清光绪二年，崇庆县竹编艺人方国正创制了漆胎竹编，后逐步发展出锡胎、瓷胎。其中，成都的瓷胎竹编集此技艺的大成，采用别花、贴花、漏花、雕花等编法，编出山水、花鸟、龙、凤、熊猫等花纹，工艺精湛，美观雅致。产品有各式烟具、茶具、酒具、文具、瓶、盒、罐、盘等，畅销几十个国家和地区。梁平竹帘用纤细如丝的竹丝作纬、蚕丝作经编织而成，帘面不漏光、不露缝，精致平整，犹如绢帛，可在其上挥毫作画，形成一种特种工艺——竹帘画。梁平竹帘厂为首都人民大会堂四川厅制作的大型无画素竹帘，高8米，宽3.1米，每寸竹帘竹丝密度在40根以上，均匀光滑，可谓巧夺天工，被中外人士誉为"天下第一帘"。长宁竹海制作的竹丝蚊帐也令人叹为观止。这种蚊帐透明如水，上面还织有各色花鸟图案。安岳、丰都等地的竹凉席，篾细如丝，轻软可折，图案精致，美观实用。

浙江是竹编工艺最发达的地区之一。东阳竹编宋代就扬名全国，种类繁多，以竹篮最有名。传为清代咸丰皇帝的老师李品芳所用的一对竹篮，为清代竹编艺人马富进用3年半时间精编而成，现作为艺术珍品收藏于故宫博物院。东阳传统竹编还有盘、盒、包、箱、瓶、罐等品种，近年又开发出宫灯、博古架以及人物、动物等新产品。大型竹编"香炉阁"，高达1.5米，运用30多种编织图案和多种工艺技法编织而成，被誉为"当代东阳工艺竹编的精华"。竹编"九龙壁"获中国工艺美术"百花奖"金杯。东阳竹编在国际上享有盛誉，产品畅销30多个国家和地区。嵊县竹编造型精巧，编法多样，除传统工艺外，还采用了"模拟动物"、"花筋"、"漂白"等新工艺。其竹编梅、兰、竹、菊情趣盎然；竹编飞禽走兽，造型优美，神形兼备；其人物编织更是技巧独到。大型竹编"岳飞"人马浑然一体，全是篾丝和竹片镶织而成，坐骑长鬣飞扬，

岳飞脸部用150根篾丝编织，轮廓分明，刚毅传神，把这位民族英雄"还我河山"的壮志豪情表现得淋漓尽致，是竹编艺术中的神品。嵊县竹编艺术家俞樟根的竹编动物和人物扬名异域。他的竹编山鹰被作为礼物送给美国总统；他的另一作品《麻姑献寿》精美绝伦，麻姑面部五官轮廓分明，极其细腻而传神。现在嵊县竹编已拥有篮、瓶、罐、盘、盒、屏风、动物、人物、建筑、家具、灯具、玩具共十二大类，3000多个花色品种，产品行销海内外。此外，新昌工艺竹编"孔雀开屏"、"寿星"等，栩栩如生。

花仙瓷胎大花瓶

瓷胎花瓶[四川成都]

安徽舒席产于舒城，明代就享盛誉，明英宗曾亲笔御批"顶山奇竹，龙舒贡席"，故又称"贡席"或"龙舒贡席"。舒席选料精严，制作考究，惟以水竹为原料。竹丝精细，编织的竹席柔软光滑、色泽鲜艳、凉爽消汗、折卷不断，而且可以编织各种优美的装饰图案。舒席以"细如纱、薄如纸"而闻名中外。1906年在"巴拿马国际商品赛会"上获一等篾业奖，1917年在"芝加哥国际商品赛会"上又获一等奖，至今一直为中国出口名产之。舒城的竹编画也很有名，陈列在首都人民大会堂的"五谷丰登"、"牡丹"两幅竹编画即产于此。此外，传统名作有：仿郑板桥的"兰竹图"、仿徐悲鸿的"奔马图"等。屯溪竹编创始于唐代，如今产品有盒类、篮类以及花屏、竹席等，编织技艺也相当精湛。太平竹编有几百个品种，其中有花篮、托盘、昆虫盒等用品；也有鸡、鸭、孔雀、牛、龟、蛙等玩赏性工艺品，产品畅销海内外。

湖南益阳水竹凉席用水竹细篾编成，其特点是光洁平滑、色泽素雅、经久耐用、凉爽舒适。席上有人字纹、万字格、凤尾图、梅花图、连环锁等样式，还可编出人物山水、花鸟虫鱼、碑帖、建筑和故事图案，形象生动逼真，与宁波草席、广东高要蒲席及湖南临武龙须席齐名，号称中国四大名席，历来有"薄如纸，明如玉，平如水，柔如帛"的称誉。益阳老艺人谌少冬编织的一床"和平花席"，席中心呈现"世界和平"四字，四角织和平鸽，花纹优美，形象生动，曾在莱比锡国际博览会上引起轰动；另一艺人郭咏蝉编织的徐悲鸿的奔马，雄健传神宛如原作。沅陵穿丝篮呈椭圆形状，用三根篮圈、两百多根竹丝编成，编织均匀，空距均在1厘米左右，小巧玲珑、美观耐用，誉满中外。

母子大花篮［浙江东阳］（自《中国竹工艺》）

福建竹编工艺也十分发达。宁德竹编以篾丝竹枕闻名。这种竹枕柔软而富有弹性，畅销海外。泉州竹编以仿古工艺编制的各种花篮、花瓶、罐类，古色古香。永春竹编则引入漆艺装饰，制作的竹编漆器工艺品有一种华美的艺术魅力。永春的竹篮，往往在篮体内糊上一层衬布，有的并贴上金箔，编织紧密,坚固耐用。

竹篮[浙江嵊州]

广西苍梧县竹丝挂帘工艺之精与梁平竹帘不相上下,薄如白绸的帘面上绘上自然风光和民俗风情,编织工艺和美术工艺集为一体,是装饰厅堂、书室的上品。佳作有"漓江春"、"松壑清音"。不少少数民族竹编工艺也十分高超。都安壮族、瑶族编制的"都安竹篮",驰名遐迩。都安竹篮用楠竹破成篾片、篾丝编织而成,篾片为经,篾丝为纬,篮体、篮口、底座、把手四部分连成一体,中间靠口处较宽,把手弯成月牙形,口、底较小,有盖。

小方篮[福建泉州](自《中国竹工艺》)

三江等地侗族的竹编生活用品亦很精致。流行于环江、河池、南丹、都安等地毛南族的"花竹帽"（又名"顶卡花"），帽面用金黄竹篾环圈编织，帽里用黑竹篾编成花纹，图案犹如壮锦，选择适合纹样，散点布局。为竹篾自然色泽，黑黄相间，雅而不俗。

竹帘（董文渊摄）

云南竹编工艺异彩独放。腾冲篾帽有悠久的历史，品种多样，其中的小斗笠，是以荆竹破成衣线般细的篾丝精编而成，再画上红梅、绿竹、松柏等图案，小巧美观。华宁县华溪斗笠，用绵竹划成篾丝织成帽皮，用大仲竹剔成篾片编为帽帘，再以淡黄染料熬制桐油涂面，金光灿灿，美观实用。许多少数民族竹编工艺都具有很高的水平。竹编工艺是傣族的传统技艺，竹编品种繁多，有竹墙、竹笋、竹桌、竹筐、竹篓、饭盒等，系用竹子剖篾片编织而成，上有各种几何图案。花腰傣的"秧箩"（又译作"央罗"）用白、黄、绿各色细篾精编而成，有各种花纹图案，缀彩穗和银珠，无论是编织技艺还是装饰艺术，都达到很高的水平。墨江县哈尼族的篾帽用薄如纸的细篾片和篾丝编织，上呈精美花纹图案，并涂以桐油，金黄闪亮，质地坚韧，既可遮阳挡雨，又是男女定情的信物。景颇族竹器也颇负盛名。景颇族竹编物有竹席、竹筛子、竹篮、竹垫、竹背篓等，编织花样有篱笆花、花椒花等。独龙族的独龙竹箱是独具特色的竹编工艺品，用于

"编织小康"（黄文昆摄）

竹编培训［云南玉溪华宁］

装衣物，长方形，长约 0.33～1 米，宽约长的 2/3，盖和底用细藤条在后面连接，前面掀动自如；用毒竹编成，动物咬后必中毒而死，防鼠尤为有效；皆米黄色，有的画上红、黑、蓝、白等各色条纹，古朴美观。独龙箭鞘亦为一种竹编工艺品，它以竹材料编制而成，形似小竹筒，上编有图案纹样，也有烙绘一些简单的动物形象，如鹿、马、熊等。

中国竹编工艺品不胜枚举、触目即是，一件件精美绝伦的竹编工艺品，构成一个温馨迷离的艺术世界。

三、精雕细镂的竹雕刻工艺①

竹雕刻工艺是中国独特的传统工艺，它名播海内，誉满全球。涉足中国雕刻艺术的殿堂，我们无不被一件件精美绝伦、神奇工巧的竹雕刻工艺品所吸引、所震慑。

竹雕刻工艺或称竹雕工艺，或称竹刻工艺，而有人则认为竹雕工艺与竹刻工艺不同，前者是利用竹子的各种自然形态雕刻而成，后者则是在竹件上刻字画。但事实上，中国许多竹制工艺品，雕中有刻，刻中有雕，两者很难划分。② 为了避免混淆，我们不再作竹雕、竹刻的划分，而更多采用竹雕刻这一提法，有的出于记述之便，间或称竹刻或竹雕。

1. 隐而待发：明代以前竹雕刻工艺的滥觞

中国竹雕刻工艺的源头至少可溯至先秦时期。当时，人们对竹子的加工利用呈现一片前所未有的兴盛景象。各种各样的竹制用品大量涌现，竹简成为一种新型的书写材料。与此同时，不仅编织技艺有长足进展，竹雕刻工艺也出现了。湖北江陵战国墓中出土的一件竹卮（竹制酒杯），雕刻较为精致，

---

① 此部分主要参考了金西厓、王世襄：《竹刻艺术》（人民美术出版社 1980 年版），徐孝穆：《浅谈竹刻艺术》（《东南文化》1987 年第 1 期）、《竹刻艺术美》（《东南文化》1989 年第 1 期），赵润田：《张志鱼刻竹艺术》（《燕都》1989 年第 5 期），田自秉：《中国工艺美术史》、《四川风物志》、《湖南风物志》等著述，凡出自这些著述者，均不再一一注明。特此致谢。

② 中国文字中的雕即刻镂，而雕亦为刻镂。《释器》曰："金谓之镂，木谓之刻。"因此常常雕刻并称，并衍化出"雕文刻镂"、"雕花刻叶"等成语。

盖和口沿两侧凸出成耳,有3只兽蹄足,髹黑漆。汉代,竹雕刻工艺稍有进展。西汉马王堆1号墓出土了雕龙纹髹彩漆竹勺柄;甘肃武威东汉墓中出土雕隶

汉彩漆龙纹勺[西汉·马王堆1号墓出土]

体字的笔管,字体工整,可视为书法雕刻之先河。南朝齐高帝赐隐士明僧绍竹根如意。庾信"山杯捧竹根"诗句中的竹根定然不是天然形状,而是精心雕刻的器具,可见竹根雕工艺已有所发展。

唐宋时期,由于市民阶层的壮大及商业的发展,世俗文化兴起,反映在竹雕刻工艺上,便是反映人情和世态的雕刻题材增加了。唐朝赠送日本的一支尺八(一种乐器,一说即箫管,有6孔,旁1孔加竹膜。管长1尺8寸,所以也叫尺八管),现藏于正仓院,直接在竹子青皮上雕刻,借助皮和肉的青、白、黄3种自然色差,雕刻出人物花鸟诸象。唐德州刺史王倚所藏一笔管,"刻《从军行》一铺,人马毛发,亭台远水,无不精绝。每一事刻《从军行》诗两句。……其画迹若粉描,向明方可辨之"①。宋代宋詹以竹编为鸟笼,"四面皆花版,于竹片上刻成宫室、人物、山水、花木、禽鸟,纤悉俱备,其细若缕,且玲珑活动"②。可见当时竹雕刻已具备留青、浅刻毛雕、透雕等技法,而且工艺十分精湛。但竹雕刻工艺并不普及,知名刻工几不见于史乘。

刻雕尺八[唐代](自《中国乐器博物馆》)

---

① 郭若虚:《图画见闻录》。
② 陶宗仪:《辍耕录》卷5。

在甘肃省银川西夏陵园第8号墓中出土的西夏庭院人物竹雕，可以算作明代以前中国竹雕艺术的精品。该竹雕为长方形，残长7厘米，宽2.7厘米，厚0.3厘米。在狭小的画面中雕有形象生动的人物及精致的庭院、假山和花树。刀法纯熟，有明显的中原雕刻艺术影响。但总体言之，明代以前的竹雕刻主要是竹制品的一种装饰手段，尚未从竹工艺体系中独立出来，竹雕刻器物多为日常用品，如笔管、竹勺、鸟笼等，带有浓重的实用色彩。然而，竹雕刻工艺经过千百年的积累，已初具雏形，它所具有的巨大的艺术活力，预示着一个华光四射的时代即将来临。

2. 华光四射：明代中叶至清代中叶竹雕刻工艺品

明代中后期，中国竹工艺界发生了一件具有划时代意义的大事，那就是"嘉定派"和"金陵派"的崛起。嘉定派以朱鹤（号松邻）、朱缨（号小松）、朱稚征（号三松）祖孙三人创其始，又经秦一爵、沈汉川、沈禹川、沈兼等人的光大，形成圆雕、高浮雕、透雕、陷地深刻等一整套精深的雕刻技法；金陵派以濮仲谦、李文甫为代表，以浅刻著称于世。嘉定派和金陵派的出现，揭开了中国竹雕刻历史的新篇章。之后，中国大地上竹雕刻艺人辈出，他们师承前人却不拘泥于前人，在不断创新中为竹雕刻工艺注入勃勃生机，明末清初竹刻大师张希黄将留青法发扬光大；清前期吴之璠的浅浮雕刻法（"薄地阳文"）以及局部雕刻法称誉一时；封锡禄的竹根雕人物出神入化；周颢率先将南方画派的画法引入竹刻艺术，使山水雕刻更臻绝妙；潘西凤吸取嘉定派和金陵派之长，将浅刻深刻完美地结合起来。在竹刻大师们的辛勤雕凿下，明代中叶至清代中叶，一件件精美绝伦的竹雕刻工艺品如子夜的繁星出现在中国大地，闪烁着夺目的光彩。这是一个艺术的海洋，博大精深。我们只能用以人系事的办法，通过几朵浪花去领略大海的风采。

嘉定派鼻祖朱松邻雕刻的竹笔筒、竹香筒、竹杯、竹罂（口小肚大的瓶子）、竹簪钗诸器均十分精致，其中竹簪钗曾名重当时，以致人们直接称之为"朱松邻"。他用高浮雕雕刻山水、人物、鸟兽等，无不形神兼备，使器物焕采增华，身价倍增。清初何匡山得朱亲制的竹罂，如获至宝，遂以之名其室；宋荔裳在《竹罂草堂歌》中这样赞道：

> 练川朱生称绝能，昆刀善刻琅玕青。
> 仙翁对弈辨毫发，美人徒倚何娉婷？
> 石壁巉岩入烟雾，涧水松风似可听。

他的一传至今日的松鹤笔筒，上刻一老松巨干，密布鳞皴瘦节，其旁又出一松，围抱巨干。松畔立双鹤，隔枝相对，构思刀法虽不能说是尽善尽美，但不失为带有开创之功的佳作。

朱小松师承其父，但青胜于蓝。他的人物雕刻独步海内，尤其是仙人佛像，"鉴者比于吴道子所绘"[1]。上海郊县明墓出土朱小松竹刻人物香熏，上有一幅"刘阮上天台图"，画中两个老人对弈，仙女在旁观看，人物形象栩栩如生，所用刀法变化多端，整件作品采用浮雕、透雕、平雕和镶嵌雕等技法，高超娴熟。他所制的竹根人物，胡须飘舞、眼睛凸出、腹若蛤蟆，形象生动活泼。而传今的以高浮雕雕刻而成的陶渊明《归去来辞》图笔筒，上刻一弯曲的苍松，渊明抚松身，展目远眺；前方两山坡交汇处，一童子用杖挑琴酒，插菊花一枝，回顾而行；松旁案上陈放杯盏，案旁置坐磴茗炉；天空中秋燕一对，一前一后飞行。此件刻品无论图案构思还是雕刻技艺，均达到很高的艺术境界，堪称一代精品。

朱三松"善画远山淡石，丛竹枯木，尤喜画驴。雕刻刀不苟下，兴至始为之，一器常历岁月乃成"。[2]清宫旧藏朱三松"屏风仕女笔筒"，高13.5厘米，上刻一高髻妇人，背屏风而立，双手捧卷而读，屏风上山雀栖于梧桐上，右方又一女子，在屏风外，以指掩唇，回首顾盼。左方屏后放木几，几上放哥窑瓶，插盛开的菡萏三五枝。整部作品娴熟地运用高浮雕、阴刻、极浅浮雕等多种技法，图案构思也新颖巧妙。

濮仲谦"技艺之巧，夺天工焉"[3]。一根盘根错节的竹根，经他勾勒数刀就成一件精美的工艺品。他曾在苏州开设专门化的竹器作坊，雕刻的扇骨、酒杯、笔筒、臂搁、方圆小盒、发簪、水盂等作品，"妙绝一时"[4]。他的"八

---

① （清）《御定佩文斋书画谱》卷58。
② 陆廷灿：《南村随笔》。
③ 周晖：《续金陵琐事》上。
④ 刘銮：《五石瓠》卷3"濮仲谦刻竹"。

仙过海笔筒",在 13 厘米高的笔筒上用浅浮雕法雕刻八仙,个个神形毕现,波涛汹涌的海水也被刻活了。仲谦擅长浅刻,史称他"以不事刀斧为奇。则是经其手略刮磨之,而遂得重价"[1],于简朴中显现自然之趣,耐人寻味,艺术风格与"三朱"迥异。故宫博物院所藏"竹雕松枝小壶"是他的著名作品。另一作品"山水臂搁",近景山石坡塘,茅屋三间,古木参差,林外一山兀起,

松鹤笔筒(明·朱松邻)

仕女笔筒(明·朱三松)

八仙笔筒(明·濮仲谦)

留表竹刻南窗遐观图
诗笔筒(明·张希黄)

两侧二三远峰,布局简约,刻法是极浅浮雕,亦为一罕见珍品。清人宋荔裳在《竹罂草堂歌》中这样称赞仲谦:

---

[1] 张岱:《陶庵梦忆》。

白门濮生亦其亚,大璞不斵开新硎。

虬髯削尽见龙蛇,轮囷蟠屈鸱夷形。

匠心奇创古无有,区区荷锸羞刘伶。

张希黄用留青法雕刻的作品新颖别致,具有独特的艺术魅力。所谓留青法,是把竹面的青筠全部留下,借助皮与肉的青、白、黄3种自然色差,用全留、多留、少留及不留等雕法,表现所刻画面深浅浓淡的变化,雕刻的作品富有层次性和立体感。此法唐代已有,日本正仓院所藏的尺八就采用留青法雕刻,朱氏一派偶有采用,而张希黄是这一雕刻法的集大成者。他在留青浮雕中,有的地方把青筠刮去少许,有的地方全部留下青筠,而在刮去青筠处有多刮和少刮之分,所谓留"头青"、"二青"。这样,似有现墨韵分五色之妙。其作品传世不多,但都工细精绝。其"楼阁山水笔筒",在高13厘米、径8厘米的笔筒上用青筠的多留少留与竹里之间色调的变化,将高耸的两层楼阁、倚楼人物、迎风垂柳、山上石头等恰如其分地雕刻出来,是他留青雕刻法的代表作。另一作品"醉翁亭记笔筒",依照欧阳修《醉翁亭记》雕刻:临泉为醉翁亭,欧阳修宴于其中,亭后一山耸立,森林茂盛,山下一清流。30余人或行于道,或投壶,或对弈,或垂钓。这件作品采用了"直入"、"斜披"、"轻刮"、"重起"诸技法,将亭、人、山、水的动静之美表现出来,俨然为一幅工笔山水画。

吴之潘在笔筒上雕刻的人物花鸟和行草字体"秀媚遒劲,为识者所珍"[①],有些作品被当作贡品送入清宫内府。其刀法圆润,布局疏朗,以"薄地阳文"最为工绝。"薄地阳文",专指他所擅长的浅浮雕刻法。他创制的另一技法,是只在器物局部雕刻,其余则刮及竹理,略加勾勒,这样竹子的本色与精镂细琢的图案形成鲜明对比,相映成趣。吴之瑶传世竹刻作品有采梅图、滚马图、张仙像及赞、牧牛图、戏蟾图等笔筒及人物行草臂搁等,均精巧工绝。如"采梅图笔筒",笔筒高10厘米,画面上一松林之下,一老翁骑驴上,控辔急行,一童子肩荷梅枝,紧随其后,二人皆伛偻,可能是天气寒冷的缘故。作品用浅浮雕刻成,层次感强。

---

① 金元钰:《竹人录》。

封锡禄擅长用圆雕法雕刻竹根人物,他雕的人物或露齿而笑,或怒目裂眦,或愁容满面,或兴高采烈,无不栩栩如生。金元钰在《竹人录》中盛赞道:"吾嘤竹根人物,盛于封氏,而精于义侯(封锡禄字义侯)。其摹拟梵僧佛像,奇踪异状,诡怪离奇,见者毛发辣立。至若采药仙翁,散花天女,则又轩轩霞举,超然有出尘之想。"这些作品艺术价值都很高,惜绝少传至今日者。其弟子施天章亦擅长圆雕,作品古色古香,浑厚苍朴,自成风格。

周颢"画山水、人物、花卉俱佳,更精刻竹"①。因此,他能在书画艺术与竹雕刻工艺的有机结合上,推陈出新。明代竹刻山水及人物画,皆效法北方画法,清初吴之璠的山水人物,仍属北宗。周颢首次将南宗画法引入竹刻艺术,熔绘画与雕刻于一炉,独树一帜。他的作品,"皴擦勾掉,悉能合度,无论竹筒竹根,浅深浓淡,勾勒烘染,神明于规矩之中,变化于规矩之外,有笔所不能到而刀刻能得之"②。他的山水雕刻,能将画面的皴法墨韵、轻重抑扬、气韵个性等很好地表现出来,堪称绘画艺术与竹刻艺术完美结

竹石图紫檀笔筒
(清·周颢)

合的经典之作。金西厓对周颢评价甚高:"在竹刻史中,芷岩(周颢字芷岩)乃一关键人物,刀法有继承,有创新,更有遗响。清代后期,竹刻山水,多法南宗,不求刀痕凿迹之精工,但矜笔情墨趣之近似。"③其"溪山渔隐笔筒",近景坡岸上朳杈枯木,江中泊一渔舟,对岸石壁峭立,中夹瀑布,飞鸟横空。画面是南方画法,刀痕干净利索,犹如未经镌琢,只是一列而就,用刀如用笔。其"竹石笔筒",竹枝和竹叶用平刀直入之法,而以深浅得宜为之;其石用斜披刀法。寥寥数笔,将竹子坚韧挺拔、临风不惧的内在美表现出来。此作品刀法洗练、寓意深远。当代竹刻家徐孝穆先生称这是借竹抒怀,反映作者高洁的个性。

---

① 王鸣韶:《嘉定三艺人传》。
② 同上。
③ 金西厓:《竹刻小言》。

潘西凤工于浅刻,因此有人把他归入金陵派。他的一作品"铭臂搁",用畸形卷竹裁截而成,此竹因虫蚀而斑痕累累,看似无用之材,但经潘西凤稍事雕饰,却别饶天然之趣,确有"略刮磨之即巧夺天工"之妙。但他的深刻技法也很精湛,据说他摹刻十七帖馆本,凡十二简,即用深刻法,字字神采照人,"精妙无匹"。而有的作品是将浅刻与深刻有机地结合起来,如"秋声赋笔筒",草堂三楹,坐案前就灯读书者为欧阳子;一童子倚门而立,头微侧;堂后及庭院左右皆高树,枝叶尽向一方斜去,落叶随风飞舞。刻法深浅得宜,用刀精妙,"虽嘉定名家最工之制,亦未必能过"①。

清代嘉定有个封小姐,刻蟾蜍(癞蛤蟆)活灵活现,呼之欲出。事实上,明代中叶至清代中叶涌现的竹雕刻工艺品是不胜枚举的,以上所述不仅数量上少之又少,而且远未将竹刻精品包罗殆尽,能与上述工艺品相媲美者比比皆是。这一时期的竹雕刻工艺品大致有如下特点:

一是雕刻技法多样,而且都十分高深和精妙。如圆雕需要很强的立体感,没有深厚的功力、经年累月的勤习苦练,是不会有成功之作的。金西厓认为:"竹刻之难,圆雕居首。"②因此有人认为圆雕人物是最能代表中国竹刻艺术成就的作品。高浮雕立体感仅次于圆雕,能深刻五六层,理路清楚,远近分明,内容繁而不乱,层次多而不紊,它实际上是综合了毛雕、浅刻、深刻、浅浮雕、透雕等多种技法。其他如透雕、陷地深刻、留青等都需要很高的水平。

二是竹刻品种繁多,而且其观赏性(艺术性)日益增强,而实用性日益减弱。竹刻器物除杯、罂、笔筒、扇骨等兼有实用功能的品种外,还出现了竹根雕人物、蛙、蟾蜍等纯观赏性质的艺术品。

三是竹刻题材丰富多彩,山水景物、花鸟禽兽、亭台楼阁、凡夫俗子、仙人佛像、历史人物故事等都进入画面,这些富有生活气息的雕刻题材,实际上是那一时代市民阶层壮大、市民文化发展的反映,给人一种清新活泼的感觉。尤其值得注意的是,人们将南宗画法有机地融入竹刻艺术中,如同绘画一样,借刻物而寄托自己的志趣,这更增加了竹雕刻品的艺术性和审美价值。

---

① 金西厓:《竹刻小言》。
② 同上。

3. 继承与创新：清代中叶以后竹雕刻工艺品

双螭纹香筒［明］　　　　　　　　刘海戏金蟾竹雕［清·浙江绍兴］

乾嘉之际，圆雕、透雕、留青等传统刻法仍流行，涌现不少观赏性很强的竹雕刻工艺品。如蔡时敏用立体圆雕雕刻的十八尊者，"庞眉深目，朵颐丰颡。猛如搏虎豢龙，静若拈花执帚。曲尽变化，无有同者"①。庄绶纶以透雕法所制的四美人图、杨妃春睡图、红叶题诗图等香筒，也很精致。张宏裕能在三寸之竹上用立体圆雕法镂刻小像；方絜用浮雕法雕刻的山水人物小像也十分绝妙，传今的"墨林先生小影扇骨"，老叟面如瓜子大，而眉目清朗，须髯楚楚，清瘦有神。此外，周锷、韩潮竹器刻字也精细工绝。然而，由于贴黄②雕刻工艺的出现和推广，打破了这种格局。

贴黄又称"竹黄"、"翻黄"、"反黄"、"文竹"等，是将竹去掉青

---

① 金元钰：《竹人录》。
② 贴黄一般写作"贴篁"。王世襄先生认为："竹黄实与竹青相对而言，和乐器中能发声的'簧'无涉。故应写作黄。"（《竹刻艺术》，第90页，人民美术出版社1980年版）本文从此说。

皮后成竹黄，经蒸煮压平，粘贴、镶嵌在木胎上，制成各种文具器皿，再在竹黄上雕刻。雕刻的贴黄，是竹刻中的一个特殊品种。其创始当在清前期，至乾隆后期已较流行。故宫博物院就藏有不少乾隆时期的贴黄竹器。纪昀（晓岚）曾说："上杭人以竹黄制器颇工洁"，并题竹黄箧诗二首，中有"凭君熨贴平，展出分明看。本自汗青材，裁为几上器。周旋翰墨间，犹得近文字"之句，[①] 可见当时福建上杭能制造相当精美的贴黄器。乾嘉之际，湖南邵阳已能制造翻黄竹刻，蔡锷曾将这一时期生产的翻黄竹刻赠送日本友人。1840年前后，我国驻英公使馈赠英国的礼品中也有邵阳翻黄竹刻。之后，邵阳翻黄竹刻迅速发展；嘉定也成为生产中心之一，翻黄竹刻并有逐渐取代传统竹刻的趋势。张鸣年《竹人录》跋："吾瑀刻竹，名播海内，清季道咸以后，渐尚贴簧，本意浸失。"四川江安、浙江黄岩的翻黄竹刻也发展起来。

翻黄竹刻的崛起引起竹雕刻工艺的许多变化。刻法上，由于雕刻多在很薄的竹黄表面进行，传统的圆雕、高浮雕、透雕、陷地深刻等刻法为阴文浅刻所取代。竹雕刻器物随之发生变化。观赏性工艺品由原来的圆雕人物、竹

翻黄竹刻［浙江黄岩］（自《中国竹工艺》）

---

① 纪昀：《纪文达遗集》。

根器皿、香筒笔筒、几案器物等减少为笔筒、臂搁、扇骨等少数几种，而实用性工艺品增加了。艺术风格也发生变化，在雕刻上更多追求于书画的意趣，这虽导致刻法日趋平浅单一，但也涌现不少竹刻书画的上品。如袁馨在臂搁上刻洛神，"雕法工细绝伦。雾鬓风鬟，眉目端丽，衣褶有吴带当风之妙"①。

民国时期，就整体而言，艺人们精雕细镂的观赏性竹雕刻工艺品减少，而由小作坊生产的实用性竹雕刻工艺品则急剧增加，其中又以贴黄竹刻为大宗，基本沿袭了清后期的风格。然而，明代和清前期形成的诸多刻法仍为一些竹刻名家所沿用，制出许多审美价值极高的工艺品。这些竹刻名家，北方首推张志鱼，南方则数金绍坊、金绍堂两兄弟。

张志鱼是民国时期北平（北京）的著名竹刻艺人。他能娴熟地运用深刻、浅刻、雕镂、留青等多种技法进行雕刻，他在扇骨上刻的梅、兰、竹、荷、松、石、水仙等，兼工笔、写意二者意味，既惟妙惟肖又饱含墨趣，而且许多竹骨一侧阳刻，一侧阴刻，有书有画，相得益彰。他曾刻一柄流烛，烛光冉冉欲动，蜡泪涔涔而下，宛如真的一样。他刻的柳蝉，蝉翼轻盈明澄，纹理历历在目，极有情趣。张志鱼以其高超的竹刻艺术蜚声旧京、扬名北国，许多旧京名流视他的作品为珍品，竞相收购。历史上，竹刻艺术是江南一枝独秀，而张志鱼的出现，打破了这种格局，因此被誉为"北派之祖"。

金绍堂，字仲廉，号东溪，其弟金绍坊，字季言，号西厓，浙江吴兴人，均为著名竹刻家。金东溪擅长留青法，其"古木寒鸦垂枝竹扇骨"，用留青法雕刻，古木只有几根稀疏的干枝，天空中归鸦数点，竹只取其垂梢，图案简洁疏朗，却余味悠长；另一作品"梧竹行吟臂搁"，梧桐树下，右为一丛小竹，左伫立一人。以留青法雕刻，梧桐叶片似分不分、似浑不浑，竹叶片片可数，人物轮廓分明，具有独特的意境。金西厓师承其兄，但艺术成就尚在其兄之上。当时的著名金石书画家吴昌硕曾这样评价："西厓仁兄精画刻业，孜孜无时或释，神奇工巧，四者兼备，实超于西篁（张希黄）、皎门（韩潮）之上。"他精通留青、高浮雕、薄地阳文（浅浮雕）、深刻、浅刻诸法，并能融会贯通，诸法并用，以增强作品的艺术表现力。他一生中刻件不下千件，

---

① 褚德彝：《竹人续录》。

许多都是艺术珍品。他曾撰《刻竹小言》一书，对竹刻艺术的历史、竹刻材料及竹刻工具的选用、竹刻技法等都有精深的阐述，后经外甥王世襄整理，放入《竹刻艺术》一书出版。

中华人民共和国成立后，特别是1956年"合作化"运动后，竹雕刻行业逐步由私营转向国营，许多地方成立了竹刻工艺社或竹刻车间，近代工业式的大批量生产取代了个体手工业作坊的小批量生产，生产规模、产品种类和销售范围都较历史上有了根本性的变化，竹雕刻工艺也有不同程度的发展。湖南邵阳、四川江安和浙江黄岩的竹雕刻行业有了长足发展，并称中国三大竹雕之乡。其中，湖南邵阳翻黄竹刻将竹雕刻工艺与中国画和金石书法有机地结合起来，造型新颖、图案精致、色彩调和。雕刻技艺方面除继承传统的阴文浅刻、浮雕外，新技法如电绘雕、镂空雕、竹镶嵌、彩绘等也为作品增色不少。该地翻黄竹刻制品有茶叶盒、烟盒、花瓶、笔筒、文具盒、套盒等器具，又有座屏、挂屏等赏玩品，无不典雅精美，备受欢迎。名艺人王民生的"梅苑双雀桌屏"、"山水小屏风"不失为珍品。四川江安一般竹刻及贴黄都大量生产。一般竹刻品，高浮雕制成的有云龙纹笔筒、山水花瓶、山水笔筒、垂枝龙眼花插等，都美观精致，而以空雕法将畸形的楠竹如凹凸竹、人面竹刻成的作品更为珍贵。贴黄除了运用各种传统技法外，还注意与镶嵌工艺结合起来，在乌木制品上镶嵌竹黄工艺品，更加衬托出竹黄近似象牙的质感。竹木镶嵌器物是该地一种新的工艺品种。它是利用竹材断面的纹理和竹皮、竹黄、木材等拼凑出各种精美的图案。近年来，随着竹雕刻与竹镶嵌相结合的新工艺的采用，又涌现了一批竹雕刻精品。如1992年9月在江安问世的竹雕巨画——《版纳风情》，从设计到完工耗时6个月，巨画长4.5米，宽1.8米，画面由200张旋切竹筋皮叠压粘连，以浅浮雕手法雕刻而成。画面右上方由一颗古老的版纳树作背景，疏密有致地衬以椰子树、芒果树、香蕉树；版纳树下，一幢尖顶吊脚竹楼临水而立；左上方，一叶竹筏扁舟悠然水面。竹筏上，长者面带喜色执篙撑筏，一对傣族青年持伞掩面而坐，中年夫妻领着孩子赶集归来。整幅作品将诗、书、画和竹工艺融为一体，充分体现了西

双版纳的绮丽风光和新时代少数民族人民的美好生活,[①] 堪称竹雕刻工艺与竹镶嵌工艺结合的经典之作。

竹刻名家精雕细镂的精品也不少见。如常州竹刻名手白士凤用传统的留青技法刻制的毛泽东诗词手迹拓片,惟妙惟肖,工绝精妙;福建竹刻艺人冯力远用阴文浅刻、浅浮雕、留青等技法雕刻的山水人物及摹金石文字亦很精致;当代竹刻家徐孝穆在雕刻中注重表现书画中的韵味,其作品寓意深远,常给人一种特殊的美感。

4. 韵味独具:少数民族竹雕刻工艺

一些少数民族的竹雕刻工艺也具有较高的水平。云南德宏景颇族竹雕刻品种繁多、图案逼真,以竹筒制的酒杯(该族称为"皮吞")上常刻有各种美丽的花纹,既美观又实用;口弦筒用于装民族体鸣乐器口弦,在竹制筒面上刻有精美图案,以点、线组成二方连续纹样和四方连续纹样,似花椒花、鼓绳花等,也有只在筒的一端刻谷堆和谷穗纹样者;竹腰圈为景颇族女子的腰饰,采竹为料,经剖竹、磨毛,再以针刻出以点、线几何纹样组成的各种花纹即成。花纹有以圆点组合的蜂房花、以直线交叉组成的篱笆花和以弧线组成的苍蝇翅膀、蚊子翅膀等,以一个单位纹样组成二方连续纹样。景颇族的竹刻采用小尖刀或针先将纹样大的骨骼部位刻出,再雕细部花纹。纹样有桃子花、花椒花、篱笆花、蜂房花、苍蝇翅膀、蚊子翅膀等。此外,傣族、珞巴族等少数民族亦喜在竹扁担、竹筒、竹手杖等器物上镌刻各种动植物装饰花纹,使这些实用品具有一定的审美价值。

竹贴花瓶[福建泉州]

---

① 孙洪:《竹雕巨画(版纳风情)》,1992年10月10日《春城晚报》。

四、用美结合：竹制工艺品的审美价值

一件竹制物品只要质料合适、结构合理，能以实用体现合规律性和合目的性相统一的美的尺度，这从根本上说，就具有了一定的美的因素。然而，一般的竹制用具尚未受到自觉的审美处理，其审美价值与其实用价值相比，显得微不足道，审美价值往往被实用价值所淹没。而竹制工艺品已经被人们自觉地利用物品本身的功能、结构上的特点，在形式上进行了一定的审美处理，使其感性形式成为对中华民族自身情感的直接肯定，因而具有了强烈的艺术感染力，获得了较高的审美价值，使审美价值与实用价值并重甚至上升为第一位因素。

同竹制建筑一样，竹制工艺品的审美因素主要在于其形体结构方面所表现的造型形式的美。但它又不像竹建筑那样，具有庞大的体积。竹制工艺品的体积一般比较小，表情性比较明显，在器物有限的面积上编织出各种花纹图案，在竹竿或竹根狭小的体积上雕刻出生动的形象，表现出精雕细刻、悉心编织的秀美审美趣味和细腻婉约的审美情感。

竹制工艺品的审美价值体现在造型美和装饰美两方面。

就造型而言，中国竹制工艺品在总体上为娟秀细微的。工艺品的制作直接受到物质材料的制约，竹制工艺品的审美风格受到竹材特点的重要影响。竹材一般说来体积小、质地细腻、色泽柔和，工艺品的制造者一般只能"因材制宜"地根据竹材的物质特性展现其审美意识。在形体上，竹制工艺品大都呈现出小巧玲珑的特点，自贡竹丝扇、瓷胎竹编、东阳竹篮、舒城贡席等竹编日用工艺品的形体之小自不待言，就是描写人物的竹雕常常也是采用"咫尺千里"之法，在非常狭小的空间中展现丰富的生活场景。如西夏庭院人物竹雕虽然只有宽 2.7 厘米、厚 0.3 厘米之大，却雕刻出形象生动的人物、庭院、假山和花树，"以小见大"，精巧之极。再如朱小松在一只笔筒上刻出一幅形象生动的陶渊明《归去来辞》图，其中靖节抚松远眺、童子挑琴酒随行的形象和神态及松、菊、杯、炉、燕等无不一一毕现、惟妙惟肖。

在色彩上，竹制工艺品大都利用竹子的原色即青、白、黄等色，显示出

清雅和谐而无耀目冲突的审美趣味。自贡竹丝扇选用阴山肥土生长的青黄竹，并在竹质由青蓝变成黄嫩时均匀成条，取其黄嫩之色。广西毛南族的花竹帽的帽面用金黄竹篾环圈编织，帽里用黑竹篾编织，用竹篾自然色泽构成黑黄相间的色泽。明人张希黄等采用的竹雕刻艺术"留青法"，借助竹子皮和肉的青、白、黄3种自然色差，对青筠或全留，或多留，或少留，或不留，以获得丰富的色彩变化。

竹刻书法［湖南衡东］（自《中国竹工艺》）

在质地上，竹制工艺品呈现出柔和细腻的质感。竹材不同于大理石、水泥、钢材等雕刻用材料，没有那种坚硬、粗糙和凸凹的质感，是柔软而富有弹性、可剥分为细丝的材料。竹制工艺品充分发挥竹材的这些特性，显示出精细柔和的审美风格。如自贡竹丝扇用透明莹洁、细如发丝、薄如蝉翼的纤细竹丝编织而成，因其质地细腻柔软如锦，而被誉为"竹锦"；竹丝蚊帐透明如水，轻软可折；清人吴之瑶所创的一种雕刻技法是只在器物局部雕刻，其余则刮及竹理，略加勾勒，使竹子的本色和质地与精镂细琢的图案形成鲜明对比、相映成趣，给人以清新自然而和谐统一的美感。

就装饰而言，中国竹制工艺品的装饰风格是细腻和谐的。中国竹制工艺品除了封锡禄所雕竹根人物有时为"梵僧佛像"，"奇踪异状，诡怪离奇，见者毛发竦立"，具有崇高风格外，大多数装饰图案和雕刻形象则为优美的图形，或为梅、兰、竹、荷、松、水仙等植物的优美造型，或为清新淡远的自然山水，或为娴静淑女，或为超尘飘逸的世外高人……和谐、清雅、自然、细腻，是竹制工艺品雕刻形象和装饰图案的基本风格。

综上所述，随着中华民族精神需要、审美欲求的增强，竹制品由实用趋向审美，出现了品类繁多、技艺精湛的竹编工艺品和竹雕刻工艺品，其审美价值之高令今日中外人士赞叹不绝、爱赏不已，它的阴柔之美蕴含着中华文明特有的情感、观念和理想。

第八章 切切孤竹管,来应云和琴

——竹制乐器

竹不仅进入工艺美术的领域,成为竹编织与竹雕刻的材料,满足着中华民族实用与视觉审美相结合的需要,而且迈进音乐的殿堂,成为中国乐器的一种相当重要的制造材料,满足着中华民族的听觉审美需要,演奏出极富中华文化底蕴和审美风格特色的乐曲。一支竹笛,一面竹鼓,一根竹箫,一对竹板,积淀着多少中华文化深厚内涵;一首江南丝竹,一首广东小曲,一首白沙细乐,又能勾起多少对悠久神秘的中华文化的遐想……

竹的踪迹遍及体鸣乐器、膜鸣乐器、气鸣乐器和弦鸣乐器等中国乐器的各个领域,尤其是在中国管类乐器中,竹更成为极为重要的制造材料,构成了中国管类乐器的一个大宗——竹制管乐器,从而"竹"一词成为中国管乐器的总称,并且作为一个语素与语素"丝"(指中国弦乐器)一起组成"丝竹"一词,指中国管弦乐器,又指流行于全国各地、以中国弦乐器和竹制管乐器为主要乐器的民间器乐,进而泛指音乐,成为音乐的代称。由此可窥见竹在中国乐器和中国音乐中的重要作用,亦可从中体悟中华文化的特质。

一、竹的"音乐简历"

中国自古就是竹的故乡,竹源丰富,而且分布范围比现在广泛。竹的秆茎端正通直,一般形圆而中空有节,质地坚实,富有韧性。竹子的这些自然属性使之成为人们制造乐器尤其是吹乐器的主要原料,因为竹子秆茎本身的自然造型、构造和质地已具备了吹乐器的基本形制要求,只须略事加工即成为吹乐器,制造工艺非常简单便捷。"天生丽质难自弃",中华民族的祖先

们没有淹没竹子的"音乐天才",没有无视竹子制造乐器的"丽质",很早就荐之乐坛,援做乐器。

竹制乐器易腐朽,难以长久保存,故其远古形迹茫然难寻。然而,若从已出土的文物并参之文献典籍进行推测,竹在新石器时代即被中华民族的祖先用以制造乐器之说是可信的。《吕氏春秋》有"黄帝命伶伦伐昆仑之竹为笛"的记载,虽非信史,但说明在战国时人看来伐竹为笛已是非常久远的事了。久远到何时呢? 1973年浙江余姚河姆渡遗址出土了一件被考古工作者命名为"骨哨"的器物,长6至10厘米不等,中空,器身略有弧度,在凸弧一侧穿有一至三个圆或椭圆形孔,有的在一侧两端各穿一网孔,表面磨平。器物用鸟禽类的肢骨中段制成,时间为距今约七千年,属新石器时代早期遗物。该类器物虽是"骨哨"而非"竹哨",但从其形制来看,以竹为之比用骨头制作要容易方便得多,而其时黄河流域和长江流域遍布竹林,其出土地浙江更是从古至今的竹林分布中心区之一,以竹制作此类"哨"的可能性是很大的。

根据史籍记载,在上古时期有几种用竹编制而成(又有人认为是用芦苇编就)的乐器——"籥"、"箫"。传说虞舜时代,即有"箾韶"乐舞,"箾"即箫。《尚书·益稷》云:"箫韶九成,凤凰来仪。"《韶》为舜时乐曲,用排箫演奏,到春秋后期尚有齐国乐师会演奏,《论语》记载说孔子周游到齐国国都临淄时,曾听过此乐曲,并大受感动,推崇至极。还有传说云,大禹治水成功后,人们为歌颂禹的功绩,举行盛大的歌舞演出,乐舞为《大夏》,伴奏乐器为"籥"(本字为龠),"籥"在甲骨文中写作 𠎤,"像是用两根苇竹制成的管子,周围用绳子捆扎在一起。管子上端有 一个吹孔,可以吹奏发声。一个籥,可吹出两个不同的乐音"①。籥即后世竹管乐器箫的先身。

夏商两朝乐器中,竹制者有籥、言、龢等。编管旋律乐器籥,此时管数已有所增加,可由三根竹管编成②;言,即后世所云大箫,《尔雅·释乐》云:"大箫谓之言。"甲骨卜辞中的"言"字写作 𠃉、𠃊,郭沫若认为是一种单管

---

① 吴钊、刘东升:《中国音乐史略》,人民音乐出版社1983年版,第6页
② 同上书,第13页。

的吹奏乐器，为洞箫的前身；龢（和），卜辞写作 ![字] 、![字] 、![字] 、![字]，也似编管吹奏乐器，为后世小笙的前身，《尔雅·释乐》云：笙之"小者谓之和"。这几类乐器一般由竹制成。

到了周朝，竹在乐器中的作用进一步突出，在中国音乐史中的地位基本奠定。周朝的乐器随着社会的发展和统治者对音乐的重视而大为增多，见于记载的乐器有近 70 种[①]。人们根据乐器制造材料的不同而把乐器分作八类——"八音"，即：金、石、土、革、丝、木、匏、竹。《周礼·春官》曰："大师……皆播之以八音：金、石、土、革、丝、木、匏、竹。"竹制乐器明确地被定为乐器的一大类。其时，竹制乐器种类已为数不少，既有吹奏乐器，又有打击乐器，而在《诗经》所咏及的六种吹奏乐器中，有五种（箫、管、篪、笙、簧）由竹制成。竹制乐器的演奏形式开始呈现多样化，有编排多管、每管一音、直接用口唇吹奏的箫，有一管多孔、用口唇发音的篪，有编排多管、每管一音、利用金属簧片与竹管中的气柱的共振作用发音的笙等。[②] 在"八音"之中，竹比石和土生命力久长得多，延续数千年而不衰；比金、革、丝、木、匏范围广泛、种类繁多。此时的竹虽屈居"八音"之末，然而却已正式登上乐坛，并显示出无穷的潜力，其后与"丝"一起扮演着中国乐坛的主角，演奏着中国乐章的主旋律。

苦竹篪 [战国·湖北随县鼓墩 1 号墓出土]

竹埙（自《中国乐器博物馆》）

---

① 依杨荫浏先生：《中国古代音乐史稿》（上册），第 41 页说，人民音乐出版社 1980 年版。
② 同上。

春秋战国时期，竹在乐器制作中的范围进一步扩大，竹制乐器有较大发展。筝、筑和笛三种特别值得重视的新型乐器均与竹相关。筝为此时出现的弹弦乐器，许慎《说文解字》曰："筝，鼓弦筑声乐也，从竹争声。"可见，筝起源于筑，原为竹质之身，汉魏之际有人用梓木做筝，筝身由竹质变为木质。筑是此时出现的乐器，也是我国最早的击弦乐器，演奏时以左手按弦一端，

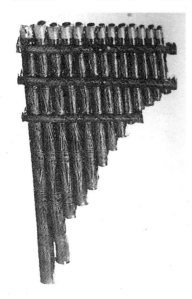

排箫［春秋战国·湖北随县曾侯乙墓出土］

右手执竹尺击弦发音，竹尺是其演奏的必备工具。笛的古体字写作"篴"，《周礼·春官·笙师》云："掌教吹竽笙埙籥箫篴管。"郑玄注："杜子春读篴为荡涤之涤，今时所吹五孔竹笘。"1978年湖北随县擂鼓墩1号墓即曾侯乙墓出土了一支竹笛，时间约为公元前433年，属战国初期，这是迄今为止考古发现的最早竹笛。此外，该墓出土的竹制乐器还有笙、篪和排箫。篪最早见于《诗经·小雅·何人斯》，云："伯氏吹埙，仲氏吹篪。"《太平御览》引《五经要义》说："篪以竹为之，六孔，有底。"《尔雅·释乐》郭璞注曰："篪以竹为之，长尺四寸，围三寸，一孔上出，径三分，横吹之，小者尺二寸。"出土的篪全长29.3厘米，外径1.9厘米，形制与上述笛全同，惟底端管口似也封闭。① 该墓出土的排箫有十三根竹制闭口管，按长短大小依次递减排列，最长管22.8厘米，最短管5.1厘米，通宽13.8厘米，用三道篾箍束结在一起。② 这是迄今为止出土的最早竹制排箫。该墓出土的十四簧笙，其簧片即由长方形竹片制成，簧片的四周为稍厚的竹框，中间三面切开，形成一个下端与竹框相连的狭长舌簧，再把舌簧向上端斜削使薄，形状与现代笙簧片相同。中国竹制气鸣乐器的雏形在此期形成。

秦汉时期统一的中央集权国家的形成与巩固、社会经济的繁荣及多民族

---

① 刘东升、胡传藩、胡彦久：《中国乐器图志》，轻工业出版社1987年版，第67页。
② 同上书，第70页。

的频繁交流，促进了包括竹制乐器在内的音乐的发展。其时出现并流行的音乐"鼓吹"和"横吹"，主要演奏乐器为鼓、排箫、筑、角、横笛，其中的排箫、横笛为竹制气鸣乐器，角和筑亦有用竹材制作的。[①]横吹的笛在《横吹》乐中占有相当重要的地位，战国曾侯乙墓出土的笛的吹孔和按音孔不在一个平面上而成90°角，西汉初期的马王堆3号墓中出土的两支竹笛亦如此，均与

笙［春秋战国·湖北随县曾侯乙墓出土］

现代竹笛形制不同。1978年广西贵县罗泊湾1号墓（西汉初期墓）出土的竹笛，吹孔与按音孔开在同一平面上，形制与现代竹笛相同，说明我国的笛在此时已趋于定型。此外，1971年湖南长沙马王堆1号汉墓出土的竽和竽律（均为明器）亦由竹制。竽是战国时期即很盛行的一种古簧管乐器，形似笙而较大，管数亦较多。马王堆1号汉墓出土的竽有22根竽管，竽管用径约8毫米的竹管刮制而成，最长78厘米，最短14厘米，分前后两排插在竽斗上。该墓出土的竽律用于为竽调音，共有12管，也是用竹管刮制而成的。中国竹制气鸣乐器的基本形制在此期得以确定。

---

① 杨荫浏：《中国古代音乐史稿》（上册），第128页，人民音乐出版社1980年版。

笛［汉·湖南长沙马王堆3号汉墓出土］

竽［汉·湖南长沙马王堆1号汉墓出土］

魏晋南北朝时期竹制乐器发展的一件大事即荀勖创制了12支不同音高的笛。由于管乐器是需要有管口校正的，而笛需要在旁面开出若干个连续的音孔，它的每一音较高音孔所发的音的高度是常与其下若干相邻音孔的距离及各孔的大小相关，因而其管口的校正并非像一般单纯的开口管那样容易找到。笛子管口的校正方法，被荀勖初步找到，并依此法制造出12支音高各不相同的笛。这不能不说是竹制乐器史上的一次重大进步。

隋唐时期竹在中国乐器中的运用范围进一步扩大，除了继续用以制造种类繁多的气鸣乐器外，开始用于新出现的拉弦乐器之中。此时出现了两种拉弦乐器，一是轧筝，二是奚琴。宋人陈旸在《乐书》卷146中云："唐有轧筝，以竹片润其端而轧之，因取名焉。"唐皎然《观李中丞洪二美人唱歌轧筝歌》中有"轧用蜀竹弦楚丝，清哇宛转声相随"之句。轧筝约有7条弦，用竹片擦弦发音。奚琴有两条弦，用竹片在两弦之间擦弦发音。陈旸《乐书》卷128对此也有记载，说："奚琴，本胡乐也；出于弦鼗，而形亦类焉；奚部所好之乐也。盖其制两弦间以竹片轧之；至今民间用焉。"奚琴是后世胡琴的前身，故琴改竹片擦弦发音为在细竹弓子上的马尾摩擦琴弦发音，但始终未与竹绝缘，竹一直是中国弓拉弦鸣乐器弓子的制作材料。

在宋朝，竹制气鸣乐器进一步增多和进化，而且出现了竹制体鸣乐器。笙这种竹制气鸣乐器此时以大小和音高的不同而区别为竽笙、巢笙、和笙三种，《宋史·乐志》记载景德三年（1006年）的乐器情况时说："旧制巢笙、和笙，

每变官之际，必换义管。然难于遽易。乐工单仲辛遂改为一定之制，不复旋易，与诸宫调皆协。"自此以后，十九簧笙得到普遍应用。同时，南方少数民族的竹制体鸣乐器竹口琴此时也得以确立。陈旸《乐书》有"传称王遥有五舌竹簧"之说，并记载其制作方法为："削锐其首，塞以蜡蜜，横之于口，呼吸成音。"[1] 彝族有这样的风俗云："婚配不用媒妁，男吹芦笙，女弹口琴，唱和相调，悦而野合。"[2] 可见"簧"即口琴。其做法是：取一竹片削成条状，长、宽因地而异，短者6厘米，最长者达21.5厘米，常见者在10~15厘米之间，宽0.6~1厘米。于一端离头约0.6～3厘米处刨去内侧竹囊，削成厚约0.05厘米的竹皮薄片，其间剔出一条尖头簧舌。舌长4—5厘米，舌根连于离头端约0.6厘米处，宽约0.2厘米，向尾部渐细到尖。竹片末端钻孔系以彩照珠坠为饰。奏时，左手拇指、食指执琴体尾端，琴横于口，簧舌部分置于上下唇部，右手拇指拨弹头端，使簧舌振动，口腔同时轻轻呼吸哈气，气息冲击簧片产生共振发声。竹由此延伸到气鸣、弦鸣、体鸣三类乐器，竹在中国乐器中的功用基本确定。

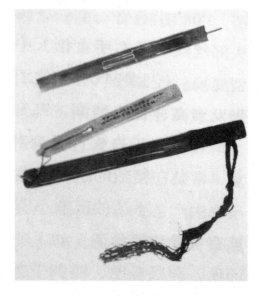

竹簧（自《中国乐器博物馆》）

---

① 陈旸：《乐书》卷135。
② 清《皇朝文献通考》卷177。

宋朝以后，竹继续被大量用作乐器的制作，做成笛、箫、笙等气鸣乐器，做成竹鼓等膜鸣乐器，还做成弦鸣乐器的弓杆、弦马、琴笕、琴槌、琴筒及鼓槌、鼓架等，此不赘述。

二、竹在中国民族民间乐器中的功用

在中国民族民间乐器的体鸣乐器、膜鸣乐器、气鸣乐器和弦鸣乐器这四类乐器中，类类均有竹的身影，竹在各类乐器中都有不可替代的作用。

1. 竹制气鸣乐器

气鸣乐器是以气流激发空气柱、簧片或两者耦合振动而发音的一类乐器。在品种繁多、音色各异的中国民族民间气鸣乐器中，竹是一种非常重要的制作材料，竹制气鸣乐器在中国气鸣乐器中占有很大比例。

竹制吹孔气鸣乐器有竹笛、箫、排箫、竹号等种。

竹笛又称"横笛"，因多用天然竹材制成，故名。《周礼·春官》有"今时所吹五孔竹篷"的记载，《史记》佚文云："黄帝使伶伦伐竹于昆溪，斩而作笛，吹之作凤鸣。"[①] 说明竹笛起源很早。关于竹笛的形制，汉人始有明载，许慎《说文解字》说："笛，七孔，竹筩也"，而竹筩者，"断竹也"。应劭在《风俗通义》卷6中说："笛，长一尺四寸，七孔。"到了北周和隋朝，有横笛之名。《隋书·乐志》载：西凉乐器有横笛。从唐代起，笛子还有大横吹和小横吹之区别。《旧唐书·音乐志》云："笛，汉武帝乐工丘仲所造也。……短笛，修尺有咫。长笛、短笛之间，谓之中管。"马端临《文献通考·乐考五》又云："大横吹、小横吹，并以竹为之，笛之类也。"唐代，横吹正式被称作笛，并增加了膜孔，增强了艺术表现力。盛唐笛子风行，吹笛名手辈出，演奏技巧发展到相当高的水平。五代和两宋，笛子被广泛应用，成为词、曲的主要伴奏乐器，并且是昆曲、梆子、乱弹、高腔、皮黄、滩黄、花鼓和曲艺以及少数民族剧种不可缺少的伴奏乐器，有时还作为"正吹"，起着"首席小提琴"

---

① 李昉等：《太平御览》卷580。

的作用。1959年，轻工业部组织全国乐器试点组，改进笛子制作技术，制定笛子的规格、图纸和工艺，使笛子制作走上规范化的道路。竹笛演奏，亦由伴奏、合奏进而跃上独奏的地位。

竹笛由自然长成的竹管制成，里面去节中空成内膛，外呈圆柱形，在管身上开有1个吹孔、1个膜孔、6个音孔、一个前出音孔和两个后出音孔。贴在膜孔上的笛膜，多用竹膜或芦苇膜做成。[①]适宜于制作笛子的竹子种类有紫竹、黄枯竹、长茎竹、凤眼竹、香妃竹和梅鹿竹等。竹笛的制作利用竹管的自然形态，故而竹子采伐期的早晚对笛子质量影响甚大。采伐时间过早，竹未成龄，竹管极易萎缩；采伐时间过晚，竹茎中所含水分和糖分过多，易于生蛀。因此，竹乡有"春不伐竹"之说。一般说来，竹笛的制作应选用生长时间3年以上、冬至春分季节采伐的坚实老竹（也称冬竹），而且不能有虫蛀、疤节和劈裂，紫竹还不能伤皮。

仿唐竹笛

清宫竹笛（自《中国乐器博物馆》）

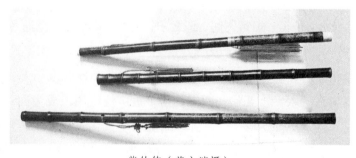

紫竹笛（董文渊摄）

---

① 乐声：《中国乐器》，轻工业出版社1986年版，第98～102页。

竹笛音色明亮而柔美，音量变化幅度大，表现力丰富，既能演奏悠长、高亢的山歌旋律，也能表现出辽阔、宽广的草原情调，又可以奏出欢快、华丽的舞曲和婉转优美的小调；既可用于昆曲、京剧、秦腔、河北梆子等戏曲和地方小戏、民歌、舞蹈的伴奏，又可用于民族器乐的合奏与领奏，还可用作独奏以及西洋管弦乐队中的色彩乐器使用，并以优美、抒情和乡土气息浓郁见长。

竹笛流传区域广大，品种繁多。其中使用最普遍的有曲笛和梆笛，其次是定调笛、玉屏笛、七孔笛和十一孔笛。

箫有排箫和洞箫两个主要类别。据《尚书》记载，早在4000多年前的原始社会时期，中华民族的祖先即因摹拟自然界的声响而制作了箫。夏商时代，箫已有单管的"言"和编管的"籥"，前者是洞箫的前身，后者为排箫的前身。在周代，箫和籥同被诗人们所咏及，载入《诗经》之中。在古代乐器"八音"的分类中，箫被列入竹类乐器。从春秋至唐末的1600多年间，出现过管数不一、长短不等的无数种箫，箫也有过"雅箫"、"颂箫"、"舜箫"、"籥"、"籁"和"比竹"等多种名称，排箫还被称作"参差"、"凤翼"、"短箫"、"云箫"、"秦箫"等，洞箫又被称为"笛"、"羌笛"、"篴"等。许慎《说文解字》云："龠，乐之竹管，三孔，以和众声。"《庄子》中有"人籁则比竹是关"之句，比竹是编列竹管、以竹相比之意。由此可见，中国的箫尽管也有用芦管和椽木制成的，但绝大部分很早即用竹制，与西洋乐器中的"潘管"(Panpipe)或"绪任克斯"(Syrinx) 形同而质不同，制作材料相异。

箫（自《中国乐器博物馆》）

排箫是把长短不等的竹管排成一列，用绳子、竹篾片编起来或用木框镶起来的吹孔气鸣乐器。如果竹管长短一致，则在管中采取堵蜡（深浅不同）而可得到高低不同的乐音。其管数从3、10.13至20、21、24不等，每管发一音。它在南北朝、隋、唐时期的宫廷雅乐中占有很重要的位置，尤其在隋唐的九部和十部乐中，清乐、西凉、高丽、龟兹、疏勒和安国等诸乐部中都使用排箫，应用范围广泛。排箫历史悠久，形制美观别致，民族风格浓郁，音调悠扬舒缓。

排箫（武有福摄）

洞箫（又简称箫）亦为我国古老的吹孔气鸣乐器，用紫竹、黄枯竹或白竹制成，全长70～78厘米，较曲笛稍长而细，管身内径1.2～1.4厘米，上端留有竹节，下端和里面去节中空。吹口开在上端边沿，由此吹气发音。在箫管中部正面开有5个音孔，背面有1个音孔，用以控制音的高低。平列在管下端背面的两个圆孔是出音孔，可用来调音。在出音孔下面的两个圆孔为助音孔，起着美化音色、增大音量的作用。箫音质的优劣，与选用的竹材和制作关系甚密。一般选用冬至春分期间采伐的竹子为宜，竹质须坚实、分量较重，紫竹应竹花均匀，呈紫褐色者为佳，须无虫蛀、干缩、劈裂、蜂腰和大腹等缺陷，管身要圆满，纹理要细密顺直。洞箫的品种很多，常见的有紫竹洞箫、九节箫、黑漆九节箫、玉屏箫和锦城箫等。洞箫适宜于独奏、合奏或为地方戏曲伴奏，音色圆润、轻柔。①

竹号是中国南方和西南少数民族的吹孔鸣乐器。流行于湖南保靖、古丈、龙山、永顺等地的土家族竹号，制作方法是取一段无节透空竹管，以其上端为吹口，不设按孔。一般长15～30厘米。奏时将管口置于唇外，绷紧嘴唇竖吹，唇振发音，能奏若干自然泛音，声音洪亮悠远。流行于云南泸水县的怒族竹号（又称布利亚）由吹管和共鸣筒组成，均为竹制。吹管长25～35厘米，直径2厘米，一端留节，节下斜开一吹口，露内腔。共鸣筒长30～40厘米，直径约10厘米，一端留节。演奏时左手提共鸣筒，右手持吹管插入共鸣筒中，吹奏发音，声音低沉，传送力强。多为有嗣之男子去世时报丧吹奏。

---

① 参见李德真、乐悦、王逊：《中国民族民间乐器小百科》，第115～119页，知识出版社1991年版。

此外，竹制吹孔气鸣乐器尚有尺八、合双箫、鼻笛、小独笛、吐刃、口笛、比笋、呗处鲁、呗土鲁、文崩、列直匹哩、苗族双箫、那西、勒绒、结蜡、爪色、箓西、列都、决箓杰、克些觉黑等，种类繁多，不胜枚举。

竹制簧振类气鸣乐器主要有笙、管、喉管等种类。

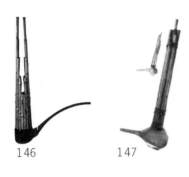

146　　　　147

唐代吴竹笙
葫芦笙（自《中国乐器博物馆》）

笙是我国古老的竹制簧振类气鸣乐器。关于笙的起源，《世本·作篇》云："随作笙。"《礼记·明堂位》又云："女娲作笙簧。"这些说法带有传说性质，不完全可信。但远在3000年前的商朝，已形成笙的雏形，却为不遑之论。殷墟出土的甲骨文中有关于"和"的记载，"和"写作 ，是编管吹奏乐器之形，为后来小笙的前身。笙的早期形式同排箫相近，既无簧片，又无笙斗，为一种用绳子或木框等把一些发音不同的竹管编排在一起的乐器，其后才增加了竹质簧片和匏质（葫芦）笙斗。《诗经》、《仪礼》、《周礼》均曾记载有笙的诸种用法。然而笙的具体形制，直至东汉方有记载，《说文解字》说："笙，十三簧，象凤之身。笙，正月之音，物生故谓之笙。大者谓之巢，小者谓之和。从竹生声。"《尔雅·释乐》郭璞注云："（笙）大者十九簧"，小者"十三簧"。隋唐时期，笙在隋九部乐和唐十部乐中被清乐、西凉乐、高丽乐、龟兹乐采用。此时的笙有十九簧、十七簧、十三簧等多种；后来又流行一种十七簧义管笙，这种笙在十七管以外另备两支"义管"供转调时替换。唐代涌现出许多演奏笙的名家，如尉迟章、范汉恭、范宝师和孟才人等，他们的演奏技艺都达到了相当高的水平。北宋景德三年（1006年），宫廷乐工单仲辛又启用了十九簧笙，此后十九簧笙得到普遍应用。宋元两代，宫廷教坊乐部及民间艺所中的一些器乐合奏都使用笙。明清以来，流行的笙多为十七簧、十四簧、十三簧和十簧，十九簧笙已经不见。目前，应用较为普遍的传统笙多为十七簧，还有十三簧、十四簧、二十一簧、二十四簧、二十六簧、三十二簧、三十六簧、五十一簧等以及扩音笙、加键笙、转盘笙、低音笙和排笙等种类。

笙的构造较为复杂，由笙斗、吹嘴、笙苗、笙角、簧片和腰籇等部件组成。

其中，笙苗、笙簧和腰箍都用或曾用竹子制作。笙苗（又称笙管）用细竹（目前多用紫竹）做成，有17、21、24、32、36支不等，还有长、中、短之分。笙簧（又称簧片）古代多用竹制，现改用响铜。腰箍用竹篾片（亦有用藤条者）烘烤而成，套在全笙的上半部，为箍紧笙苗而设。笙具有簧管混合音色，高音清脆、透明，中、低音优美、丰满，易与其他乐器的音响融合一体。

管也是我国古老的竹制簧振类气鸣乐器。在两千多年前的西汉时期，管即在西域的龟兹流传。东汉应劭在《风俗通》中云："管，谨按《诗》云：'嘒嘒管声，箫管备举。'《礼·乐记》：'管，漆竹，长一尺，六孔，十二月之音也。象物贯地而牙，故谓之管。'"据《晋书·吕光传》和《隋书·音乐志》载，东晋武帝太元七年（382年）吕光征服龟兹后，带回龟兹乐伎和乐器，其中就有管，其时写作"必栗"。历南北朝而至隋唐，上自达官贵人，下至庶民百姓，一直风行不衰，还造出"筚篥"一词以记之。至宋，陈旸《乐书》载："觱篥，一名悲篥，一名笳管，羌胡龟兹之乐也。以竹为管，以芦为首，状类胡笳而九窍，所法者角音而已。其声悲栗……"它在宋代的教坊大乐中自成一部，经常用于独奏。由于它在乐队中常作为领奏乐器，故又称之为"头管"。《元史·礼乐志》载：燕乐之器，"头管，制以竹为管，卷芦叶为首，窍七。"到了清朝，管广泛流行于民间，其形制亦发展为今天的八孔。

管的构造简单，由管哨、侵子和管身三部分组成。管身为圆柱形，用长茎竹（亦有用硬质木料者）制成，上面开有音孔，上端安有侵子和管哨。大管哨为两片弧形薄片，用芦竹制成。管的品种繁多，根据管身的粗细和长短不同，有小管、中管、大管和加键管等。管子是发音强大的乐器，声音高亢嘹亮、粗犷质朴，富有浓郁的乡土气息。

此外，竹制簧振气鸣乐器还有喉管、笔管、筚、筚达、卢沙、勒加、草匹力等。

2. 竹制体鸣乐器

在中国体鸣乐器中，竹是一类非常重要而与金、石、木并列的制作材料。

竹板和节板是适用于为各种曲艺说

莲花板（自《中国乐器博物馆》）

唱伴奏节拍的竹制体鸣乐器。竹板使用毛竹制作，以不带竹节、无劈裂和无虫蛀的竹材为佳。竹板由两块长 16～19 厘米、宽 7~8 厘米、厚 1 厘米的瓦形竹板组成，上端用绳串连，下端可以自由开合。演奏时一手夹击发音，声音响亮、圆厚。由 5 块或 7 块小竹板组成的节板，民间称之为"碎子"，上端用绳串连，板与板之间串夹两个铜钱或铜片，下端可自由开合。演奏时，一手夹击发音。竹板和节板有时合用，有时单用，均为快板、山东快板、天津快板、四川金钱板等曲艺的主要伴奏乐器，常由表演者自打自唱，起着制造气氛和烘托情绪的作用。

体鸣乐器"切克"［基诺族］
（自《中国少数民族艺术词典》）

切克是云南景洪基诺族的竹制体鸣乐器。其制作方法是：取 7 节粗细、长短不同的竹筒，下端留节，上部砍成斜口，口下方正中开直槽。以棒敲击发音。音高依筒的长短、大小及槽的深浅而别。按高低顺序排列成组，每个竹筒均有专用名称，分别谓之"尤月"、"格劳多"、"戈姑"、"嘎姑"、"崔凿"、"崔俏"、"崔模"，用以表示固定音名。参加演奏人数不限，多可七人，一人兼击二三个竹筒，互相配合，奏出和声与独特的旋律，并伴以热烈的歌唱。

竹口琴是南方少数民族的竹制拨奏类体鸣乐器，又称"口琴"、"口弦"、"口弓"、"口衔子"、"口簧"、"簧片"、"簧琴"、"竹弦"、"嘴琴"。其渊源很古。王符《潜夫论·浮侈篇》有"或作竹簧，削锐其首"的记载。东汉刘熙《释名·释乐器》曰："簧……以竹铁作，于口横鼓之。"宋人陈旸《乐书》云："传称王遥有五舌竹簧。"明《南诏野史》记述彝族风俗时云："婚配不用媒妁，男吹芦笙，女弹口琴，唱和相调，悦而野合。"清《滇海虞衡志》载："男女作歌，鸣叶吹薪，弹簧弄枯，音节流畅，合夷曲而杂和之，音伊可听。"《白盐井志》亦云："携手顿足，吹芦笙，弹响簧以为乐。"此风今仍盛行于云南等地。

此外，竹制体鸣乐器还有竹杠、竹琴、竹筒、脚铃、节、竹柝、霸王鞭等。

3. 竹质膜鸣乐器

此处所谓竹质膜鸣乐器是指用竹材为鼓身、以动物皮为鼓膜而制成的膜鸣乐器。

渔鼓的鼓身以竹筒制成。渔鼓早在南宋时即已产生。现在使用的渔鼓，鼓身为长65～100厘米、直径13厘米左右的竹筒，在其一端蒙以猪皮或羊皮。演奏时，左手竖抱渔鼓，右手拍击，是民间曲艺"道情"、"渔鼓"和"竹琴"的主要伴奏乐器。近年来成都民族竹管乐器业余研制组制成一种能够演奏旋律的渔鼓——琴鼓。它是在四川民间曲艺伴奏乐器"竹琴"的启发下研制成功

竹桥（自《中国乐器博物馆》）

的，由16根长短不同的毛竹筒构成，每根竹筒上蒙以牛皮或羊皮，通过竹制固皮圈紧固在竹筒的上口。竹筒分两排置于木质琴架上。演奏时，双手各执一支竹制琴箭击奏，发出由D～f，16个音，音色柔润、清晰而明亮，既可用于合奏或伴奏，也可用来单独演奏乐曲①。

流传于云南沧源县佤族地区的竹鼓的鼓身也是用竹子制作的。它本为民间孩童玩具，其身为20~30厘米长的竹筒，一头蒙上猪膀胱或笋叶。后沧源县文工队对此进行改革，创制成一种膜鸣乐器。竹鼓由一根长约1米粗竹（3节）制作，以上面的一节为鼓腔，去掉最上端的竹节，蒙以牛皮或羊皮，鼓腔以下的一节竹筒挖成空条状，中间用竹篾片绑扎成蜂腰形鼓架，并将最下面的一节制出三条腿。制形美观大方，极富地方民族特色。演奏时奏者既可将竹鼓立于地上，双手持短木槌敲击鼓面，也可用左手将鼓抱在腰间，右手执槌演奏。竹鼓无固定音高，发音高亢清脆，常用于民间舞蹈伴奏，在佤族竹鼓舞中，演员边奏边舞，竹鼓既是舞蹈的伴奏乐器，又是舞蹈的道具。

此外，点鼓、朝鲜长鼓、蜂鼓、板鼓等膜鸣乐器的鼓箭均用竹子制作，

---

① 李德真、乐悦、王逊：《中国民族民间乐器小百科》，第97-98页，知识出版社1991年版。

书鼓的鼓架和边鼓的鼓框亦以竹材制成。

4. 弦鸣乐器中的竹制构件

弦鸣乐器虽属中国古代音乐乐器中的"丝"类,但以竹为材料制作的构件也颇多。

中国民族民间弓拉弦鸣乐器的弓杆,基本上都是用细竹制成。二胡的琴杆采用带有竹根的竹子制作,并以竹根作为琴头装饰。京胡的琴杆多用紫竹、白竹或染竹制成,通常有5节;琴筒是用毛竹制成,呈圆筒状;弦马用竹材制成,有桥空式和空心式两种;弓子用富有弹性的江苇竹制作,两端烘烤出弯来,竹子细的一端在弓的尾部,系上一股马尾而成。二胡的琴筒也有用竹子制作的;藏京胡、大筒、郎多依、盖板子、彝族三胡等乐器的琴杆、琴筒、弓杆均由竹子制成。

弹拨弦鸣乐器中,原始独弦琴的琴体用一段毛竹筒(长1米、直径12~15厘米)的多半边做成,开口部分朝下,在竹筒表面纵向挑起一条细而长的竹皮为弦;弓琴的弓背多用毛竹板条制作,一般长70厘米、宽17毫米左右;卡龙演奏时演奏者须右手持竹制拨子,拨弦奏出旋律;南音琵琶的面板中部上,横胶着10个竹制音品——"音子";天琴的琴筒多用天麻竹制作,长8.5厘米,并胶以麻竹壳,弦弓亦用竹制;柳琴早期演奏时奏者须在食指上套上一竹筒,用拇指捏紧,靠手腕甩动而拨弦发音。

打击弦鸣乐器扬琴亦有竹制构件。置于面板上呈条形蜂谷状的马子多用竹制作;敲击琴弦的小槌称作琴竹或琴笕,由富有弹性的竹子制作。

三、竹制乐器所显示出的文化特征

竹制乐器体现了中华民族对待自然的天人协调态度。西方文化强调征服自然、战胜自然。而占中国文化主导的却是"天人协调"态度。《周易大传》认为太极是天地的根源,天地是万物的根源,"有天地,然后有万物;有万物,然后有男女;有男女,然后有夫妇",明确肯定了人类是自然界的产物,是自然界的一部分。《中庸》提出"与天地参"的学说:"惟天下至诚,为

能尽其性。能尽其性，则能尽人之性。能尽人之性，则能尽物之性。能尽物之性，则可以赞天地之化育。可以赞天地之化育，则可以与天地参矣。"圣人能够尽量了解自己的本性，也就能了解天地万物的本性，人性与物性相通。孟子阐明了"民胞物与"的万物一体意识，《孟子·尽心上》云："君子之于物也，爱之而弗仁；于民也，仁之而弗亲。亲亲而仁民，仁民而爱物。"这一思想经过董仲舒、王符、张载、程颢、程颐等思想家的进一步阐释与发挥，形成了系统的"天人合一"思想，认为：人是自然界的一部分，是自然系统不可缺少的要素之一；自然的变化发展秩序与人类的变化发展秩序相贯通；人性就是天道，道德原则与自然法则相一致；人生的理想是天人协调。① 中国民族民间竹制乐器和竹制乐器构件突出地展示出中华文化的"天人合一"精神。中华民族充分利用竹这种植物的天然特性，利用竹子圆柱状、中空等特性，制成各种各样的"竹"类乐器，如气鸣乐器和体鸣乐器以及一些拉弦类弦鸣乐器的音筒，又利用竹子韧性好、富有弹性的特性，制成拉弦类弦鸣乐器的弓杆，还利用竹子坚硬等特性制成一些拉弦类弦鸣乐器的琴杆、一些弹拨类弦鸣乐器的琴竹和弦马以及膜鸣乐器的鼓箭等。中华民族一般不选择那些需要进行较复杂的加工方能制成乐器的材料，而喜用只要稍事加工即可制成乐器的竹，甚至直接以"竹"借称气鸣乐器和以气鸣乐器为主要演奏乐器的器乐，明显地显示出"天人合一"的对待自然的态度，正如《乐记》所说："乐者天地之和，礼者天地之序"，"大乐与天地同和，大礼与天地同节"。

竹制乐器尤其是竹制气鸣乐器长期盛行不衰并成为主要的乐器形式，与中国的音乐特点相关联，并体现了中国传统的音乐文化。中国近现代音乐的开拓者、著名的音乐教育家萧友梅先生指出："西洋有复音的音乐，因为9世纪的时候已经有风琴（这种风琴的构造和我们今天常见的不同，它的发音管是没有簧的，我们学校用的风琴是有簧的，但是键盘是一样的）。因为有键乐器（风琴、钢琴的总名），最便于奏音阶同复音的音乐，所以西洋作曲家就作出许多用音阶组织成的乐曲（就不是全曲都用音阶组成，也有一部分或乐曲的动机 –Motiv– 是用音阶的），同复音的歌曲。有键乐器还有一个便

---

① 参见张岱年、程宜山:《中国文化与文化论争》，第57–65页，中国人民大学出版社1990年版。

当的地方,就是从最低的音到最高的音都是做好的,并且从头一个音到末了一个音可以用半音的奏法按出来。因为风琴的构造有这样便利,所以西洋作曲家同造乐器的,都想法子把各乐器都做成能奏半音阶,一面尽力把各乐器的音域扩大,最新式的风琴可以奏九十七个音,所以各乐器都以风琴为标准(西洋人叫风琴做乐器之王)。中国没有这段风琴历史……并且一千多年没有人研究改良乐器,所以现在用的乐器,还是同前一千年用的一个样子,音域最广的乐器也不过能奏三十几个音,管乐器多半不能吹半音阶;作曲的人又不大研究乐器的构造,所以要迁就乐器来作乐曲。乐曲既然为乐器所限制,一定难望其有复杂的发展,所以乐器的构造同乐曲是有关系的。"[①] 包括竹制乐器在内的中国民族民间乐器因其构造简单、音域不宽而限制了乐曲向复杂化的方向发展,缺乏复音等的乐曲亦未对乐器的改进提出迫切的要求,二者相互作用的结果之一就是阻遏了竹制乐器尤其是竹制气鸣乐器的进化,使竹制气鸣乐器至今仍雄踞中国民族民间乐器之列,同时竹制乐器尤其是竹制气鸣乐器充分地体现出中国民族民间音乐迥异于西方音乐的简捷、灵活而简单、不精确严密的特征。

综上所述,竹在中国民族民间乐器中是一种非常重要的制作材料,制作成气鸣、体鸣、膜鸣等类乐器中的很大一部分,并是弦鸣乐器构件的一种重要制作材料。竹制乐器体现了中华民族的"天人相协"观念和中国民族民间音乐的简明、灵活而缺乏精确、严密的音乐文化特征。

---

① 《萧友梅音乐文集》,第 168-169 页,上海音乐出版社 1990 年版。

下　编

竹文化符号

第九章 送子延寿，祖先代表

——竹宗教符号

竹在中国传统文化中，不仅是构造各种器物的材料，被中华民族有意识地创造成满足各种需要的文化景观，而且步入了人的精神生活领域，成为象征某种文化精神的符号。中国的早期道教和彝族、傣族、景颇族等少数民族都崇拜竹，以之为一种极为重要的宗教巫术符号，凝聚着中华民族炽热虔诚的敬仰情感和意识，具有神秘的神性和超自然的伟力。

一、竹的神圣化与中国实用宗教文化

生儿育女以求种族繁衍、驱病避祸以求生命长存等是远古人类最基本的欲望，而生育的神秘和随机、人生的短暂和无常，致使其结局仅靠经验知识和实际操作能力无法控制与左右，难以逆料的不虞之变给人以焦虑忧惧、茫然压抑的情绪。为了控制生活中不可预测和实际操作能力很低的事物，人们创造了超凡神秘的巫术和宗教。①

巫术和宗教事实与常规日常事实的根本区别性特征是神圣性（sacred）和非凡性（unusual）。巫术和宗教超越于世俗经验的适应性行为的天地，赋予某些自然物和人以超自然的力量和性质。在自然物和人的神圣化和非凡化过程中，神话和传说是一个极为重要的动因。

竹在中国文化中神圣化和非凡化的重要环节是《庄子·秋水》中的一则寓言："夫鹓鶵，发于南海而飞于北海，非梧桐不止，非练实不食，非醴泉

---

① 参见布罗尼斯劳·马林诺夫斯基：《巫术、科学、宗教与神话》中译本，第33—36页，商务印书馆1936年版。

竹丛（董文渊摄）

不饮………"练实"，即竹实。此外，有关"神化"竹的故事层出不穷。《吴越春秋》卷5载："处女将北见于王，道逢一翁，自称曰袁公，问于处女：'吾闻子善剑，愿一见之。'女曰：'妾不敢有所隐，惟公试之。'于是袁公即杖棘菸竹，竹枝上颉桥，末堕地，女即捷末。袁公则飞上树，变为白猿。"如果说此则故事中的竹仅只是奇异事件中的一个附着物或"道具"，那么《史记·赵世家》一则历史故事中的竹本身即已为神奇、超凡之物，成为奇异事件中的重要"主角"，故事说："……知伯怒，遂率韩、魏攻赵。赵襄子惧，乃奔保晋阳。原过从，后，至于王泽，见三人，自带以上可见，自带以下不可见。与原过竹二节，莫通。曰：'为我以是遗赵毋恤！'原过既至，以告襄子。襄子齐（斋）三日，亲自剖竹，有朱书曰：'赵毋恤，余霍泰山。山阳侯天使也。三月丙戌，余将使女反灭知氏。女亦立我百邑，余将赐女林胡之地。至于后世……。'襄子再拜，受三神之令。三国攻晋阳，岁余，引汾水灌其城，城不浸者三版。城中悬釜而炊，易子而食。群臣皆有外心，礼益慢，惟高共不敢失礼。襄子惧，乃夜使相张孟同私于韩、魏，韩、魏与合谋，以三月丙戌，三国反灭知氏，共分其地……。于是赵北有代，南并知氏，强于韩、魏。

遂祠三神于百邑，使原过主霍泰山祠祀。"此时的竹已与指示未来相关联了。

竹进一步神异化和非凡化而成为原始宗教巫术的崇拜物，则是东汉时的事。《后汉书·费长房传》记载：

> 费长房者，汝南人也，曾为市掾。市中有老翁卖药，悬一壶于肆头，及市罢，辄跳入壶中。市人莫之见，惟长房于楼上睹之，异焉，因往再拜奉酒脯。翁知长房之意其神也，谓之曰："子明日可更来。"长房旦日复诣翁，翁乃与俱入壶中。惟见玉堂严丽，旨酒甘肴，盈衍其中，共饮毕而出。翁约不听，与人言之。后乃就楼上候长房，曰："我神仙之人，以过见责，今事毕当去，子宁能相随乎？楼下有少酒，与卿为别。"长房使人取之，不能胜。又令十人扛之，犹不举。翁闻，笑而下楼，以一指提之而上。视器如一升许，而二人饮之终日不尽。长房遂欲求道，而顾家人为忧，翁乃断一青竹，度与长房身齐，使悬之舍后。家人见之，即长房形也，以为缢死，大小惊号，遂殡葬之。长房立其傍，而莫之见也。于是遂随从入深山……长房辞归，翁与一竹杖，曰："骑此任所之，则自至也。既至，可以杖投葛陂中也。"又为作一符，曰："以此主地上鬼神。"长房乘杖，须臾来归。自谓去适经旬日，而已十余年矣。即以杖投葛陂，顾视则龙也。家人谓其久死，不信之。长房曰："往日所葬，但竹杖耳！"乃发冢剖棺，杖犹存焉。遂能医疗众病，鞭笞百鬼。

此中竹的神异化程度大为提高，能幻化成费长房的形象悬于后房梁上，并顶替费长房入棺下冢，迷惑住凡人之眼。竹还有载人飞行的功能，它在须臾之间即把长房从迢迢的神仙之境载回人间。不仅如此，竹还具有与龙相似的功能，可降雨解旱，人们有所求时以酒祭之。竹已成为崇拜的自然物。

道教最主要的思想来源是老庄以及渊源于古代的巫术和秦汉时的神仙方术。前面所述庄子和方术之士有关竹的神异化、非凡化的神话传说，无疑对道教，尤其是对原始道教产生了重要的影响，确立了竹在道教崇拜对象和信仰体系中的地位，获得送子和延寿的神秘力量，成为与生殖崇拜和祖先崇拜相关的宗教符号。前面所说的费长房即为《后汉书·方术传》列入"神仙家"之列，"长房曰：我神仙之人"。

中国传统文化的基本特征是人文主义和实用理性。在浓郁的人文精神和实用理性的文化氛围中形成的中国宗教,以轻教义经典、重宗教践履为主要特征。美国学者克里斯蒂安·乔基姆以西方文化的客位角度对中国宗教精神进行审视,指出:"就大传统(儒、佛、道三教)而言,终极真理是不可言说的,把握终极真理的方法是直接去体认它。就小传统(民间宗教)而言,由于它所关心的是日常生活和具体目标,因而没有必要去恪守一种清楚明晰并被小心审慎地加以界定的信条。在中国人看来,人应该去做的事情只是广为善事,力避恶行,在适当的时间向神、鬼和祖先奉献适当的供品,并且遵守其他各种风俗习惯。一个人只要照此去做(不必去信仰一种正统的教义),就可以前程似锦,并为全家带来现世生活中的三大好处:鸿运(福)、高位(禄)、长寿(寿)。"总之,"中国人所重视的是宗教实践,而不是宗教信念,是宗教礼仪而不是宗教教义,是宗教行为而不是宗教信仰。"①因而在中国宗教,尤其是在土生土长的道教和流行异常广泛的民间宗教中,原始宗教和巫术的诸多因素都得以保留下来,包含着原始宗教和巫术的一些基本原理。由此,早期道教把其起源地西南和南方遍生的植物竹作为一种重要的宗教符号加以崇拜。早期道教天师道崇拜竹这一史实,著名史学家陈寅恪先生早有所论及,他说:"天师道对于竹之为物,极称赏其功用。"②

二、送子和延寿:竹作为交感巫术符号的功能

天师道把竹视为一种具有送子和延寿神秘力量的"灵草"。道藏云:"我按九合内志文曰:竹者为北机上精,受气于玄轩之宿也。所以圆虚内鲜,重阴含素。亦皆植根敷实,结繁众多矣。公试可种竹于内北宇之外,使美者游其下焉。尔乃天感机神,大致继嗣,孕既保全,诞亦寿考。微著之兴,常守利贞。此玄人之秘规,行之者甚验。"③把竹这种植物"圆虚内鲜,重阴含素"

---

① [美]克里斯蒂安·乔基姆:《中国的宗教精神》,第32页,中国华侨出版公司1991年版。
② 陈寅恪:《天师道与海滨地域之关系》,《金明馆丛稿初编》,第9页,上海古籍出版社1980年版。
③ 陶弘景:《真诰》卷8。

的形象特征与道教"北机上精"、"玄轩之宿"等宗教理论相联系,用竹宗教符号能指的"植根敷实,结繁众多"象征"天感机神,大致继嗣,孕既保全,诞亦寿考"的所指意义。通过神秘的交互感应,使原来没有联系的竹"植根敷实、结繁众多"与人的"孕既保全,诞亦寿考"彼此发生作用,即在"交感巫术"(sympatheticmagic)的心理作用之下赋予竹以送子和延寿的神秘力量,使竹成为宗教符号。

竹的生殖力旺盛,房前屋后、河湖之畔、荒郊野坝、贫瘠山岗,都是其繁育生存之地,所谓"如竹苞矣"、"雨后春笋"云云,均形容其旺盛的生殖力。竹的这一特征,被道教运用"交感巫术"的"相似律"和"接触律"(或称"触染律")原则引进宗教领域而成为宗教符号,起着"大致继嗣,孕既保全"的招子功能。晋简文帝求嗣一事就说明了竹宗教符号的这一作用。《晋书》卷32《孝武文李太后传》云:

> 始简文帝为会稽王,有三子,俱夭。自道生废黜,献王早逝,其后诸姬绝孕将十年。帝令卜者扈谦筮之。曰:后房中有一女,当育二贵男,其一终盛晋室。时徐贵人生新安公主,以德美见宠。帝常冀之有娠,而弥年无子。会道士许迈者,朝臣时望多称其得道。帝从容问焉,答曰:当从扈谦之言,以存广接之道。帝然之,更加采纳。又数年无子。乃令善相者召诸爱妾而示之,皆云:非其人。又悉以诸婢媵示焉,时后为宫人,在织坊中,形长而色黑,宫人皆谓之昆仑。既至,相者惊云:此其人也。帝以大计,召之侍寝,遂生孝武帝及会稽文孝王及鄱阳长公主。

道士传授给简文帝得子之法是"公(引着案:指简文帝,其时为相王,故称)试可种竹于内北宇之外,使美者游其下焉",结果是"六月二十三日中侯夫人告公:灵草荫玄方,仰感旋曜精。洗洗繁茂荫,重德必克昌"①。灵草——竹"荫玄方"、"繁茂阴",李太后亦有身孕,怀上了后来的孝武帝。

流行于云南省屏边等地的苗族"奥道"(意为踩坡、踩山)活动,也赋予竹以送子的神力。每年夏历正月初,两三家无子女者常发起此项祈求生育

---

① 陶弘景:《真诰·甄命授》(涵芬楼重印道藏本)第四。

子女的活动。在前一年的年底到半山腰的树上扎一有红布和青布的竹竿，确定花山范围。届时住在附近的男女老少携带饭菜前来，主办人备酒招待参加者，男女青年赛歌、吹芦笙、跳舞、谈情说爱，热闹非常。活动完毕后主办夫妇用踩花山时扎在半山腰树上的竹竿作床，以竹竿上的红布和青布做衣服，以此祈求得到子女。

尽管以竹招子的巫术属英国人类学家弗雷泽所说的"交感巫术"的范围，"是一种被歪曲了的自然规律的体系，也是一套谬误的指导行动的准则；它是一种伪科学，也是一种没有成效的技艺"[1]，但是它却有助于缓解和减少由久盼得子却不得所唤起的焦虑感，给予求继嗣者以希望和信心。

生儿育女是家庭和家族的一件大事，在中国传统的宗法制社会中，是否有子嗣直接决定着大宗之家在家族中的地位，并关系到整个宗族的组织结构。因此，婴儿诞生后，主人很快就要到亲戚、朋友、邻居家去报喜，而亲戚、朋友、邻居也要到主人家来贺喜。用乔木作为儿女诞生的标志或贺喜之物，在世界许多地方都很盛行。在德国婴儿受洗礼时一般要种一棵"诞生树"。在中国则流行着"夏种树，冬种竹"的诞辰礼俗，竹成为婴儿诞生的一种重要符号。竹为人们带来了孩子，孩子生下来怎么能忘记竹呢？

从北魏时起，在今浙江、山东等部分山区，冬天生下孩子做"三旦"（摆三日酒）时要栽竹，被邀的亲友与村人挖来三株毛竹送去，并负责栽好，以此作为贺礼，俗谓"子孙竹"和"落地竹"。栽下"子孙竹"表达对神送子的感激之情，祈求这个孩子在这个家庭"扎根"，该家可以把这个孩子养大，并人丁兴旺。这是一种"顺势巫术"仪式。以竹作为婴儿诞生象征的礼仪还固定为一种传统节日——"竹迷日"，泛化为一种社会性的庆祝活动。自南北朝起，在黄河、长江中下游地区及珠江流域，就已有了"竹迷日"（又称"竹醉日"）这一节日。宋人范致明在《岳阳风土记》中说："五月十三日，谓之龙生日，可种竹，《齐民要术》所谓竹醉日也。"唐宋以来，或因"龙生日"更添辰日。唐韩鄂《四时纂要》说："此月十三日、辰日可移之。"宋人刘延世《竹迷日种竹》诗曰："梅蒸方过有余润，竹醉由来自古云。掘地聊栽

---

[1] [英]詹·乔·弗雷泽：《金枝》，中译本，第19-20页，中国民间文艺出版社1987年版。

数竿竹，开帘还当一溪云。"明邝璠《便民图纂》谓：五六月为旧笋已成竹、新根未行之时，故可移栽。清代至民国间，山东等地仍以五月十三日为竹迷日，多于是日栽竹。

竹迷日是一综合性质的节日，含有多种目的。它既有栽竹生产习俗惯制的因素，属农事节日；又有信仰习俗的因素，属祭祀节日。而其祭祀的内容又含有龙崇拜和以竹求子的竹崇拜的混合成分，用种竹作为龙诞生的标志，庆贺龙的诞生。

以竹求子的宗教礼仪是一个连续性的系统。竹不仅有求得怀孕的功能，是生子的标识，而且还有保佑孩子健康快长的作用。"摇竹娘"（又称"嫩竹娘"）的礼仪风俗就体现了竹的后一种作用。"摇竹娘"是流行于福建、浙江、四川等地的一种希望孩子快长快大的祝愿仪式。福建、浙江等地的竹农在元宵节的深夜，命小孩单独去竹林，选一株上年长高的健壮青竹，双脚并立，在双手高举过头的地方，扶着青竹摇动，一边摇一边念："摇竹娘，摇竹娘，你也长，我也长，旧年是你长，今年让我长，明年你我一样长。"俗信竹神能帮助孩子长得壮实高大。而在川西平原，与此相似的仪式则称作"嫩竹娘"，时间定在除夕黄昏时分，届时母亲带孩子到竹林燃点香烛，教授歌谣，让孩子选择一根当年生的嫩竹，双手抱紧边摇边唱："嫩竹娘，嫩竹娘，二天我长来比你长。"以此求得孩子顺利成长。这是一种接触巫术，其原则是"物体一经互相接触，在中断实体接触后还会继续远距离地互相作用"，即"接触律"，① 认为孩子接触摇动青竹，其生长就会受到影响，永远像青竹一样茁壮成长。

傣族的生育习俗中的竹含有独特的巫术意义。云南西双版纳傣族妇女在临产的前几天，要从寝室搬到外面房间火塘边，睡在竹叶之上；婴儿出生时，脐带只能用削好的竹皮割断，"然后将小孩胎衣置一竹筒内，开其一端钻两个洞，用索子穿过，由父亲或亲戚携到树林里，挂在树枝上"，或埋在房屋附近的地下。"埋挂之后，以小竹筒一个，镌上小孩出生年月日时，挂在寝

---

① ［英］詹·乔·弗雷泽：《金枝》，中译本，第19页，中国民间文艺出版社1987年版。

室之中"。通过竹的沟通，婴儿得到了祖先的保佑，即可消灾免难，健康成长。①

崇拜竹以祈求送子或求子健康成长的巫术活动，含有原始生殖崇拜的因素。早期人类对于自身的繁衍以及动植物的繁殖生长难以做出科学的解释，产生了种种神秘感，认为有一种神秘的力量主宰着人和动植物的繁殖生长，由此对性器官、性行为产生了敬仰、崇拜的宗教情感，设计出崇拜种种写实或象征性的男女外生殖器、模拟或实施性行为的宗教活动，以取媚于主宰生殖的超自然力量，以实现自己的目的，所以以竹求子巫术活动是原始生殖崇拜的一种遗迹与反映。

以竹求子的系列巫术活动也反映了中国传统的文化范型的观念。古语云："不孝有三，无后为大。"男女结合的根本目的就是生儿育女，传宗接代，绵续香火。《礼记·昏义》曰："昏礼者，将合二姓之好，上以事宗庙，下以继后世。"俗语说："早生儿早得福"，"多生儿多得福"。对于中国人来说，没有生儿子或儿子夭折，被视为绝了门户、断了香火，这是再大不过的事。"断子绝孙"被看作最刻毒的骂人话。为了缓解长期不孕妇女的焦急、乏嗣人家的忧虑和儿子夭折的担忧，天师道设置出以竹求子这样一套交感巫术和礼仪。

以竹求子巫术活动，适应了中国古代小农经济生产方式的需要。封建制度在中国延续了两千余年，其基石就是小农经济，小农经济的汪洋大海漫布整个中华大地。小农经济以小块土地为基础，自耕农在其上从事个体劳动。小农经济的生产方式决定了家庭的富足完全依赖于劳动力的多少，而解决的惟一办法就是多生多育。以竹求子的巫术的出现正是适应于小农经济对生子的热切渴望。

"五福"是中国古代的五种人生理想，而"寿"在古籍中被列为"五福"之首。《尚书·洪范》说："五福，一曰寿，二曰福，三曰康宁，四曰攸好德，五曰考终命。"不仅寿居首位，而且其他几福也多与此有关，如康宁、考终命。"考终命"古人解释为"皆生佼好以至老也"，目的在于"至老"。寿为人生价值之最高者。寻找长寿的热烈、迫切愿望反映在宗教信仰之中，形成了种种

---

① 何斯强：《傣族文化中的稻和竹》，《思想战线》，1990年第5期。

巫术仪式、崇拜对象和禁忌活动。早期道教天师道的竹崇拜，就是其中的一种。

竹的生命力强，生长周期长。晋朝竹专家戴凯之在《竹谱》中说："竹六十年一易根。"这一特点与人的长寿有"异质同构"的相似之处，于是天师道根据"同类相生"或果必同因的"相似律"巫术心理规律，确立了通过模仿和崇拜竹以求实现人的长寿（像竹一样活到六十岁或更多一些）的"顺势巫术"（或称"模拟巫术"）法术。《南史·列传第三十四》记载说：王子罕"母尝寝疾，子罕昼夜祈祷。于时以竹为灯缵照夜，此缵宿昔枝叶大茂，母病亦愈"。竹枝叶大茂，子罕母病亦愈，运用的是"顺势巫术"。清朝的画竹图中，常画一根竹，名以"祝寿图"，画几枝竹笋，题曰"龙子孝善"。

生命力旺盛之竹（董文渊摄）

崇拜竹以驱病延寿的宗教信仰反映了中国古代孝文化范型。孝是中国文化的一大特点。"孝悌为仁之本",亲子关系以孝为纲。这种家庭关系扩展到社会生活之中,维持社会秩序的礼俗须以家庭关系验之,有所谓"修身、齐家、治国、平天下"的程序,因而国家选拔人才时也要"举孝廉"。"道德以礼俗为本,道德从孝中引申"。家常生活中的事孝规定了为人子的无数责任:父子不能同席,对父要"冬温而夏清,昏定而晨省","出必告,反必面","听于无声,视于无形"①;在父亲面前,"寒不敢袭,痒不敢搔,不有敬事,不敢袒裼","父母呼,唯而不诺,手执业则授之,食在口则吐之,走而不趋。亲老,出不易方(返),不过时";"父母有疾,冠者不栉,行不翔,言不惰,琴瑟不御,食肉不至变味,饮酒不至变貌,笑不致矧,怒不至詈"②,"饮药,子先尝之,臣不三也,不服其药"。孝父母,敬爱及于父母所爱的人或物直到父母去世,"孝子之养老也,乐其心,不违其志,乐其耳目,安其寝处,以其饮食终善之,孝子之身终;终身也者,非终父母之身也,终其身也,是故父母之所爱亦爱之,父母之所敬亦敬之,至于犬马尽然",子的身体与自由,父母在时,固不属为已有,即使父母已死,也因代表父母的遗体,必要站在父母的立场行事,依然不能行己见,"不登高,不临深,不苟訾,不苟笑……惧辱亲也;父母存,不许友以死,不有私财"③,"父母虽没,将为善,思贻父母羞辱,必不果","夫孝者,善继人之志,善述之人事者也"④……总计孝子事亲之道,有三方面:"生则养,没则丧,丧毕则祭;养则观其顺也。丧则观其哀也,祭则观其敬而时也"⑤。

细密、繁琐、严格的事孝程序和强烈、虔诚、无原则的事孝情感,是中国古代前农业社会和农业社会的前喻文化的重要表现。在中国传统的前喻文化中,老人的价值得以格外地抬高,家庭、乡社、国家、风俗、礼仪、法制等等一切都将尊敬、崇尚、礼遇奉献给老人,老人是经验、知识、智慧的代表,也是善良、正义、真理的代表,"姜是老的辣","马是老的好",普遍存在的扩大家庭承担着文化传递的重要功能,前辈向后辈传递文化,小辈必须

---

① 郑玄注、孔颖达疏:《礼记注疏》卷1《曲礼上》。
② 同上。
③ 郑玄注、孔颖达疏:《礼记注疏》卷1《曲礼上》。
④ 郑玄注、孔颖达疏:《礼记注疏》卷27。
⑤ 郑玄注、孔颖达疏:《礼记注疏》卷49《祭注》。

学习父母及其长辈的行为规范、价值观念和礼仪准则等，接受和适应长辈的文化传统，长辈在社会文化的传承过程中具有绝对权威，年轻人仅仅是文化的接受者而非主要的创造者。前喻文化中长辈与晚辈在文化中的不同地位，必定构成二者之间严格细密的"孝"的关系。

原始社会的祖先崇拜对中国传统文化中的孝观念的形成也有重要影响。在原始社会后期父权制得以确立，图腾崇拜中人与其他动物同祖的观念逐渐改变，人们对于血统世系有了较为清醒而明晰的认识，父系氏族或家族之长日益成为本族的代表者和保护者，生前受敬畏，死后被祭祀。中国的亚细亚早熟文明，使原始的祖先崇拜因素被吸附、保留在赓续数千年的文化之中，孕育、演进成孝的文化情感观念。

孝的一个重要表现就是诚心侍奉父母，让父母延年益寿。竹宗教符号的驱病延寿功能适应了中国传统文化的需要，同时也体现了中国传统文化的特征。

崇拜竹以求驱病延寿，适应了中国古人生理保存的需要，从中可获得一种安全感。在上古社会，人们抵御外在自然力的侵袭能力很弱，科学医疗的落后又使人们对许多病症无从认识、无法治疗，人的寿命较现代人要短得多，人生无常的生命危机感很强烈。为了缓解由生命危机所带来的焦虑感，人们在心灵世界中构筑起保全生命的长堤，以抵御生命无常的恐怖，于是他们"已经发现了一种新的力量，靠着这种力量他能够抵制和破除对死亡的畏惧。他用以与死亡相对抗的东西就是他对生命的坚固性、生命的不可征服、不可毁灭的统一性的坚定信念"①。天师道为人们寻觅到生命保存的力量之一就是崇拜竹，通过崇拜竹的"交感巫术"以驱病延寿，保存生命。

竹的驱病延寿的巫术功能进一步泛化，具有了驱邪避禳的作用。以竹求子是积极的祈求巫术，用竹驱病延寿兼有祈求与驱除两种性质，火烧爆竹以驱邪避禳则为消极的驱除巫术。在北宋发明用多层纸张密裹火药的"爆竹"之前，"爆竹"所"爆"之"竹"为真正的竹，即以火燃竹，燃烧后竹腔爆发出"劈啪"之声。清人翟灏《通俗编·俳优》说："古时爆竹，皆以真竹着火爆之，故唐人诗亦称爆竿。"在火药发明以后的一段时期内，"爆竹"

---

① [美]卡西尔：《人论》，第110页，上海译文出版社1985年版。

所"爆"之"竹"仍是真竹,只不过"爆"的方式有所改变,不再用火直接烧竹,采用把火药装进竹筒点燃的办法。爆竹在古代并非儿童的简单游戏之物,具有深层的宗教内涵和意指,在人们的观念意识中能产生驱邪避禳的作用。南北朝时梁宗懔所撰《荆楚岁时记》云:"正月初一,是三元之日也,春秋谓之端月,鸡鸣而起,先于庭前爆竹,以辟山臊、恶鬼。"以竹爆裂的声响吓走给人带来灾祸的超自然物——鬼。

招魂竹[哈尼族](邓启耀摄)

竹在早期道教天师道和汉族民俗中是一种极为重要的宗教巫术符号,伴随着人的整个生命旅程。在人们的观念中,它既能表现中国人强烈的生命呼唤,满足他们热切的求子渴望，又能唱出高亢的生命赞歌，给予新生命以健康吉祥的祝福，还可以进入寿诞礼仪，昭示出前喻文化的价值取向；竹既有祈子延寿的宗教作用，又有驱邪避鬼的符咒功能。

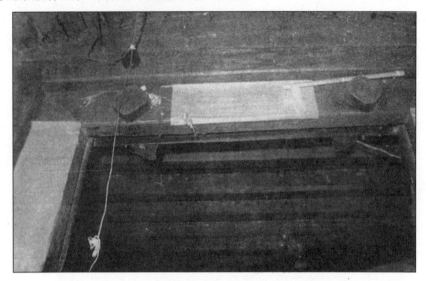

云南绿春彝族家门口悬挂的蜂窝和竹制镰刀（自《云南民族住屋文化》）

三、祖先和保护神：竹的图腾意义

据我国学者陈宗祥、马学良、何耀华等先生的调查与研究，在西南的彝族、傣族、景颇族等少数民族中，竹不仅被列为崇拜的对象，而且被视为本民族源出的植物或搭救其祖先性命之物，作为本民族的祖先和保护神进行祭祀。竹，是彝族、傣族、景颇族等少数民族的图腾(totem)。

1. 创世中的奇异作用

西南少数民族，尤其是彝族把竹视为祖先的历史源远流长。晋人常璩所撰《华阳国志》卷4《南中志》云："有一女子浣于水滨，有三节大竹流入女子足间，推之不肯去，闻有儿声，取持归，破之，得一男儿。长养有才武，遂雄夷狄，氏以竹为姓。捐所破竹于野，成竹林，今竹王祠竹林是也。"其后《后汉书》卷86《南蛮西南夷列传》和《水经注·温水注》亦有相同记载，并着重强调了"竹王非气所生"。据田雯的《黔书》和张澍的《续黔书》记载，清代在杨老、黄丝驿（今贵定、福泉一带）还有"竹二郎""竹三郎"祠，"土人祀之惟谨"。

贵州威宁龙街区马街乡马街村自称"青彝"的彝族传说是这样的：

> 古时有个在山上耕牧之人，于岩脚边避雨，见几筒竹子从山洪中漂来，取一筒划开，内有五个孩儿，他如数收养为子。五人长大之后，一人务农，子孙繁衍成为白彝；一人铸铁制铧口，子孙发展成为红彝；一个编竹器，子孙发展成为后来的青彝，因竹子从水中取出时是青色的，故名曰青彝。为了纪念老祖先竹子，青彝始终坚持编篾为业，世世代代赶山赶水，哪里有竹就到哪里编。……由于彝族从竹而生，故死后要装菩萨兜，让死者再度变成为竹。①

居住在桂西的彝族又认为其祖先是从兰竹中爆出来的：

> 开天辟地的太古时代，有一个兰竹筒中爆出一个人来，他的面貌似猴类，初生出就会说话。其名叫亚槎，住在地穴里，穿的是芭蕉叶，吃的是野鼠和果类。一天，他在麻达坡拣拾野梨果，偶然看见一只形貌似猿的猕子，睡在梨树底下……他拾起一块石头摔下去，那猕子一点不动，于是两情相投，遂配为夫妻，他们的子孙就是罗罗（彝族）。②

这些说明彝族认为其祖先由竹所生，族人与竹有血缘关系，视为"祖竹"而加以崇拜。

在彝文典籍和神话传说中，有种种其祖先被竹搭救、因竹得生而崇拜竹的说法。彝文典籍《洪水滔天史》（路南本）叙述了远古洪水泛滥时老三和妹妹逃难及生下撒尼、阿细、黑彝、汉族、阿哲、白彝、撒梅等彝族六支和汉族祖先的曲折经历，故事说：

> ……老三和妹妹，坐在木柜里，听见小鸡叫，忙把柜门开。抬头来看看，天空晴朗朗；柜子的旁边，有堵高悬崖。低头来瞧瞧，

---

① 何耀华1980年11月调查所得，见《彝族的图腾与宗教起源》，《思想战线》，1981年第6期。
② 雷金流：《广西镇边县的罗罗及其图腾遗迹》，《公余生活》，第3卷第8、9期合刊。

不该长树处，长棵柏栗树，柜停在树梢。上天上不了，下地下不来。

老三和妹妹，各人心中急。望望悬崖边，不应生草处，长蓬竹节草，

竹枝连树梢。老三和妹妹，走出木柜子，拉着竹节草，爬到大地上。

由此得以生存下来，繁衍出七家人。这七家人为了不忘祖先的恩德，四处寻找祖先，最后找到了祖先——竹节草：

一程又一程，来到乃果山。乃果悬崖边，有蓬竹节草。

向竹喊爷爷，竹节把话应。竹节草是祖，竹节草是宗……①

在流行于云南武定和禄劝两县的洪水神话传说中，竹挡住了坐着彝族祖先滚向山谷的木桶，因而被崇拜。在洪水泛滥时，三兄弟中老三躲进木桶中，洪水退却后载着老三的木桶搁置在岩石中间，被老鹰一脚蹬了下去，"木桶滚下了岩石，将要靠近岩脚的时候，却被一丛刺竹和丛生的竹节草挡住了，这时哭晕了过去的他，被这意外的侵扰吓醒了，他钻出木桶看时，自己的木桶已离开了陡峭的岩石，在丛竹的包围中了。他在惊慌失措中，发现了岩下有一条羊肠小路，急忙离开了木桶，一手拨开竹，奋勇地冲过了岩石，荆棘刺破了他的手，树枝碰伤了他的头，他不顾一切兴奋地前进，终于被他找到了一条生路"，与仙女结婚后，"一对小夫妻，在一所简陋的茅屋中住了下来，因为他的命是竹子救的，于是他就以为这竹子是救他的神仙，连忙把竹子挖回来，用绵羊的毛包着，再以红绿线扎好，然后装在一个竹箩箩中，供奉起来，所以直至今日，夷（彝）族都信之为祖先灵魂的寄托，是他们最虔敬的神"。②

在广西隆林、那坡及云南富宁等县的彝族每年夏历四月初三举行"跳宫节"（彝语称"召契"、"孔告"），祭祀"金竹爷爷"。其来源是金竹在"很古很古的年代"的一场战事中掩护了白彝人的帕比（即族主、寨主）黄定，并由此战胜了敌人。传说是这样的：有一天，帕比的山寨被一批官兵占领，为了赶走入侵者，帕比设下埋伏圈，并只身前往引敌人入网，"他一手握着刀，一手用挡箭牌挡箭，逢河一跳而过，逢林一穿而过，逢岩一跃而过！跑了一阵，他的气越喘越粗，汗越流越多，力越使越少，步子越跑越慢了。又跑了一阵，

---

① 《洪水泛滥》，梁红译，第46-55页，云南民族出版社1987年版。
② 此传说系马学良调查所得，见其文《云南土民的神话》，载于1941年《西南边疆》第12期。

眼看就要把官兵引进埋伏圈了。就在这时,他两眼发花,两脚像棉花一样软,跑不动了。此时,他见草坪中有一蓬小金竹,灵机一动,就将头上的筒帽取下,装上石块抛到山谷口;又转身跌跌撞撞走到金竹边,躲在那蓬又稀又少又矮的金竹丛里。追在前面的官兵赶到那蓬金竹边,不见了帕比,扫了那蓬金竹几眼,见山谷口帕比的筒帽,就穿过草坪,跑进山谷中去。后面的官兵,见前面的进了山谷,也一群群、一队队地涌进山谷。有的官兵从金竹旁边擦过,有的从金竹上空跳过,都没有看见帕比藏在金竹里面"。敌人进入了包围圈,全部被消灭了。"帕比黄定,听见欢呼声,从金竹丛中站了起来,走出金竹蓬。为了不忘金竹救命之恩,他用大刀将那蓬金竹连根撬出来,带回山寨,栽在草坪中央。接着,在金竹周围打上木桩,编上篱笆,保护起来。这一天,正是农历四月初八!就在这天,帕比和公主杀猪宰牛,敬献金竹,并挂起铜鼓,支起木鼓,捧起葫芦笙,又敲又打,又吹又唱,围着那蓬金竹,跳起铜鼓舞来"①。祭者相信那蓬金竹的荣枯象征着族人的兴衰。为谋求族人的兴旺,时时诚敬顶礼,并用隆重的祭礼向它祈求保护。

滇南地区彝族殡葬祭词《查诗拉书》说:"身带金竹棍,路途无险阻。爬山山不高,渡河水不深。爬崖当梯搭,过江当船划;饿了当饭吃,渴了当水喝。寻祖道路上,若是天黑了,金竹似月亮,照亮你路途。寻宗道路上,若是天下雨,金竹似雨伞,保护你行程。"②

在四川大凉山的彝族神话传说中,竹被烧后发出震耳的爆裂声,让彝、藏、汉三族的始祖由"像一般动物"不会说话的哑巴变成喊出彝语、藏语、汉语的人,因而受到崇拜。神话说:

> 混沌初开,乔母一家生了三弟兄,长名石齐,次名石礼,三名石奇,都以耕田为生。他们终日在地里耕作。一天早上,他们下地后发现昨日所耕的一块地又硬结如昔。于是重耕,次日去看,又照旧板硬起来。奇异之中,三人决定守夜。那天夜里,月色朦胧,至夜半,田间隐约传出锄头之声,只见一老翁挥锄立在田中。石齐、

---

① 徐华龙、吴菊芬:《中国民间风俗传说》,第101-104页,云南人民出版社1985年版。
② 普学旺、梁红、罗希吾戈译注:《查诗拉书》,第44-45页,云南民族出版社1987年版。

石礼疑为鬼怪，一个提刀，一个拔箭，欲将老翁治死。石奇连忙制止，并上前恭敬地问老翁："为什么要搞这块地？"老翁说，七日后，天神将降临洪水，毁灭整个人间。石奇乞告解救之法。老翁告诉他们分别制一条铁船、铜船和木船而置身于内。七天之后，果然洪水横流，遍地成为汪洋，铁船、铜船和世间一切沉于海底，惟有石奇之木船随波逐浪，起伏在茫茫的烟波之中，最后搁浅在一个未淹的苏诺山尖（指今大凉山的龙头山岩）。石奇下船休息，救出水中漂来的蛇、蛙、虫、蜂等生物。得救的生灵，乃作更生的庆祝，在苏诺山顶欢歌，惟乌鸦退避一隅，并告诫所有生灵："天公之降洪水，意在灭绝世间一切生灵，然我辈余生，仍匿居山顶，正宜卧薪尝胆，以图自救，何以为乐？！"于是大家计议，推蛇乘雁，蛙骑雀，乌鸦、黄蜂做先导，向天宫求生。那天早上，天母刚出宫门，有一黄蜂飞来，在她手上刺了一针，她到水缸去洗手，又被缸底的毒蛇咬了一口，天母因此昏倒在地，天女伤心哭泣。此时跳出一只青蛙，对天公说："若答应我的条件，我可将天母医好。"天公说："金银财宝任你挑。"青蛙说："这些我不要，我只要天女许配给乔母石奇。"经过一番周折，天女最后果然与石奇成婚。洪水退时，他们已生三子，但长大后不会说话，像一般动物。后天母告诉飞去天宫的黄蜂，要把这三个哑巴治好成会说话的人，非烧三个竹筒不可。石奇依此将三竹筒放在火中，竹筒劈啪劈啪爆裂了三声，三个哑巴惊吓得大叫。老大喊出一声彝语，老二喊出一声藏语，老三喊出一声汉语。他们三人即是彝、藏、汉三族的始祖。①

滇、桂、黔、川彝族的洪水神话大都涉及了竹，差别仅在于竹对人类起源的作用略有不同，或云彝族由竹所生，或说始祖拉着竹爬到大地，或曰祖先所坐的木桶从悬崖上滚下被竹挡住，又说祖先躲进竹丛避免被敌人杀戮，还说竹发出的爆裂声使人类的祖先说出话来……总之，是竹使人类得以产生和赓续，因而被视作祖先而加以崇拜。

---

① 这一神话传说系何耀华采访所得，引自其文《彝族的图腾与宗教起源》。

在傣族中也有类似的神话传说。传说在远古的洪水茫荒时代，人和一切飞禽走兽都死光了，草木也全被淹没了，"智贤长者叭桑目底没有死，他……用一根竹棍指点着各种死兽死鸟，于是这些飞禽都一个个活过来了"①。叭桑目底用竹救活了世界的生命。傣族创世史诗《巴塔麻嘎捧尚罗》也有关于竹在人类创世过程中发挥神异作用的记载：创世始祖英叭放种子于葫芦中，就有了竹的种子，补天地的男神布桑嘎和女神雅桑嘎赛在创造万物时，种出了"成蓬的竹子"。把竹与祖先创世联系在一起，表现了傣族对竹的崇拜心理。②

2. 竹灵位：灵魂的寄托之所

在川、滇、黔、桂的彝族中，普遍实行供祭竹灵位。人们认为，人死仅只是身体的消亡，灵魂依然存在，身体死亡后灵魂无所寄托，漂浮游荡，因此需为死者设置灵位，作为灵魂的寄托处所。彝族所设灵位由竹制成。死者遗体火葬后，请毕摩作法祭奠，灵魂就在竹制的灵位中"安神入位"。

彝族以竹制灵位见诸史册。《旧云南通志》说：彝族"葬无棺，缚以火麻……焚之于山。既焚，鸣金执旗，招其魂，以竹签裹絮少许，置小篾笼，悬生者床间"。《宣威州志》亦云："黑罗罗死则覆以裙毡，罩以绵缎，不用棺木……三五七举而焚之于山，以竹叶草根，用'必磨'因裹以绵，缠以彩绒，置灵筒中，插篾篮内，供于屋深暗处，三年附于祖。"

彝族的灵位虽大都离不开竹，但各地竹灵位的形式有所差异。竹灵位的形式主要可分为竹条、竹筒、篾箩笥等种类。

竹条灵位通行于云南禄劝、武定等县的彝族地区。制作方法是用红线绿线把许多山竹条缠起来，"人若一节兮，缚以竹三节；竹若三节兮，缚以六节处；人若六节兮，缚以九节竹；竹若九节兮，上由天宫白头仙来缚，中由天宫弯腰仙来缚，下由天宫黑脚仙来缚，置灵柏枝林，置灵呗藤冠，置灵呗布都（巫师祖神），置灵呗灵杖，置灵白洁米，置灵香醇酒，置灵以香茗，灵位保子媳，

---

① 云南省编辑组：《傣族社会历史调查》（西双版纳之八），第178页，云南民族出版社1985年版。
② 何斯强：《傣族文化中的稻和竹》，《思想战线》，1990年第5期。

保佑诸子裔，孙居旺，族居昌"①。竹条之多代表人的"节"之多，红绿线代表各种神仙来捆缚。

为什么要用竹条做灵位呢？彝文祭经说："古昔牛失牛群寻，马失马群寻，人失竹丛寻。古昔世间未设灵，山竹即疏朗，生长大菁间，菁间伴野竹；生长玄崖间，玄崖伴藤萝。未设灵牛食，未设灵马食，未设灵禽柄。今日设灵祖得依，设灵妣得依，设灵获子媳，保佑诸子裔。古时木阿鹿臬海，天鹅孵幼雏，鹊雁生幼子；散至松梢间，松梢请灵魂；孵入竹谷中，麻勒巫夏，狗变狼口黑，猪变牛胡长，牛变鹿尾散，鸡变野鸡美，彼变非其类，祖变类亦变，祖变为山竹，妣变为山竹。"人由竹所生或由竹搭救而得以生存，人生时身为肉体，人死后又复归于竹，身为竹体，所以用竹做灵位，寄托灵魂．表示死后仍归其宗。②

竹筒灵位通行于云南宣威一带的彝族地区。竹筒灵位由一根长约三四寸的竹筒制成，底端注明姓名。内部放置有羊毛、花针、花线、米粒等物。灵筒的制作方法是，用一只约四寸的蜡母条，去掉皮，尖端劈成"×"形，再用另一长约二寸者中段削扁，插入长条的入口处，成一十字架形，再用红白线扎紧，女子则扎以红绿线以资识别，并且只作单形，不作十字架。这种灵位并非任何人死后都得设立的，死时不足二十岁的人和无子女的妇女均不得设立。③

彝族以竹筒为灵位，与他们认为其祖先渊源于竹的宗教观念相关。彝族的祖先起源神话说："太古时代，在一个河水面上，浮着一个兰竹筒，这个竹筒流到崖边爆裂了，从筒里出了一个人来，他叫作阿槎，生出来就会说话。……他住在地穴里，过着采拾和狩猎的生活，后来与一个女子婚配生子，就是今之夷（彝）族。"④

篾箩箩灵位在彝族中也是较为普遍的一种灵位。具体形式可分为四类：纯篾箩箩、竹筒篾箩兼用、山竹根羊毛作灵魂附于箩箩中、篾箩盛木桶。直

---

① 马学良：《倮文作祭献药供牲经译注》，《国立中央研究院历史语言研究所集刊》第20本，1948年版。
② 参见马学良：《宣威倮族白夷的丧葬制度》，载于1942年12月《西南边疆》，第16期。
③ 同上。
④ 雷金流：《云南澄江倮倮的祖先崇拜》，《边政公论》第3卷第4期。

接用竹箩箩表示祖先灵位的形式通行于云南寻甸县等地。其起源大概似前面所说的贵州威宁的始祖神话传说。

竹筒箩箩兼用灵位是用竹筒插进箩箩内。这种灵位流行于云南宣威的彝族中。道光《云南通志·白猡猡》引《旧云南通志》说:"即焚,鸣金执旗,招其魂,以竹签裹絮少许,置小篾笼,悬生者床间。"用箩箩装灵位与四川凉山彝族一个崇拜祖先的传说有关:

  古时有个叫约斯特尼的老人,活到一百二十岁时,形貌变得像猴子,看上去十分可怕。他的子孙相信百岁以上老人会变鬼害人的说法,不敢再与他生活下去,决定打牛打羊来活祭他,并用箩箩将他背去高山投岩。背至中途,约斯特尼谓:"儿啊!今天我要死了,再也见不到你了,放我下来休息一下吧,我要好好看看你。"放下之后,他指着背他的那个箩箩说:"这个垮垮(箩箩)你要好好保存下来,它对你们还有用。"其子疑而不解,乃问之。答曰:"我家祖祖辈辈皆属长寿之家,你们也会活一二百岁,你的儿孙也会背你去投岩,何不把它留下来给他们使用呢?"其子恍然大悟,觉得父母生时必须敬重,死后必须祀奉,否则,自己的子孙也会对自己无道的。于是,其子又把他背转回来。约斯特尼死后,其子以箩箩来供奉他的灵牌。①

山竹根羊毛作灵魂附于箩箩中的灵位在西南彝族中较为普遍。流行于云南哀牢山区彝族村寨中的殡葬祭词《查诗拉书》的第六章《吃夜宵篇》说:"嗯一丧者哟!去到了阴间,应把爷爷寻,去把奶奶见。你的儿与女,你的重孙子,你的重孙囡,你的后代裔。砍回金竹来,挖回竹根来,割回尖刀草,给你做灵牌。"②其法是,人死后,其亲属赴山中选竹一棵(标准是长得直,未被虫蛀),供献酒、鸡蛋后连根挖起,取孝子拇指第一节长的一节根,裹以羊毛,扎以红绿丝线。男性死者扎九圈,女性死者扎七圈,毕摩念《招魂经》,并以死者骨灰少许放入竹筒之内,装入一小布袋,插以篾刺,置小箩箩内,悬

---

① 何耀华:《试论彝族的祖先崇拜》,《贵州民族研究》,1983年第4期。
② 普学旺、梁红、罗希吾戈泽注:《查诗拉书》,第38—39页,云南民族出版社1987年版。

于锅庄前面之墙上。澄江彝族的做法是用红色纱布（或彩色纸）包一竹枝及死者骨灰少许而成。还有一种做法是"截手指粗五寸长的木棍一节，一端用刀劈寸长的缝，内放少许竹根（或米大的竹粒）和一钱碎银子。顶端捆一撮羊毛，男性用红线扎九匝，打结在前作为天菩萨（凉山彝族男子在额前留一方形的头发，束成一小辫，用帕竖立包着，人们视其为天神的代表，俗称天菩萨）；女的用绿线扎七匝，打结在后作发辫。进行作马都仪式需用鸡四只，猪五只，燕麦一袋，鸡蛋五个，柳、耳、苏（耳、苏系彝语）三种树各三百根及有权的树枝五十对。作时除一只鸡留在家外，其余东西皆拿到火葬场去，由毕摩将树枝在地上插成四行，猪、鸡拴在每行之前，鸡蛋、燕麦面亦与树枝放在一起，边念经边作灵牌。经文的内容是招亡灵来附于所作的灵牌之上。作毕，打三猪三鸡烧吃，并将灵牌带回家来，放入一小篾箩，挂在锅庄前的墙上。再念经祷告，祈其佑护子孙"。①

山竹根羊毛作灵魂附于篾箩中的灵位，其意义是什么呢？马学良先生认为："倮族（即彝族）死者灵位用山竹根的意义是根据一个传说来的，据说古代洪水泛滥之时，世人全被淹死，惟有倮族始祖渼阿木奉太白星君的指示，控一化桃筒，随水漂流，方得脱险。及洪水退落，化桃筒挂于比古阿斥山崖，斯时祖人进退维谷，后又蒙太白星搭救，并介绍天女成婚生子，即今日倮族之始祖。当化桃筒挂在山崖上，始祖攀着周围的山竹走下，方免坠崖殒命，所以山竹是救祖的恩物，自此后裔感念山竹救祖之恩，并以山竹永能护祖，故灵位中用绵羊毛的意义，是根据作斋经中'祖裔如绵羊'一语来的，象征后裔如绵羊之驯善昌盛。"②

篾箩盛木桶灵位曾为云南宣威彝区所用。二十世纪四十年代，在宣威普鹤乡卡腊卡村后面的幽静山林中，建有一供祖堂，其中供奉着天、地、神仙、被难脱险的祖人及其妻五位神。其中祖神以青浆栎、松树等坚固耐久的木材制成。其法是：截一段二寸左右的木头，两端削成圆锥形，中部圆而粗大，横分为两片，在中心位置凿出一圆坑，放入一粒从深山捡择来的红色天然明珠，

---

① 何耀华：《试论彝族的祖先崇拜》，《贵州民族研究》，1983年第3期。
② 马学良：《倮文作祭献药供牲经译注》注(35)，《国立中央研究院历史语言研究所集刊》第20本，1948年版。

再把两片木头合拢，用胶水粘住，两端用红丝线扎好，以防胶水脱落两片木头分开，然后用竹子编成一个精致的竹篓，竹篓呈圆柱形，高五寸，恰好能容纳那只木桶，木桶装进去后用竹篓盖封好。篾篓盛木桶灵位象征着祖宗在洪水泛滥中漂流的情景。木桶代表当时祖宗乘坐的木桶，红色天然明珠代表祖先的灵魂，竹篓则表示阻挡祖宗从悬崖摔下的竹丛。①

彝族的竹制灵位种类繁多，制作方法多样，反映了不同地区彝族和彝族不同支系祖先神话传说的变异和文化的差异。

3. 以竹为姓

姓氏往往与祖先的来源或生活环境相关，折射出宗教观念和信仰情感。西南地区曾有以竹为姓氏的情况。《华阳国志》卷4《南中志》说夜郎"氏以竹为姓"。据清代田雯的《黔书》和张澍的《续黔书》等史籍记载，杨老、黄丝驿（今贵定、福泉一带）还有"竹二郎"、"竹三郎"祠，说明此地曾有过以竹为姓的人家，其子有称为"竹二郎"、"竹三郎"者。贵州彝族古歌《迤那》（即夜郎）说："迤那的城池，迤那各君住。"迤那在今滇东北、川南及贵州大部，计有二十余君，其中一君即称作"竹君"。云南彝族典籍《夷僰榷濮》（六祖史诗）在叙述彝族先祖的由来时说："闻于吉是祖，于吉阿俄二，阿俄阿纳三，阿纳阿哦四。阿哦是竹君，竹君名阿纳，竹臣名阿勒，竹师名藤密。"②

禄劝、武定两县彝文经典所记述的早期家支谱系中，第一代祖先的名字均冠以一动物、植物或自然现象的表征，其子系则取祖先名字的末一或两个音节连名传递。例如埃部族谱中的一些氏族谱系，每一支第一代祖先的名字是：彻克卢恶、耆乌基、模阿奇、福以库、地是彻、黑阿土。这六个名字的首字在彝语中均有特定的意义，其中"耆"的意思是竹。何耀华先生认为："这些意义是源出于古代的图腾制度的。"③

---

① 马学良：《云南土民的神话》，《西南边疆》，1941年第12期。
② 云南省少数民族古籍整理出版规划办公室：《夷僰榷濮》，第36—37页，云南民族出版社1986年版。
③ 何耀华：《彝族的图腾与宗教起源》，《思想战线》，1981年第6期。

许多彝族由于受到汉文化的影响，或早或迟改用了汉姓，但竹等原始图腾名称仍得以保存，与汉姓共用。例如，云南哀牢山区南华县属的摩哈苴彝村，1950年以前有鲁、李、罗、何、张、杞六个汉姓的彝族，他们根据制作祖先灵位的质料的不同而分成不同的宗，其中鲁姓分作竹根和棠梨树两宗，分别称为"竹根鲁"和"棠梨鲁"。"这种称谓，当为古代图腾制度遗风"①。曾以竹为图腾的彝族，其氏族即以竹作为标志和名称。

4. 竹禁忌

在原始宗教和巫术观念中，有时被列为图腾、崇拜物等的植物、动物及其他事物普通人或平常状态下不能接触与处理，否则认为会触犯神怒而罹祸，甚至祸延及氏族。只有具备特赋灵力的巫师、祭司或普通人在特定仪式中，才得触及与处理神圣之物。竹的某些种类或部分也被一些彝族支系按其图腾制度和崇拜对象而被列为禁忌内容。

居住在四川凉山彝族自治州和云南永胜县的水田彝族以竹根做先人的灵位，故禁止砍、烧柴，而且不得拉进门，小孩不知误抱进屋，则要遭到家长斥责，尽快拉到屋外，怕引进祸祟，犯头痛或肚痛病。水田彝族的黑姓一支传说其祖先刚出生时是一血胞，被始祖扔到黑竹坝子，该处突有人烟，就以黑为姓，以黑竹为图腾，故禁烧黑竹子。②

广西隆林、那坡及其毗邻云南富宁等县的彝族村寨中，留有一块宽二方丈以上的空地，彝族称之为"的卡"，意为"种的场"，中央种着一丛兰竹，其高者高约四丈，枝干粗至径有六寸到一尺。竹根的周围砌有石头围子，围以直径在五尺以上的大石块，石块周围再用高约丈许的竹栏栅围着，以阻隔一般人随意进入。"的卡"中种的金竹平常严禁砍伐破坏。一般情况只在每年农历四月二十日的祭竹大典——"跳宫"时，方准许人们进入"的卡"，接触金竹。届时，除去栏栅，在竹根前搭起一祭台，先由祭司毕摩作法诵经，继而由跳公（领导跳舞的长老）率领村民跳舞。男子出左手与女子牵持盘旋，

---

① 何耀华：《彝族的图腾与宗教起源》，《思想战线》，1981年第6期。
② 陈宗祥：《西康栗栗水田民族之图腾制度》，《边政公论》第6卷第4期。

而以右手握木矛边跳边将其投给对面来往的男子。这一祭竹活动一直持续三小时左右才完毕。最后，把木茅插在兰竹脚下，再以新竹枝重新筑起栏栅。①

5. 竹：神的标志

傣族的社神、寨心神、水神、谷神、家神的标识物与象征物，往往用竹制作或与竹相关。在西双版纳傣族地区，每个村寨都有守护神，其标志就是在村寨边用竹搭成的小棚或用竹篾围起的土堆，供全寨人供奉并每年定期祭祀。②个动也有自己的社神，即"开辟这一区域的祖先"③，祭祀时的祭架皆用竹子制作，"祭架系用竹竿搭成，有如一高茶几。其上插小型的与捉鳝鱼的鱼篓相似之竹篓两个，又小型的与现在用的蝇拍相似的竹制拍子两个。另以四个'寮'（小竹篓），结于祭架之前脚"。只有主持祭祀的大巫官才能坐在上面。此外，每个傣族村寨还设有"载曼"（寨心神），其标志为以竹篾编织装土。④

傣族村寨每年春耕开始时要祭水神，届时要用一根粗竹插在水田中，上部劈开放一根两头削圆的木头，中间用竹篾编成一个类似房顶状的器物，表示水神居住处的祭祀的供品则放在这个竹制器物中。⑤德宏地区的傣族在祭谷神时，要把用竹篾编织成的避邪之物"七眼星达繁"蘸上牛血进行祭祀，并把它插在田头，以示神灵所在，起到驱逐邪魔、保佑谷物丰收的巫术作用。同时，还把"七眼星达繁"挂在牛厩的门上，⑥以便保佑牛畜兴旺。在此，竹制的器物是神灵的象征与代表，通过对它的祭祀崇拜，把人的希望与渴求传达给神灵，

云南孟连傣族屋悬挂的"达篆"（自《云南民族住屋文化》）

---

① 参见雷金流：《滇桂之交白罗罗一瞥》，《旅行杂志》，第18卷第6期。
② 参见张公谨：《傣族文化》，吉林教育出版社1986年版。
③ 陶云逵：《车里摆夷之生命环》，《边疆研究论丛》，（1948年）。
④ 《傣族简史》，云南人民出版社1986年版，第235页。
⑤ 参见曹成章：《傣族农奴制和宗教婚姻》，第118页，中国社会科学出版社1980年版。
⑥ 云南省编辑组：《德宏傣族社会历史调查》（三），第164页，云南人民出版社1987年版。

从而得到神灵的庇护与保佑。傣族的家神"丢拉很"代表着每个家庭的祖先,在西双版纳傣族地区,家神的祭祀常常离不开竹,家神一般供奉在主人卧室上方的竹梁上,或火塘上面的竹篾架上,主人每天早上都要给竹梁上或竹篾架上的家神供上一团米饭、一杯清水。①

在中国实用宗教文化土壤中,竹被神圣化,具有送子、延寿等宗教功能,并因与彝族、傣族和景颇族等少数民族祖先的神话传说有密切联系而成为图腾。

---

① 参见何斯强:《傣族文化中的稻和竹》,《思想战线》,1990年第5期。

第十章 赋竹赞竹,寓情于竹

——竹文学符号

当你遨游于中国古典诗歌的海洋,一首首神韵独具的咏竹诗就会使你留连忘返。竹,是中国古代诗人咏不尽的对象;竹,凝聚着无数文学家的审美理想与艺术追求,融注了他们多少炽热情感和睿智思索;竹,实在是中国古代一种极富中华民族文化特色的文学符号。

一、从文学中的符号到文学符号

竹林(董文渊摄)

竹从进入文学作为意境的一项辅助构件,到成为诗文主要描绘的中心意象,即从文学中的符号到文学符号,经历了漫长的历史进程。

在文学中,竹艺术符号化的历程经历了滥觞、诞生、鼎盛、发展四个阶段。

1. 先秦两汉:滥觞期

早在远古时代,竹即为中国先民们制造生产工具和生活用具的一种重要材料,成为其生产生活常备常用的物品,因而歌谣把竹作为一种物象进行描绘则在所难免了。从现存典籍来看,《弹歌》是中国诗歌史上最早咏及竹的作品,它歌唱道:"断竹,续竹,飞土,逐宍。"在这首歌谣中,竹仅仅当作弓的制作材料提及,其主旨并非歌咏竹,而是表现弓的制作及以之打猎的过程,对竹在本质上并未倾注更多的情感、观念与审美情趣。

历史从野蛮时代步入文明时代,揭开了有文字记载的历史新篇,中国古代文学建造出第一座光照千秋的丰碑——先秦文学,创造了《诗经》和《楚辞》这两颗璀璨的明珠,作为中国古典诗歌的直接源头,其中即已有诸多咏及竹的篇什和诗句,或以之为比,或以之为兴,成为诗歌意境的重要构件之一。

《诗经》、《楚辞》中写到簜、筐、箕、管、笱、筥、笠、簏等各种竹器的篇什俯拾即是,直接引竹入诗、描绘竹的篇章亦有三篇之多。如《卫风·淇奥》云:"瞻彼淇奥,绿竹猗猗。"又:"瞻彼淇奥,绿竹青青。"又:"瞻彼淇奥,绿竹如箦。"三章起始均以绿竹为兴。朱熹注云:"淇上多竹,汉世犹然,所谓淇园之竹是也。猗猗,始生柔弱而美盛也。""卫人美武公之德,而以绿竹始生之美盛,兴其学问自修之进益也。""青青,坚刚茂盛之貌。以竹之坚刚茂盛,兴其服饰之尊严,而见其德之称也。…"箦,栈也。竹之密比拟之,则盛之至也。以竹之至盛,兴其德之成就。"① 把诗意归结为赞美卫武公之德行,未免牵强,但认为竹作为起兴有其内涵却为不妄之论。在这首诗中,竹虽然只是作为每章之首比兴的植物,仅为诗人偶然拈来以构筑意境的物象之一,然而却已被赋予了一些象征意味,在竹与其所指之间构筑起临时性的符号代码——信息指称关系。《小雅·斯干》中亦有句曰:"如竹苞矣,如松茂矣。"郑玄笺云:"言时民殷众如竹之本生矣。"孔颖达疏曰:

---

① 朱熹集注:《诗集传》,第34—35页,上海古籍出版社1980年版。

"竹言苞，以竹笋丛生而本概也。"斯诗相传为周宣王建造宫室时所唱之诗，以竹苞即竹茂盛比喻家族兴盛。这是《诗经》赋予竹另一种象征意义，在竹与其所指之间构筑起另一符号代码——信息指称关系。此外，《诗经》中尚有"籊籊竹竿，以钓于淇"，"其蔌维何，维笋及蒲"等写到竹的诗句，《楚辞》中亦有"余处幽篁兮终不见天"等描绘到竹的诗句。但竹与《诗经》、《楚辞》中其他动植物一样，未摆脱"做引子"[①]的地位，为"先言他物以引起所咏之词"（朱熹给兴所下的定义）之"他物"，还不是"己物"，也就是说，竹既不是诗的主题，也未能与作者所要表现的情趣、感受融为一个统一的有机整体，而仅只是不可分地彼此相连，仅只是情趣、感受的衬托。虽然说"诗之咏物，自三百篇而已然矣"[②]未免牵强，然而这种以鸟兽虫鱼为比兴而引发情志的作用，确是孕育后世咏物诗文的一颗种子。

汉代枚乘《梁王菟园赋》中有"修竹檀栾夹池水"之句；汉乐府民歌与古诗（汉佚名文人所作）亦有咏及竹者，如《汉乐府·白头吟》的"竹竿何嫋嫋，鱼尾何蓰蓰"，《古诗十九首·冉冉孤生竹》的"冉冉孤生竹，结根泰山阿，与君为新婚，兔丝附女萝"。前者以竹竿钓鱼，喻男女情爱相投；后者以竹托根于大山之坳，喻妇女托身于君子（或认为女子婚前依于父母）。这些诗中描写竹的诗句与表现情感、叙述事件的诗句之间不再像《诗经》那样彼此在形式上相隔、各自形成独立的语言单元，在语言形式上基本做到浑融一片，然而，竹的意象与所抒之情、所叙之事之间的内在关系仍未能达到水乳交融的整体。正如叶嘉莹先生所说："三百篇所写者仍毕竟是以情志为主体，而并不以物为主体，所以'三百篇'虽然亦有鸟兽草木之名，但却不能目之为咏物之诗篇。"[③]

在先秦两汉文学即竹文化的滥觞期，咏及竹的诗句已出现，或以竹为兴，或以竹为比，成为诗歌所抒发之情感和所叙述之事件的"引子"、背景或喻依，仅为诗歌内容和意象的一个构成部分，而不是贯穿全诗的主题与中心意象，即只是艺术中的符号而不是艺术符号。同时，由于人们尚把自然视为外在于

---

① 朱光潜：《诗论》，第67页，三联书店1984年版。
② 清康熙时所编订《佩文斋咏物诗选·序》。
③ 嘉莹：《灵溪词说》续17，《四川大学学报》，1986年第4期。

人的异己对象，诗人们用感官去感受，未曾用自己的情感、心灵去融化，因而意象与情趣存在着尼采所说的日神阿波罗(Apollo)与酒神奥尼苏斯(Dionysus)之间的冲突与隔阂①，还没有达到二元合一、水乳交融的境界。尽管如此，先秦两汉文学已露出咏竹诗的端倪，形成了咏竹诗的胚胎。在中华文化母腹中，这个胚胎终究会成长为婴儿并呱呱坠地的。

2. 魏晋南北朝：形成期

汉末"品题人物"的清议，至魏晋之际演化为"辨名析理"的清谈，并吸收儒道思想尤其是老庄思想，形成了玄学思潮。崇尚自然、游玩山水、欣赏风光是玄学家及名士谈论的中心议题与生活情趣，于是，自然不再是冷漠、异己之物，而是名士们逃避现实、摆脱痛苦的避难所和怡神荡性、宣泄自我的欢乐场，成为人的外在延伸和精神世界的具体表现，成为"人化的自然"。竹，作为"人化的自然"的一部分，为人们所喜爱、所陶醉、所歌咏。《晋书·王徽之传》记载了这样一件事：徽之性卓荦不羁，"时吴中一士大夫家有好竹，欲观之，便出坐舆造竹下，讽啸良久。主人洒扫清坐，徽之不顾。将出，主人乃闭门，徽之便以此赏之。尽欢而去。尝寄居空宅中，便令种竹，或问其故，徽之但啸咏，指竹曰：何可一日无此君邪！"赏竹、赋诗、赞竹、咏竹之风日盛，朝野名士趋之若鹜，骚人墨客始著意于此。晋代玄学家郭璞始作《山海经图赞·桃枝》，曰："蟠冢美竹，厥号桃枝。丛薄幽蔼，从容郁猗。箪以安寝，杖以扶危。"②这是对其功用的赞美。江迪继作《竹赋》，云："有嘉生之美竹，挺纯枝于自然，含虚中以象道，体圆质以仪天。托宗爽垲，列族圃田；缘崇岭，带回川；薄循隰，行平原。故能凌惊风，茂寒乡，藉坚冰，负雪霜，振葳蕤，扇芬芳。禽幽液以润本，承甘露以濯茎；拂景云以容与，拊惠风而回萦。"③进一步对竹自身的一些特性进行描绘与赞颂。此外，尚有王羲之的《邛竹杖帖》、戴逵的《松竹赞》等文与赋。晋代的咏竹文学，体裁限于文与赋，诗歌尚未出现，而这些文、赋恪守"赋者，铺也"的体裁，采用"铺采摛文"的主要

---

① [德]尼采：《悲剧的诞生》，周国平译，第24—108页，三联书店1986年版。
② 张溥编：《汉魏六朝百三家集》卷57。
③ 欧阳询：《艺文类聚》卷85。

手法排列竹的特性，描写呆板生硬，并且议论多于抒情，带有较浓厚的玄言气氛，竹虽然还不是完全意义上的艺术符号，含有某种哲学思想符号的意味，但毕竟上升为作品的主要意象，贯穿于全文了。

历刘宋至南齐，不仅咏竹作品日益增多，体裁扩大到诗歌领域，而且随着玄言诗风的扭转和山水诗派的出现，人们与自然及竹的关系更加亲近，竹渐为文学家的情感、观念所浸润而成为意象，因而咏竹作品的审美价值与艺术品位大为提高，严格意义上的咏竹文学诞生了，其标志就是谢朓的《秋竹曲》和《咏竹》二诗。前诗咏到：

　　婵娟绮窗北，结根未参差。
　　从风既袅袅，映日颇离离。
　　欲求枣下吹，别有江南枝。
　　但能凌白雪，贞心荫曲池。

后诗云：

　　窗前一丛竹，青翠独言奇。
　　南条交北叶，新笋杂故枝。
　　月光疏已密，风来起复垂。
　　青扈飞不碍，黄口得相窥。
　　但恨从风箨，根株长别离。

前诗借歌颂竹不畏严寒、忠贞荫池之性，表现了诗人坚贞不屈、忠心不二的情操；后诗以笋成竹后箨（笋壳）与竹茎相分喻人间别离之情。在二诗中，竹与所表现的情趣之间已形成内在、深层的指称与表现关系，尤其是竹的不畏风雪寒冷与人的坚贞忠诚之间建构的符号代码——所指意谓关系的恒定性由此得以确认，为后世诗人反复歌咏，因此，这两首诗的出现，标志着竹作为文学符号的诞生。

3. 唐宋：鼎盛期

唐代，疆域得到极大开拓，封建社会经济空前繁荣，思想意识颇为民主，文学家们的眼界顿然开阔，创造欲望极为旺盛；同时，文学，尤其是诗歌，在前代积累的创作经验和艺术技巧的基础上，又有长足发展，达至"前无古人,后无来者"的峰巅。在这样的社会文化的背景之下,咏竹诗文历尽"九河十八湾",终于汇入大海,迎来了鼎盛期。

有唐一代,竹成为文学家们慧眼瞩目的审美对象之一,从皇帝、权臣至一般士人和下层民众,都有人歌咏竹,仅《古今图书集成》所录,写竹者就有九十五人之多。大文学家王维、李白、杜甫、韩愈、柳宗元、白居易、李商隐等,人人皆有咏竹佳作传世,尤其是白居易,亲自种竹养竹,爱竹之情甚笃,对竹一咏再咏,留下诸多脍炙人口的咏竹诗文;唐代咏竹文学体裁丰富,不仅有诗歌,还有表、记、赋等;唐代诗文中写到竹与竹制品的作品不计其数,数不胜数,直接以竹为母题和中心意象进行描绘者,亦开卷即得,颇为丰富,《古今图书集成》所录即多达一百七十五篇,内容、风格丰富多彩。

在唐人眼中,外部世界可以被人所改造,人的主体意识空前高扬,自然往往为诗人们的情感、意志所浸润与统摄,与人之情感、意志相融会而成为意象,即自然物象变为情感、意志的符号,主客之间的隔膜被打通,冲突得以消融,走向了交融与统一。例如杜甫的《苦竹》:

青冥亦自守,软弱强扶持。
味苦夏虫避,丛卑春鸟疑。
轩墀会不重,翦伐欲无辞。
幸近幽人屋,霜根结在兹。
清晨止亭下,独爱此幽篁。

杜甫在此诗中把苦竹视为地位卑微而清高坚定者的形象加以歌颂,表层看是赞竹、爱竹,深层看则在颂人、自赏,竹与人、苦竹之性与寒士之情融为一体、契合无垠。诚如钟惺所评:"少陵如《苦竹》……诸诗,于诸物有赞美者,有悲悯者,有痛恨者,有怀思者……有用我语问答者,有代彼对答者,蠢者灵,细者巨,恒者奇,嘿者辩。咏物至此,神、佛、圣、贤、帝王、豪杰具此难于着手矣。"①

再如,韦庄的《新栽竹》:

寂寞阶前见此君,绕栏吟罢却沾巾。

---

① 仇兆鳌:《杜少陵集详注》卷8《苦竹》诗后注。

第十章 赋竹赞竹，寓情于竹

　　　　异乡流落谁相识，惟有丛篁似主人。

如果说上面所举杜诗是触景（竹）生情，韦庄的这首七绝则是因情觅景。诗人流落他乡（可能是韦庄在黄巢起义时流寓南方时所作），漂泊寂寞之情涌上心头，无处寻知音，无法遣哀愁，无人诉衷情，只有那常见常伴的竹篁，仿佛是旧时故人，似解得诗人黍离之悲，似能消除诗人心中块垒。竹不仅人格化为诗人故交，而且被赋予善解人意之品格。竹与人可以说亲密无间，竹完全被情感化、主体化了。唐代诗人们做到"与君尚此志，因物复知心"①，人情与物理得以融合与统一。在唐代咏诗文学中，竹所指或表现的，主要是诗人的审美情感。

　　宋朝社会、经济和文化上承唐代而又有发展，对隋唐文化有精深研究的陈寅恪先生指出："华夏民族之文化，历数千载之演进，造极于赵宋之世。"②在这样的文化土壤中，开出可与唐代相媲美的咏竹文学之花。宋代咏竹文学无论在作者人数上、作品数量上，还是体裁种类上，都不亚于唐，而且在咏竹作品意境的精细性、竹作为文学符号所指的深度和广度等方面，均有新的开拓与成就。例如王安石的《华藏院此君亭咏竹》：

　　　　一径森然四座凉，残阳余韵去何长。
　　　　人怜直节生来瘦，自许高材老更刚。
　　　　会与蒿藜同雨露，终随松柏到冰霜。
　　　　烦君惜取根株在，欲乞伶伦学凤凰。

此诗着意刻画了竹的庇荫、挺直、有节、刚硬、耐寒等特性，结句运用《庄子》凤凰栖于梧桐典故以显竹之高志。而透过表层意义，我们即能体悟到诗中的文学符号竹所表现的全然是作为政治家兼文学家王安石的个性、人格与志向，诗人在此诗中借竹自况。再如苏轼的《霜筠亭》：

　　　　解箨新篁不自持，婵娟已有岁寒姿。
　　　　要看凛凛霜前意，须待秋风粉落时。

这首七绝抓住了竹耐寒的特性加以描绘，与孔子"岁寒而知松柏之后凋也"

---

① 张九龄：《答陈拾遗赠竹簪》。
② 陈寅恪：《邓广铭宋史职官志考证序》，见《金明馆丛稿二编》，第245页上海古籍出版社1978年版。

的神韵相类，大抵表达了刚毅不畏艰险者自幼即已培育了坚毅的性格，只有在危难之际方显示出其英雄本色的意指。此诗借竹说理的意味颇浓。

宋人的咏竹之作，虽在意境的深融、刻画的具体形象及情感的真挚、细腻方面不及唐诗，但在突出竹的形象特征、意蕴的深刻方面又胜唐人一筹，竹的文学符号所指称与表现的内容已由理性之网过滤，说理的成分大为增加。宋代的咏竹文学，尤其是咏竹诗，以理趣为其特征。

4. 元代至近现代：延续期

唐宋两朝之后，封建文化逐渐丧失其生机与力量，深植于封建文化土壤之中的咏物诗文的地位日趋摇撼，受到市民文学——戏曲与小说日益强大的冲击，"五四"以后又为新崛起的自由诗、白话小说等新文学所掩蔽，咏竹诗文的创造性趋于微弱，再也没有闪烁出昔日的耀眼光芒。然而，竹作为中国文学的一个重要母题，不仅不会骤然消逝，而且不同时代文化中的文学家们不断地赋予其新的主题，竹这种文学符号随着历史的演进，不断获得新的指称——表现意义。从元代虞集的《高竹临水上》和杨维桢的《方竹赋》、明代高启的《师子林修竹谷》和王世贞的《竹里馆记》，到清代郑燮的《竹石》和《题画竹》，直到现代，吴伯箫还写出《井冈翠竹》一文，咏竹文学虽为"余音绕梁"，但仍"不绝如缕"。竹文化的生命之流绵延不断，咏竹文学的长河奔流不息！

墨竹图（元·管道异）

二、竹文学符号能指的审美价值

　　文学符号与其他符号一样，包括能指（代码）与所指（指涉）两个层面，文学作品所描绘的形象（包括自然事物和社会事件等一切可以感知和想象的有形之物），就是文学符号的能指，通过文学形象所表现的意蕴（包括情绪、情感、意志、观念和思想等）即为文学符号的所指。文学符号是一种语言符号，但它与一般语言符号有所不同。一般语言符号以传达信息为直接目的，能指仅仅是一种载体，它无须把人们的注意力引向能指的形式本身，而是要把人的注意力导向所指，能指的形式只是传达所指的工具；文学语言符号的能指不仅承担有传达所指的职责，而且其自身的形式亦为至关重要，人们对于文学符号的接受，首先是对其能指的注意，并在此留连忘返，文学符号的能指既有工具的功能，同时自身又是目的，即所谓"无目的的目的性"。语言符号结构有"横向组合"(Syntagmatic) 和"纵向聚合"(Paradigmatic) 两种关系，一般语言符号以前种关系为主，后种关系为辅；文学符号则两种并重而略侧重于后者，它的能指必须建立起一种"联想的垂直结构"[①]，因此，"在艺术中，符号就是思想的具体感性基础的袒露"[②]。"诗歌不是一个以单一的符号系统表述的抽象体系，它的每个词既是一个符号，又表示一件事物，这些词的使用方式在除诗之外的其他体系中是没有过的"[③]。"符号的功能造成了符号关系场，要领会一个符号，必须首先知道它所代表的那个对象（符号的对象意义）并理解符号本身的意义（符号的涵义）"[④]，对竹这种中国文学符号的理解，亦需循此门径，首先感知其能指，体悟与分析能指的审美价值，梳理与把握竹这种文学符号的体系。

　　文学是高度个性化的作品，中国文学家的创作个性有多么丰富，咏竹文学所创制的竹符号形式也就有多么多姿多彩。从竹的种类来看，有咏慈竹者，

---

① 详见俞建章、叶舒宪：《符号：语言与艺术》，第 196-210 页，上海人民出版社 1988 年版。
② [苏] 鲍列夫：《美学》，中译本，第 485-486 页，中国文联出版公司 1986 年版。
③ [美] 韦勒克、沃伦：《文学理论》，中译本，第 201 页，三联书店 1984 年版。
④ [苏] 鲍列夫：《美学》，中译本，第 486 页，中国文联出版公司 1986 年版。

有咏苦竹者，有咏斑竹者，有咏水竹者，有咏苍筤竹者，有咏棕竹者，有咏方竹者……，可谓品类繁多；从竹所在地点来看，有咏院中竹、园中竹、簷前竹、阶前竹、斋前竹者，有咏池边竹、江边竹、山中竹、径中竹、道旁竹、岩上竹者，有咏寺中竹、庵中竹者，有咏县署中竹、中书省之竹、御史台之竹、刑部之竹者……，从庭院到寺庵，从山岩野溪到池边江畔，从普通人家到宫

翡翠长廊［蜀南竹海］

廷官府,无处之竹不被歌咏;从气候变化来看,有咏春天之竹、夏日之竹、肃秋之竹、严冬之竹者,有咏风中之竹、雨中之竹、雪中之竹、晴天之竹者……,四季更迭之竹态、阴晴雨雪之竹姿,诗文刻画殆尽;从竹的数目来看,有咏独竹者,有咏双竹者,有咏竹丛者,有咏竹林者,千竿万竿墨客不嫌其多,一枝两枝骚人亦赋情怀;从竹制物品来看,有咏竹簟竹扇者,有咏竹杖青马者,有咏笋鞭钓竿者,有咏竹轩竹亭者……,从生产工具到生活用具,从儿童玩

细竹(董文渊摄)

具到老人辅行之物,真乃琳琅满目,尽人诗怀……。中国文学中竹文学符号能指形式种类之众多纷纭,令人眼花缭乱,难以胜计。在此,我们仅从审美的视角对竹文学符号能指的形式进行走马观花似的巡礼。

竹作为一种自然植物,其形式本身即具有一定的审美价值,它挺拔、修长、匀称、青翠,竹竿呈较规则圆形,符合人类追求完美的审美理想,同时从根部到顶部直径均匀递减,距离大致相等地排列着竹节,在不变中显示出富有节律性的变化,达到和谐。这样一种与人类审美理想高度契合的植物,自然会吸引文学家们的审美注意,其形式美被诗文尽情描绘。王维有诗吟到:

　　闲居日清静,修竹自檀栾。
　　嫩节留余箨,新丛出旧阑。
　　细枝风响乱,疏影月光寒。
　　乐府裁龙笛,渔家伐钓竿。
　　何如道门里,青翠拂仙坛。①

王摩诘不愧为山水诗画的大师,短短五十个字,便勾勒出竹的形色、节箨、竹声、竹影及功用,不仅给我们展示出一幅优美的绘竹画卷,而且突出了竹在风中、月下及仙坛旁的风姿绰约,动静结合、虚实相间,既形象地再现出竹的形式,又生动地勾画出竹的神韵。

更多的诗文则着意点染竹的某一或几方面特征。有突出其"细"者,唐钱起诗云:"细竹渔家路,晴阴看结罾。"宋代文学家梅尧臣专作《细竹》一诗,咏竹之细。有极写其"高"者,唐李峤《竹诗》曰:"高竿楚江濆,婵娟含曙氛。"杜甫在《陪郑广文游何将军山林》中还用夸张的笔调写竹之高说:"名园依绿水,野竹上青霄。"竹因细而高则有修竹之美名,梁简文帝始作《修竹赋》以赞之,陈朝人贺循继作《赋得夹池修竹》以颂之,明人陆深作《修竹篇》三首,每首均以"瞻彼修竹"起句,极赞其修美。

竹修长而不弯曲,于是又有诗人赞其挺直。唐人李咸用的《石版》有"冷绮砌花春,静伴疏篁直"之句,宋代大文豪苏轼的赋《谷》盛赞其直,云:"谁言使君贪,已用谷量竹。盈谷万万竿,何曾一竿曲。"竹在挺直之中又富有韧性,

――――――――
① 王维:《沈十四拾遗新竹生读经处同诸公之作》。

不乏纤柔。唐人张螾《新竹》诗曰:"新鞭暗入庭,初长两三茎。不是他山少,无如此地生;垂梢丛上出,柔叶箨间成。何用高唐峡,风枝扫月明。"唐另一诗人齐己《谢人惠竹蝇拂》亦有"妙刮筠篁制,纤柔玉柄同"之句,写竹之柔性。

竹之节亦为诗人歌咏之对象,元稹《新竹》诗云:"新篁才解箨,寒色已青葱。冉冉偏凝粉,萧萧渐引风。扶疏多透日,寥落未成丛。惟有团团节,坚节大小同。"刻意描绘竹节之形(圆)、质(坚)及节与节的关系(大小同)。

竹纤细而修长的造型,使文学家们联想起人的清癯形象,对之移情,产生了人格化的"瘦竹"之名。唐诗人韩偓的《归紫阁下》说:"瘦竹迸生僧坐石。"张泌的《春江雨》云:"风溟溟,风冷冷,老松瘦竹临烟汀。"齐己眼中的竹更是消瘦得"皮包骨头",不禁风吹了:"病起见庭竹,君应悲我情。何妨甚消瘦,却称苦修行。每谢侵床影,时回傍枕声。秋来渐平复,吟绕骨毛轻。"① 久病之后身体羸弱的诗人,见到纤细修长的竹子,情感投射异常强烈,难免极言竹之"瘦"了。

笻竹之节(董文渊摄)

---

① 齐己:《病起见庭竹》。

文学家们对竹的色彩亦有深入细微的观察，常人看上去似乎单一的竹色，在他们的眼中却显得丰富多彩、富于变化。新竹初生，其色为苍青色。白居易《秋霖即事联句三十韵》诗云："竹霑青玉润，荷滴白珠圆。"又《履道新居二十韵》云："窗筠绿玉绸。"唐朝另一诗人陆龟蒙《新竹》诗曰："别坞破苔藓，严城树轩楹。恭闻禀璇玑，化质为青冥。"不少诗作则称"苍竹"，杜甫《别苏溪诗》说："得实翻苍竹，栖枝把翠梧。"黄庭坚《次韵王斌老所画横竹》曰："酒浇胸次不能平，吐出苍竹岁峥嵘。"甚至有一个专称竹之青色的词"苍筤"。《易·震》："为苍筤竹。"孔颖达疏："竹初生之时，色苍筤，取其春生之美也。"亦作"苍狼"。《吕氏春秋·审时》："后时者弱苗而穗苍狼。"毕沅校正曰："苍狼，青色也。在竹曰苍筤，在天曰仓浪，在水曰沧浪，字异而义皆同。""苍筤"进而成为幼竹之代称了，温庭筠《春尽与友人入裴氏林探渔竿》诗云："历寻婵娟节，剪破苍筤根。"

破土新竹

竹成熟之后，青中带黄，即为绿色。诗人们的慧眼不会忽略对竹之绿色的审视。李白《送薛九被谗去鲁诗》曰："梧桐生蒺藜，绿竹乏佳实。"唐人李群玉《题竹》云："一顷含秋绿，森风十万竿。气吹朱夏转，声扫碧霄寒。"宋之问则作了名为《绿竹引》的诗。竹因此又有"绿玉君"之美名。唐人陈陶《竹十一首》（其一）诗云："不厌东溪绿玉君，天坛双凤有时闻。一峰晓似朝仙处，青节森森绮绛云。"

雨中竹（董文渊摄）

正在成长中的竹子和夏季前后的竹子既非青色亦非绿色，而是处于青与绿之间的"翠"色。咏翠竹之诗可谓汗牛充栋。唐朝诗人唐彦谦有《夜蝉》诗云："翠竹高梧夹后溪，劲风危露雨凄凄。"王毂《竹诗》曰："翠筠不染湘娥泪，斑箨堪裁汉王冠。"翠色又称碧色，故又有"碧竹"之称。唐人张文姬《池上作》诗云："此君临此池，枝低水相近。碧色绿波中，日日流不尽。"宋人韩子苍诗亦云："缓寻碧竹白沙游，更挽藤梢上上头。"[①]竹由此又得"碧鲜"之雅号。陈陶《竹十一首》（其十）称："丘壑谁堪话碧鲜，静寻春谱认婵娟。会当小杀青瑶简，图写龟鱼把上天。"

---

① 潘永因：《宋稗类钞》卷20《诗话》。

中国古代文学家们不仅分别描绘竹的各种色彩，而且还时常把竹的不同色彩进行对比。如唐人李咸用的《庭竹》诗："嫩绿与老碧，森然庭砌中。坐销三伏景，吟起数竿风。叶影重还密，梢声远或通。更期春共看，桃映小花红。"这是把"嫩绿"与"老碧"二色做的对比，以示庭砌上既有新竹，又长有老竹。唐另一诗人齐己的《和孙支使惠示院中庭竹之什》则把"绿"与"黄"进行了对比："忆就江僧乞，和烟得一茎。剪黄憎旧本，科绿惜新生。护噪蝉身稳，资吟客眼明。星郎有佳咏，雅合此君生。"

尽管中国咏竹文学对竹的各种形式进行了细微而具体的描绘，然而文学家毕竟不是化学家或植物学家，文学作品也不是色谱或竹谱，诗人对竹并不进行纯客观的记录性观察和科学的分析性观察，而是进行审美观照，其中包含着审美情感的参与和联想幻想的活动，因而诗歌对竹的描绘常有模糊化的倾向，不可避免地渗入或多或少、或强或弱的主观情志因素。诗人或淡化竹的色彩，称之为"淡竹"，唐人唐彦谦《晚秋游中溪》云："淡竹冈前鸿雁飞，小花尖下柘丸肥。"或模糊竹在不同成长期和季节中的变化，而歌颂其色之恒常，白居易《闲适三·齐物》说："竹身三年老，竹色四时绿。"晚唐令狐楚的一首咏竹诗叫作《郡斋左偏栽竹百余竿炎凉已周青翠不改而为墙垣所蔽有乖爱赏假日命去斋居之东墙由是俯临轩阶低映帷户日夕相对颇有惬然之趣》，这一特长诗题中即言"青翠不改"。或竹色所引起之联想，而名之曰"寒竹"和"冷竹"，孟郊《与王二十一员外涯游枋口柳溪》诗云："春桃散红烟，寒竹含晚凄。"《宿空侄院至淡公》又云："夜坐冷竹声，二三高人语。"或写对竹林之竹的色彩印象，称之"暗竹"或"幽竹"，宋之问《春日郑协律山亭陪宴饯郑卿同用楼宇诗》云："暗竹侵山径，垂柳拂妓楼。"唐朝另一诗人皇甫冉《河南郑少尹城南亭送郑判官还河东诗》曰："泉声喧暗竹，草色引长堤。"刘得仁《宿宣义池亭诗》云："暮色绕柯亭，南山幽竹青。"杜牧《题刘秀才新竹》诗咏到："数茎幽玉色，晓夕翠烟分。声破寒窗梦，根穿绿藓纹。渐笼当槛日，欲得入帘云。不是山阴客，何人爱此君。"还有人对竹的细长造型生发联想，视之为"龙"者，如唐朝艺术家裴说在《春日山中竹》诗中吟到："数竿苍翠拟龙形，峭拔须教此地生。无限野花开不得，半山寒色与春争。"唐另一诗人李峤《竹》诗亦吟到："高竿楚江漬，婵娟含曙氛。白花摇凤影,青节动龙纹。"更多的是对斑竹皮上之"斑"而想起上古时的神话传说,如唐代刘长卿的《斑竹岩》诗:"苍梧在何处,斑竹自成林。点点留残泪,枝枝寄此心。寒山响易满,秋水影偏深。欲觅樵人路,蒙胧不可寻。"

文学家们不仅描绘了静态之竹的各形各色,而且展示出动态之竹的千姿百态。唐人郑谷的《竹》一诗对竹的各种动态做了概括性的描写:"宜烟宜雨又宜风,拂水藏村复间松。移得萧骚从远寺,洗来疏静见前峰。侵阶藓折春芽进,绕迳落微夏荫浓。无赖杏花多意绪,数枝穿翠好相容。"更多的诗人则咏风中之竹态:"竹风山上路,沙月水中洲"①,"竹得风,其体夭屈,谓之竹笑。"② 张正见的《赋得风生翠竹里应教》一诗对竹在风中的种种摇曳仪姿做了较细腻的刻画:"金风起燕观,翠竹夹梁池。翻花疑凤下,飏水似龙移。带露依深叶,飘寒入劲枝。聊因万籁响,讵待伶伦吹。"

不仅如此,中国咏诗文学除了对竹进行绘形绘色描写外,还对其声影做了详尽的刻画。唐人杨巨源《池上竹》绘出竹之影:"翠筠人疏柳,清影拂圆荷。"苏轼《御史台竹》则写下竹之声:"低昂中音会,甲刃纷相触。"北宋初期文学家王禹偁《对邻家竹》诗把影与声对举:"月上分清影,风来惠好音。"诗圣杜甫《严郑公宅同咏竹得香子》还写了竹之味:"雨洗娟娟竹,风吹细细香。"如果说对竹的形状、色彩的刻画是"实写",那么对竹的影、声、味的描绘则是"虚写"。竹这种文学符号,在中国文学中既有实写,又有虚写;既有静态刻画,又有动态描绘,真可谓动静并举,虚实相生,神韵俱现。

竹这种具有审美属性的植物进入诗文之中成为文学符号之后,其能指形式的审美属性得以凸显与集中,并被进一步审美化,审美价值大为提高。正如欧洲中世纪哲学家普鲁提诺所说:"假设有两块云石,一块未经雕刻赋予形状,一块已成为神或人的雕像。……后者被艺术给以美的形式,便立刻显得美了。这并非因为它是云石,……而恰恰是它具有艺术所产生的一种形式。

---

① 张乔:《岳阳即事》。
② 无名氏:《绀珠集》卷13。

事实上这一形式不是物质材料本身所有,它先已存在作者心灵之中。"① 文学家依据其审美趣味,把自然之竹形式上的某一面攫取进诗文之中,并进一步审美化所构筑成的竹文学符号,其能指的形式更为契合中国文化的审美需求与审美理想。诗人们说:"陶柳应惭弱"②,"虽惭排李妖,岂愧松柏后"③。在中国文学中,竹文学符号能指的形式是优美的。它没有松柏粗壮高耸的雄壮之躯,没有众树横生之枝杈和粗细悬殊之本末,也无百草春荣秋枯的变化。它修颀细圆,光滑而有节,匀称整齐,富于变化,四季仅有渐变而无骤化,不乏摇曳拂扬之柔,又有难折不凋之坚,外柔内坚。在中国文学中,竹文学符号能指的形式又是淡雅的。它四季青翠,虽然不如桃李艳冶,没有耀眼炫目之色,却有淡泊素雅之美,令人再三玩索其中三昧;枝叶扶疏,尽管不像

风中竹(董文渊摄)

松柏那样枝繁叶茂,没有雍容华贵之仪,但却具备简洁清新之韵,使人心神

---

① 《九章集》第五部分,第八章,第一节见伍蠡甫主编《西方文论集》上卷,上海译文出版社1979年版,第140页。
② 梅尧臣:《县署丛竹》。
③ 欧阳修:《初夏刘氏竹林小饮》。

怡畅，正如宋之问所说："竹林以清气娱客，兰畹以芳心受客。"由此，人们才把竹称之为"秀竹"。《开元天宝遗事》说："皆茂林秀竹，奇花异草。"也正因为如此，唐代文学理论家司空图在《二十四诗品》中说明诗歌的"冲淡"和"典雅"两种审美风格时，均用竹的意象来寓示，"玉壶买春，赏雨茆屋。坐中佳士，左右修竹……"则为典雅，"……阅音修篁，美曰载归……"几近冲淡。合而言之，竹文学符号能指形式的审美形态为：秀美淡雅。

三、竹文学符号所指的多层义项

竹文学符号的内在二维结构中，除了能指——竹的形式之外，还有更为复杂的所指——竹的指涉，即其所象征与表现的多层义项。苏珊·朗格指出："一件艺术作品往往就是一种自发的情感表达方式，即艺术家思想状态的征候。如果它们代表人的话，很可能就表达某种面部表情，以显示人所应具有的情感。"①

文学符号的所指不在语词的字面之上，不是语词在日常语言中的意义，而是在于词语所唤起的记忆——想象活动之中，是语词的象征和隐喻意义。它处于"隐"的状态，"遁辞以隐意，谲譬以指事"②；它运用"兴"的思维方式，项安士《项氏家说》卷4说："作诗者多用旧题而述己意，如乐府家'饮马长城窟'、'日出东南隅'之类，非真有取于马与日也，特取其章句音节而为诗耳，《杨柳枝曲》每句皆和以柳枝，《竹枝词》每句皆和以竹枝，初不于柳与竹取兴也。…'它们的所在地是在人们的脑子里。它们是属于每个人的语言内部宝藏的一部分。我们管它叫联想关系。…'联想关系却把不在现场的(inabsentia)要素联合成潜在的记忆系列。"③

不在语词表面指称之上而在意象隐喻之中的文学符号所指，须由具有跳跃性与私人性的联想建构（发出）与解析（接受），"诗人的象征就是这样

---

① [美]苏珊·朗格：《情感与形式》，见《美学译文》第3辑，第106页，中国社会科学出版社1984年版。
② 刘勰：《文心雕龙·谐隐》。
③ [瑞士]索绪尔：《普通语言学教程》，中译本，第171页，商务印书馆1980年版。

有各种奇特的趋向"①。建构文学符号者在符号中又表现了许多"叫不出名字"的情绪（苏珊·朗格语），其指涉意义的模糊与含混则在所难免了，它不是线性单向度的，而是多维立体性的。

文学符号的所指意谓与能指形式之间往往有着或直接或间接的关联，能指的形式特征唤起人们的联想与想象，赋予能指的形式特征异质同构的所指意谓，能指自然而然地表现出所指，二者构成有机的内在联系。在所谓"美是理念的感性显现"（黑格尔）的定义中，文学符号的能指形式是"感性"，所指意谓即"理念"，二者构成"显现"关系而非牵强的"贴标签"式关系，方能满足人们的审美需求，也才能称之为"美"。竹的诸多形式特征是赋予其诸多内涵意蕴的前提基础与必要条件。竹文学符号所指的多层义项与其能指的形式特征有机相联。

竹中空、有节，由此进行相似联想与异质同构类比，在文学中则成为虚心与高洁之象征。初唐诗人张九龄的《和黄门卢侍郎咏竹》一诗，是较早明确赋予竹文学符号该层义项的作品，诗云："清切紫庭垂，葳蕤防露枝。色无元月变，声有惠风吹。高节人相重，虚心世所知。凤凰佳可食，一去一来仪。"此后，虚心与高洁就成了咏竹文学作品所常表现的意蕴。柳宗元《巽公院苦竹桥》曰："迸箨分苦节，轻筠抱虚心。"白居易《池上竹》云："水能性澹为吾友，竹解心虚即我师。"晚唐女诗人薛涛《酬人雨后玩竹》诗有"众类亦云茂，虚心能自持……晚岁君能赏，苍苍劲节奇"之句。宋人徐铉《北苑咏竹》说："劲节生宫苑，虚心奉豫游。自然名价重，不羡渭川侯。"韩琦《次韵和方谨言郎中再观省中手植竹》诗赞曰："虚心高节依然在。"竹与虚心和高洁之间的能指——所指关系得以确立，形成较为隐固的指称——表现结构。②

竹枝干挺直、质地坚韧、严冬不凋的特性，又使人们想起耿直不阿、忠贞坚定的人格人品,骚人墨客又用咏竹诗文表现与赞颂此类品格。刘禹锡在《酬元九侍御赠壁州鞭长句》诗云：

---

① [英] 威尔逊·奈特：《莎士比亚的暴风雨》，《莎士比亚评论汇编》（下），第394页，中国社会科学出版社1981年版。
② 详见第十二章。

碧玉孤根生在林,美人相赠比双金。
永开郢客缄封后,想见巴山冰雪深。
多节本怀端直性,露青犹有岁寒心。
何时策马同归去,关树扶疏敲镫吟?

由竹的多节挺直想及人之"端直"本性,又由竹的严寒犹青隐喻人之坚贞忠心。在该诗中,耿介坚贞的人格人品融于对竹的描绘之内,运用暗示之法显现出来。而白居易的《酬元九对新栽竹有怀见寄》一诗对耿介坚贞品格的指称——表现则采用了明赞方法:

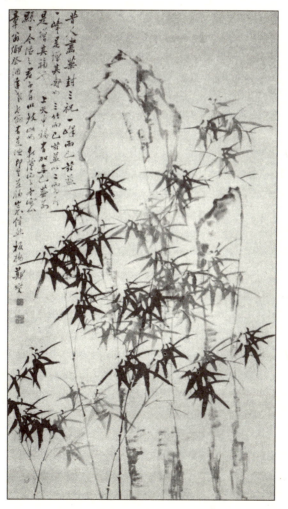

竹石图(清·郑燮)

昔我十年前，与君始相识。
曾将秋竹竿，此君孤且直。
中心一以合，外事纷无极。
共保秋竹心，风霜侵不得。
……

该诗中的品格从上诗的隐层次升为显层次，直接显露出表层次。此外，唐邵谒《金谷园怀古》的"竹死不变节，花落有余香"，罗邺《竹》的"抱节不为霜霰改，成林终与凤凰期"，苏轼《御史台竹》的"萧萧风雪意，可折不可辱"等诗句中，竹的所指均为耿直坚贞的情操。

文学符号所指的情感内涵常与特定观念的意象相关。这种意象皮亚杰称之为"前概念"（Preconcept），荣格则称之为"原型"（archetype）。荣格的"原型"定义为："原始意象或者原型是一种形象（无论这形象是魔鬼，是一个人还是一个过程），它在历史进程中不断发生并且显现于创造性幻想得到自由表现的任何地方。因此它本质上是一种神话的形象。"① 加拿大原型批评家弗莱（N·Frye）则把原型定义为"可交际的单位"（communicableunit）和"联想群"（associativeclusters）："原型是一些联想群……在既定的语境中，它们往往有大量特别的已知联想物，这些联想物都是可交际的，因为特定文化中的大多数成员都很熟悉它们。"② 原型凝聚着巨大的心理容量和强烈的感情色彩，构成集体无意识。中华民族的诸多文化原型制约着竹文学符号的各种联想关系和联想方向，积淀与赋予竹文学符号所指的义项内涵。

伯夷是中国文化的重要人物原型。《史记·周纪》载："伯夷叔齐在孤竹。"他为商孤竹君的长子。相传其父遗命要立其弟叔齐为继承人。孤竹君死后，叔齐让位于伯夷，他拒绝不受，并以河水洗耳，逃到周国。周武王伐纣，与其弟叔齐叩马谏阻。武王灭商后，他与叔齐耻食周粟，逃到首阳山，采薇而生，饿死在山里。这位拒绝国王冠冕和高官厚禄、隐居首阳山、最终不食周粟绝食而死的商代遗老，虽然十分不合时宜、不切实际，用自己的生命去阻挡历

---

① [瑞士]荣格：《心理学与文学》，第120页，三联书店1987年版。
② [加]弗莱：《批评的解剖》(Anatomiseofcriticism)，第102页，普林斯顿大学出版社1957年版。

史车轮的前进,迂腐荒唐。然而却因其不恋地位俸禄、以身殉国而为人们称道,成了淡泊高洁、爱国思乡的楷模,其志趣情感则因与"竹"相关而积淀在竹文学符号之中,成为竹文学符号的所指义项之一。此外,《庄子》中有"鹓鶵非练实而不食"的神话传说。注曰:练实,竹实,取其洁白也。这一神话后亦成为一种"意象"或"原型",进一步赋予竹以高洁的所指功能。元稹《遣兴》之一云:

竹石图(元·雪窗)

孤竹逆荒园,误与蓬麻列。
久拥萧萧风,空长高高节。
严霜荡群秽,蓬断麻亦折。
独立转亭亭,心期凤凰别。

"孤竹"处于荒芜园中,与庸材凡草并列,然而却胸怀高风亮节,出淤泥而不染,洁身自好,清高傲岸,志趣与常人相异。苏轼的《次韵答人槛竹》诗曰:

猗猗元自直，落落不须扶。

　　密节风吹展，清阴月共铺。

　　丛长傲霜雪，根瘦耻泥涂。

　　更种愁无地，应须翦碧芦。

在诗人眼中，竹"傲霜雪"、"耻泥涂"，象征着恃才傲物和高洁脱俗的品格，在这个污浊的世界上，简直无其生存之地，也许，等到翦除碧芦等类平庸俗恶之物之时，超尘越俗之竹方能得以展现其才华，也才会使其品格得到尊重。高节、气节为竹所恒常象征的重要义项，于是竹又有了"抱节君"的美名。苏轼的《此君庵》有"寄语庵前抱节君，与君到处合相亲"之语。

　　斑竹的传说是另一母题原型。据晋张华《博物志》第八载，舜帝南巡不返，葬于苍梧，舜妃娥皇、女英思帝不已，泪下沾竹，竹悉成斑，于是有斑竹。斑竹这一种神话原型所凝聚的缠绵、深挚、哀怨、凄切情感类型深深滋润着咏竹文学，构成竹文学符号的一层义项。如，刘长卿的《斑竹》诗云：

　　苍梧十载后，斑竹封湘沅。

　　欲识湘妃怨，枝枝满泪痕。

　　斑竹上的斑斑点点，唤起诗人无限遐想与情感投射，表现了深切凄婉的情思。再如施肩吾的《湘川怀古》诗：

　　湘水终日流，湘妃昔时哭。

　　美色已成尘，泪痕犹在竹。

　　表达了对二妃的追思。这两首诗由竹及人，带有很浓的咏史性质，其直接表现对象是娥皇、女英，斑竹的所指是舜之二妃及其情思。

　　斑竹的所指在文学中得到泛化，越出斯人及其情感，指代着多怨女性与其相思之情。如孟郊的《闲怨》：

竹下仕女图
（清·改琦）

> 妾恨比斑竹，下盘烦冤根。
>
> 有笋未出土，中已含泪痕。

用明喻的手法把斑竹与诗中幽怨女子相连，竹上斑痕点寄寓了不幸女子的辛酸泪。再如刘禹锡的《潇湘曲》：

> 斑竹枝，斑竹枝，泪痕点点寄相思。
>
> 楚客欲闻瑶琴怨，潇湘深夜月明时。

刘氏采用明喻手法，以斑竹的斑点指代相思之泪，而把人物虚化，刻骨铭心的相思之情占据诗歌的表现中心。

相思之情进一步泛化，逾出恋人和夫妻感情之界，寄托了朋友的友谊和思念。如唐人孙岘的《送钟员外》（赋竹）诗：

> 万物中潇洒，修篁独逸群。
>
> 贞姿会冒雪，高节欲凌云。
>
> 细韵风初发，浓烟日正曛。
>
> 因题偏惜别，不可暂无君。

竹既蕴含着友人之间深深依恋的惜别感情，又包括对友人风度、才华和人品的赞颂，竹文学符号的所指义项丰富全面。借竹思友的诗句还有"甘泉多竹花，明年待君食"[①]，"京华不啻三千里，客泪如今一万双。若个最为相忆处，青枫黄竹入袁江"[②]。

思念的对象可以不是人，而是故乡。竹文学符号的情感内涵又可指向思乡怀土之愁思。如唐人方干的《与乡人鉴休上人别》诗：

> 此日因师说乡里，故乡风土我偏谙。
>
> 一枝竹叶如溪北，半树梅花似岭南。
>
> 山夜猎徒多信犬，雨天村舍未摧蚕。
>
> 如今休作还家意，两鬓垂丝已不堪。

竹成为故园的象征与代表，寄居异国他乡，看见竹枝修篁，引发相似联想，唤起羁旅之愁与故园之思。他如唐戎昱《桂州腊夜》："雪声偏傍竹，

---

① 皎然：《酬元主簿子球别赠》。
② 李祜：《袁江口怀王司勋王吏部》。

寒梦不离家。"五代卢汝弼《闻雁》:"何处最添羁客恨,竹窗残月酒醒闻。"皆为睹竹思乡之作。

　　竹文学符号的所指义项除以上所析外,尚有悲痛之情感,如,高适《宋中》十首之一:"君王不可见,修竹令人悲。"位卑才高而受压抑者,如,明刘基《感怀》其十二:"亭亭山上木,蔚蔚石底竹。谅非怀隐忧,胡为自局促。"关心人民疾苦之情,如,郑燮《潍县署中画竹呈年伯包大中丞括》:"衙斋卧听萧萧竹,疑是民间疾苦声。此小吾曹州县吏,一枝一叶总关情。"丑恶事物,如,杜甫《将赴成都草堂途中有作先寄严郑公五首》其四:"新松恨不高千尺,恶竹应须斩万竿。"……竹文学符号所指义项层次之多、内涵之丰富,可谓"剪不断,理还乱",难以穷尽,在此我们只能如此这般地列举一二。

四、竹文学符号能指与所指关系的类型

　　文学符号与一般符号不同,能指与所指并非简单的"一对一"的指代关系,而是异常复杂微妙的表现、象征或寄托的关系;并且文学符号构造者的着眼点或侧重于能指,或偏重于所指,或二者并重,从而形成不同类型的文学符号。竹文学符号亦如此,有以竹文学符号能指的形式为主导者,有以竹文学符号所指的情志为主导者,也有能指、所指处于同等显著位置者。根据能指与所指的关系,可把竹文学符号分为以下三种类型:

1. "神与竹游"——情志依附于竹意象

　　竹文学符号的一种审美形态是能指处于明显突出的地位,所指则依附于能指、淹没于能指,文学家通过竹文学符号所表现的是在对竹凝神观照获得的纯粹审美体验,这种审美体验主要存在于审美主体关于竹的知觉表象层,"窥情风景之上,钻貌草木之中。吟咏所发,志惟深远;体物为妙,功在密附。故巧言切状,如印之印泥;不加雕刻,而曲写毫芥"[①]。凝神于竹的外形即竹文学符号的能指,是该类竹文学符号的重要审美特征。如:晋代竹专家戴凯

---

① 刘勰:《文心雕龙·物色》。

写的《松竹赞》：

>　　猗猗松竹，独蔚山阜。

>　　萧萧修竿，森森长条。

猗猗摇曳的松竹，在百草不生的山顶茂盛成长，郁郁葱葱，枝干修长，翠绿可爱。对竹（还包括松）的形象刻画可谓"巧言切状"，作品给人以造型、色彩的视觉意象美感与风中萧萧的听觉意象美感，注重于竹（及松）的形式美感。再如唐朝诗人韦应物的《对新篁》：

>　　新绿苞初解，嫩气笋犹香。

>　　合露渐舒叶，抽丛稍自长。

>　　清晨止亭下，独爱此幽篁。

烟雨丛竹图（元·管道昇）

此诗除了刻画了竹的形、色之外，尚描绘出竹成长过程（"初解"、"渐舒"、"自长"）的细微动态之美，并让嗅觉参与到竹的形式美感的建构之中，对竹形式唤起的审美体验表现得细腻而生动。然而，竹文学符号能指仍为诗的中心，竹的形式美感是主要表现内容，"独爱此幽篁"之情完全由竹的形式所唤起，依附于竹的形式，甚至可以称为竹的"后缀"。

"神与竹游"的咏竹文学采用的是"赋"的手法，"应物斯感，感物吟志"，其创作程序为由竹而引情，感竹以吟志，审美注意直接指向竹的形式特征及由之唤起的审美感受，对竹的形式的精雕细刻占据作品的大部分篇幅，竹的形式美感居于审美心理的核心地位，它是在详尽表现竹的形式美感的基础上抒情言志，情感、思想等所指淹没在能指的细致入微描绘之中，"情必极貌以写物"①，成为能指的附庸。

2. "情融于竹"——情志贯注于竹意象

"情融于竹"是竹文学符号的另一类型。在此类竹文学符号中，情融于竹，竹托情志，情志与竹意象并重，二者互相渗透，互相依托，混融一片，密不可分。它相当于唐人王昌龄《诗格》所说的"意境"："搜求于象，心入于境，神会于物，因心而得。"审美主体的情志注入竹意象之中，竹意象托寓出情感观念，物我冥合，可以说达至王国维《人间词话》所说"不知何者为我，何者为物"的境界。人们追求的不是竹意象刻画的"形似"，而是"神似"，文学家既不偏重于竹意象所唤起的形式美感，也不只顾及内在情志的表现，而是力求获得能指与所指水乳交融境界。请看唐诗人王建的《题竹园》：

绕屋扶疏笼翠茎，苔滋粉漾有幽情。
丹阳万户春光静，独自君家秋雨声。

既描绘了竹的色、形、动态之美，又表现了高洁、清幽的情趣，并让二者自然、无痕地融合起来。再看梅尧臣的《拟水西寺咏阴崖竹》：

背岭断崖下，老竹生扶疏。
孤根石上引，劲节松不如。
莫言霜雪多，终见绿有冬。

诗对能指——竹的形式特征做了生动刻画，对竹的生长环境、形态、冬天之绿等都一一描画出来，然而能指的每一特征均为情志的象征，表现了身处险恶环境，却桀骜不驯，不同流俗，坚守节操的志向与人品。句句写竹，而句句寓情；能指喻示着所指，所指借能指得到表现，二者水乳般融为一体。

"情融于竹"的咏竹文学运用的是"比"的手法，对竹的描绘超越"形似"而达到"神似"，不追求对竹形的毕肖刻画，倾向于勾勒出竹某一方面的特性，突出竹性以寄寓情思。对竹形的描绘"写形得似"，对情思的表现"不着一字，尽得风流"②。写竹即写情，写情必寓于竹，能指与所指在"妙契同尘"中达

---

① 刘勰：《文心雕龙·明诗》。
② 司空图：《诗品·含蓄》。

至和谐统一。

3. "以情统竹"——情志超越于竹意象

竹文学符号还有一种类型，那就是"以情统竹"，情志上升为主导地位，溢出竹意象之外，以之统摄竹。竹意象的能指功能降为指引的作用，而不能完全包容、涵括所指的丰富、深邃内涵，这种竹文学符号相类于王昌龄《诗格》所说的"情景"，它"张于意而处于身"。审美主体的审美注意直接指向人的内心世界，由竹而反观自身，内省复杂、微妙的情感世界。对竹的审美态度是"以身观物"[①]，而不是"神与竹游"时的"以物观物"或"情融于竹"时的"身物并观"，文学家的情思弥漫于作品，竹似乎已包容不下文学家那丰富、强烈的情感，情感思想大有"破竹而出"之势。如唐代诗人施肩吾《玩友人庭竹》诗：

淇渭图（明·王绂）

　　曾去元洲看种玉，那似君家满庭竹。
　　客来不用呼清风，此处挂冠凉自足。

诗题虽为"玩友人庭竹"，诗中对竹的形式却略而不提，诗人一见庭竹即沉溺于自己的感受思考之中，并把情思畅快地表达出来，竹在此仅起到"引子"的作用，是唤起感受、思考和想象的"契机"，是情思的标识，而非情思的象征体。再如苏轼的《和文与可洋州竹坞》：

　　晚节先生道转孤，岁寒惟有竹相娱。
　　粗才杜牧真堪笑，唤作军中十万夫。

东坡在此对竹的形象描绘不屑一顾，醉心于对竹大发一通感慨议论，我们从诗中看到的不是竹优美的形式，而是苏翁那笑傲千古、戏谑前人的豪放潇洒个性。它所用的艺术手法是"兴"，名曰咏竹，实则抛开了竹的具体形象，

---

① 邵雍：《伊川击壤集序》。

竹无非起感发审美主体的情感思索的作用。

"以情统竹"的咏竹文学已不是严格意义的咏竹文学。文学家在观照竹时，其审美注意却转回内心的体悟与思索，竹的描绘已虚化、隐化和退化，情志突出地凸显于作品的显层面上。此类竹文学符号的审美风格可以说是"但见情性，不睹文字"①，主体意识得到格外高扬。

五、竹文学符号审美风格形成的文化土壤

英国小说家爱·摩·福斯特对文学与社会文化之间的关系有一非常深刻的比喻，他说："鱼在大海之中，大海也在鱼腹之内。"②咏竹文学亦如此，竹文学符号之花是盛开在中国传统文化的土壤之上，又蕴含中国传统文化土壤的特有养分。中国文学中咏竹诗文数量之众多，竹文学符号的形态与内涵之丰富，令人慨叹。我们不得不"追本溯源"，根究其形成的原因，并追溯其赖以生存的文化土壤。

中国传统文化是大陆型农业文化。中华民族的主体自古就居住在东亚大陆，这里回旋余地广阔，土地肥沃，气候温暖湿润，水源充足，为农作物的生长提供了便利条件。因此，早在6000年前左右，中华民族先民的主体即先后由狩猎经济和采集经济阶段步入以种植为主要生产生活方式的农业经济阶段。"禹、稷躬稼而有天下"③。此后，农业便成为中国社会经济的主体与支柱，人们"世居其土，世勤其畴，世修其陂池，世治其助耕之氓"④，农村村落成为中国社会的主要基础结构要素，农民为社会物质和精神财富的主要生产者和国民构成的主要成分。以之为基础确立了"以农立国"、"重本（农）抑末（工商）"的"理国之道"⑤，建立了宗法制统治机制，派生出以农耕观为核心和指归的学术方法和哲学思想（诸如"民贵君轻"的民本思想、兼爱非攻的小生产者呼号、小国寡民的社会理想、"道法自然"的主观境界、

---

① 皎然：《诗式》。
② [英]福斯特：《小说面面观》，朱乃长译，第117页，中国对外翻译出版公司2002年版。
③ 《论语·宪问》。
④ 王夫之：《船山遗书·读通鉴论》。
⑤ 《后汉书》卷8《桓谭冯衍列传》。

"省工贾、众农夫"的经济主张等）。总而言之，"这就铸定了中国古代文化在很大程度上是一个农业社会的文化，中国文化若干传统的形成，都与此相关"①。作为中国文化系统中的一个因子的文学及其中咏竹文学，必然受到中国大陆农业文化系统的制约与规范，铸就竹文学符号的美学风格。

中国大陆型农业文化的现实性和内倾性规定了咏竹文学的抒情性特征，并促使抒情性的咏竹文学得以极大发展。中华民族的主体部分世代居住在半封闭的温带大陆大河型地理环境之中，这块东亚大陆东临浩渺沧海，西南矗立着世界最高峻的青藏高原，西北横亘着漫无边际的戈壁沙漠，另三面的陆路交通也极为不便。这种地理条件形成与外部世界相对隔绝的"隔绝机制"，缺乏濒海民族之间较充分的文化交流。农业生产"日出而作，日落而息"的缓慢生产生活节奏，把人们牢牢地束缚在现实生活的土壤之上，阻碍了人们的幻想能力的发展，扼制了中华民族的冒险欲望，塑造出短于交流、讷于论辩、长于内省的内倾型民族性格。于是，具有离奇曲折的情节和敢于冒险的人物的英雄史诗、悲喜戏剧等长篇叙事作品则难以及早孕生，表现丰富复杂的情感生活的抒情短章却有长足发展。朱光潜先生指出："西方诗同时向史诗的、戏剧的和抒情的三方面发展，而中国诗则偏向抒情的一方面发展"②。咏竹文学借竹抒情言志，而不是叙述曲折复杂的故事情节，也不在于塑造英勇顽强、冒险冲闯的英雄人物，竹在文学中是情感的寄托物和表现符号。竹文学符号强烈的抒情性，正是半封闭的大陆大河型地理条件所形成的"阻隔机制"的产物，适应了农业文化的内倾人格和执著于现实的文化精神；同时抒情性的咏竹文学因从农业文化得到充足的养分而得以成长为枝繁叶茂的参天大树。

大陆型农业文化的和谐田园生活情调和求安保本人生态度，酿就咏竹文学清新淡雅、幽静柔美的风格。农业生产不像牧猎与航海那样富有强烈的冲突、刺激、快节奏和偶然性，农作物生产周期长，生长节奏缓慢，特别是在传统的农业生产中，丰欠与否更多地依赖于天时，一般情况下只有谋得天人和谐方能获得丰收，同时因生活平淡自然而单调重复。在这种静态封闭的文

---

① 冯天瑜：《中国古代文化的特质》，《中国传统文化的再评价》，上海人民出版社1987年版，第90页。
② 朱光潜：《长篇诗在中国何以不发达》，载《申报月刊》第3卷第2号（1932年2月）。

化系统中，人们的社会人生价值取向不是指向生命潜能的最大发挥及其可能创造的巨大成就，而是尽可能避免与自然和社会的冲突与抗争，不求有功，但求无过，求安保本，反对冒险，在皈依自然之中达到天人合一，在悠闲自得、静穆恬淡的生活节奏中实现其人生价值，以"中庸"为最高幸福境界。林语堂在《生活的艺术》一书中曾这样评价美国文化的缺陷："在我们中国人看来，美国人的三大罪恶似乎是效率、准时和成功的愿望。它们就是使美国人如此不愉快和神经过敏的原因。它们剥夺了美国人不可分割的闲混日子的权利，以及骗取美国人许多悠闲和美好的下午时间。"① 这较充分地反映出中国人的人生态度和价值观。文学家的审美情趣则不可能以崇高为主，只可能以优美为主。正如朱光潜先生所说："中国自然诗和西方自然诗相比，也像爱情诗一样，一个以委婉、微妙简隽胜，一个以直率、深刻铺陈胜。……中国诗自身已有刚柔分别，但是如果拿它来比较西方诗，则又西诗偏于刚，而中诗偏于柔。西方诗人所爱好的自然是大海，是狂风暴雨，是峭崖荒谷，是日景；中国诗人所爱好的自然是明溪疏柳，是微风细雨，是湖光山色，是月景。……西方诗的柔和中国诗的刚都不是它们的本色。"② 中国文学所反复摄取的意象不是崇山峻岭、奔腾江河、急风骤雨等雄伟宏大、动荡冲突的事物，而是静谧纤小、细腻平和的对象，人们追求的是"乐而不淫、哀而不伤"③、含蓄温润、纤小细腻、清秀淡雅的"中和"之美。咏竹文学"托物言志"，通过对竹的描绘歌咏，来表现文学家的情趣思想，而不是直接宣泄其所感所想，因此，咏竹文学表现情感的方式一般都是迂回曲折、委婉含蓄的；竹细圆修长，柔而难折，色泽淡雅，具有较鲜明而典型的阴柔美的审美特征，因而咏竹文学的美学风格大都为含蓄淡雅、清新优美的。咏竹文学与中华民族传统的审美需求相契合，因而得以较早出现，并获得充分发展。

中国传统农业文化的伦理型特征制约着咏竹文学符号所指的特定内涵。农业生产必须严格按照自然节令的序列进行，不允许跨越自然秩序的"揠苗助长"，在科学技术较为落后的古代尤其如此；农业生产的过程自身一环扣

---

① 林无双：《我的父亲——林语堂》，《名人传记》1992年第1期。
② 朱光潜：《诗论》，第74页，三联书店1984年版。
③ 《论语·八佾》。

第十章
赋竹赞竹，寓情于竹

兰竹图（清·元济与王原祁合作）

一环，带有很强的连续性，不像狩猎、行商或航海那样常出现跳跃性；农业生产对土地的依赖形成了较稳固的村社，祖祖辈辈聚族而居，乡邻间里世代交好，而村社的构成细胞家庭（一般是扩大家庭）是农业生产的基本生产单位和最小的生活群体，这样，就形成了中国古代村社"执著亲情"的人伦关系，社会调节不可能通过法律的严格惩处来实现，"清官难断家务事"，只能依靠道德教化去完成。早在春秋时期,孔子就意识到这一点,在《论语·为政》中说:"道之以政,齐之以刑,民免而无耻;道之以德,齐之以礼,有耻且格。"自觉的道德意识成为社会关系中不可或缺的调节杠杆。农业文化由此形成注重人伦秩序、追求恒常性、强调自觉道德的意识和观念。

农业文化特有的文化心理规范着文学的思想内容和道德评价。中国文学中抨击"二三其德"、"见利忘义"的作品比比皆是,尚义重道、"忠、孝、义、勇"的正面人物翻卷即见。竹的挺直不屈、有节常青、韧而难折等特性,正与中国传统农业文化的伦理观念相吻合,于是,文学家们就把它摄入文学作品之中,作为一种重要的文学符号,以指称和表达忠贞不屈、崇尚道义、坚守操节、眷恋故人与乡土的观念和情感。

竹作为中国文学的一种异常重要的文学符号,是中国传统文化土壤的产物,它自身蕴含着丰厚的文化内涵与深永的审美魅力。

第十一章 清姿瘦节，秋色野兴

——竹绘画符号

当我们步入中国美术的长廊，一幅幅各种各样的画竹作品即映入眼帘，令人叹为观止，留连忘返。从五代北宋起，画苑大家无不染指于竹，高手竞技，画艺争胜，有墨竹、朱竹、一色竹、多色竹等繁多名目，竹在风、烟、雨、雪不同背景中的各种姿态无不刻画毕现，并概括出许多精湛画技与理论。竹，是中国绘画常画不厌、历久弥新的表现对象，是中国绘画的一种极为重要的绘画艺术符号。

一、竹绘画符号的源流与演进

1. 六朝隋唐——竹绘画符号的萌生期

画竹始于何时何人？史籍叙说不一。或云三国蜀将关羽为始作俑者，盖因云长重节操而附会，不足为凭。或载东晋王献之曾画过《竹图》①，又传南朝顾景秀作有《杂竹样》等图②。魏晋间"竹林七贤"等人常游于竹林，文人高士以"君子"之名呼竹，嗜竹之风甚盛，从情理推之，画家画竹当为不诬，然无墨迹传世。还有人说唐王维始画竹，开元间有刻石，摩诘酷爱竹，常以竹入诗，并作有《沈十四拾遗新竹生读经处同诸公作》、《斤竹岭》、《竹里馆》等咏竹诗，以竹入画亦在情理之中，惜无墨迹传世，又无足够史料佐证，无法定案。

然而，唐代画竹已为专科则为确凿之论。中唐画家中萧悦（779~805 年）

---

① 郑昶：《中国画学全史》，上海中华出版社 1929 年版。
② 裴孝源：《贞观公私画史》（一卷，浙江鲍士恭家藏本）。

最擅画竹,《宣和画谱》载其作有《风竹图》、《乌节照碧图》、《梅竹鹁鸪图》等画竹作品。唐人朱景玄的《唐朝名画录》云:"萧悦,工画竹,有雅趣。说者谓墨竹肇自明皇,萧悦得其传,举世无伦。"白居易盛赞其作,说:"悦之竹,举世无伦",并作《画竹歌》诗一首,以酬谢萧送的画竹画。可见中晚唐之际画竹之风甚盛,并对画竹的立意、命笔等专门技法和理论亦有研究。晚唐画家程修己曾在文思殿画竹幛数十幅,李昂题诗曰:"良工远精思,巧极似有神,临窗时乍睹,繁阴合再明。"可以想见程修己所画竹之逼真、生动。至中晚唐,画竹作品不仅出现,而且已达到相当高的艺术水准。

2. 五代十国——竹绘画符号的确立期

风竹图(五代·李颇)

五代十国时期，画竹画有了长足发展，尤其是地处南方的后蜀和南唐两国，竹更成为画家们的主要审美对象之一，得到越来越多的表现，竹从此成为一种绘画符号。传说后唐时人郭崇韬夫人李氏始作墨竹，她"日夕独坐南轩，竹影婆娑可喜，即起挥毫濡墨，模写窗纸上，明日视之，生意具足。或云自是人间往往效之，遂有墨竹"①。更可靠的说法是后蜀大画家黄筌"以墨染竹"，创造出中国古代绘画中的重要一科——墨竹图，李宗谔作《黄筌墨竹赞》，赞誉他的墨竹图不设色而以墨染，看上去似乎略感单调、寂寞，但却表现出竹之"清姿瘦节，秋色野兴"，比设色更能显出竹的生机与神韵。与黄筌齐名的南唐画家徐熙（世有"黄家富贵，徐熙野逸"之称），亦常致力于画竹，尤擅于画野竹，所作《鹤竹图》②，以一丛竹和两只鹤构成，竹的根、竿、节、叶均用浓墨粗笔画成，并以青绿二色略作点染，竹梢画于画面顶端，作摇曳之姿，似乎高可拂云。南唐另一画家丁谦专写竹，始师法萧悦，后改为对竹写生，时称"第一"，作有《倒崖竹图》、《病竹图》等。南唐另一画竹专家是李颇（又作李坡、李波），他画竹不求纤巧琐细，多放任情性，随意落笔，而生意自存。画迹有《折竹》、《风竹》、《冒雪疏篁》③、《丛竹图》④。南唐后主李煜亦善画竹，以被称为"金错刀"的颤笔画竹，乘兴纵笔，具战掣之势，坚挺遒劲。

由唐人启其端、五代画家反复描绘，竹终于在中国绘画中占据一席重要之地，成为表现中国艺术家审美感情、审美趣味及思想观念的一种不可或缺的绘画符号。

3. 宋代——竹绘画符号的勃兴期

到了被誉为"东方的文艺复兴时代"的宋代⑤，竹因更为契合宋代文化的价值观念和审美理想，适合了新出现的"文人墨戏画"审美表现形式的要求，

---

① 夏文彦：《图绘宝鉴》卷2。
② 李荐：《德隅斋画品》。
③ 以上著录于《图画见闻志》。
④ 著录于《宣和画谱》。
⑤ 宫崎市定：《宋代的煤和盐》。

"作者寖盛"①,画竹图大量涌现,画竹艺术勃然兴起,竹绘画符号在中国文化中从此得到确立。

阎士安善于捕捉竹在风、雨、雪、烟等不同景致中的形态,常画之于大卷、高壁之上,形成一幅幅形态多变、笔势苍劲的墨竹画。刘梦松所作《纤竹图》则以精致著称。宋代画竹最杰出的画家,也是中国画竹的第一位大家则是文同。

文同于画竹艺术颇多贡献。在竹绘画符号能指的再现方面,首创画竹叶

墨竹图(宋·文同)

深墨为面、淡墨为背之法;倡导画竹须先"胸有成竹",反复对竹进行审美观照。文同为洋州太守时常去贫当谷观察竹,所画竹"富潇洒之姿,逼檀栾之秀"②,以"豪雄俊伟"风格为特征。在竹绘画符号的所指方面,他赋予竹绘画符号以高洁脱俗、屈而不挠等内涵。因而文同去世后,苏轼见其《纤竹图》

---

① 王士贞:《画苑》。
② 郭若虚:《图画见闻志》。

的摹本，即想见其生前之气节①。文同的传世作品只有《墨竹图》、《枯木竹石图》等。以画竹著于时。他善于传授弟子，其徒程堂喜画凤尾竹、外孙张嗣昌画竹必趁醉大呼后落笔、赵士安好画竹，皆有所成；而后人画竹亦多宗之，故而明人莲儒搜集宋元两朝师法文同画竹技法者二十五人，辑成《湖州竹派》一书（文同于元丰元年（1078年）奉命为湖州（今浙江吴兴）太守，未到任即卒，后人称之文湖州），形成中国画史中影响深远的流派——湖州画派。

宋代湖州画派另一位始祖是苏轼（文同病故后苏轼接任湖州太守，未几坐狱贬黄州）。《画鉴》云："东坡先生文章翰墨，照辉千古，复能留心笔墨，戏作墨竹，师文与可，枯木奇石，时出新意。"他论画力主"神似"，说："论画以形似，见与儿童邻。"②因而对竹绘画符号的能指往往潦草、简约画出，而不求"形似"，创"朱竹"。苏轼提出"士夫画"（即文人画）之说，推崇"身与竹化"③，于竹绘画符号的所指多有开拓，不就竹画竹，而借竹表现其胸中块垒，抒发其情感、意志，石涛评苏轼的竹画说："东坡画竹不作节，此达观之解。"④竹绘画符号的所指内涵大为深化与拓展。苏轼还配竹以石，创造了竹石画体。画有《丑石风竹图》、《枯木竹石图》等，把石引入竹画之中，使石与竹相映成趣，衬托竹的审美形象与意蕴内涵，丰富了竹画的意境。

宋代画竹之风很盛，画院曾出过"竹锁桥边卖酒家"的试题，郭若虚在《图画见闻志》卷6中专门把画竹立为专门一科进行归纳总结，云："画花竹，有四时景候，阴阳向背，笋箨老嫩，苞萼先后，自然艳丽闲野，逮诸园蔬野草，咸有出土体性。"⑤画家甚至有以画竹为生者，毛信卿屡试不中，以诗酒自娱，画竹自给，大竹画形，小竹画意，为时所宝⑥。

4. 元明——竹绘画符号的发展期

竹画，尤其是墨竹画，一经文（同）苏（轼）二人刻意创作，即成为中

---

① 苏轼：《东坡全集》卷16《跋与可墨竹》。
② 苏轼：《苏东坡全集》前集卷16《书鄢陵王主簿所画折枝二首》。
③ 苏轼：《苏东坡全集》前集卷16《书晁补之所藏与可画竹三首》。
④ 《画语录·大涤子题画抄》。
⑤ 潘永因：《宋稗类钞》卷34《丹青》。
⑥ 夏文彦：《图绘宝鉴》卷4。

国画的一种固定题材和母题，元明两代艺术家对这一题材和母题不断开掘，使得竹绘画符号能指的描绘技法更为精湛多样，所指的意蕴内涵则愈加深邃丰富，竹绘画符号得以极大发展。

元代画坛画竹之风甚盛。赵孟頫工墨竹，以书法用笔写之，具圆润苍秀风格；吴镇画竹则以清劲胜；顾安的墨竹常作风竹新篁，行笔谨严，遒劲挺秀，用墨润泽焕灿，自有一股萧疏清逸之气；柯九思强调画竹与书法技巧相通，"写竹干用篆法，写枝用草书法，写叶用八分法"，"凡踢枝当用行书为之"，他画的竹，"得其神于运笔之表，求其似于有迹之余"，[①] 做到形神兼备，笔墨沉着苍秀；李衎则曾到东南竹乡，观察各种竹子的形色神态，竹画以墨竹为主，间作勾勒青绿设色竹，勾笔圆劲。他对竹和画竹理论有较深的研究，其《竹谱详录》一书综合李颇画竹、文同墨竹的成法和自己心得，研究了命意、位置、落笔、避忌等诸多问题，因而他在竹的形式美、竹绘画符号能指各种形态的再现等方面，取得诸多超越前人的成就，但也因过分注重写实，也曾被人讥为"似而不神"（高克恭）。倪瓒的墨竹画用笔轻而松，燥笔多，润笔少，墨色简淡，却厚重清温，无纤细浮薄之感，能以淡墨简笔，有神地笼罩住整个画面，评者谓其"天真幽淡，似嫩实苍"。

明代画竹名家为宋克、王绂、夏昶、

窠木竹石图
（元·赵孟頫）

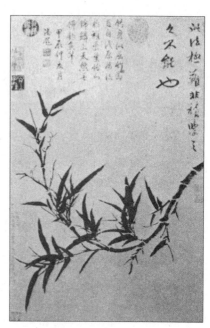

横竿暗翠图（元·柯九思）

---

① 徐显：《稗史集传·柯九思传》。

屈朽。宋克善画细竹，"虽寸冈尺堑，而千篁万玉，雨叠烟森，萧然无尘俗之气"[1]；王绂工墨竹，遒劲而洒落，在明代享有盛名，影响颇大；夏㫤画墨竹讲求法则，所画竹枝的烟姿、雨色、疏密、偃直、浓淡、卧立等均合矩度，笔势洒落，墨色苍润，名重域外，有"夏卿一个竹，西凉一锭金"之誉。

5. 清代——竹绘画符号创作的高峰期

画竹艺术发展到中国封建社会的最后一个朝代——清朝，臻至极致，名家之多、作品之众、技艺之精，皆为历代画竹艺术之冠，后世亦无能掩之，可谓"前无古人，后无来者"，尤其是著名的画竹专家郑燮，把中国画竹艺术推到峰巅。

清代画竹而卓有所成者甚众，此处仅举具有代表性的荦荦大者，以见

修竹图（明·王绂）

有清一代画竹风气之盛、成就之高。

冯肇杞在30岁后专画梅竹兰石，画竹师法文同、苏轼，曾为人在高达寻丈之壁上画竹，磅礴挥毫，顷刻而就，见者如身入竹林。画迹存有康熙九年所作《墨竹图》卷。许有介所画墨竹，枝叶不多，气势郁勃，有离奇苍浑之致；所画小竹，柔枝嫩叶，姿态横生。康熙元年所画《枯木竹石图》传世。诸异所画竹，发竿劲挺秀拔，横斜曲直，无一不可人意，而雪竹尤为驰名。传世画竹作品有《竹石》扇面（顺治十六年作）、《雪竹图》（康熙二十九年作）、《竹石图》轴（康熙三十年作）。朱耷（八大山人）的竹画笔墨简括，画面着墨

---

[1] 唐志契：《绘事微言》卷上。

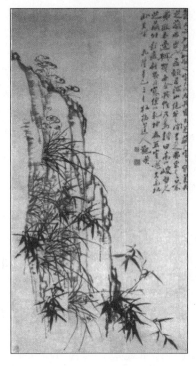

兰竹图（清·郑燮）

不多，均生动尽致，别具灵奇之妙。杨涵工墨竹，每坐卧竹林畔，领会枝叶偃仰欹斜之态，忽有所得，便纵笔挥洒，雨叶风枝，千层万叠，甚具匠心，寻其脉络，次序不爽，其康熙八年所作《竹石图》轴传世。女画家汤密善画竹，墨竹师法文同，笔墨清丽，秀雅天真，无矫揉造作之气，乾隆二十一年所作《竹石图》传世。尤荫的墨竹得文同、苏轼笔法，有金错刀遗意，用笔潇洒淋漓，有疾风骤雨之势。招子庸所画墨竹，或为雪干霜筠，或为纤条弱绦，有郑燮风致，道光十一年作《墨竹十二联屏》传世。蒲华的墨竹用湿笔直扫，水墨淋漓，笔力雄健，气势磅礴。朱沅的墨竹则幽贫丛镍，飒然清远，传世作品有《竹石仕女图》。

清代画竹最多、成就最高者当推郑燮。他擅画兰竹，以草书中竖长撇法运笔，多不乱，少不疏，体貌疏朗，笔力劲峭，自题其画云："四时不谢之兰，百节长青之竹，万古不移之石，千秋不变之人。"① 借竹寄托其坚韧倔强的品性。如其《兰竹图》，半边幅面为一巨大的倾斜峭壁，有拔地顶天、横空出世之势；峭壁上数丛幽兰与几株箭竹同根并蒂，相参而生，在碧空中迎风摇曳，丛生于峭岩绝壁，又不囿于岩壁，"竹劲兰芳性自然"，"飘飘远在碧云端"，自有不为俗屈的凌云气概。其竹画中间寓同情人民疾苦之情，自谓："凡吾画兰、画竹、画石，用以慰天下之劳人，非以供天下之安享人也。"② 他于画竹理论，亦有创见。

他如王迈、柳如是、龚贤、余颢若、吴宏、童钰、贾可、方婉仪、潘恭寿……诸人，均为画竹好手。清代画竹风气之盛、作品之丰，均超过前代，把画竹

---

① 卞孝萱编：《郑板桥集》，第392页齐鲁书社1985年版。
② 同上。

艺术推至高潮。

6. 近现代——画竹艺术的延续期

清代以降,在强大的外来文化的冲击之下,绘画题材日益扩大,绘画技巧趋于丰富多彩,昔日趋之若鹜的画竹盛况一去不复返,竹由绘画中心题材的地位降至一般题材。尽管如此,竹所凝聚与积淀的情感、观念、情趣、理想等文化内涵并未溘然消逝,画竹艺术传统之流仍然延绵不断,画竹大家与画竹佳作继续涌现。

吴昌硕的竹画兼取篆、隶、狂、草笔意,色酣墨饱,雄健古拙。何香凝的《松竹梅》图,笔致圆浑细腻,色彩古艳雅逸,意态生动。余绍宋的竹画喜用焦墨,笔法谨严中寓有潇洒之致,识者谓其"纷而不乱",气韵盎然。吴华源的竹画师文同,偃仰疏密,合乎法度。吴湖帆写竹潇洒劲爽,得赵孟𫖯、王绂风姿。

此外,黄山寿、吴观岱、萧俊贤、经亨颐、汤涤、汪孔祁、于照、郑午昌、陈少梅、蔡鹤汀等画家均曾致力于画竹艺术。

二、竹绘画符号能指的类型:再现与引线

画竹艺术所画的对象是竹,通过绘出竹的形象表达某种情趣思想。尽管所画均为竹,然而画家对竹形象的态度却千差万别,画竹的目的各有所求,所画之竹与现实之竹在外形上契合关系不尽相同,由是竹绘画符号能指呈现出千姿百态的审美形态,我们把它概括为再现与引线两种类型。

再现型的竹绘画符号是指在画中比较忠实地"摹拟"竹的固有特征的绘画符号。此类绘画符号属描述性符号,画家虽然不懂得通过光影效果去表现竹的"体积感"和"质感",但却在其绘画技巧所能达到的能力范围内尽可能如实地"再现"竹的形象,而不做"变形"或"简化"的艺术处理,惟妙惟肖的"形似"是其艺术追求的一项主要内容,竹绘画符号的能指逼近于现实生活中竹的造型。

文同的画竹方法是"再现"型的。"与可画竹时,见竹不见人。岂独不

见人，嗒然遗其身。其身与竹化，无穷出清新。"① 他所画之竹绘画符号并非无所指代与表现，但在创作竹绘画符号时，却要把自我消融到竹之中，所欲指代与表现的情感、意志、观念等均须附丽到竹形之上，此刻艺术家的审美注意状态是"见竹不见人"。他教苏轼的"胸有成竹"方法是说为了真实再现竹的形象必先认真仔细地观察竹："故画竹必先得成竹于胸中，执笔熟视，乃见其所欲画者，急起从之，振笔直遂，以追其所见，如兔起鹘落，少纵则逝矣。"② "执笔熟视"，是要求画竹者在作画之前认真反复地观察竹的形态；"追其所见"，则是要把观察到的竹的形象特征准确摹拟出来。他所首创的竹叶处理方法（即深墨为叶面，浅墨为叶背），目的是把竹画得富有立体感，提高真实性。由此可见，文同画竹的原则之一是枝叶毕肖地把竹再现出来，获得的竹绘画符号能指臻至几与造化争美之境界。

程堂学其师文同画竹之法，所画竹亦求形似。他所画的凤尾竹，做到枝叶不失向背。他登峨眉山时看见结花于节外枝的菩萨竹，就写其形于中峰乾明寺僧堂壁间，俨然如真。他又在象耳山（在四川彭山县）见到苦竹、紫竹、风中竹、雪中竹，也为之写真。成都笮桥观音院亦有他所画的竹，并题有绝句，云："无姓无名逼夜来，院僧根问苦相猜。携灯笑指屏间竹，记得当年手自栽。"南宋人邓椿尝见其画，评论说几能乱真。程堂对造型特异的竹类（凤尾竹、苦竹、紫竹等）和竹的具体形态（如风中竹、雪中竹）很感兴趣，见到必写之，说明他画竹的主要目的是再现、摹仿出竹的外形，描述出罕见种类之竹的形象和特殊气候下竹的形态。因而他所画竹亦是"再现"型的。

元人李衎把再现型画竹方法臻于完善，画竹态度十分认真，不仅倾心学习文同，而且对竹做了大量实地考察与研究，"行役万余里，登会稽，历吴楚，逾闽峤，东南山川林薮游涉殆尽。所至，非此君者无以寓目"③，写出《竹谱详录》一书，描述了竹的种种名目和相应的动态，归纳出画竹的技法。因而他画竹很强调忠实再现实物，力求穷尽竹的形态，坚持文同"画竹必先得成竹在胸中"的原则，反对"不思胸中成竹自何而来，慕远贪高，逾级躐等，

---

① 苏轼：《苏东坡全集》前集卷16《书晁补之所藏与可画竹三首》。
② 苏轼：《苏东坡全集》前集卷32《文与可画赟筜谷偃竹记》。
③ 李衎：《竹谱详录》卷1。

施驰惰性,东抹西涂"的画法,并创造了"设色双勾"法,以之画竹可达到"画如竹"的逼真效果。可见其画竹的审美旨趣是真实地再现出竹的形象。其传世之作《双钩竹轴》等竹之枝叶清晰准确,竹之色泽以浓淡墨晕出,极富立体感,摹形状色逼真精整。

"再现"型画竹艺术家之所以注重竹绘画符号能指与实物之竹形态的契合、同一,追求形似与逼真的艺术效果,是因为他们感受到竹的感性形象所唤起的审美愉悦,认为竹的形象本身即具有一定的审美内涵,必须如实地、不加改变地把竹的固有特征"摹拟"到画幅上去才能称之为艺术品,也只有

双钩竹石图(元·李衎)

如此，竹绘画符号才能给人以强烈的审美感受。

再现型竹绘画符号注重能指的"形似"，未能舍弃竹形象本身的审美作用，但并不意味着它们没有所指，也不能说它们未曾达到"神似"的艺术境界。事实上，成功的再现型竹绘画符号的所指也非常丰富、深邃，正如苏轼所说，文同所画之竹表面看上去"见竹不见人"，细细玩味则"岂独不见人，嗒然遗其身。其身与竹化，无穷出清新"，它显现着艺术家们的情感、意志、观念和人格，积淀了丰厚的中华民族文化内涵。

竹绘画符号能指的另一类型为"引线"型的。"引线"(clue) 这一概念是由英国艺术评论家克莱夫·贝尔首先提出来的，指的是通过艺术"简化"与"变形"而再现于艺术中的物象，即"知识性的引线"(cognitiveclue) 或"提供信息的引线"(informatoryclue)。所谓引线型竹绘画符号，就是指在绘画中对竹的固有自然特征既通过摹拟部分得以保留又经过艺术的简化或变形处理的符号。

在创作引线型竹绘画符号时，画家的审美注意不再倾注于竹的形式特征，而是沉醉于笔墨技法或自我表现之中。竹绘画符号的能指形式与竹的自然物象特征之间，不再是一一对应的再现与被再现的关系，但它画的毕竟还是竹，竹的自然物象特征并未被彻底舍弃，对它的摹拟仍被部分地保留下来，成为"引线"，这样，在竹绘画符号中"具象"（"再现"因素，物象描摹）和"抽象"（"点"和"线"的"笔墨"结构）有机地统一起来了。画家在画中画了一竿"竹"，鉴赏者首先在画幅上感知到它是"竹"这样一种"植物"，人们最初获得的只是一种"知识性"的观感："这是一竿竹！"随即画家所再现的竹的部分自然特征即成为一种"引线"，指引人们进一步欣赏在画竹时所创造的一种艺术的"意蕴"。在此，这竿"竹"的再现性形象仅标识出这幅画所画为何物，并不是真正的艺术"形式"，至少不是真正的艺术"形式"的全部。激起人们的审美情感的，不是再现出竹的物象特征部分的"引线"，而是由引线所引向的、以点和线构成的形式结构，即"有意味的形式"。

苏轼是首创引线型竹绘画符号的艺术家。他对文同教他的"胸有成竹"画法虽然能够理解，"心识其所以然"，但在创作实践中，"与可之教予如此，予不能然也"，难以或不愿意形貌酷肖地把竹再现出来。他在审美趣味上极为鄙弃追求形似之作,说:"论画以形似,见与儿童邻。"①其画竹常兴到即画,对竹绘画符号常以潦草、简约出之,有时甚至一笔上去,中间不分节。米芾奇怪,苏轼所画与竹的物象特征相去甚远,问为何如此。苏轼回答说:"竹生时何尝逐节生?"又传说他在试院兴到画竹,适值案头无墨,遂用手中朱笔写之。有人问他:世上难道有朱竹吗?他问答说:世上难道有墨竹吗?后人竞效,称为"朱竹"②。这两个苏轼画竹的故事,说明苏轼不屑于把竹的形象毕肖地在画中再现出来,并不泥于竹的固有外在特征,所画之竹与现实之竹相类的那部分无非是起到一种"支撑"其艺术的"形式"的作用,产生一种"引导"其所表现的意蕴的功能。

被誉为"元四家"之一的倪瓒,所画之竹亦属"引线"型的。他自谓"图写景物,曲折能尽状其妙趣"的画法,"盖我则不能之",而欣赏与刻意追求那种"草草而成"、"有出尘之格"的"逸品"③。他甚至率直地主张借景抒情,根本不去计较形似与否。他评价自己的画说:"仆之所谓画者,不过逸笔草草,不求形似,聊以自娱耳。"他所作的竹画亦如此,不刻意追求如实再现竹的自然形象特征,他说:"余之竹,聊以写胸中之逸气耳。岂复较其似与否,叶之繁与疏,枝之斜与直哉?或涂抹久之,他人视以为麻为芦,仆亦不能强辨为竹。"④现存其画《修竹图》轴以淡墨简笔画成,竹之形状依稀可辨,而无刻意摹仿竹形之痕。

郑燮反对彻底摒弃竹的物象特征的画竹方法,说:"殊不知'写意'二字,误多少事,欺人瞒自己。"⑤同时也不主张只有"真相"而无"真魂"的画法,说:"爱看古庙破苔痕,惯写荒崖乱树根,画到神情飘没处,更无真相有真魂。"他所推崇的是"神理具足"的作用,既描摹出竹的一些自然特征,不至于使人"视以为麻为芦",又适当进行部分简化与变形,以显现"线"和"点"之"笔墨"结构的"真魂",形成"抽象与具象相结合"或"半抽象"的艺术形式。这是因为,他认为作为物理事实的竹之物象、作为人所感知到的竹之感觉、

---

① 苏轼:《苏东坡全集》前集卷16《书鄢陵王主簿所画折枝二首》之一。
② 清《御定佩文斋画谱》卷12。
③ 张江:《清河书画舫》卷11下。
④ 高士奇:《江村销夏录》卷1。
⑤ 郑燮:《郑板桥集·题画》。

作为人在思维中建构的竹之意象和作为人的创造物——画中之竹之间,并非同一、一致的,而是有差异的,他指出:"其实胸中之竹,并不是眼中之竹也。因而磨墨展纸,落笔倏作变相,手中之竹又不是胸中之竹也。总之,意在笔先者,定则也;趣在法外者,化机也。"①企图如实地把竹的物象特征在画中描摹出来,是难以做到的。所以他倡导的画竹之法是"意在笔先"、"趣在法外",即使"虽无真相"而"有真魂"、虽"形模难辨"而有"精神骨力",亦为佳作。他的《竹石图轴》等传世之作中的竹,处于"似与不似之间",既有对竹的物象进行描摹的因素,又有简化、变形的因素,把人引入一个令人情思驰骋的广阔天地。

三、竹绘画符号所指的意义空间:公立象征与私立象征

从唐朝起,竹即成为历朝历代、不同身份、思想情趣各异的画家反复攫取的艺术题材。人们之所以不厌其烦地一而再、再而三地画它,除了竹绘画符号能指可以不断翻新、创造之外,就是竹绘画符号所指具有广阔无限的意义空间,画家们借助于它寄寓自己的个性、情感、趣味以及对人生社会的思索。郑板桥对此有一全面而深刻的说明,他说:"画竹之法,不贵拘泥成局,要在会心人深神,所以梅道人能超最上乘也。……故板桥画竹,不特为竹写神,亦为竹写生。瘦劲孤高,是其神也;豪迈凌云,是(其)生也;依于石而不囿于石,是其节也;落于色相而不滞于梗概,是其品也。竹其有知,必能谓余为解人;石也有灵,亦当为余首肯。"②足以见出竹绘画符号所指的意义空间容量之大、内容之丰。具有丰富深邃的意指,是作为文人画之类的写竹画的一个重要特征。诚如陈衡恪所云:"盖其神情超于物体之外,而寓其神情于物象之中,无他,盖得其主要之点故也。…'其主要之点为何?所谓象征Symbol 是也。"③因而对竹绘画符号所指的探求则不得付之阙如了。

同时,中国画的诗书画印高度融合的艺术特征又为我们解读竹绘画符号

---

① 郑燮:《郑板桥集·题画》。
② 郑燮:《郑板桥集·补遗》。
③ 陈衡恪:《文人画之价值》,见刘梦溪主编《中国现代学术经典·陈师曾卷》,第818页,河北教育出版社1996年版。

所指的意义空间提供了便利。早在唐朝就出现了许多题画诗,用文学语言描述画的风格、韵味与内涵,但此时之诗与画各自分立,尚未合一。至五代,开始兴起题诗于画上之习。《宣和画谱》载,南唐后主李煜为卫贤《春江钓叟图》题诗,诗虽题于画上,诗书画合为一体,然作画者与写诗者还非一人,写诗者未必尽领作画者的意旨,作画者也可能不存写诗者之感,则个性情趣各具,诗书画在艺术上难以若合符契、融为一体。宋朝之时文人画兴起,文人画家深感仅以画难以尽情表现其意兴情思,于是在画上题上诗文题跋,以为补充。清人方薰《山静居画论》云:"款题图画,始自苏、米,至元明遂多。"宋徽宗赵佶曾题古句于画上为画命题,题诗款于画之风由此奠立,后世画家相沿不绝。文字符号的所指较之绘画符号的所指更多理性内涵,更易于把握领悟,因而借助于题画诗,尤其画家自作之题画诗的指引与暗示,竹绘画符号的意指得以显化,为我们窥视其所指密室敞开一孔之窗,它就不是难以捉摸的"黑箱"了。

竹作为无数画家反复运用的绘画符号,其所指首先应具有"公立意义",即大多数画家赋予竹和大部分竹画所表现出的共同或相近的意义。"怒写竹,喜写兰"之说即说明竹绘画符号具有人们认同的"公立象征"意义。处于相近或相同的文化社会氛围中的画家,面对形象相类的竹,画着同一题材的画,怎么会不萌生"人同此心,心同此感"的相似情感、意志与观念呢?竹绘画符号的"公立意义"由此创生。

竹绘画的能指与所指之间通常是"异质同构"的,由能指的形象、性质等特征通过想象与联想作用,建构起与能指"异质"但却"同构"的所指。竹具有挺拔直立、经冬不凋、四季常青、竹节均匀排列、生命力强等形象特征与生长特性,画竹者据此建构与之"异质同构"的竹绘画符号所指义项,赋予它正直、高洁、孤傲、坚贞、抗争等高尚品性。

唐人方干曾画竹,并写了《方著作画竹》一诗以申其意旨,诗云:"叠翠与高节,俱从毫末生。流传千古誉,研练十年情……。"被人称为"官无一寸禄,名传千万里"[①]的方干,借竹绘画符号寄寓了自己向往高洁、重气节

---

① 孙郃:《哭玄英方先生》。

的情感思想，那画上画的是竹，而画出的都是脱俗、刚直之人。

通过画竹以充分表现其高尚人格者当首推文同。他之所以悦竹、敬竹、友竹进而画竹，是因为画竹可以自况其人格，自勉其品性。对此苏辙记载说："悲众木之无赖，虽百围而莫支，犹复苍然于既寒之后，凛乎无可怜之姿，追松柏以自偶，窃仁人之所为，此则竹之也。始也，余见而悦之；今也，悦之而不自知也。忽乎忘笔之在手与纸之在前，勃然而兴，而修竹森然。"① 在文同看来，竹之所以为竹，在于它历尽风霜严寒却能保持苍翠俨然，尤其是纡竹，能屈而不挠，风节凌然，由这一形象即可寄托文同与之"异质同构"的人格，竹便无异于白画像了，即："得志遂茂而不骄，不得志瘁瘠而不辱，群居不倚，独立不惧。"② 自然画竹时便"忽乎忘笔之在手与纸之在前"。画家借画竹寄寓其人格品性，表现了其情感思想，而鉴赏者通过观画中之竹则可体悟、感受到画家的坚贞不阿、高洁脱俗的人品，苏轼即以诗歌表达他观赏文同墨竹画的审美心理体验，说："风梢雨箨，上傲冰雹。霜根雪节，下贯金铁。谁为此君？与可姓文。惟其有之，是以好之。"③ 由竹绘画符号的能指感悟到赞美经受得起风雪严寒而矢志不渝之人品的所指内涵。文同去世后，其《纡竹图》摹本被苏轼得到，非常爱惜，送给祁永，请他刻之于石，"以想见亡友之风节"④。

明代画家王绂撕自己所画《竹石图》的逸事亦可说明竹绘画符号具有高洁脱俗之情趣。王绂善画山水竹石，须兴到方落笔。倘若有人以金帛强求，他便不予；如登门求画者志趣与其不投，他则闭门不纳。某天夜晚，他在月下听人吹箫，勾起画兴，写就一幅《竹石图》，翌日寻那昨晚吹箫人，把画送之。不想那吹箫者是一商人，仰慕王绂之名已久，见状不胜喜悦，遂收下画，又送王绂一张红色地毡，并请他再画一张，以便配成一对。王绂大失所望，说：为了箫声才来访送画，原想画竹——做箫的材料——以为回报，不曾料想你这般庸俗市侩。于是要回那张画，当即撕毁。商人体悟不出竹绘画符号的所指，视之为物质性的商品，志趣与王绂画竹之意南辕北辙，大相径庭，王绂只有

---

① 苏辙：《栾城集》卷17《墨竹赋》。
② 苏轼：《东坡全集》卷35《墨君堂记》。
③ 苏轼：《东坡全集》卷94《戒坛院与可墨竹赞》。
④ 清《御定佩文斋书画谱》。

一撕了之。因为竹绘画符号惟其蕴含着超凡脱俗等情趣,能指才不为虚设之物,也才有艺术生命,方有其存在价值。

郑燮画竹亦寄寓有高洁、风节之义。他曾说:"盖竹之体,瘦劲孤高,枝枝傲雪,节节干霄,有似乎士君子豪气凌云,不为俗屈。"① 作为毕生致力于兰竹的画家,他对竹确有异于常人的深入体悟,视之为豪气凌云、坚贞孤高的士君子,因而其所画的竹象征着"士君子"的高洁品格。

竹绘画符号的"公立象征"是写竹画家所常寄寓的、总体或大部分竹绘画符号所指的内涵。然而,艺术是高度个性化的创造物,不应该也不可能"千人一面、千口一腔",艺术家画竹时的艺术想象方向与思维走向不会是永远相似或一致的。正如法国雕塑大师罗丹所说:"所谓大师,就是这样的人,他们用自己的眼睛去看别人见过的东西,在别人司空见惯的东西上能够发现出美来。"② 唐宋八大家之一欧阳修曾讲过他的一件"终身之恨":"吾常喜诵常建诗云'竹径通幽处,禅房花木深。'欲效其语作一联,久不可得。乃知造意者为难工也。晚来青州,始得山斋宴息,因谓不意平生想见而不能道以言者,乃成己有,于是益欲希其仿佛,竟尔莫获一言。夫前人为其开其端,而物景又在其目,然不得自称其怀,岂人才有限而不可强?将吾老矣文思之衰邪?兹为终身之恨尔。"③ 同一画家随着时间、地点、阅历、遭遇、思想等的变化,他对竹的理解、感受也会产生变化。创造性是艺术的生命,画竹亦需画家"独具心裁",自抒个性,这种高度个性化既包括在艺术形式上竹绘画符号能指的创造性,更应包括在艺术意蕴上竹绘画符号所指的创造性。苏轼《净因院画论》说:竹石枯木如是而生,"如是而死,如是而挛拳瘠蹙,如是而条达遂茂,根茎节叶,牙角脉缕,千变万化,未始相袭,而各当其处,合于天造,厌于人意。盖达士之所寓欤?"中国画竹大师们在竹绘画符号所指的创造性即表现在特定时空内对竹的独特体悟,并在具体的竹绘画符号表现出来,从而形成个性各异、丰富多彩的竹绘画符号所指。这些写竹画家特定时空所独具、具体竹绘画符号所喻示的情趣、意志和观念等意蕴,笔者名

---

① 郑燮:《郑板桥集·补遗》。
② 《罗丹艺术论》,中译本,第5页,人民美术出版社1978年版。
③ 欧阳修:《欧阳文忠集》卷73。

之曰"私立象征"。

苏轼的个性特征异常鲜明而又丰富复杂,他借画竹所表现的意义亦为多种多样,汤显祖曾说:"苏子瞻画枯株竹石,绝异古今画格,乃愈奇妙。"①因而其写竹画形成层次繁复的"私立象征"。东坡桀骜不驯、与世多乖,作画则常常择取怪怪奇奇之物以象征其不合流俗之品格。米芾《画史》云:"子瞻作枯木枝干,虬屈无端。石皴硬,亦怪怪奇奇无端,如其胸中盘郁也。"他所画之竹亦与常人不同,"空肠得酒芒角出,肝肺槎牙生竹石,森然欲作不可回,吐向君家雪色壁"②。他有时借竹(还有石)所象征的是不同凡响的"胸中芒角,肝肺槎牙"。你看那幅传于今世的苏翁大作《枯木竹石图》,古拙遒劲,别具一格,象征着他虽然饱经风霜、坎坷一生却能保持傲骨劲节、不汩其流的倔犟性格。苏轼性格的另一面则是豪放不拘、达观洒脱。他画竹不作节,是欲借无节之竹这种独特的竹绘画符号表现他奔放无碍、直爽乐观之情感与心态。清朝大画家石涛对此的理解颇能切中东坡之心,他说:"东坡画竹不作节,此达观之解。"③竹之节似乎阻隔了他那一泻千里、激昂澎湃感情的抒发,表现不了无拘无束、绝对自由的品格。他画无节竹,象征的正是他这种超越凡人的奇异心性。

处于蒙古族入主中原、灭宋建元之时的郑思肖,在宋亡后所画竹,多取竹傲霜耐寒之自然特性,以寄托他幽芳高洁的情操以及宗邦沦覆之后不随世浮沉的气节。

柯九思所画《墨竹花石》图中竹的所指则为凄怨哀婉之情,"烟浓风暖春如醉,竹有哀

墨竹图(清·郑燮)

---

① 汤显祖:《玉茗堂全集》卷32《合奇序》。
② 苏轼:《苏东坡全集》卷13《郭祥正家醉画竹石壁上,郭作诗为谢,且遗铜剑二》。
③ 释道济:《画语录·大涤子题画抄》。

音花有泪"①。这竹的动态似乎发出催人泪下的哀音。

郑燮一生画过许多墨竹图，他在不同的时间、情景下赋予竹的意蕴是不尽相同或各有侧重的，因而郑燮一人所创作的竹绘画符号亦有若干"私立象征"。例如，有时他在墨竹画上题上"一竹一兰一石，有节有香有骨，满堂君子小人，四时清风拂拂"，突出的是竹绘画符号的"志"之"节"；有时又题上"咬定青山不放松，立根原在破岩中，千磨万击还坚劲，任尔东西南北风"，强调的是其"神"之"坚劲"；有时又题上"一节复一节，千枝攒万叶，我自不开花，免撩蜂与蝶"，侧重在其"志"之"高"；有时还题上"衙斋卧听萧萧竹，疑是民间疾苦声，些小吾曹州县吏，一枝一叶总关情"，又借竹象征体恤人民疾苦之情……

中国文化所认同的竹绘画符号之"公立象征"与具体绘画符号丰富多层的"私立象征"构成抽象与具体、总体与部分的关系，形成繁复丰富而又层次分明的竹绘画符号意指系统。

四、竹绘画符号的审美风格：简淡逸远

从唐代写竹画诞生以后，不知有多少人画出多少幅竹图。如果说"风格即人"（布封语），而画家"各一其性"，"彼此不能相为"②，那么有多少人画竹就有多少种竹绘画符号的审美风格。然而，由于画竹艺术所画的题材是同一的，所画对象属于同类，所采用的技法大同小异，所赋予的意蕴又有"公立象征"存在，因此尽管竹绘画符号的个人审美风格如何异彩纷呈、各具一格，但中国画竹艺术或竹绘画符号的审美风格仍然显现出纷繁而不杂乱、异中有同的共性风格特征，那就是：简淡逸远。

写竹画以其简明的线条、疏朗的布局和清纯的色泽而独树一帜，卓立于中国绘画之林，它没有花鸟画的精细工笔，没有青绿山水画的繁复形象，亦无金碧山水的炫目色彩，呈现出的是简率清淡的美学品格。

写竹画的简淡风格源于其所表现对象的形象特征。竹这种植物造型独具

---

① 刘基：《诚意伯公文集》卷11《题柯敬仲墨竹花石》。
② 刘勰：《文心雕龙·体性》。

一格，竹茎挺立直上，以直线为主，没有迂回曲折的繁复曲线；造型细瘦，没有雍容累赘之状；主干突出，没有横生之枝蔓；竹叶呈细条形，为流线形线条，没有那宽绰肥大之态和迂绕回环之繁。竹色清淡如水，一般在清绿之间，可视为恒长的单色。《说文》曰："竹节曰约。"竹的形象本身呈现给人的是"清姿瘦节，秋色野兴"①，其风格是简洁清淡的。

　　写竹画的简淡风格还源于画竹的单色处理。我国画竹基本可称为以单色出之，或墨，或朱，或清绿，而朱竹和青绿竹两种色竹画画者不多，真迹流传较少，写竹画家趋之若鹜的是墨竹，墨竹画是竹画艺术的大宗与主流。在中国古人的审美意识中，水墨之色是不加修饰而近于"玄化"的最高之色，即"母色"，其余之色均从此运化而出。张彦远说："夫阴阳陶蒸，万物错布。玄化无言，神工独运。草木敷荣，不待丹绿之采。云雪飘飏，不待铅粉而白。山不待空青而翠，凤不待五色而綷。是故运墨而五色具，谓之得意。意在五色，则物象乖矣。"②从而把墨色视为最高、最自然之色，"夫画道之中，水墨为上，肇自然之性，成造化之功"③。墨竹画仅以淡浓之墨分出阴阳，而不做更多的色彩处理，使墨竹画在色彩上显现出简淡的风格。

　　写竹画的简淡风格亦与画竹技法相关。不论是再现型还是引线型的竹绘画符号，因竹的线条单纯明快，所以画家们画竹一般无须用工笔出之，只要用写意之笔草草几笔勾出其形貌大概即可。画竹大师文同和苏轼创不勾勒法，放弃传统画法的细笔（细线）勾勒的传统技法，改用宽线条、粗线条来直取对象的面和体，"振笔直遂"、"兔起鹘落"地表现竹绘画符号，对后世影响甚远。尽管黄筌所创先以墨画轮廓、再以墨染出阴阳的技法亦有人承继，但远不如不勾勒法采用得普遍，善于此法的李颇画竹亦不在小处求巧，用"丢芝麻、抓西瓜"的方法勾画出竹的风神，落笔便有生意。因而，总体上说，中国画竹艺术的笔法是以简率、朴拙为特征，而不刻意追求工笔描绘。笔法的简率不仅不被斥为劣品，反而被推崇为"逸格"。北宋画论家黄休复在《益州名画录》中非常推崇孙位画《浮沤先生松石墨竹》等画时"三五笔而成"之法，

----

① 李宗谔：《黄筌墨竹赞》。
② 张彦远：《历代名画记》卷2《论画体工用拓写》。
③ 陶宗仪：《说郛》卷91。

称之为"情高格逸",他说:"画之逸格,最难其俦。拙规矩于方圆,鄙精研于彩绘。笔简形具,得之自然。莫可楷模,出于意表。故目之曰逸格尔。""笔简形具"的笔法因"得之自然"而备受赞誉。元代艺术家赵孟頫在《清河书画舫》中又说:"吾所作画,似乎简率,然识者知其近古,故以为佳。"简淡又因"近古"即古朴、真率、自然而被首肯。简约的画竹笔法及简淡的画竹艺术风格由于契合于中国传统的审美理想而得以传之久远、蔚为大观。

竹绘画符号能指的简淡本身并不是,至少不完全是画竹者艺术追求的目的,并非为简淡而简淡,意在为表现与传达那深邃悠远的情思辟出一片空间,以有限的能指唤出无限的意蕴。明人陈继儒曾说:"写梅取骨,写兰取姿,写竹直以气胜。"①这"气",就是苏轼所说的"意气",东坡说:"观士人画,如阅天下马,取其意气所到。"②这"气"或"意气"就是画家的情趣、观念、思想、意志等胸中蕴积之物。这种"气"的淋漓尽致的表现以及通过竹绘画符号能指唤起鉴赏者无尽的想象并体悟到这种"气",方为写竹画的最高境界与目的。

那么为何写竹画须以简率的形式方能表现那无尽的"气"或"气韵"呢?写竹画通过线条、色彩等手段表现画家的情感、思想,而线条、色彩等绘画形式很难完全地、准确地穷尽所欲表达的丰富内涵,它们既是画家必不可少的表达工具,同时又是妨碍画家尽达情意的障碍物。如果孜孜于笔墨,丝毫毕现地精工描绘竹绘画符号的能指,则会把画家的审美注意羁缚在形式之上,牵绊着艺术想象翅膀的飞翔,影响"气"的尽情表现。正如张彦远所说:"今之画人,粗善写貌。得其形似,则无其气韵。具其彩色,即失其笔法。岂曰画也?"③因而中国古代画家画竹时,常大致勾勒出竹绘画符号的能指,留给想象以广袤的空间,并以之作为触发点和契机,把审美注意引向那浩瀚无垠、深邃悠远的所指海洋。你看郑燮的《风雨竹图》,画面简洁,只勾画出"萧萧数叶",就使人感到"满堂风雨"之气,留给人们以极大的想象余地,表现出无尽的所指内涵。所以,中国写竹画的简约风格的另一面则是逸远,即

---

① 鲁得之:《鲁氏墨君题语》。
② 清《御定佩文斋书画谱》卷15。
③ 张彦远:《历代名画记》卷1《论画六法》。

由简约的能指构筑成"召唤结构",激发起审美主体的想象力,从而步入超乎象外、深邃无垠的所指极境。因为"…逸'者必'简',而简也必是某种程度的逸"。①《世说新语·赏誉》云:"王长史(濛)谓林公,真长(刘)可谓金玉满堂。林公曰:金玉满堂,复何为简选?王曰:非为简选。真致处言自寡耳。"真致处言自寡,体悟到人生之本性之时,无待繁言琐语明之。通过简约可达至拔俗而把握人生的真致即高逸、情逸。因此可以说,竹绘画符号的审美风格为简淡逸远。

五、竹绘画符号审美风格的文化内涵

竹绘画符号简淡逸远的风格并非凭空而生,它植根于中国传统文化的土壤,并蕴含着、体现出传统文化的若干因子。

简约是中国文化的追求目标之一,中国文化的主要支柱儒道佛三家虽思想各异,然于事物之外在形象的看法都大同小异,既不否定"形"的作用,又反对执著于"形",简约恰好达至这种境界。儒家提出"温良恭俭让"的行为规范,而所谓"俭"即"约"的意思,刘宝楠《论语正义》注曰:"俭,约也。"邢爵疏云:"去奢从约为之俭。"《礼记·经解》引孔子的话说:"广博易良,《乐》教也。"孔颖达《正义》云:"简易良善,使人教化,是易良。"以孔子为代表的儒家不仅以简约为人们的行为准则,而且把它视为一种审美理想,《论语·雍也》说:"君子博学于文,约之以礼,亦可以弗畔矣夫!"简约成为儒家教化的重要内容,并渗透于艺术家的日常行为与艺术创作之中,促成竹绘画符号简约风格的形成。

老庄关于事物外形的思想从另一侧面渗透于写竹画的简约风格之中。《老子》第十二章说:"五色令人目盲,五音令人耳聋,五味令人口爽,驰骋畋猎令人心发狂,难得之货令人行妨。是以圣人为腹不为目。"以激烈之词说明对于声色感官愉快的放肆无节制的追求,其结果会使人失去正常的理智感觉而陷于麻木,以至失去最为根本的东西。庄子对这一思想在《庄子·山木》

---

① 徐复观:《中国艺术精神》,第278页,春风文艺出版社1987年版。

中更为准确精辟的表述是:"物物而不物于物。"既不能抛弃"物",要"与物为春",又"不以物挫志","不以物害己"达到"胜物而不伤"。也就是说,不能完全抛弃事物的外在形象,同时又不能沉溺于外在形象之中,因为"大巧若拙","大朴不雕","刻雕众形而不为巧"。竹绘画符号的能指以简率、朴拙之法出之,正与老庄这一思想相冥契。

与竹绘画符号几乎同时萌生、兴盛的中国化佛教——禅宗,其思想旨趣与竹绘画符号的审美风格极为相近。一方面,中唐以降,佛学界出现了由博而约、由繁而简的趋向,三藏十二部经被一个真常唯心取代,佛陀的崇拜被心的宗教所取代。另一方面禅宗舍弃了印度佛教玄妙抽象的佛理和繁琐复杂的论证,把被印度佛教分裂对立的佛性与色相又结合、统一起来,在一定程度上又肯定了色相,净觉大师曾说:"真如妙体,不离生死之中;圣道玄微,还在色身之内。色身清净,寄住烦恼之间;生死性真,权住涅槃之处。故知众生与佛性,本来共同。以水况冰,体何有异。冰由质碍,喻众生之系缚;水性灵通,等佛性之圆净。"① 因而,禅在作为宗教经验的同时,又仍然保留了一种对生活、生命、生意等感性世界的肯定兴趣。在禅宗的公案中,所用以比喻、暗示、寓意的种种自然事物及其情感内蕴,就并非都是枯冷、衰颓、寂灭的东西,相反,经常倒是花开草长、鸢飞鱼跃、活泼而富有生命的对象。同时这些具体可感的色相又不是禅的旨归,仅为顿悟真如佛性的媒介,终须超越,"象者,理之所假,执象则迷理"②,"假象"而不"执象"为禅宗对待"色相"的态度。

儒道佛肯定具体可感的事物,但视为终极目的的却是它所喻示、象征、蕴含的意义。儒家十分强调文学艺术的"寓教于乐"功能,孟子明确地提出"言近指远"的命题,说:"言近而指远者,善言也;守约而施博者,善道也。君子之言也,不下带而道存焉。"认为用简约、切近的语言表述与喻示深远、渊博的意指,方能实现人的追求。孟子还说:"可欲之谓善,有诸己之谓信,充实之谓美,充实而有光辉之谓大,大而化之之谓圣,圣而不可知之之谓神。"③

---

① 净觉:《楞伽师资记·原序》,载《大正藏》第85册。
② 释道宣:《广弘明集》卷23。
③ 《孟子·尽心章句下》。

孟子明确地把美规定为内容的充实,只有具备充实的内涵,方可达至极境——"神"。

道家对超越于形色感官的追求更为不遗余力。《老子》第二十一章说:"道之为物,惟恍惟惚。惚兮恍兮,其中有象,恍兮惚兮,其中有物。窈兮冥兮,其中有精。其精甚真,其中有信。"恍惚不定的物象蕴含与喻示着道的精、真和信。《庄子·人间世》较透辟地论述了超越物象的过程:"若一志,无听之以耳而听之以心,无听之以心而听之以气。听止于耳,心止于符。气也者,虚而待物者也。惟道集虚,虚者,心斋也。"强调用心去感受和超功利的直观的重要性,避实蹈虚则可获得"心斋"这种极为优化的心理体验。

禅宗的禅定是由观照外在物象开始,然而却不能执著于外在物象。禅宗认定一切色、法都是空幻不实的,人的眼耳鼻舌身所感觉到的实相皆非实有的实体。"心缘境时,六根空寂,六尘梦幻,如镜中物影。"物象无非是人心的映象,"如水中月者,月在虚空中,影现水中,实法相在如法性实际虚空中,凡夫水中有我,我所相现"①。通过这个物象洞见此心,从而悟佛性、洞真谛。总之,禅宗把众生与佛乃至一切诸法归结于自心,其全部理论均围绕着此心而展开,而其宗教实践就是静坐默究,向内观照,净化心灵。竹绘画竹号简约而逸远的风格是以儒道佛三家为骨骼的中国文化精神土壤的产物,同时又充分地体现出中国文化的基本精神。

六、与竹绘画符号相辅的主要符号:"五清"

除了单独画竹的写竹画之外,还有一些写竹画在画竹的同时,常常还辅之以其他动、植物和自然物,互相映衬、烘托,共同构成深融的艺术境界。

参与竹绘画符号建构意境的动物有:鸽(如赵昌《夹竹桃鸽图》)、鸠(如赵昌《桃竹双鸠图》)、兔(如崔白《竹兔图》)、猿(如易元吉《写生紫竹戏猿图》)、鹫(如徐崇嗣《丛竹鹫禽图》)、鱼(如徐崇嗣《竹贯鱼图》)、锦鸡(如唐希雅《拓竹锦鸡图》)、鹿(如唐希雅《竹鹿图》)、雀(如唐

① 《般若波罗蜜多心经》。

竹鹤双清图
（明·边景昭与王绂合作）

希雅《竹雀图》）、鹤（如黄居寀《竹鹤图》）、鹊（如仲俭《鹊竹图》）、鹇（如黄筌《雪竹山鹇图》）、鹭（如黄筌《竹石寒鹭图》）、鸭（如黄筌《竹鸭图》）、鹅（如崔白《吉竹家鹅图》）、鸳鸯（如黄君宝《竹岸鸳鸯图》）、猫（如厉归《猫竹图》）、黄鹂（如崔憨《秀竹黄鹂图》）、百劳（如崔憨《花竹百劳图》）、雁（如崔憨《雪竹寒雁图》）、鹚子（如吴元瑜《雪竹鹚子图》）、燕（如吴元瑜《拓竹紫燕图》）、鹦鹉（如黄君宝《夹竹桃花鹦鹉图》）、画眉（如崔白《秀竹画眉图》）、獐（如易元吉《竹石双獐图》）、虎（如赵邈《丛竹虎图》）。

参与竹绘画符号建构意境的植物有：芙蓉（如滕昌《慈竹芙蓉图》）、百合（如滕昌《丛竹百合图》）、梨花（如黄居寀《夹竹梨花图》）、海棠（如黄居寀《夹竹海棠图》）、牡丹（如黄居寀《牡丹竹鹤图》）、葵花（如丘庆余《葵花竹鹤图》）、蟠桃（如唐忠祚《蟠桃修竹图》）、山茶（如赵昌《山茶竹兔图》）、荷（如崔白《败荷竹鸭图》）等等。

然而写竹画中最为常见的辅助性绘画符号则是：与竹并称为"五清"的松、梅、兰、石。

被誉为"花中气节最高坚"的梅，最早援入画者，据载为南朝梁人张僧繇，他画有《咏梅图》一卷。唐以后，画梅者渐多，如李约就以画梅闻诸世，于锡所画梅则以勾勒着墨见长。竹经冬不凋，梅则耐寒开花，故画家常合竹梅而画，唐代萧悦就曾有《梅竹鹡鸰》等图。南宋画家徐禹功所画《雪中梅竹图》卷（之二），左方挺立之竹茎与斜出之梅枝纵横交织，中间青翠之竹叶与绽开之梅花互相映衬，透露出"无意苦争春，一任群芳妒"[①]的高洁傲雪气概。

---

① 陆游：《卜算子·咏梅》。

幽篁秀石图（元·顾安）

灵谷探梅图（清·石涛）

  松，其性挺拔，历尽劫难而坚贞不移，故而早在春秋时期就为孔子所赞誉，说："岁寒然后知松柏之后凋也。"西汉史学家司马迁称其为"百木长，而守门闾"①。《论语·子罕》敬松、爱松的观念对中国绘画史上较早形成画松传统起到了促进作用。东晋以后，历代均有专善画松者。唐朝张璪画松"手握双管，一时齐下，一为生枝，一为枯枝，气傲烟霞，势凌风雨，槎枒之形，鳞皱之状，随意纵横，应手而出，生枝则润含青泽，枯枝则惨同秋色"②。宋朝宋迪、冯觐等人亦善画竹。松与竹一样，经冬不凋，耐寒挺拔，所以画家

---

① 《史记·龟策列传》。
② 朱景玄：《唐朝名画录》。

常集竹松于一图,如张璨曾作《松竹高僧》,宋人乐士宣和宋道均分别作有《松竹》图。

把竹、松、梅三者并称"岁寒三友"之名始于宋代。林景熙云:"即其居累土为山,种梅百本,与乔松、修篁为岁寒友。"① 最早以此为画题者为北宋武洞清,其所画《岁寒图》著录于南宋初"中兴馆阁"藏品中,竹松梅合画的岁寒三友画题从此形成。北宋末、南宋初画家扬无咎善画水墨梅竹松石水仙等,曾把竹与松梅合画为《岁寒三友图》(清代卞永誉《式古堂书画汇考》有著录)。南宋中叶画院待诏陈宗洲与陈可久都曾集竹梅松于一图,分别画有《三友图》(著录于《画梅全谱》)、《岁寒三友图》(著录于《绘事备考》)。南宋后期画家赵孟坚所画《岁寒三友图》画迹传于今世。该画采用局部折枝组合的手法画竹、松、梅,竹仅折几叶,松只折出一枝几针,梅也少到折出一枝,画面简约清隽,手法新颖奇异,风韵高华照人。竹、松、梅均能经冬耐寒,松、梅与竹相配而集三者为一画,则更为突出,鲜明地表现出在逆境艰困中保持节操的情志。

兰,这种多年生常绿草,很早就被中华民族赋予深厚的审美情感,成为高洁、坚贞等美好品格的象征。《楚辞》中就曾多处写到兰,如《离骚》中即有"纫秋兰以为佩"、"余既滋兰之九畹兮"等句。文学中对兰的描写以及积淀在兰上的情感观念,滋润着画家画兰的审美情感。南宋中后期,画兰一科渐为独立一科,画者增多。赵孟坚还以善画兰而名重一时。宋末元初的郑思肖尤善画墨兰,疏花简叶,根不著土,谓"土为蕃人夺,忍著耶?"嘉定某官胁逼他画兰,他说:"手可断,兰不可得也。"② 兰寄寓了郑思肖的亡国之恨和不与元代统治者合作、坚贞自好的情操。深山幽谷、难有人问津的兰与挺拔直立、四季常青的竹均有不衰之色、淡雅之姿,并同样积淀有高洁自好、抱节坚贞的情感,故而元代画家吴镇在竹松梅"岁寒三友"之上外加一兰,而成了"四友"。于是画家们不时把兰与竹合画一图。郑燮画兰竹,并常把二者合而画之,如《兰竹图轴》,"四时不谢之兰"与"百节常青之竹"

---

① 林景熙:《霁山文集》卷4《五云梅舍记》。
② 无名氏:《宋遗民录》。

相映成趣，寄托了画家坚韧倔强的品性。

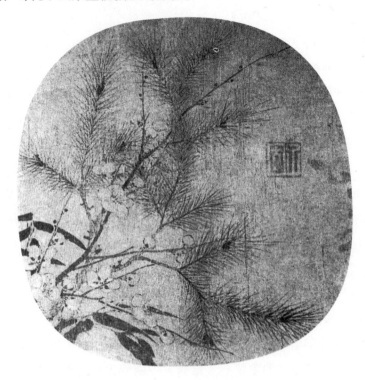

岁寒三友图（元·赵孟坚）

被郑燮誉为"万古不败"的石头，与竹、松、梅、兰一样，不因季节变换而生骤变，具有恒常之性，于是人们也像爱画竹、松、兰、梅那样爱画石，并把石加在"四友"之上而合称为"五友"或"五清"。最早把石与竹合画者，恐怕要数苏轼了。苏轼在黄州时，画竹赠给章质夫和庄敏公，并附短札，说他原本仅想画竹，但墨竹画完仍未尽兴，遂画一张竹石图，一并寄赠，从此创立竹石这一画体。之后，米芾途经黄州，二人初次见面，畅饮之后，兴之所至，苏轼画出两竿竹、一株枯树及一块石的一幅画，送予米芾。元丰七年（1084年）七月，苏轼偶过郭祥正所居之醉吟庵，灵感突发，便在壁上画竹石。次年四月六日，他路过古产名石的地方灵璧（在今安徽北部泗县西北），见刘氏园中一块如麋鹿弯颈状的奇石，择任一角度视之形状均不凡，苏轼爱赏不已，为求得此石，就地在临华阁的壁上画出一幅《丑石风竹图》，得到该石。苏翁创出竹石画体之后，相继者不绝如缕。南宋吴琚所作《墨竹坡石》，品自不俗。元代李衎所作《竹石图》画迹传于今世，该画为绢本设色双钩竹，画幅上方及右下方为摇曳婆娑之翠竹，枝叶疏散得当，掩映得宜，刻画精心，笔法秀丽工整，生动地展示出竹之风韵。画面左下方为一大块坡石，石向左方伸探，用浓墨渲染而出。整幅画静谧幽雅，透露出自然和谐之美与盎然生机。

松、梅、兰、石等进入竹画之中，构成映衬竹绘画符号的辅助性符号或并列性符号，打破了写竹画的单调不变格局，使之洋溢出更为诱人的审美魅力，而且还深化、强化了竹绘画符号的意指内涵，构筑成完整的象征表现系统。

竹自六朝隋唐进入画家视野之内后，即因适应了中华传统文化的土壤而得以长足发展，成为中国画中一种重要的绘画符号，其能指有再现和引线两种类型，具有坚贞高洁的公立象征意义和繁复众多的私立象征意义，以简淡逸远的审美风格在画坛上独树一帜。

第十二章 凌云浩然之气,淡远自然之趣

——竹人格符号

竹,不仅为中国文学家所反复吟咏,为画家所一再描画,寄寓着中华民族传统的审美情趣、审美观念与审美理想,而且指述与象征着中华民族的人格评价、人格理想与人格目标,成为中国传统文化中的一种极为重要的人格符号。

一、天人合一观念、"比德"思维与竹的人格化

中国文化的一个重要特征便是"天人合一",认为天中有人,人中有天,

竹林(董文渊摄)

天人相融。古文献中第一次出现"人文"时，便把它与"天文"相提并论："观乎天文，以察时变；观乎人文，以化成天下。"① 作为自然秩序的"天文"与作为人事秩序的"人文"虽各有所司，却不是孤立对立的，而是彼此相连、互相包容、相得益彰的。《礼记·礼运》即云："人者，天地之心也。"《庄子·达生》亦云："灵合者，天之在人中者也。"视自然、社会和人为一个和谐统一的有机体，"水火有气而无生，草木有生而无知，禽兽有知而无义。人有气、有生、有知，亦且有义。故最为天下贵。"② 认为在气、生、知上，人与自然有某种统一性，是一种相互对应的关系。

基于此，导出"天地相参"、"天人相参"的认知模式，"古人未尝离事而言理"③。比如《易经》从人们生活经常接触的自然界中选取了八种东西作为说明世界上其他更多东西的起源，即天（乾）、地（坤）、雷（震）、火（离）、风（巽）、泽（兑）、水（坎）、山（艮），其中天地是总根源即父母，产生雷、火、风、泽、水、山六个子女。自然界与人及动物一样，由两性（阴阳）产生。假自然解释人文，推人文于天文是中国传统的重要认知方法。

在中国古代，抽象思维没有得到成熟的发展，其致思方式常与日常经验相联系，与具体物象相伴随，具象性思维成为中国古代哲人的重要思维方式。中国古代的文化结构以及对文化部类的侧重点阻碍了中国传统思维方式由具象向抽象的发展。从古希腊时代起，西方就很重视自然科学的学习与研究，数学、几何学、天文学等在其文化结构中占据举足轻重的位置，十九世纪中叶以前欧洲学校所设立的主要文化课程为"七种自由艺术"，其中自然科学占了三种。自然科学在整个文化结构中占据很大的比重，非常有助于抽象能力的培养和抽象思维模式的形成，"它迫使人们用抽象的数进行推理，而排除将论证引入眼可见、手可触的实体对象"（柏拉图语），思维的形式化、抽象化迅速发展起来。而在中国古代的文化结构中，科学仅占据很小的一个角落，从未受到应有的重视。在奠定中国文化基础的先秦时代，诸子中惟有墨家对纯科学有所研究，几千年来雄踞文化领域的儒、道、佛三家则分别是

---

① 《易·贲·彖》。
② 《荀子·王制》。
③ 章学诚：《文史通义·内篇·易教上》。

伦理哲学、诗意哲学和宗教哲学，而非科学哲学。中国古代的文化支柱儒家反复强调的是"不学诗，无以言"，诗歌被强调到如此之高的地位，而自然科学却被贬到"方技"、"数术"之列。中国古代学校的教育内容为"六艺"，其中自然科学仅有"数"一门，且置于最末。历代科举考试中，自然科学被视为最无用的一门。这种文化结构缺乏培植抽象思维发育的土壤，难以培养抽象思维的品格，只能促使艺术思维、具象思维的发展。中国哲学家早在先秦时代就提出了"言意之辩"这一哲学命题，认为抽象化、概念化的"言"难以穷尽"意"，"可以言论者，物之粗也；可以意致者，物之精也；言之所不能论，意之所不能察致者，不期精粗焉"[①]，于是"圣人立象以尽意，设卦以尽情伪，系辞焉以尽言"[②]。用"象"去喻示、象征"言"所不能尽之"意"。魏晋玄学家王弼对此说加以进一步的明确化，在《周易略例·明象》中说："夫象者，出意者也。言者，明象者也。尽意莫若象，尽象莫若言。"虽然用"言"直接表达"意"难以做到，但是用"言"描绘的"象"却可以穷尽"意"。这就是中国古代哲学家对言意关系的基本体认（尽管也有人主张言能尽意，但未能成为占统治地位的哲学思想，影响甚微）。中国古代哲人对言意关系持有这种认识，就会确信不疑地恪守自己认为优越的思维方式，不愿去摆脱与超越它，致使中国传统思维长久地盘桓于具象思维的阶梯。

中国传统的具象思维方式一般采用"并连思考"（李约瑟语），即相似联想或接近联想的方法，"观物取象"，摹取具体可感的物象，把对人生、社会体验领悟到的真谛融汇贯注于其中，用具体之"象"寓思考之"意"。即所谓"仰则观象于天，俯则观法于地，观鸟兽之文与地之宜，近取诸身，远取诸物"[③]。

中国古代哲人在进行伦理思考、建构伦理学体系时亦不摆脱具象思维方式，常常择取具体可感的物象，以喻示、象征伦理观念、人格思想、价值观念与情感。早在春秋时期，《论语》即有"知者乐水，仁者乐山"，"岁寒然后知松柏之后凋也"之说，把自然物作为人的道德属性的象征，创立了"比

---

① 《庄子·秋水》。
② 《系辞上》。
③ 《易·系辞》。

德"说。这样一种伦理思考方式对后世影响很大。战国和汉代学者对此进行解释和发挥,《管子·水地篇》、《孟子》、《荀子》、董仲舒《春秋繁露》、韩婴《韩诗外传》、刘向《说苑》等著作均曾阐释与论述"比德"之说,从而使"比德"成为中国传统文化中思考与评判伦理人格的不可或缺的思维方式。

早在春秋时代,竹即开始人格化。《诗经·卫风·淇奥》用竹比卫武公之德,可视为竹人格化之始。此后竹进一步人格化。魏晋南北朝是竹人格化的一个极为重要的时期。公元317年晋王朝南渡,偏安江左。江南盛产竹,竹即成为士大夫们经常观赏的对象之一,与人的关系趋于密切,不再是外在于人的异己之物了,而视之为密友或再现自我的对象。王徽之称之为"此君",《晋书·王徽之传》记载道:徽之性卓荦不羁,"时吴中一士大夫家有好竹,欲观之,便出坐舆造竹下,讽啸良久。主人洒扫请坐,徽之不顾。将出,主人乃闭门,徽之便以此赏之,尽欢而去。尝寄居空宅中,便令种竹,或问其故,徽之但啸咏,指竹曰:何可一日无此君邪!"与王徽之一样视竹为友、爱之甚深者是袁粲。《南史·袁粲传》曰:"粲字景倩,……五年加中书令,又领丹阳尹。粲负才尚气,爱好虚远,虽位任隆重,不以事物经怀。独步园林,诗酒自适。家居负郭,每杖策逍遥,当其意得,悠然忘反。郡南一家颇有竹石,粲率尔步往,亦不通主人,直造竹所,啸咏自得。主人出,语笑款然。俄而车骑羽仪并至门,方知是袁尹。"王、袁二人如此醉心于竹,是因为他们与竹建立起了一种往复交流的关系。

"竹林七贤"的故事是魏晋人爱竹的另一美谈。《魏氏春秋》云:嵇康"与陈留阮籍、河内山涛、河南向秀、籍兄子咸、琅琊王戎、沛人刘伶相与友善,游于竹林,号为七贤"[①]。一群个性特征鲜明并为后世所推崇的人经常优游、清谈于竹林,使人们进行由人及物的联想与类比,竹与七贤的品性相通相连、彼此贯通,竹成为象征、喻示七贤品格的符号了。

如何认识人格、确立人格理想呢?中国传统文化在"天人合一"观念的基础之上,运用"比德"思维,到原来即与人相统一或"体用不二"的自然中去摹取能表现、象征传统人格理想的物象,"竹"即成为最为契合传统人

---

① 《三国志·魏志·嵇康传》,裴松之注引。

格思想、最能表现传统人格观念的一种自然之物,竹于是被人格化了,成为象征、指述中国传统理想人格与伦理追求的极为重要的符号之一。

二、竹人格符号指述意义之一:浩然之气

挺直、坚韧、有节、四季常青,竹的这些自然特性与中国传统的儒家人格理想正直、坚贞的"浩然之气","异质"而"同构",构成契合无间的对应关系,于是人们就赋予它"浩然之气"的指述意义。

"浩然之气"是孟轲率先提出来的,指一种具备正气与节操的最高理想人格。《孟子·公孙丑上》曰:"我善养吾浩然之气。"他本人解释说,这种"浩然之气"为一种主观精神状态,它"至大至刚","塞于天地之间",不待外求,纯由"集义所生",即内心自备至善的道德律令,行为事事皆合于义。可见,"浩然之气"作为一种精神力量,必然体现为坚强的道德意志,并以理性自觉为基础,它保证了理想人格的实现。

孟子的"浩然之气"是对孔子"仁者安仁"理想人格学说的概括与阐发。在社会急剧动荡的春秋时代,人们"辟土地"、"好货"的财富贪欲以及追求政治权力的权势欲空前膨胀,真可谓"周道衰而王泽竭,利害兴而人心动"[①],利欲与道德之间的矛盾冲突加剧,"义"与"利"孰轻孰重、何者为先的问题,即所谓"义利之辩"成为思想家论辩的一个热点。孔子用"仁者安仁"的人格价值观去解释与规范义利关系,提出"义以为上"、"见利思义"的基本

竹林七贤图[局部](明·杜堇)

---

① 陈亮:《龙川集》卷10。

原则，要求君子应当把道德义务放在首位，把个人私利私欲放在第二位，认为"君子喻于义，小人喻于利"，君子应该"义以为上"，"见利思义"，"义然后取"，反之，"不义而富且贵，于我如浮云"①。

孔孟这种"仁者安仁"、"浩然之气"的理想人格思想对整个中国古代文化产生了深远的影响，人们尤其是知识分子大都以此为行为规范，获得了理想追求的思想动力，对社会事业产生了强烈的历史使命感，他们坚守"富贵不能淫，贫贱不能移，威武不能屈"的"大丈夫"精神，对抗邪恶，赴汤蹈火，视死如归，处处以气节相尚，宁愿镣铐加身，也不失节。即使临难，也要高歌："十年未敢负朝廷，一片丹心许独醒。"②"人生自古谁无死，留取丹心照汗青。"③中国古代知识分子为了人格理想的追求，道德的自我完善，演出了一幕幕催人泪下、气壮山河的悲剧，这也正是中华民族精神之所在，是支撑民族之躯的不屈脊梁。

竹林高色图（清·蒲华）

---

① 《论语·里仁》。
② 蒋平阶：《东林始末·碧血录》。
③ 文天祥：《过零丁洋》。

竹人格符号的指述意义之一就是儒家所倡导的这种浩然之气的人格理想。竹或被称为"此君",或被称作"君子"(四君子之一),或被称作"抱节君"①。之所以把竹称为儒家理想人物"君子",就在于"竹之操甚有似夫君子者"②,它象征着"君子"的人品人格,指述着"君子"的"浩然之气"。

绿皮花毛竹(董文渊)

"浩然之气"理想人格的一个方面是正直。不偏不曲、端正刚直,历来被中国文化认定为"君子"的一项重要品格。《尚书·洪范》就有"平康正直"之语,《诗·小雅·小明》亦有"靖共尔位,好是正直"诗句。人们崇尚刚正之气,鄙弃圆滑世故、阿谀谄媚的小人。长期存在的封建专制制度及其遗迹极为严重地压抑着人的个性,阻塞了表达人民心声的通道,于是人们只能寄希望于那些能为大众利益而冒险犯颜、极言直谏的耿介之士,同时他们的正直本身即意味着对专制政治的反叛与抗拒,标识着被"异化"的人性复归的奋争。刚正端直的品格既与一般人民大众愿望的表述与利益的实现相关,又有反"异化"的刚健人格魅力,自然受到普遍推崇与肯定。

竹没有横生的枝蔓,更无盘曲斜出的茎秆,修长挺立,亭亭直上,给人以肃然端正之感,由此进行"比德",即借之象征正直耿直的品格。白居易在《养竹记》中云:"竹似贤何哉?竹本固,固以树德。君子见其本,则思善建不拔者。竹性直,直以立身。君子见其性,则思中立不倚者。"元稹《种竹》亦曰:"昔公鳞我直,比之秋竹竿。"刚正不阿、不偏不倚,是君子安身立命之本,竹本固而茎直,不正昭示着君子"中立不倚"的美德吗?

---

① 苏轼:《此君亭》有"寄语庵前抱节君,与君到处合相亲"之句,见《分类东坡诗》卷10。
② 清《御定历代赋汇》卷118,王炎:《竹赋·序》。

"浩然之气"理想人格的另一面是坚贞。恪守节操,坚定不移,不屈不挠,不为利弊、安危所动,亦被视为"君子"不可或缺的品德。孔子在《论语·子罕》中曾说:"三军可夺帅也,匹夫不可夺志也。"肯定平民的独立意志与独立人格。他在《论语·微子》中还赞扬伯夷、叔齐"不降其志,不辱其身"的坚贞品格。在生存欲望与人格尊严相冲突时,要保持人格的尊严。孟子肯定"生亦我所欲"的同时,提出"所欲有甚于生者",说:"生亦我所欲,所欲有甚于生者,故不为苟得也。死亦我所恶,所恶有甚于死者,故患有所不辟也。如使人之所欲莫甚于生,则凡可以得生者何不用也?使人之所恶莫甚于死者,则凡可以辟患者何不为也?由是则生而有不用也,由是则可以辟患而有不为也。是故所欲有甚于生者,所恶有甚于死者,非独贤者有是心也,人皆有之,贤者能勿丧耳。一箪食、一豆羹,得之则生,弗得则死。呼尔而与之,行道之人弗受;蹴尔而与之,乞人不屑也。"①孟子认为人格比生命更为重要。荀子则用"坚刚"去解释"义",《荀子·法行》说:"坚刚而不屈,义也。"

儒家为坚持正义而至死不改的人格要求,对后世影响甚大。《吕氏春秋·审分》说:"坚穷廉直忠敦之士,毕竟劝骋骛矣。"东汉马援"穷当益坚",王龚"但以坚贞之操,违俗失众,横为谗佞所构毁",晋朝刘琨"胆识坚定,临难无苟免之意"……,这些人均因坚持操守、矢志不渝,而受到赞誉。中国历代知识分子有"士可杀不可辱"的传统,所谓"甘从锋刃毙,莫夺坚贞志"②;一般老百姓多有"宁死不屈"、"宁为玉碎,不为瓦全"的决心和气概,正如宋代理学家陆九渊所说:"若某则不识一个字,亦须还我堂堂地做个人。"③尽管历代不乏反复无常、怯懦变节的小人,但都为绝大部分人所唾弃。

在封建专制制度之下,坚持正义、追求真理,时时会遇到不解或压制,甚或受到打击与摧残,只有对真理、正义的坚贞不屈的追求,才能在沉闷黑暗的生活夜空中划出闪电般的光芒,给人以希望和力量。

竹不是柔弱杨柳,没有拂扬婀娜之柔姿和脆嫩易折之茎秆;它不是桃李之树,没有春华秋实、荣枯兴衰之变化。竹坚韧难折,历严寒而不凋零,被

---

① 《孟子·告子上》。
② 韦应物:《睢阳感怀》。
③ 陆九渊:《象山集》卷4《象山语》。

誉为"岁寒三友"之一,象征着执著追求的坚定品格。《礼记·礼器》曾说:"礼释回,增美质,措则正,施则行,其在人也,如竹箭之有筠也,如松柏之有心也,二者居天下之大端矣。故贯四时而不改柯易叶。"《疏》云:"松竹居于天下,比于众物,最得气之本,故巡四时柯叶无凋改也。"① 苏轼《竹》一诗云:

　　今日南风来,吹乱庭前竹。
　　低昂中音令,甲刃纷相触。
　　萧然风雪意,可折不可辱。
　　风霁竹已回,猗猗散青玉。
　　故山今何有,秋雨荒篱菊。
　　此君知健否?归扫南轩曲。

纵然历尽生活的磨难,纵然狂风乱吹,坚定的信念不能更改,尊严的人格不得污辱,这就是竹向人们昭示的道德取向。

明人何乔新的《竹鹤轩记》对竹人格符号的坚贞内涵有更为详尽的阐释,说:"夫竹之为物,疏简抗劲,不以春阳而荣,不以秋霜而悴,君子比节焉。……世之人于富贵贫贱进退用舍之际,亦有不以炎凉而变态如竹者乎?"② 竹历尽风雪严寒而不枯萎凋零,不正与屡经磨难而矢志不渝的伦理价值取向"异质"而"同构"吗?

对竹人格符号的坚贞含义的表现,最明确精炼者莫过于郑燮的《竹石》一诗了,诗云:"咬定青山不放松,立根原在破岩中。千磨万击还坚劲,任尔东西南北风。"竹不是墙头草,东西南北各种风向的吹拂并不能把它吹倒;具有"浩然之气"的"君子"更不是朝三暮四、随波逐流的小人,任凭社会大潮如何改变流向,他们都会始终不渝、坚韧不拔地向着既定的目标奋力游去。黄庭坚《对青竹赋》亦云:"竹之美于东南以节不以文也。"

坚贞的人生态度须有一定的信念与理想为追求目标,否则就成了无本之木、无源之水,失去了依托与价值。因而"浩然之气"理想人格的第三层内涵则是高尚的志向。如果说正直与坚贞是"浩然之气"理想人格的外在表现,

---

① 郑玄注、孔颖达疏:《礼记注疏》卷23。
② 何乔新:《椒邱文集》卷13。

那么崇高的志向则是其内在动力与核心。

确立志向是儒家十分关注的一个问题。孔子就把"笃志"作为人格修养的一个基本要求。他在《论语·子张》中说:"博学而笃志,切问而近思,仁在其中矣。""笃志",即对"仁"的坚定的志趣,是人格完善的基本前提。孔夫子在《论语·为政》中对其自己的人格修养过程的描述是:"吾十有五而志于学,三十而立,四十而不惑,五十而知天命,六十而耳顺,七十而从心所欲不逾距。…'立志'为其完善人格之始。又于《论语·里仁》中云:"苟志于仁矣,无恶也。"认为若要达到"仁人"或"君子"的人格水准,必须

竹石图(清·归庄)

先要有"求仁"的崇高志向,并笃守而勿失。

孟子所谓养"浩然之气",亦须"配义与道",它要依靠长期立志于"义"与"道",心中的"义"的道德意识日益积累,方能产生,而不是偶然地从心外取得的。如果不长期志于义与道,它就没有力量了。它之所以宏大而刚强,可以发挥出"气壮山河"的伟力,就在于它发端于殉道于仁义的崇高志向。

竹细瘦修长,拔地而起,直上云霄,加之竹形与中国文化中神圣之物"龙"的身体形状相似,唤起人们丰富的联想与想象,激起昂扬奋发之情感,于是竹就蕴含了不同凡物的凌云壮志之意。如唐人袁邕的《东峰亭各赋一物得阴崖竹》诗云:

终岁寒苔色,寂寥幽思深。
朝歌犹夕岚,日永流清阴。
龙钟负烟雪,自有凌云心。

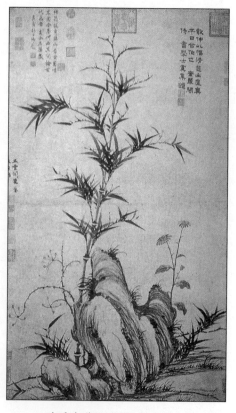

晚香高节图(元·柯九思)

竹虽寂寥幽处，没有炫目的色彩，不被人们所看重，但自己却怀有凌云之志。李商隐的《初食笋呈座中》，亦表达了类似的意蕴，诗云：

　　嫩箨香苞初出林，於陵论价重如金。

　　皇都陆海应无数，忍剪凌云一寸心。

竹即使才出土含苞，就怀有崇高的凌云壮志。

在中国传统文化中，"浩然正气"的众趋人格并非源于"匹夫之勇"的偶然冲动，而是个体修美即"内圣"长期积累的结果，经历了"气—身—性—心—神—诚"等精神自我深化过程，"修身、齐家"之后才能"治国、平天下"，"治国、平天下"之"浩然正气"源于"修身"的自我人格完善。"修身"的重要内涵之一就是要"克己复礼"、"以礼检束其身"，以达"谦谦君子"。《易·谦》曰："谦谦，君子。"要用谦卑来培养自己的德行。于是"外王"的"浩然正气"须以"内圣"的谦虚为道德基础，"满招损，谦受益"呵！作为整体人格象征符号的竹，一般造型又有外实内空的"空心"这一特有的植物特征，就不能不被赋予"虚心"这一个体人格意指了。宋人刘子翚作《此君传》，曰："帝馆于行宫，留以自近，尝访养性之道。此君曰：'虚心直己，至道自凝。'帝钦其言，又尝抚其腹，曰：'此中何有？'曰：'空洞无物，当容数百十人耳！'"[①] 虚心宽厚，容纳百人，乃一宽容谦和的儒者形象。再如，唐人张九龄《和黄门卢侍御咏竹》诗云：

　　清切紫庭重，葳蕤防露枝。

　　色无玄月变，声有惠风吹。

　　高节人相重，虚心世所知。

　　凤凰佳可食，一去一来仪。

诗歌极力渲染竹之形坚色恒、声切味香，辅之以凤凰来仪的典故，突出竹之坚贞与虚心，并把二者对举，可见气节与修养之间的密切联系。

---

① 清《御定佩文斋广群芳谱》卷82。

三、竹人格符号指述意义之二：自然之趣

竹常年呈绿色，清淡素雅；绿色为自然与生命的象征。竹造型简劲疏朗，无盘曲繁缛之态，给人以豁达洒脱之感。竹人格符号能指的这些特征，恰与中国传统文化对人格的另一种设计或者说是理想人格的另一侧面——皈依自然相契合，因而也就具有了自然之趣这一所指义项了。

西周开始确立了一整套的社会伦理规范"礼"，促成中国东方式文明的早熟；儒家哲学提出系统的理性主义道德思想——"仁义"之学，设计出自强不息、刚健进取的人格价值取向，奠定了中国的伦理主义文化。繁缛冷酷的"礼"、以理统情的"仁"，极大地束缚了人的个性与自由，并未能拯救道德颓丧的精神堕落，甚至诱发了人们的"爱利"贪欲，成为贪利者的假借之器。因而老庄提出了反孔孟"仁义"的非理性主义伦理思想，倡导"自然"、"无为"的生活态度，在现实的社会关系之外寻求一种符合人的"素朴"本性的道德境界，确立了"出世"的生活之路，设计出中国传统文化的另一类理想人格或者说中国传统理想人格的另一侧面。竹人格符号的指述意义之二就是老庄所设计的淡泊无为的理想人格，就是此类理想人格所特有的人生态度——自然之趣。

自然之趣的外在表现就是遁迹山林，徜徉山水，置身于大自然之中，成为"隐士"。早在老庄提出"自然"、"无为"人生态度之前的商末周初，伯夷、叔齐兄弟二人即以身践行。他们是商代孤竹国国君之子，孤竹君以次子叔齐为继承人，孤竹君死后，叔齐让位给伯夷，伯夷不受，二人离国而去，投奔周。周武王发军讨伐商纣，灭商建周朝。伯夷、叔齐二人逃到首阳山，不食周粟而死。二人起初弃商，是厌倦帝王功名利禄，源于超俗绝尘；后隐匿于首阳山，则出于谏周武王伐商而不得，深感世道不古，源于对世人的绝望。正如《庄子·缮性》所云："古之所谓隐士者，非伏其身而弗见也，非闭其言而不出也，非藏其知而不发也，时命大谬也。当时命而大行乎天下，则反一无迹，不当时命而大穷乎天下，则深根宁极而待，此存身之道也。"伯夷、叔齐兄弟二人遁世高蹈首阳山，正是由于"时命大谬"的不得已。他们所隐之处虽是一般

的山林，与竹并无直接关系，但因为他们是孤竹君之子，孤竹既为商朝的一个国名，同时又是一种竹名，隐士或愤世嫉俗与竹之间就有了一种间接的关联。文献常这样记载："颍阳洗耳，耻闻禅让；孤竹长饥，羞食周粟。"① 这为后世在二者之间建立起所指——能指关系提供了契机。

到魏晋时期，政治愈益黑暗，官场倾轧篡杀频繁，门阀士族的生活又极为贪婪淫逸，"名教"成为掩饰统治集团卑劣情欲和丑恶行径的遮羞布，尽管何晏、王弼等玄学家制造自然与名教合一的理论为之涂金抹粉，但其虚假性、欺骗性及对人性、人格的戕害性都大为加剧，名教与自然的鸿沟和对立增大，欲盖弥彰。于是，事隔五百余年，老庄提出的推崇、皈依自然之说又重新被提出并进行了更为详尽的阐述，凝聚成"越名教而任自然"这一更为明确而尖锐的命题，"竹林七贤"就是提出并践行这一命题的隐士集团。

《魏氏春秋》记载说："与陈留阮籍、河内山涛、河南向秀、籍兄子咸、琅琊王戎、沛人刘伶相与友善，游于竹林，号为七贤。"② 嵇康、阮籍、刘伶等人不满司马氏集团篡政，有招致杀身之祸的危险，但又无力改变既成的严酷现实，同时又不愿改变其人格、理想，"不与物迁"，不"降心顺世"，始终坚持与世俗礼教不妥协、不屈服的立场和独立人格，因而常处于"终身履薄冰，谁知我心焦"，"对酒不能言，凄怆怀酸辛"③ 的心境，愤世嫉俗之志欲发不能，欲罢不愿。在这种极端痛苦与矛盾的心绪下，只有选择"愿登太华山，上与松子游。渔父知世患，乘流泛轻舟"④ 的人生道路。《庄子·知北游》云："天地有大美而不言，四时有明法而不议，万物有成理而不悦。圣人者，原天地之美而达万物之理，是故至人无为，大圣不作，观于天地之谓也。"竹林等自然界的和谐宁静、素朴清新、广阔无垠，与官场世俗的喧嚣争斗、矫揉造作、险恶狭隘，形成了极为鲜明的对比，在此他们找到了知音与理想，压抑扭曲的身心得以复归伸展，失去的人格又寻觅回来，人生价值得到最大的实现。竹林成为他们颐神之地，心灵的慰藉所，身体的庇护神。

---

① 《后汉书》卷113《逸民传论》。
② 《三国志·魏志·嵇康传》裴松之注引。
③ 阮籍：《咏怀诗》其三十六。
④ 阮籍：《咏怀诗》其六十二。

高僧竹鹤图（清·罗聘）

嵇康、阮籍、刘伶等七人的竹林之游，对中国文化产生了深远的影响。竹与隐士、愤世嫉俗者等类人物及其幽逸、淡泊、清高、静穆等品格形成了较稳固的能指一所指关系。《永嘉郡记》载："乐成张庸者，隐居颐志。家有苦竹数十顷，在竹中为屋，常居其中。王右军闻而造之，庸逃避竹中，不与相见，一郡号为'竹中高士'。"再如，《晋书·翟汤传》云：翟汤子庄，"少以孝友著名，遵汤之操……州府礼命，及公车征，并不就。……子矫亦有高操，屡辞辟命。"《古今图书集成》云：翟矫"叹曰：'吾焉能易吾种竹之心以从事于笼鸟盆鱼之间哉！'竟不就。矫子法，慨赐节尤佳，武帝以散骑郎召，客勉之就聘，乃正色曰：'吾家不仕四世矣！使白璧点污可乎？'亦不从之，祖父子孙皆有行义，世称'浔阳四隐'。…'竹中高士'的张庸和"浔阳四隐"的翟矫均把竹视为淡于功名、洁身自好品格的象征，世人又把竹视为隐者、高人的代表，有所谓"瘦竹如幽人，幽花如处女"①之说，或说"名士竹林隈"②，

---

① 苏轼：《书鄢陵王主簿所画折枝二首》。
② 李峤：《琴》。

还说"山人爱竹林"①,竹与高人、隐士结下了不解之缘。

竹径(董文渊摄)

竹意味着高洁。早在战国时代《庄子·秋水》即构拟出这样一个寓言以讥讽那些营营于蝇头小利的惠施:"夫鹓鶵发于南海而飞于北海,非梧桐不止,非练实不食,非醴泉不饮,于是鸱得腐鼠,鹓鶵过之,仰而视之曰:'吓!'"竹实与腐鼠形成对照,一代表高洁,一代表功名利禄。扭曲自我以就功名者,被斥为"不知腐鼠成滋味"②;而张扬个性、不愿"为五斗米折腰向乡里小儿"者,被誉为"竹林高人"。在黑暗的专制政权统治下,官场尔虞我诈,互相倾轧,扭曲人性,士人纵有"大济苍生"的壮志与才华,要在仕途有所发展,即使不"汨

---

① 王勃:《赠李十四回首》。
② 李商隐:《安定城楼》。

泥扬波",也得抑制个性以屈就上司所好,否则很难安身立命,甚至招致杀身之祸。作为自我意识的觉醒者、有人格理想追求的知识分子,怎能不感到"违己交病"、"志意多所耻"(陶渊明语)呢?怎么会不唾弃那蝇头小利的功名诱饵呢?唯一的出路就是宁可忍受"冻馁之患"、"斧钺之诛"①,也不愿"人为物役"、"失其常然"、个性受桎梏,以求从世俗的物质羁绊中解脱出来,获得理想人格的实现与精神境界的自由——"逍遥游"。在富贵显达与内心自由二者之间选择后者,这就是隐士、高人的价值取向,因而他们都具有脱俗绝尘的品格,也就是竹实和竹所指代的品格。

　　诗人们不殚其烦地描写竹之高洁。宋之问《绿竹引》云:"青溪绿潭潭水侧,修竹婵娟同一色。……妙年秉愿逃俗纷,归卧嵩丘弄白云。含情傲睨慰心目,何可一日无此君。"韩愈《竹洞》曰:"竹洞何年有,公初斫竹开。洞门无锁钥,俗客不曾来。"钱起《与赵莒茶宴》又云:"竹下忘言对紫茶,全胜羽客醉流霞。尘心洗尽兴难尽,一树蝉声片影斜。"可谓咏不胜咏。

　　苏轼以宋诗特有的说理性对竹的高洁意指做了透辟的概括与阐发,说:"可使食无肉,不可居无竹。无肉令人瘦,无竹令人俗。人瘦尚可肥,士俗不可医。"②在诗中说明竹与高洁之间的关系,用不食肉使人瘦做对比,十分浅显透彻。陆游对此再进行引申,用夸张的诗歌手法描绘竹所透出的高洁脱俗使人进入忘我的境界:"溪光竹色两相宜,行到溪桥竹更奇。对此莫论无肉瘦,闭门可忍十年饥。"③

　　古代知识分子淡乎功名利禄而执著追求精神自由的人格价值取向被诗人黄滔概括为"一竿竹不换簪裾",其《严陵钓台》诗曰:"终向烟霞作野夫,一竿竹不换簪裾。"一竿竹所喻示的内心自由、理想人格,胜却簪裾给人带来富贵荣耀,可见竹的自然之趣在士大夫心中的地位何等重要。

　　脱俗绝尘这种高洁的思想和行为与淡泊宁静的心境相关联。庄子提出体悟自然之"道"和获得脱俗绝尘修养的方法是"无己"、"心斋"。庄子认为要摆脱受物质利益束缚的"有待"处境而进入"无待"的自由境界,最根

---

①　《庄子·至乐》。
②　苏轼:《于潜僧绿筠轩》。
③　陆游:《云溪观竹戏书二绝句》。

本的途径就是泯灭自我的情欲，应该"有人之形，无人之情。有人之形，故群于人；无人之情，故是非不得于身"，而"吾所谓无情者，言人之不以好恶内伤其身，常因自然而不益生也"①，这样就获得"无己"的境界。人之所以有外物之累，不仅由于有外物的存在，关键在于人对外物有主观的情欲，即有"我"、有"己"，因此要摆脱外物的桎梏，就要"无己"，泯灭主观情欲，达至"形若槁骸，心如死灰"的淡泊极境。这种淡泊境界庄子又用另一种更为心理化的范畴"心斋"来表述，他说："若一志，无听之以耳，无听之以心；无听之以心，而听之以气。听止于耳，心止于符。气也者，虚而待物者也。唯道集虚，虚者，心斋也。"②整个心境进入极为静穆的状态，外界有声充耳不闻，外界有物心不为所动，方可获得超凡脱俗的自由境界。

竹作为自然的代表、高洁的象征，常为诗人们用作构筑淡泊、宁静艺术境界的重要构件和符号。如唐人司空曙《过胡居士睹王右丞遗文》：

旧日相知尽，深居独一身。
闭门空有雪，看竹永无人。
每许前山隐，曾怜陋巷贫。
题诗今尚在，暂为拂流尘。

尽管山居之境清贫简陋，但却免却尘世的喧嚣与营奔。诗中透露出一种脱俗高洁的清幽气氛，而竹却是构成这一片山居幽景不可少的重要符号之一。清人郑燮在《竹》一诗中更为明确地表现出竹的淡泊意指。他说：

一节复一节，千枝攒万叶。
我自不开花，免撩蜂与蝶。

你看，那竹为免招蜂蝶，竟然花都不开，何等清高，何等淡泊。

淡泊世俗功名利禄，即可获得宁静的心理境界，"非淡泊无以明志，非宁静无以致远"③。竹即成为宁静心境的符号之一。请看最善写静穆意境的大诗人王维的诗《竹里馆》：

独坐幽篁里，弹琴复长啸。

---

① 《庄子·德充符》。
② 《庄子·人间世》。
③ 诸葛亮：《诫子书》。

深林人不知，明月来相照。

王士禛幽篁坐啸图（清·禹之鼎）

竹林多么静谧，没有车马喧闹，没有嘈杂人声，只有皎洁的月光静静地映照进来，一人在此可以彻底放松自我，尽情弹琴，放声长啸，人性得以最完全的复归。人们常把竹与静并提，或说"闻说静中偏爱竹"①，或云"静宜兼竹石"②，或曰"江深竹静两三家"③，还说"溪山竹林亦清幽"，"物之清又莫竹若也"……

竹的清癯之形、青翠之色，竹林的清幽之气、静谧之景，怎能不让人感到涤荡尘念、畅神怡目、心境澄净呢？竹"以其幽芬逸致，偏能涤人之秽肠而澄莹其神骨"④。

四、竹人格符号的完整意指：中国传统的理想人格系统

中国传统文化的主干——儒家与道家设计出两种迥然相异的人生道路：建功立德与淡泊无为。儒家强调个人要对社会尽责任，说："古之欲明明德于天下者，先正其国；欲正其国者，先齐其家，欲齐其家者，先修其身。"⑤

---

① 章憬：《赠宋山人》。
② 齐己：《新栽松》。
③ 杜甫：《江畔寻花七绝句》其三。
④ 黄凤池：《梅竹兰菊四谱·小引》。
⑤ 《大学·章一》。

必须亲身参与"外王"的事功致用,"天行健,君子自强不息",树立凌云壮志,并为之而积极奋斗,赴汤蹈火在所不辞。孔丘周游列国,孟轲游说诸侯,均是为实现其政治理想的孜孜追求,是在努力完成他们"修身、齐家、治国、平天下"的社会群体人格。道家则追求个体精神的价值,为此在生活态度上强调自然无为,虚静无己,"见素抱朴,少思寡欲"①,"圣人之道,为而不争"②,并且齐是非、齐死生、齐万物,达到是非无辨、"万物齐一"、"死生一条",从而超脱世俗的束缚和桎梏,获得精神绝对自由的"逍遥游"。

两种人生道路看似迥然相异、南辕北辙,一入世、一超世、一功利、一超功利,一积极进取、一消极无为,一刚健激荡、一平和恬适……但正是这相反对立的二元构成了中国传统文化的理想人格系统,儒家的人格设计属于社会、伦理的群体人格,道家的人格设计则是自然、精神的个体人格,两个不同层次的人格建构成中国传统理想人格的互补结构。

从思想体系来看,儒道两家有其内在的逻辑联系。孔孟在博施济众、发扬蹈厉、以平治天下为己任的入世之间,不时亦流露出山水之乐的隐逸之情,孔子在《论语》曾发出"道不行,乘桴浮于海"的喟叹,说:"天下有道则见,无道则隐。""邦有道则仕,邦无道则可卷而怀之。"《孟子·尽心上》对此说得更明白:"古之人得志,泽加于民;不得志,修身见于世。穷则独善其身,达则兼善天下。"而道家的超然尘上、傲睨万物的出世态度,起因于"窃钩者诛,窃国者为诸侯,诸侯之门而仁义存焉"③的昏乱社会现象,是由强烈的正义感和社会责任感所激起的愤懑之举。英人汤因比的《历史研究》曾对殉道与逃避责任做这样的分析:"可是我们现在考虑的逃避责任和殉道是生活的某种态度所激起的特殊形式。这种逃避责任者为着一种真实情感所激动,他们认为他努力的事业并不值得像事业那样努力。"道家的"出世"正属于这种逃避责任之举。儒道尽管理想、价值体系有很大差异,但在维护人格尊严、企求精神自我实现上却是泯町畦而通骑驿、殊途同归的。儒家的"治天下"与法家以法代德的非道德主义思想不一样,它把"外王"与"内圣"统一起来,

---

① 《老子》第19章。
② 《老子》第81章。
③ 《庄子·胠箧》。

主张精神修养与经世致用统一起来,即使在"人世"之中,也要坚持道德义务,"义以为上","义然后取"。《论语·述而》说:"不义而富且贵,于我如浮云。"《孟子·告子上》提出"去义怀利"的义利基本原则,在义利不可兼得时"舍生而取义",并非不择手段。道家在"出入世"问题上采取自然无为的出世态度,就是要从自然的一面重新评估和确定人生的价值,追求个体精神的自由。可见,儒道两家都极力肯定与维护人格的尊严,企求精神的自我实现。

从人生价值的实现条件来看,"外王"的实现必须凭借一定的客观社会条件,而"为仁由己","内圣"和"逍遥游"等个体人格价值的完善却仰赖自我的主观努力。在封建社会制度下,"人世"和"舍身报国"等对社会、政治的奉献常常不具备条件,知识分子向政治理想的奋进每每受阻受挫,尤其是封建的社会制度、政治准则、伦理规范压抑个体精神的自由,扭曲知识分子的人格,消融主体生命,知识分子常常在劫难逃"俳优蓄之"的屈辱。于是,道家所提供的安闲、静谧、无为的"逍遥游"乐土,成为正直知识分子必不可少的精神避难所,在此,仕途坎坷的创伤得以"治疗",扭曲的人格获得复归张扬,失落的生命价值得到弥补与升华。因此,态度由"人世"而"出世",思想由儒而道,活动由朝廷而山林,追求由群体社会伦理价值

雪中梅竹图(南宋·徐禹功)

到个体人格精神价值,构成了中国知识分子生命曲线的走向和众趋人格的二元结构。钱穆先生指出:"盖自唐以来之所谓学者,非进士场屋之业,则释

道山林之趣……。"①这条生活道路的起点远非唐朝,至迟在魏晋之际即已发端。阮籍、嵇康等一面傲啸竹林,"越名教而任自然",另一方面又反对司马氏的统治,非薄名教,或以"青白眼"表达其对现实的不满,或"言论放荡,非毁典谟",甚至招杀身之祸。以"归园田居"著称的田园诗人陶渊明也曾有"大济苍生"的壮志,出仕过十几年,只因感到在官场"违己交病"、"志意多耻",才解甲归田,开始隐逸生涯。白居易早年以"补察时政"为己任,不顾"执政柄者扼腕"、"握军要者切齿",确实表现出"为民请命"的大义大勇;忤逆权贵遭受贬谪后,只得"奉身而退",流连山水风光之间,创作怡情悦性之作,"外顺世间法,内脱区中缘",泯灭胸中郁懑,以求得心理平衡。宋代大文豪苏轼一生经历曲折坎坷,经受过两次"在朝—外任—贬居"的过程,这位曾以"忘躯犯颜之士"自居、以"危言危行,独立不问"的"名节"自励的淑世者,在经历了柏台肃森的狱中囚禁、躬耕东坡的陋邦迁谪、啖芋饮水的南荒流浪等多次巨大打击之后,逐渐探索出宇宙人生的真相、个体生命存在的意义和价值,转而追求个体精神的自由、平和恬适的生活方式和淡泊清空的审美情趣……

竹挺拔直上、直而有节、坚韧难折,与凌云壮志、凛然风节、刚毅不屈等儒家设计的社会伦理人格"异质而同构";竹又萧疏淡雅,呈自然之态和自然之色,竹林宁静幽闲,是静穆观照、体悟个体精神自由化佳境,这与淡泊无为、超然凡俗、精神自由等道家构想的个体精神人格相关。竹人格符号能指的多重特性分别与儒家和道家的理想人格"异质而同构",涵摄了中国传统理想人格的二元结构,完整而全面地喻示出中国传统文化的理想人格特征。

中国传统理想人格二元结构体现得非常充分的白居易、苏轼都非常喜欢与擅长写竹,留下大量咏竹诗,苏轼还在画竹艺术上产生了深远影响,说明竹不仅充分地表现了他们的审美理想,而且全面地展示出他们的人格追求。以画竹和咏竹著称艺坛的郑燮亦具有较典型的中国传统二元人格精神,他的《寄许生雪江三首》(其二)诗曰:"金紫人间世,缥缈我辈需。闲吟聊免俗,极贱到为儒。妙墨疑悬溺,雄才欲唾珠。时时盼霄汉,待尔人云衢。"既有

---

① 钱穆:《中国近三百年学术史》,第3页,商务印书馆1997年版。

积极入世谋求"金紫"以展"雄才"的壮志,又有闲吟脱俗追求精神自由的"缥缈"之需。这种人生价值和理想人格的二元性在其写竹画与咏竹诗中得到较充分的表现。他说:"凡吾画兰画竹画石,用以慰天下之劳人,非以供天下之安享人也。"他所画的竹象征着他"一枝一叶总关情"的社会伦理情感和"咬定青山不放松"的坚毅执著生活态度,同时也喻示出他"写取一枝清瘦竹,秋风江上作钓竿"的出世归隐之情和"我自不开花,免撩蜂与蝶"的超脱凡尘高洁之志,生命价值的两极在竹中合而为一,性格的二元在竹中构成一个完整的结构。

总之,人世与出世、兼济与独善、刚直坚毅的执著精神与淡泊无为的超然态度、普济苍生的社会伦理价值与自由不羁的个体人格价值相互涵摄,形成生命运动的二元律动,共同组合成中国古代知识分子的众趋人格。竹,作为中国古代文化中的人格符号,以其特有的包容性,其意指涵盖着中国传统人格的基本结构,从一个侧面展示出中华文化的意义系统。

结语　竹文化所显现的中国传统文化特征

我们对中国竹文化的匆匆巡礼暂时就此伫足了。本书粗浅的阐述，再次证实了福斯特"鱼在大海之中，大海也在鱼腹之内"这句精辟格言所昭示的真谛。中国竹文化深深地植根于中华文化的文化土壤之中，同时又充分地展现出意韵悠深的中国传统文化的特征。

竹文化深深地植根于中国大陆型小农经济的土壤之中。中华民族的主体自远古时代起就居住在东亚大陆，这里回旋余地广阔，土地肥沃，气候温暖湿润，水源充足，为农作物的生长提供了便利的条件。因而，早在六千年前，中华民族先民的主体即先后由狩猎经济和采集经济阶段步入以种植为主要生产生活方式的农业经济阶段，"禹、稷躬稼而有天下"。此后，农业便成为中国社会经济的主体与支柱，人们"世居其土，世勤其畴，世修其陂池，世治其助耕之氓"①。农村村落成为中国社会的主要基础结构要素，农民为社会物质财富和精神财富的主要成分。"这就注定了中国古代文化在很大程度上是一个农业社会的文化，中国文化若干传统的形成，都与此相关"②。

竹是一种植物，而且许多为人工种植所成。房前屋后、村中田边，种上丛丛竹子，为农户提供了用材之便，保持了水土，点缀了家园。中华民族对竹有如此浓厚的感情，是因为竹对他们农业生产和农业文化的生活方式有着十分密切的关系，竹与他们朝夕相伴，形成深固、持久而自然的联系。中国的农业文化绵亘数千年之久，为竹文化的生成、发展提供了丰厚沃土。

同时，中国的农业经济长期驻足于自然经济的阶梯，商品经济始终未能得以应有的发育，生产的直接目的是满足生产者的需要，而主要不是为了交换。

---

① 王夫之：《船山遗书·读通鉴论》。
② 冯天瑜：《中国古文化的特质》，载《中国传统文化的再评价》，第90页，上海人民出版社1987年版。

劳动分工只限于个体家庭内部,进行男耕女织等的自然分工,利用自身已有的物质经济条件,进行简单的初加工和粗加工,几乎生产自己所需要的一切产品。列宁说:"在自然经济下,社会是由许多单一的经济单位(家长制的农民家庭、原始村社、封建领地)组成的,每个这样的单位从事各种经济工作,从采掘各种原料开始,直到最后把这些原料制造成消费品。"① 在中国延续了几千年的封建制度中,自然经济占统治地位,农民不仅从事农业,而且从事手工业。

万亩黄竹林[云南澜沧江](岳建冬摄)

竹是农业和家庭手工业生产工具、生活用具及建盖房屋、桥梁等理想原材料。竹质坚韧而挺直,并有粗细、长短材质各异的种类,人们可根据需要择取不同质地的竹类,进行十分简单的初加工和粗加工即可获得所需的消费品。比如,中华民族普遍采用的餐具——筷子(箸),其厚度与大多数竹材的厚度大致相等,而其长度又与大多数竹材每节之长相去无几,因而家庭手工业在制作竹筷时只须把竹子逐节斩断或锯断,劈成截面大体呈正方形的竹

---

① 《列宁选集》第1卷,第161页,人民出版社1960年版。

条,略经磨削即可制成产品。又如,建造竹房屋和桥梁时,可根据其各部位受力情况和形制的需要,选择不同种类的竹制作房屋和桥梁的不同部位,诸如用龙竹等粗大竹种制作房柱、横梁,用与屋椽粗的竹种制作屋椽,把细小竹种劈成竹片编织成竹篾墙等等;再如,竹篮、竹筐、竹帽、竹蒸笼、竹席及竹制家具等生产工具和生活用具,都只须把竹材料稍事加工即可成品,无须改变竹材料的质地形态。中国自然经济条件下的家庭手工业主要以家庭为经济单位,各经济单位之间往往彼此孤立、互不往来,极少建立横向联系;而其生产大都以家庭的宅院、居室一隅为场地,生产活动主要依靠家庭成员,并常常在农活之余暇或农闲期进行,生产规模一般较为狭小;由于家庭手工业仅被列为农业生产的补充副业而未能受到应有的重视,劳动者绝大部分是缺乏基本科学文化的农民,生产与科技严重脱节,致使中国家庭手工业长期停滞于低层次加工的水准,只能进行十分简单的初加工和粗加工,而无法从事工艺复杂的深加工和精加工。需要通过种种物理变化和化学变化以转变物质形态等复杂工艺才能制出产品的原材料,绝非寻常家庭手工业所能加工,其产品仅能供王妃贵族玩赏,普通人家则难以享用。因而,大部分中国家庭手工业的生产原材料只能是通过简单工艺略事加工即可成品的自然材料。中国南方竹林资源丰富,竹材料具有承受力强、韧性好、易变形加工等特点,与中国传统家庭手工业的生产和经济特点正相吻合,因而成为中国家庭手工业的主要加工原料之一,竹制用具也即成为普通人家不可缺少的日用品。

中国竹文化具有突出的伦理主义特征。竹挺直而有节、难折而柔顺、常青不凋等植物特征,在中国传统文化中被"人文化"和"伦理化",成为坚贞不屈、讲求气节、刚强而有恒心、清静平和等人格品质和生活情趣的象征与代表,赋予竹及以竹为材料制造的器物以中华文化的文化价值观,从而在中华民族与竹之间建立起深固而恒久的纽带,人的个性人格、志趣爱好借竹及竹制器物而得以表现,竹和竹制器物不断地提示人们固守理想、人格和情操,所谓"不可一日无此君"、"无竹使人俗"、"岁寒三友"之语,均显示出竹与中华民族之间深切而紧密的文化关系及竹文化的伦理特性。士大夫们喜爱竹冠、竹衣、竹席及其他竹制器物,并非他们没有华冠、锦衣、毛毯等贵重品,而是在竹及竹制品上寄寓了超越使用价值和经济价值的伦理价值和审

美价值，竹冠自汉至隋均为皇帝祭祀时戴用，竹几被称作"竹夫人"，文人互寄竹席，视儿童玩具竹马为童年和纯真无邪感情的象征，称竹杖为"扶老"及用竹制器物表达戒奢尚简、清静无为、返璞归真等事相，都说明竹制器物已积淀了深厚的伦理情感、观念和审美趣味、理想。在精神文化领域，竹因超越了实用性而成为一种文化符号，而竹文化符号所指的基本内容就是坚守节操、奋发向上、淡泊无为、皈依自然、孝顺慈爱、人丁兴旺等等伦理意义。作为人格符号的竹，其伦理指述集中而明显，人格理想和价值取向为其主要指述意义。即使是作为宗教符号的竹和作为绘画、文学艺术符号的竹，也在表现宗教情感、观念和审美情感、趣味的同时，指述与表现了人伦观念、人格价值。诗人们咏竹说竹"高节人相重，虚心世所知"，"共保秋竹心，风霜侵不得"；画家画竹，画的是竹"瘦劲孤高，枝枝傲雪，节节干霄，有似乎士君子豪气凌云，不为俗屈"（郑燮语）；善男信女们崇拜竹、祭祀竹，是因为竹作为宗教巫术符号具有送子延寿、驱病避禳的幻化功能，表现人们尊老爱幼及敬仰祖先的伦理观念与感情。

　　竹文化是中华文化的一个结丛，犹如可以折射出七彩阳光的一滴水一样，它亦可折射出中华文化的整体光彩，竹文化的伦理性特征正是中华文化伦理性的反映。著名哲学家冯友兰先生指出："中国的文化讲的是'人学'，看重的是人。中国哲学的特点就是发挥人学，着重讲人。无论中外古今，无论哪家的哲学，归根到底都要讲到人。不过中国的哲学特别突出地讲人。"① 著名史学家钱穆先生也曾指出："中国一向所重，乃道德与教育。教育之重心则仍是道德。故我常说中国文化精神之最主要者

墨竹图
（清·招子庸）

---

① 冯友兰：《论中国传统文化》，第140页，三联书店1988年版。

即为道德精神。"① 早在先秦时期,思想家们就极为重视现世人生的意义,高度评价人性的崇高和完美,"天地之性人为贵",是域中"四大"之一,是"三才"之一。因为人有道德,是"天地之德";人有知觉,是"天地之心",人能凭借道德和智慧"裁成天地之道,辅相天地之宜",能够"参天地,赞化育"。中国传统文化把人看作是群体中的一分子,不是独立个体,并且认为人是具有群体生存需要、有伦理道德自觉的互助个体。中国早期文化从纵横两方面把重心与智慧引向人际间的伦理关系。政治与伦理的共同基础在"天理天则"即自然法则,以道德治文化,国家靠伦理统治,政治文化理想出于伦理。竹文化这一文化质点充分体现出中国传统文化的伦理化(有学者甚至称之为"泛伦理化")特征。

哲学是文化的思想基础。竹文化渗透的领域之所以如此之广泛、所凝聚的民族精神之所以如此之深厚,是因为竹的某些特性与中国传统哲学思想"异质而同构",竹文化中兼收并蓄地融合了中国古代诸家的思想观点。

竹中空外实的结构特征恰恰体现了中国古代"有"、"无"两个重要哲学范畴及其相互关系。在中国古代哲学中,"有"指事物的存在,有有形、有名、实有等义;"无"指事物的不存在,有无形、无名、虚无等义。这两个范畴被许多哲学家视作最高的范畴。对二者之间的关系,哲学家们却持不同的意见。老子、王弼主张"贵无论",《老子》提出"天下万物生于有,有生于无"的观点,把"无"看作是产生"有"的精神本原。王弼继承《老子》的观点,认为:"天下之物,皆以有为生,有之所始,以无为本。"② 西晋思想家裴頠则以崇有论反对贵无论,认为无不能生有,"济有者皆有也,虚无奚益于已有之群生哉!"③ 另有一些思想家则选择第三条道路,认为"有"或"无"都表示气的存在,无非是显和隐的状态上的差别。如刘禹锡《天论》说:"若所谓无形者,非空乎?空者,形之希微者也。"王夫之《张子正蒙注·太和》说:"凡虚空皆气也。聚则显,显则人谓之有;散则隐,隐则人谓之无。"不论

---

① 钱穆:《中国文化与科学》,载刘志琴编《文化危机与展望》(上),第18页,中国青年出版社1989年版。
② 王弼:《(老子)注》下卷。
③ 《晋书》卷35《裴頠传》。

怎样看待"有"和"无"的关系，他们均把"有"和"无"视作最高的范畴。竹壳为圆形实体，与有形、有名、实有等事物的存在之"有…异质而同构"；竹心为圆形虚体，与无形、无名、虚无等事物的不存在之"无…'异质而同构"。因而，竹与"有"和"无"恰相对应，竹文化自然而完整地包容了中国古代哲学"有…无"这一对最高范畴。

　　竹直干云霄的旺盛生命力和萧疏清淡的飘逸之姿同时喻示了自强不息和自然无为两种人生哲学。中国古代哲学两大主干儒家与道家对人生持有截然相反的态度。儒家倡导积极向上、奋发有为，力图实现其政治伦理理想，所谓"天行健，君子以自强不息"①。而在其实现政治伦理理想的过程中，不能不择手段，而是要坚守道义，坚守原则，具有正义感，"不以其道得之，不处也"，"不以其道得之，不去也"，"义以为上"，"见利思义"，显示出"杀身以成仁"，"富贵不能淫，贫贱不能移，威武不能屈"的大丈夫气概。竹随处而生，生命力极为旺盛，长势迅猛，挺拔而上，笔直有节，尤其是在百草凋萎、木叶飘零的严冬，竹迎风傲雪，卓然挺立，仍葆一派苍然之色。竹的这些特点与儒家的伦理理想正相吻合，成为"君子"的象征。白居易说："竹节贞，贞以立志，君子见其节则思砥砺名行，夷险一致者。"宋人王炎亦云："小人之情，得意则颉颃自高，少不得意则摧折不能守，君子反是。竹之操甚有似夫君子者。"②竹之凌云、耐寒、有节特征与儒家的人生观若合符契。

　　中国古代文化思想的另一主干道家却又设计了另外一套人生哲学——"清静无为"。《老子》第四十八章说："为学日益，为道日损，损之又损，以至于无为。"一旦泯灭了知、欲，就达到了"无为"，也就得到了"道"，即所谓"常德乃足"。庄子又把"无为"发展为超世的"逍遥游"，即："若夫乘天地之正，而御六气之辨，以游无穷者，彼且恶乎待哉！"③超越有限的现实世界，游于无世俗之物之境，则可达至悠然自得的人生"自由"境界。竹的清淡之色、清癯之形、飘逸之姿和竹林宁静阴凉，与老庄的"清静无为"和"逍遥游"的人生理想正相吻合，因而那些深受老庄思想影响的处士逸民

---

①　《周易·乾》。
②　清《御定佩文斋广群芳谱》卷83。
③　《庄子·逍遥游》。

则对竹倍加青睐,借竹象征与表现其人生理想和独立人格。正所谓"竹为处士,梦者当归隐也"[①],"从来修竹林,乃是逸民国"[②]。竹的恬静淡雅之风格、清拔飘逸之姿态,与道家清静无为、超尘出世的人生哲学亦可相通。

竹文化因以儒道两家思想为哲学基础,故而得以在中国产生广泛而持久的影响,在中国传统文化中占有不可忽视的重要地位。

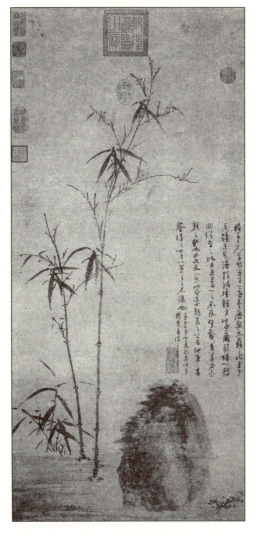

竹石图(元·吴镇)

---

① 清《御定佩文斋广群芳谱》卷85引《梦术》语。
② 黄庭坚:《和甫得竹数本于周翰,喜而作诗和之》。

竹文化凝聚着中国传统的"天人合一"的类比思维。文化由人所创造，人是能思维的动物。没有人的思维，就没有人类的文化。不同民族的致思方式，犹如铸造的各种"范型"或"模子"，自然条件和自然环境在不同致思方式的"范型"或"模子"中被铸造成各具特色、互不相同的文化类型。相同或相似的自然条件和自然环境，被不同国家、地区的人民创造出个性独具的文化类型，其主要根源之一就是思维方式的差异。

竹之所以能够构成中国传统文化的一种景观，成为一种文化符号，"天人合一"的类比思维是一重要成因。

原始思维"本质上是综合的思维"，往往把主体与客体、人事与自然混为一体，"表现出几乎永远是不分析和不可分析的"①，并且受"互渗律"的支配，可以把我们看来没有任何直接联系的各种现象彼此渗透、等同。中国古代社会由家族到国家，国家与家族混合为"社稷"的亚细亚文明，由于缺乏吸收和凝聚原始思维的高级宗教关于彼岸世界的抽象思考，未曾留给世俗意识探讨客体的相对独立空间，从而使原始思维的许多因素和特征保留在中国传统思维中，促成了中华民族进入文明社会后形成"天人合一"的类比思维。

中国古代的贤哲们把自然与人看作是一个不可分割的统一整体和一个互相对应的有机体，认为人与自然不是处在主客的对立之中，而是处于完全统一的整体结构中，二者具有同构性，即可以互相转换，是一个双向调节的系统。《周易》提出了"天人合一"类比思维的初步模式，把一切自然现象和人事吉凶全部纳入由阴（——）阳（—）两爻所组成的六十四卦系统。《易传》进一步提出了"易有太极，是生两仪，两仪生四象，四象生八卦"的整体观。《老子》的中心思想就是"人法地，地法天，天法道，道法自然"，老子认为人与自然一气相通、一脉相承。孟子则提出"尽心、知性、知天"说，把自然人化。董仲舒以阴阳五行为框架，建立了"天人感应"论，形成了更加系统、更加完备的"天人合一"整体观念。理学家们进一步发展了这一思想，提出了"天人一理"、"天人一气"的"天地万物一体"说。天人合一、万物一体意味着自然诸现象之间、人事诸事件之间不是互相隔绝的，而是彼此相通的，

---

① ［法］列维—布留尔：《原始思维》，中译本，第102页，商务印书馆1981年版。

它们有着类似的属性,有着相同的因果联系,可以由此知彼,以彼推此,"人与天地相参"①。

竹、竹制器物与人及其个性品质,在西方人看来是不可混淆的自然与人伦两个问题,前者属植物学的研究领域,后者为伦理学思考的内容。而在中华民族的思维中,竹和竹制器物与人及其个性品质之间却不是互相隔绝的,而是彼此相通的,它们有着类似的属性,有着因果联系,可以由竹知人、由人推竹。于是,竹不仅不是外在于人的自然之物,而且是人们纵情遁迹之所、佐助风雅之物,并且成为敬崇对象、寄情寓志的符号。"天人合一"的类比思维把竹与人这本属自然与社会两个域界的事实勾连起来,赋予竹以人的文化意蕴,而人的情感、观念、人格、价值、理想等又在竹中得以喻示与显现。

蜀南竹海之海中海(董文渊摄)

绵延数千年之久的中国小农经济为竹文化的形成提供了现实基础,儒道哲学思想则构成竹文化的思想基础,中国传统文化的强烈伦理精神对竹植物提出了文化的需要并赋予它丰富的内涵,"天人合一"的类比思维则使竹与

---

① 《黄帝内经·灵枢·岁露》。

人及其文化相结合。以上诸多因素，促成了中国竹文化的形成，或者说中国竹文化昭示出中国传统文化的以上特征。

附 录

附录一　竹产业的文化内涵

竹产业的开发不仅仅是一种林业资源开发和经济产业开发,而且也是一种文化开发。在开发竹产业时应重视竹与竹制品的文化价值,增加其文化内涵。

中华民族在开发利用竹资源的漫长历程中,特别注重竹产业与文化间的互渗互融。竹子从种植、加工到销售,无不打着深深的文化烙印,蕴含着深厚的文化意义。众多竹制品被不同程度地文化化和艺术化,在满足人们的各种实用需要的同时,还满足人们多层次的精神需要。竹筷"俭洁无膻腥",竹帽"虽到尘中不染尘",居竹楼乃"骚人之事"……至于竹制乐器、竹雕刻工艺品等则更直接地满足人们的审美追求。

竹地板(董文渊摄)

在现代高科技社会中,新材料层出不穷,绝大部分器物的材料均可找到代用品,其实用功能不变。而原生材料的文化功能、文化价值却很难转移到新材料之中,也就是说,新材料难以承载起经历数千年积淀而成的文化意蕴。

在人们生活水平不断提高的今天,其实用性需要在整个生活中所占的比例越来越小,精神性需要的比例越来越大,文化意蕴丰富的商品受到越来越多的人的喜爱。因而,当今商品的竞争不仅是科技、质量的竞争,也是文化的竞争。竹产业的开发除了引进先进科技,创造新工艺、开发新产品、提高产品质量外,还应发扬其他诸多新兴行业所没有的特长——数千年的文化积淀。高科技开发与深层文化开发并举,才能使竹产品成为其他材料所不能取代的产品,才能使竹产业开发立于不败之地。

那么,如何增加竹产业的文化内涵呢?

首先,在竹产品的装饰、包装、商标设计、产品命名和广告宣传上,应尽量与中国历史上有关竹的典故、各民族有关竹的信仰和生活习俗联系在一起。

中华民族赋予竹刚直不阿、奋发向上等诸多文化意蕴,中国历史上有许多崇竹敬竹、寓情于竹的传说和妙语隽句。若加以利用,就可在产品上营造出一种文化氛围,使产品获得文化价值。比如,在竹杖上镌刻刘禹锡"一茎炯炯琅玕色,数节重重玳瑁文"的诗句,便会雅趣顿生;唐代大诗人白居易与元稹互赠蕲簟成为千古佳话,可开发出一种名之曰"元白席"的竹席,商标设计上可以象征纯真友情的信鸽之类为图案。

竹笋罐头

其次，应大力开展中国竹文化的研究，深入发展竹产业的文化内涵，从而为竹产业提供决策依据与参考。中华民族从来就注重人与自然的和谐统一。在中国人眼里，竹子不是与人对立的异己之物，而是人们生活的忠实伙伴和精神的寄托，因此，中国古人对竹资源的开发不是采用索取、征服的方式，而是自觉树立起一种接受、培养的文化态度，使爱竹、种竹之风遍及社会各阶层。这种优良的文化传统，对正确处理竹产业中竹资源开发与生态保护有深刻的启迪作用。

愿林学界、实业界和文化学界热心于竹的同仁们携起手来，为竹产业插上文化的翅膀。中国的竹产业必定能"扶摇九万里"！

竹衣（董文渊摄）

附录二 "中国竹文化博物园"项目建议书

一、"中国竹文化博物园"项目提出的依据

1. 竹文化直观而全面地体现出从原始社会到现代中国传统文化的方方面面，契合了现代人皈依自然、沉思历史、探究神秘的东方文化的心理渴求。

纵观源远流长的中国文化，从西安半坡遗址起，竹这种自然植物就渗入到中国人祖先的生活之中。此后不断拓展与深化，遍及中华民族的物质生活和精神生活的方方面面。以竹为材料制成的生产工具、生活用具、菜肴、药膳、交通工具、书写工具、建筑、乐器、工艺品、舞蹈道具等器物种类繁多，琳琅满目，以竹为歌咏、描绘对象的文学、绘画作品层出不穷、美不胜收，以竹为崇拜物、理想人格象征物的巫术宗教事象和伦理事象屡见不鲜，俯拾皆是。竹，积淀着中华民族的情感、观念、思维和理想等深厚的文化底蕴，构成一种反映与体现中华民族内在精神的外化形式的文化景观和文化符号。因此，竹文化形象直观而又全面深刻地昭示着悠久深邃的中国传统文化。

当今社会，人们在创造崭新的现代生活环境的同时，常常萌动起皈依自然、留连古迹、回味历史、探究文化的冲动。自然之中展示着文化、文化融合于自然之间的"竹文化博物园"完全可以满足现代人的此种心理渴求。对于本土人来说，在参观、游乐与参与之中体味到自己祖先的生活历史和创造伟力；对于港澳台同胞和海外华人来说，在此园中可感受到具有深厚文化积淀的故土风貌，唤起游子思乡的情思；对于日本游客来说，可满足他们的"寻根"情结；对于西方人士来说，从那些竹制器物及与之相关的表演与制作过程中可感受到浓郁的中华文化。

2. 用竹习俗是许多日本学者寻求日本倭族源流的证据之一，对于揭开倭族来源之谜具有重要学术价值，对于日本游客可获得回到历史的感受。

日本学者佐佐木高明、渡部忠世、鸟越宪三郎等一批历史学、考古学、民族学方面的专家，提出"照叶树林文化说"、"稻作文化说"和"倭人起源于云南说"，认为日本文化与云南有渊源关系，甚至认为倭人是由云南高原迁徙到日本的，其中一个重要根据就是倭人与云南许多少数民族一样，在建筑、饮食、服饰、工艺品和宗教习俗方面都与竹密切相关，如傣族、布朗族、拉祜族、基诺族等云南少数民族的"干栏式"（高床式）竹楼与倭人的歇山式住房，傣族、布朗族与倭人同饮竹筒茶，拉祜族和日本古代同样立竹竿为神竿，哈尼族、拉祜族与日本神社同用竹编咒具。云南少数民族与日本倭人在用竹习俗方面的相似之处举不胜举。日本学者森田永造在《探寻倭人的源流——云南、阿萨姆山地民族调查之行》一书中甚至明确地指出："由于上述地区（指云南、泰国北部、日本）具有相同的'竹文化'，因而可称之为'竹文化地带'……在远古，自人类诞生开始，竹子便是与人类密切相关的代表性植物。很多民族的工艺美术及生活文化，舍竹不用是不可能的。"

因此，在云南建造"中国竹文化博物园"，不论是为学者研究倭族源流，还是满足普通日本游客的"寻根"欲求，都有很高的价值，对游客尤其是日本游客会产生很强的吸引力。

3. 竹文化具体而深刻地显示出人对自然的强烈依赖关系，警示人们不能掠夺式地向大自然攫取，应在生态环境的良好保护之下持续发展。

从原始社会起，中华民族就用竹制作生产工具和生活用具，建造房屋和桥梁，须臾也不能离开竹。在长期的用竹过程中，形成诸多种竹、爱竹、敬竹的习俗和佳话，其中暗含着只有保持生态的平衡才能使人类获得持续而稳定地发展的生态观。

竹文化博物园内一片片不同属类的竹林，各种各样的竹制器物的展示，种竹、爱竹、敬竹习俗和传说的介绍与演示，让游客在参观与参与之中感同身受地认识到人与自然的密切关系，切身感知大自然的不可破坏性和神圣性，从而树立爱护大自然、维护生态平衡的观念，寻求持续发展之路。

4. 竹文化所表现出的生活艺术化的人生态度和正直坚贞、超凡脱俗的人格意义，对于提高人们的生活品位、净化人们的内心世界、完善人们的人格大有裨益。

从"中国竹文化博物园"人们可以看到,中国古人面对一盘竹笋、一把竹扇、一块竹席、一根竹杖、一片竹林,可以玩味再三而兴趣盎然,生活被艺术化了,人生被艺术化了。这向人们昭示着这样一个道理:事物对人的价值,不完全在于事物的贵重程度和经济价值,更重要在于人对它的解释和所投入的情感。从而提醒人们:在汲汲于生计、为生活的自动化和现代化而奔波的同时,不要忽视自己身旁那些价廉而"味足"的事物,品味一下"个中三昧",这样自己的生活就不再是枯燥单调、充满"铜臭味"的乏味世界,而是一个洋溢着诗情画意的艺术画廊,从而使自己的心中充满着爱与美。

竹在中国传统文化中被赋予特定的人格意义:正直坚贞、奋发向上的"浩然之气"和超尘脱俗、淡泊无为的"自然之趣"。它告诉人们,在谋求人的自我价值实现时不可忽视人格理想,在现代的经济世界中必须保持一片心灵的净土和个体精神自由的天地。这无疑相当于对现代人进行心理治疗,使人们的人格趋于完善。

5. "中国竹文化博物园"融参观与参与、展览与游乐为一体,集文化鉴赏、消闲娱乐、餐饮购物、住宿度假等多功能于一园,对于不同层次与需要的人都有强烈的吸引力。

"中国竹文化博物园"首先具有文化鉴赏功能。各个门类的展馆陈列着中国古代与竹相关的书画、工艺品、乐器、诗文、生产工具和生活用具或仿制品,园内建造着竹建筑和竹桥梁,表演着中国古代和少数民族爱竹、敬竹的传说和佳话,演奏着竹制乐器的器乐,游客还可亲手学做竹制工艺品或画一张写竹画。人们在眼看、耳听、手动之中可以真切地鉴赏到中国竹文化。

其次具有娱乐消闲功能。园内设有放爆竹、点高升、荡秋千、骑竹马、耍竹蛇、竹迷宫等适合于儿童的娱乐项目,也设有游泳场、滑溜索、划竹筏、过竹浮桥、跳竹竿舞、射箭等惊险而又刺激的青年人活动项目,有用竹制工具点种、打场、造纸及竹雕刻、竹编织等中年人的活动内容,也有坐竹舆、竹轿、垂钓和赏"五清"(梅、兰、竹、石、松)盆景、作墨竹画、吟咏诗词等适宜于老年人的活动,还有妇女喜爱的用竹梭或竹织机纺织、用竹针织衣等活动…….

再次具有餐饮购物功能。园内设有餐馆、茶馆和商品部。餐馆专做与竹

和笋相关的饭菜，如竹筒饭、竹筒鸡、清笋、酸笋等；茶馆的茶具全为竹制，以售竹筒茶为主；除各门类展厅可售各门类竹制品外，专设一商品部，专营竹制日用品、工艺品、乐器和写竹画、竹地板、竹模板等竹制商品。

最后具有住宿度假功能。各个与竹密切相关的村落，除有一幢供参观外，其他房屋均可出租给游客。由所聘本民族提供地道的民族特色服务；在竹林掩映之间建一幢现代化的宾馆，室内装修如地板、家具、装饰物等全与竹相关，使之既有现代化宾馆的舒适方便，又有浓郁的竹文化氛围。

"中国竹文化博物园"集"行、游、住、食、购、娱"于一体，一方面可以使游客比较深入地体验到中国传统文化的底蕴，产生浓厚的兴趣，另一方面又满足不同游客的多种需求，引导他们进行二次、三次消费，在园中逗留比较长的时间或来第二次、第三次，使博物园获得较高的经济效益。

6. 将"中国竹文化博物园"建在云南省省会城市昆明，既适应了云南省是中国竹类最多和竹林资源非常丰富的自然特点和诸多少数民族尚保留着较为完整的用竹习俗的人文特征，又与将昆明建成国内外重要的观光、休闲目的地和面向东南亚、南亚的国际休闲度假胜地的发展目标相吻合。

云南无论是竹种资源还是天然竹林面积均居全国之首。云南拥有竹类植物27属、200余种，约占世界总数的五分之一，占全国的一半；云南省的天然竹林总面积为33.1万公顷，占全国竹林总面积的21.1%。这一自然特点为"竹文化博物园"栽种较为完整的竹类属、种，提供了不可或缺的自然条件。

云南是一个多民族的省份，四千人以上的民族有26种之多。由于自然条件与历史发展的原因，许多少数民族处于后进状态，保留着擦竹引火、用竹棍点种、竹崇拜等丰富而完整的用竹、种竹、祭竹习俗。这一人文特点为"竹文化博物园"全面系统地表演竹文化的丰富内容提供了难得的素材、演示者和服务人员。

昆明是一座闻名世界的旅游城市和历史文化名城。它山川秀奇，可赏者众，历史悠久，古迹甚多，民族聚集，风情独特，四季宜人，全年可游。目前，拥有国家级重点保护文物7处，国家级风景区4处（石林、滇池、阳宗海、九乡），国家级旅游度假区1个，景区景点50余家，能为旅游者提供游览的旅游资源近20大类、300余项。昆明市还将建成国内外重要的观光、休闲目的地和面

向东南亚、南亚的国际休闲度假胜地作为城市发展目标。"中国竹文化博物园"建在昆明，与本地的城市经济功能和发展目标相吻合，可以获得客源保证和政策方便。

二、建设方案

"中国竹文化博物园"融鉴赏、表演、娱乐、示范、参与、住宿、餐饮、购物、研究为一体，各小单元之间栽种不同种属的竹林，竹林与建筑相间，构成浓郁的文化景观和清新的自然情趣。

1. 文化门类部分

A. 思笋园（餐饮馆）

竹笋素有"寒士山珍"之美誉，营养丰富，含有9种人体所必需的氨基酸。我国有着十分悠久的食笋传统，流传下千变万化的精细烹饪技术，可烹出100多种名菜。

思笋园以售与竹笋、竹相关的菜肴和饮食为主，可制出"笋蕨馄饨"、"山海兜"、"傍林鲜"、"鸡茸金丝笋"、"玉兔入竹林"、"蝴蝶冬"等传

全竹席

统名菜和"竹筒饭"、"竹筒鸡"等少数民族特色饭菜。

该园内设竹桌、竹椅和竹筷等竹制餐饮器具。墙壁上画有"孟宗献笋"等传说，题上白居易、苏轼、陆游等大诗人的咏笋佳句。

B. 刘氏园（服装园）

汉高祖刘邦曾以竹皮为冠，人称"刘氏冠"。后世定之为祭服。此园展出竹冠（明冠、云冠、湘冠等）、竹帽、笋鞋、竹屐、竹衣等竹制服装，并设专柜出售。

园内墙上画以汉、晋、隋等朝代戴竹冠祭祀场面和文人咏竹冠、竹鞋、竹屐的诗文。

C. 青梅竹马园（儿童乐园）

此园供儿童游乐，备有竹马、竹蛇、竹龙、爆竹、高升等竹制玩具，可设竹迷宫、荡竹秋千等游戏活动。园内尚须辟一片竹林，父母可带子女到此进行"摇竹娘"（"嫩竹娘"）活动，祈盼子女快快健康成长。

D. 女红园（妇女用品园）

此园专为妇女所设，陈列有竹簪、竹耳环、竹发圈、竹手镯、竹提包、竹背包等竹制妇女用品；设有若干竹制纺机，游客可在工作人员指导下亲手纺织一块围巾、围腰、布块等。

E. 躬耕园（农业园）

竹编（董文渊摄）

此园展示竹在农业生产中的播种、中耕、灌溉、收获、装运、加工、贮藏等全过程中的作用。展室内陈列有尖头竹、竹锄、啄铲、竹（绊）刀、薅马、覆壳、竹制耘爪、臂箅、竹夹竿、麦笼、麦绰、抄竿等工具；展厅前为一晒场，铺有掼稻簟，设禾竹架、竹耙、打谷棍、连枷、晒盘、炕箩、簸箕、竹筛等加工工具；展厅之后为一块农田，其旁有一筒车把水抽上来，用竹笕把水引进农田中。游客可"躬耕"，体味一下农夫生活。

F. 百工园（手工业园）

此园展示中国古代制盐业、造纸业、制茶业等传统手工业中竹的功用。展厅内陈列着各种竹制手工业工具；展厅后设"卓筒井"及造竹纸、制茶等手工作坊，游客可入其中操作。

G. 垂钓园（渔业园）

此园展示竹在中国古代渔业中的功用。展厅中陈列有鱼筌笼等捕鱼竹器和各式竹钓竿；展厅后为一鱼塘，供游客垂钓。

H. 后羿园（射击园）

此园展示竹在中国古代兵器中的作用。展厅中陈列竹弓箭、竹标枪、竹签等各式竹制武器，解说后羿射日等神话故事；展厅后为一射击场，游客可用各式竹制武器射击。

I. 飞堑园（竹索桥）

此园为勇于探险者所设。在壑谷两端，架设独索溜筒桥、双索双向溜筒桥、多索平铺吊桥、双索走行桥、V形双索悬挂桥五座桥，游客可根据自己的年龄、身体状况等选择过何种竹索桥。

J. 舟舆园（交通园）

此园设在水边，展厅陈列各种竹筏、竹舟、竹轿、竹桥的模型或图片，并出租竹筏、竹舟和竹轿。年轻人可租竹筏一显青春，情侣可租竹舟一尝甜蜜，老年人可乘竹轿登山。

K. 丹青园（书画园）

此园展示竹在中国书写工具和书法绘画中的作用。展厅中陈列有竹笔、毛笔、竹简、竹纸、竹笔筒、竹砚和竹笔书法作品、历代写竹画的仿制品，还可出售竹制书写工具和竹笔书法作品、写竹画等。聘请一至二位擅长竹笔

书法和国画者在园中作指导，指导游客现场学习竹笔书法或作写竹画。

竹乐器表演（董文渊摄）

竹编灯具

L. 工艺园

此园展示竹在中国传统工艺品中的功用，可分作展厅和竹工艺美术厂两部分，即前厅后厂，二者之间用玻璃墙相隔，在展厅中可看到工艺美术厂的生产过程，还可进入工厂内，在师傅指导下制作竹编或竹刻工艺品。展厅内陈列龚扇、瓷胎竹编、梁平竹帘、长宁竹丝帐、东阳竹编、安徽舒席、益阳水竹凉席、宁德篾丝枕、泉州仿古竹编、苍梧竹丝挂帘、永春竹编漆器、腾冲篾帽、华溪斗笠等竹编工艺品和明清竹刻工艺品的仿制品、现代竹刻工艺品等，还可出售竹制工艺品。

M. 丝竹园（音乐园）

此园展示竹在中国传统音乐中的功用，展厅陈列竹笛、箫、竹号等竹制气鸣乐器，竹板、节板、切克、竹口琴、竹琴等竹制体鸣乐器和渔鼓、竹鼓等竹制膜鸣乐器。这些乐器亦可出售。

N. 本竹观（竹道观）

此观展示竹在道教建筑和信仰中的重要作用。道观用竹建者不少，五代时即有"本竹观"。道观和神殿、法坛均用竹建，举行用竹求子、延寿等道教宗教活动。

O. 甘泉祠宫（竹宫）

汉武帝曾在甘泉祠旁建竹宫，名曰甘泉祠宫，用于祭祖。此后，用竹建造祭祖宗庙者不乏其人。此处仿汉甘泉祠宫建造，其内可举行中国古代的祭祖活动。

P. 竹王祠

清时今贵州贵定、福泉一带建有竹王祠。现彝族等少数民族视竹为"图腾"，举行各种祭祀巫术活动。此处祠用竹建，列竹王塑像，设少数民族各种有关竹传说和祭祀活动的场景、法器，解说竹传说、演示祭祀活动。

Q. 竹 寺

中国的佛教建筑从寺、殿、院到房，都有竹构造的。此处重现这一景观，可供游人参观，亦可供信徒烧香叩头。

R. 五清园（盆景园）

竹、松、梅、兰、石被中国古代称之为"五清"，象征着坚贞不屈、高

洁倔强的品性。此园展示竹、松、梅、兰、石等制作而成的盆景，既展出，亦出售。

S. 斑竹园（情侣园）

传说斑竹因舜之二妃闻舜死挥泪于竹之上所成，从而使斑竹成为忠贞不渝爱情的象征。此园遍植斑竹，搭成若干巢居、花棚，既可展示竹文化的丰富内涵，又可为青年男女谈情说爱辟一佳境。

2. 村落部分

村落部分即建设汉族、傣族等与竹密切相关的民族村落，其中有一至二幢房屋供参观，一幢供服务人员（聘本民族的一家人）居住、示范与服务，其余供游客租用度假，让游客深入体验竹文化的内涵。

A. 名士园（汉族村）

此村展示汉族的用竹传统，建筑为汉族传统建筑，室内家具、陈设尽量用竹，如竹床、竹榻、竹椅、竹案、竹桌、竹筒、竹帘、竹篦、竹扇等。辟出乐天馆（白居易馆）和东坡馆各一幢，室内设二位大诗人所用过的竹制器物仿制品，墙壁挂上他们咏竹、画竹的作品，介绍他们用竹的佳话；留一幢作服务人员居住，其生活方式按汉族传统生活，尽量用竹，一方面提供示范，另一方面可为游客提供住宿、餐饮服务；另设五幢供游客住宿租用，可分为普通客房、标准间、单人间等不同规格，其中设施既要充分体现出竹文化的文化氛围，又要舒适、方便。

B. 傣寨

傣族为中国现今保留用竹习俗最完整、用竹最充分的少数民族之一。此寨建傣式竹楼五至八幢，其中装饰、陈设、用具一如傣家，但又须辟出卫生间等现代居住设施。一间展示，一间供服务人员居住，其余出租。

C. 佤寨

构思同上，略。

D. 景颇寨

构思同上，略。

E. 哈尼寨

构思同上，略。

F. 黎寨

构思同上，略。

G. 壮寨

构思同上，略。

H. 拉祜寨

构思同上，略。

I. 布朗寨

构思同上，略。

J. 倭人寨

此寨仿造日本古代倭人的歇山式建筑和生活方式建造，设有竹编咒具、神竿、仿制生活生产用具和竹制工艺品。

3. 其他设施

A. 表演场

竹舞（董文渊摄）

表演"竹王传说"、"孟宗献笋"等故事和竹筒舞、竹竿舞、霸王鞭等舞蹈,演奏各种竹制乐器。

B. 游泳场

现初步选定地点面临滇池,水质较好,水底为沙质,原为天然游泳场地,略加修饰,即可辟为游泳场。

C. 宾　馆

建一幢现代式建筑的宾馆,设有高、中、低档客房,室内用竹地板、竹装饰板装修,家具陈设尽量采用竹制品。

D. 商　场

专销笋类食品、竹制用品、竹制工艺品、竹质建筑装饰材料、竹笔书法作品和写竹画等。

E. 写字楼

管理机构和竹文化研究所设在写字楼。楼内除有办公室外,还应设报告厅,可举行竹文化、中国传统文化等方面的演讲和学术报告。

竹文化研究所一方面深入研究与宣传竹文化,举办全国性或世界性的竹文化、竹与生态环境、竹产业开发等方面的学术讨论会,扩大竹文化的影响,提高竹文化博物园的知名度;另一方面,不断开发、设计新的竹制工艺品和日用品。

F. 其他辅助性设施

竹亭、竹桥、人工瀑布、停车场等。

附录三 文化进化论纲

——以中国竹文化为例

自十九世纪后半期以来,"进化"(evolution)即被文化人类学家们从生物学中采借到文化学中来,形成了"文化进化"(culturalevolu-tion)这个范畴,斯宾塞(HerbertSpencer)等社会思想家和泰勒(E. B. Tylor)、摩尔根(L. H. Morgan)等早期人类学家均在其著作中用以解释社会现象和文化现象。一个世纪以来,"文化进化"始终是文化学界不断探讨的核心问题之一,不论是竭力倡导的"文化进化论"(culturalevolutionism)和"新进化论"(Newculturalevolutionism)学派还是极力反对者如博厄斯(Franz.Boas)、克罗伯(Alfred.L. Kroeber)等人类学大师,都无法摆脱它。鉴于"文化进化"问题在文化学理论中如此重要,更由于西方文化学家们大都对绵延五千年之久的中国文化缺乏深入系统的调查与研究,笔者不揣浅陋,试以中国传统文化研究一片"领地"中国竹文化为例,对文化进化理论再做一番梳理。

一、理论的巡礼:从古典进化论到新进化论

何谓"文化进化"?文化进化论的奠立者泰勒说:"似乎在任何地方都可以发现精致美术品、深奥的知识及复杂的制度等,都是从较早的、较简单的且较粗浅的阶段逐步发展的结果。没有一种文明阶段的出现是突然的,都是从前一阶段成长或发展而来的。"[①]这一定义代表了早期进化论的基本思想,包含有以下几层意思:第一,各种民族的心理是一致的或相同的,可称之为"心

---

① EdwardB.Tylor,Anthropology:AnIntroductiontotheStudyofManandCivilization.1904,NewYorkAppleton.

理一致说"(theoryofpsy-chicunity);第二,各民族所处的自然环境大同小异,这大同小异的自然环境和作用于一致的心理活动,因而任何民族都会自己创造文化,即"独立发明说"(parallelism)或"单线发展说"(unilateraldevelopment);第三,各民族文化尽管演进速度有快慢之别,但都按照固定的阶段(stage)顺序渐次发展,不同文化的进化阶段及其顺序都为同一和固定的,如摩尔根把它规定为"野蛮"(savagery)、"半开化"(barba-rism)和"文明"(civilization)三大阶段,其中的"野蛮"和"半开化"又分别分为低、中、高三期,这称之为"逐渐进步说"(gradualprogressnism)。

古典进化论不久遭到新兴的文化学派文化传播论(culturaldif-fusionism)及文化批评派或历史派(criticalorhistoricalschool)的猛烈抨击。批评者指出:物质环境各地既有相同点也有相异点,物质环境不是文化的性质与发展的决定因素,因而不能根据心理和环境的相似性断定各民族的文化都具有并行的现象,而且各民族的文化发展水平也未必处在进化论者所确定的同一条演进历程的不同阶段上,因为确定不同文化在同一历程演进的依据是它们处于假定的不同阶段,这是循环论证;文化从总体上看是进步的,或者在某时间、某地域、文化的某方面有所进步,如果推断凡文化的变迁都是进步的,而且进步是普遍的事实,则是武断而缺乏根据的;凡现代文化无论在任何方面都优于以前的文化的论断欠妥当;进步未必是逐渐进行的,一种文化受到外来文化的影响时常发生骤变,由突变而进步的事实亦不鲜见。古典进化论的基本原则几乎都遭到否定。

在文化传播学派和美国文化历史学派掀起的反进化主义思潮的冲击之下,进化论在20世纪上半叶一直被搁置冷宫,很少有人问津。

直到20世纪20年代,以怀特(LeslieA. White)、斯图尔德(Jul-ianH. Steward)和萨赫林斯(MarshallD. Sahlines)等为代表的一批美国文化学家又重新打出"进化"这面大旗,对古典进化论进行修正与补充,被称为"新进化学派"(newculturalevolutionism)。

怀特用热力学理论考察与阐释文化进化,认为文化的进化在于"人的能量"与被人们所利用的"非人能量"之间的比例逐渐提高,工艺的提高是整个文化进化的基础,因此处在特定阶段的文化所产生的能量总和是判定文化进化

程度的重要标准①。

斯图尔德则认为,怀特的进化论是"普遍进化论",摩尔根、泰勒等19世纪的古典进化理论是"单线进化论",他提出的是"多线进化论",他并不寻求"普遍的相同现象"和"整个人类社会的发展规律",仅只要说明各种不同社会结构的不同发展历程的因果关系;各民族的文化都是沿着各自不同的历程和路线平行发展的,其间并无共同规律;在社会发展中起决定作用的是"文化生态",即文化对自然环境的适应②。

20世纪60年代,萨赫林斯等人又提出进化的两个方面"特殊进化"和"一般进化",融合了怀特与斯图尔德的理论,形成更为全面的进化论模式③。

二、进化:一种文化向更为有效的方向变迁的过程

文化进化的论域往往限于某一种文化在不同时间内的比较。文化现象是远比生物现象复杂得多的现象,某一方面(如技术)的后进并不意味着该文化处于后进状态或低级阶段,用生物物种进化类推文化进化、用对不同物种间的比较来对不同文化进行比较,弊病必定迭出。不同的文化之间有差异,但绝非像生物进化链那样处于同一序列的不同阶段,美洲印第安人文化过去像现在的澳洲土人文化、将来是非洲尼格罗文化的推断显然是十分荒谬的,因此,不同文化的可比性表现在其共通性、差异性和融合性上,而不是优劣性与阶段性上。基于此,"文化进化"的范畴和理论只限于某一特定文化时才有意义和价值,也就是说,"文化进化论"只适应于讨论某一种文化在不同时间上的演变过程。文化进化并不存在整个人类文化的"发展规律"和"普遍的相同现象",而是斯图尔德所说的"多线进化"。

当然,我们不赞成把不同文化硬性纳入同一文化演进序列的不同阶段,并不意味着我们对文化变迁采取自然主义的自由放任态度。文化变迁具有方

---

① LeslieA.White,TheEvolutionofCulcure.NewYork,Mc-Craw-Hill.
② JulianH.Steward,TheoryofCultureChange:theMethodologyofMultilinearEvolution.Urbane,UniversityofDlinoisPress.
③ MarshallD.Sahlins,EsotericEfflorecee.nceinEasterIsland.AmericanAnthropologist,57:1045~1052.

向性：或向着更高的有效即适应性和创造性不断提高的方向变化，或朝着更为无效即适应性和创造性越来越低的方向

变化，前者为"文化进化"，后者为"文化退化"。"适者生存"的生物竞争法则同样适合人类文化，只有适应自然环境和文化环境的文化才有存在并发展的可能，否则就趋于淘汰与消亡。

文化进化是一种文化变迁过程，在这一过程中既有文化突变的情况，亦有文化渐变的情形。既然文化进化是一种向更为有效方向的变迁，那么这种变迁并非必定呈现为怀特所说的"形态 B 紧跟着 A，而先于 C……一种形态从另一种形态中产生，或进入另一形态"[①]，有时甚或在绝大多数时间里表现为某一种和某些文化质点的前进，例如，在中国北宋仁宗庆历、皇祐年间，四川井盐生产采用了被人称为中国古代"第五大发明"的"竹筒井"（又称"卓筒井"、"竹井"等）生产工艺，这无疑是中国盐业史上的一大进步，应该说也是中国文化的一种"进化"，但中国传统文化并非由此而进入了新的形态。即使是从一种文化形态向另一种文化形态的突变，亦需有文化质点、文化结丛及诸亚文化不断前进或进步的长期积累。由一种文化形态向另一种文化形态的转化固然属于文化进化，文化质点、文化结丛和亚文化的些微进步也应被视为文化进化，而且为更为普遍的文化进化。文化进化包含着文化进步性变迁的全过程。

三、文化进化的过程：适应与创造

任何一种文化都因其具有适应性而得以创生和存在，并因其具有适应性而得以进化和发展。适应一方面是对该文化所处的自然环境的适应，另一方面是对该文化所处的文化环境的适应。任何文化都有其独特的自然环境，自然环境为人的生存与发展提供可资利用、选择的基本物质条件，在生产技术尚不发达的阶段，人对物质环境的依赖性显得更为突出，物质环境决定着人

---

① LeslieA.White,History,Evolution,andFunctionalism:ThreeTypesofInterpretationofCul-ture.SouthwesternJournalofAnthropology:221~248

们的食物获取方式、经济体系、社会组织直至宗教信仰、情感思维方式。例如，云南竹类资源十分丰富，在这种环境中生存的云南少数民族文化为了适应自然环境，从生产、生活到宗教信仰、文学作品都与竹密切相关：景颇族曾擦竹取火，基诺族有若干种竹制猎获器，傣族和布朗族用竹扇扬场、用竹建房，傣族用竹制作避邪物"达簪"，彝族用竹制作灵牌并崇拜竹……自然环境不是一成不变的，气候、水资源、植被等生态环境的变化迫使文化随之产生变异。例如，在西汉末期以前，黄河中上游地区遍布竹林，从陕西西安半坡遗址出土文物中的竹鼠遗迹、山东历城龙山文化遗址出土的竹炭和形似竹节陶器等情况来看，北方地区在远古时期曾大量采用竹制工具和用具；从秦都咸阳1号宫殿遗址、咸阳杨家湾汉墓墓室、《三辅黄图》对汉朝甘泉祠宫的记述等情况看，北方地区至秦朝、西汉时期仍广泛使用竹材。西汉后期中国北方的气候曾发生过一次大的变化，气温大幅度下降，致使竹材毁灭，从此竹材的运用骤然减少，代之以木材、泥和砖。文化适应着自然环境的变化而变迁与进化。

任何文化又都有其独特的文化环境，即斯图尔德所提出的"文化生态系统"①。不同的文化体由地域特征、交往关系等的差异而构成独特的文化环境。文化体与文化环境之间存在着各种复杂的网络和链条，产生文化传播、文化冲突与文化互化，从而使文化体熏染上或采借先进文化环境的若干文化质点和文化特征。例如，布朗族用竹扇扬场的生产方法与傣族完全相同，这与布朗族和傣族地缘关系、人缘关系的密切直接相关。同时，文化体原有的文化环境本身处于不断变化与进化之中，随着民族迁徙、战争、政治关系等的变化及交通、通讯、科技的发展，文化体的文化环境不断变动与扩大，于是文化体所接触、适应与采借的文化特质亦不断变化。文化进化的过程表现为文化体对其自然环境和文化环境的适应。

文化进化的过程还表现在文化创造上。文化体在对自然环境和文化环境的适应过程中，不断地对已有的文化进行改造与更新，对外来文化进行借鉴

---

① Julian H. Steward, Evolution and Process. In Anthropology Today. pp.313~326, Chicago. University of Chicago Press.

与吸取，从而发展出新的文化特质并构成新的文化丛，形成或激发文化变迁与文化进化。文化创造一般有赖于三方面条件的结合，即一定高度的文化基础、人类的社会需要以及从事文化创造的特殊社会实践。中国竹文化在唐宋时期极富创造性，先秦至魏晋南北朝竹文化的形成与发展为唐宋竹文化的创造积累了深厚的文化基础，唐代疆域的极大开拓、封建社会经济的空前繁荣、思想意识的民主激起社会创造欲望的亢奋、经济的繁荣又为从事文化创造的社会实践提供了良好的条件，于是唐宋两朝在生产工具方面发明了具有划时代意义的"卓筒井"，纺织出精细的蕲簟，发明了竹纸，创作出大量的咏竹诗，创造了墨竹画这一中国画的新题材……竹文化质点的创造及其所构成的新文化丛，是激发中国封建文化在唐宋臻至峰巅的表现之一。

文化创造从文化构成上看，可分为两类。一类是物质与技术的创造，如犁、水利灌溉、炼铁、蒸汽机及其制作方法、操作形式、科学技术的各种应用等；另一类为非物质的创造，如语言、文字、制度等。从中国竹文化的进化过程来看，用竹筒兜水的水车的发明属于物质与技术的创造，用"竹"字头作为汉字的偏旁则属非物质的创造。

文化创造从创造的性质上看，又可分为"基本创造"和"改良创造"两类。"基本创造"是指应用新原理的创造。基本创造具有更多的潜力，在一般情况下常常成为其他创造的基础。例如，独龙族、怒族、傈僳族等少数民族在其刀耕火种农业中，从播种、松土、覆土、田间除草和挖掘等生产工序，都曾使用过或仍在使用着木锄和竹锄，木锄、竹锄是以树枝或竹竿为天然锄柄，以树枝或竹竿上的枝面削成天然的锄板，后来用木或竹的桠包和铁片而制成铁锄"恰卡"[1]，铁锄恰卡虽然粗糙、原始，但却是对铁的锋利、坚硬、耐用等性能的新认识与运用，因而是基本创造。"改良创造"指对已有的设计、应用加以改进从而使其具有新的用途或较高的效率的创造。就中国竹文化而言，19世纪末民间艺人龚爵五把民间喜闻乐见的图案纺织在竹扇上，制作出精美的"龚扇"。该扇曾名噪一时，被光绪皇帝赐名为"宫扇"，列为皇宫贡品。龚爵五及其传人在竹扇的原料选用、制造工艺、造型设计、美术装潢上的创新，

---

[1] 参见宋恩常《云南少数民族研究文集》，云南人民出版社1986年版，第187—188页。

属改良性创造。

文化适应与文化创造在文化进化过程中相互依赖、相互作用、相伴相生。文化体为了更好地适应现存的自然环境和文化环境及变迁着的自然环境和文化环境,必须不断地进行文化创造,适应是目的,创造是达到目的的手段;创造可以具有一定的超前性,但从总体上不能脱离现实文化基础,更不能完全背离本文化的特质,适应性是创造性的前提和基础;适应力强的文化能有效地创造出更多更好的亚文化或新的文化质点。例如,傣族竹楼的创造是由于竹楼适应了云南西双版纳、德宏等地区多竹、湿热等自然环境特点和傣族的稻作文化及追求空灵、轻盈等文化特征。适应产生创造,创造导致更好的适应,新的适应要求有新的创造,新的创造达到更高层次的适应……文化适应与文化创造的这种交互作用构成文化进化的过程。

四、文化进化的具体体现:衍生、专化与取代

文化进化体现在文化形貌上,呈现为衍生、专化与替代三种走向。

所谓衍生,是指文化在进化过程中展延、增生新的文化质点、文化元素和文化门类。文化进化的总趋势是日渐复杂化,生产工具和生活用具不断增多,社会组织逐渐增大,文化意识趋于多元,新的文化门类产生,从而使整个文化结构越来越复杂,文化系统越来越庞大。文化进化过程中的这些变化均由衍生导致。例如,中国竹文化在唐代衍生出写竹画等文化门类、思乡思人等竹文学符号所指、凌云之志等竹人格符号所指……使中国竹文化结构在唐代趋于完备,形成了中国竹文化的文化范式。

专化是指文化在进化过程中文化元素的功能由纷杂、不确定趋于单一、确定的变化过程。文化进化的过程往往呈现出社会分工越来越细、各种器物的功用专门化等态势,业有专攻,各司其职,由混沌变为有序,从综合走向分化。这一态势的深层形成原因是各文化元素逐一从多功能、多用途趋于单功能、特定用途,即专化。如,云南德宏景颇族的竹腰圈原来兼具御寒蔽体和装饰审美等多重功用,而时至今日,竹腰圈的御寒蔽体功能已不复存在,仅存装饰作用,功用专化了。

衍生与专化是文化进化过程中相互联系的两种表现。衍生是文化元素、文化质点、文化门类和文化结构量的变化即数量的增多，专化则为文化元素、文化质点、文化门类和文化结构功能的变化即用途的专门化。在总的文化需要不发生根本性变化的情况下，衍生引起专化，新生的文化元素、文化质点、文化门类取代了原有的文化元素、文化质点、文化门类的部分功能，使文化功能分化和专化；专化的态势又刺激了衍生，随着文化的进化，各文化元素、文化质点、文化门类的文化功能不断细密化和复杂化，当其难以承载与容纳日趋细密的复杂的文化内涵和文化功能时，专化的需要即萌生，从原有的文化元素、质点或门类中离析出部分功能转移到新生的文化元素、质点和门类中去，否则就会导致文化功能与文化结构的紊乱。由此可见，衍生与专化处于互相依存、互相作用的关系之中，并且是同一文化进化事象的两个不同视角和向面。

取代是指一种文化原有的一些或一组文化元素、文化质点为另外一些或一组文化元素、文化质点所替换的过程。衍生说明了新旧文化质点、要素、门类之间的结构性变化，专化解释功能性的变化，而取代则可阐释新旧文化质点、要素、门类之间的性质变化。美国人类学家克罗伯认为，文化取代为文化进化的一项基本原理，"替换、修正和代替比较是生物演化变迁的特点，而人类文化变迁却是累积的增加"①。文化体为了适应变化了的自然环境和文化环境，不断地创造或从其他文化中采借一些新的文化元素和文化质点，以更新一些原有的文化元素和文化质点，于是就产生了文化取代。例如，竹蒸笼1980年代以后在城市居民生活中渐为电饭煲等电气化炊具所取代，即为文化取代。

五、文化进化的动力：人的需要

什么是文化进化的动力？文化学家们各执一说。马林诺夫斯基(B. K. Malinovsk)等功能学派认为促成文化组织及其精密程度进步的动力是"文化促

---

① Alfred.L.Kroeber,Anthropology.1948.

发力",即文化内部的主动力,主要的促发力有经济组织促发力、法律促发力和教育促发力三种;怀特等新进化论者从能量学说考察文化进化,提出"文化演化能源说",认为工艺的发展即对能源利用手段的发展是整个文化进化过程的基础,每一次新能源的掌握本身就是一次文化成果,而且一旦融入文化,便促成新的文化演化的连锁反应,每一次能源控制的重大突破,在旧的演化进程中都掀起重大的文化革命和与之俱来的社会革命;博厄斯等文化历史学派则认为文化变迁发展的推动力来自其内部,"每个文化都是一个整体,它具有决定由个体分子所组成的群体的行为的动力";法国的文化学家佩雷菲特和英国的文化学家 E. 柯尼施提出"文化观念动因论",认为在世界的历史发展过程中最重要的动力不是物质的、政治的、经济的和军事的,而是观念的,并且是一种起到文化先导作用的观念,"人们'不能'做事往往不是由于缺乏力量、工具或金钱,而是由于缺乏观念,文化的观念和理论是'世界将如何运转'在我们心里的模型";还有学者从传播论和信息论的角度研究文化发展动力问题,认为文化进化的根本动力来源于交流,因为交流使得各文化形态能增生出许多不被原地理环境所羁束的、从更高层次上超越这种地理环境的文化因子。

以上这些观点分别提示了文化变迁或进化的某一或某些方面的动因,但却都未能阐释出全部动因或能包含诸种动因的根本动因。

人创造了文化,也创造了社会,文化和社会又塑造了人,也就是说,人是文化的创造者及其产物,文化进化的动力应直接从人自身寻求。

人是文化体对文化环境和自然环境适应方式的选择者和实现者。人在文化适应过程中虽受到一些限制,但究竟在若干种取舍中作出何种审慎的选择由人所决定。例如,彝族以竹为图腾和巫术符号,即是由彝族这一群体所作出的适应文化的选择方式,因为其生活环境不只有竹这一种植物。

人又是文化的创造者。卡西尔(ErnstCassirer)认为,人是唯一一种能创造符号并能够理解符号的动物[①]。海德格尔(MartinHei-dergger)指出,人是唯

---

① 参见[德]恩斯特·卡西尔:《人论》上篇"人是什么",上海译文出版社1985年版。

——一种能够知道无，而且能创造有的在者[①]。文化创造是由人进行的，人决定着文化体进行何种创造和如何创造。比如，世界上分布着竹类资源的地区很多，但只有中华民族创造了"卓筒井"和"墨竹画"。

人是文化的适应方式和创造过程的选择者和实施者，人的需要是文化进化的根本动力。马斯洛(A. H. Maslow)提出"人类动机理论"，把人的需要分作生理需要、安全需要、归属和爱的需要、自尊需要、自我实现需要、认识和理解的需要、审美需要几个层面[②]。这些需要驱使着人们去进行文化适应与文化创造，不同文化中的人们的需要具体内容的差异，决定着不同文化体的传播、更新、采借、接触等的方式和程度，亦决定着文化进化的速度与程序。

总之，我们认为文化进化是一种文化向更为有效的方向变迁的过程，这一过程由文化适应与文化创造两个方面所构成，而呈现为衍生、专化与取代三种态势；文化进化的根本动力在于人的需要。

文化进化是一个异常复杂的问题，笔者有意于结合中国竹文化的文化事象对之进行深入系统的探讨。但限于目前的认知水平、时间等条件，在此仅做如上粗浅、不成熟的阐释，谬误之处尚祈方家正之。

---

① 参见[德]海德格尔：《存在与时间》第1部第1篇"准备性的此在基础分析"，三联书店1987年版。
② 详见[美]马斯洛《动机与人格》第3章、第4章，华夏出版社1987年版。

后 记

受二十世纪八十年代中期国内学术界"文化热"的影响,我们开始关注文化问题。在此过程中,我们逐渐萌生了解读与反思中国传统文化背景下生活世界①的学术冲动。中国传统文化源远流长、博大精深,全面解读非我辈学术功力所能及,选取某一领域又恐失之偏颇。斟酌再三,一条线索浮现出来:以竹为中心,剖析传统中国的生活世界。其益处在于,直接面对衣食住行、婚丧嫁娶、日常交往等中国传统社会外在的、具体的甚至细碎的日常生活图景,进而透过这些生活图景解释隐含其中且由中国传统社会给定的知识系统、文化意义、价值观念和规则体系,既避免了停留于琐屑事象叙述的"浅描",又避免了在普遍概念和抽象逻辑之内进行封闭推演的晦涩。

从那时起,与竹相关的文化事象成为我们二人的思维敏感区、阅读文献和田野调查的重要内容,陆续撰写并发表了一些论文和著作。这些论著面世后在学界和社会中产生过些微影响,增强了我们的信心,萌生出将其整理后交由人民出版社出版的念头,经与张耀铭编审沟通获准列入出版计划,令我们喜出望外。书稿交付出版社后,得到了陈汉萍老师的悉心帮助与指导,我们按照要求进行了认真的修改和补充,但由于各种因素,所呈现的书稿仍未尽如人意,尤其是对中国传统文化制约文化创新的文化批判工作几乎付之阙如,不能不说是一大憾事。尽管如此,就目前国内传统文化尤其是传统生活世界的研究领域而言,本书还有些价值,故还是交付出版了。所存在的不足和缺憾,只有来日补充完善。

此书是我们二人长期合作、不断探讨、反复交流的成果,其中既凝聚着

---

① 本文的"生活世界"采用胡塞尔的定义,即:"通过知觉被实际地给予地、被经验到并能被经验的世界,即我们的日常生活世界(unserealltaglicheLebenswelt)。"(《欧洲科学的危机和超验现象学》,张庆熊译,上海译文出版社1988年版,第58页)

共同的智慧和创造，也存留下互补不了的愚钝和短拙。具体写作分工如下：导论、第四章、第七章的第一部分和第四部分、第八章、第九章、第十章、第十一章、第十二章、结语及附录二、附录三由何明撰写；第一章、第二章、第三章、第五章、第六章、第七章的第二部分和第三部分及附录一由廖国强撰写。

本书即将付梓之际，我们不能不怀着感恩之情提及曾给予本项研究及我们的学术成长以指导与奖掖的诸位师友。哲学家赵仲牧先生，以其特有的睿智而深刻的思维方式和对现当代思想的独到解析，为本项研究提供了思想资源和解读工具，并拨冗为本书作序，对书稿文本及其所论述对象做了具有深度且适当的阐释，使拙著未能阐明的意义跃然而出。历史学家李埏先生、文艺理论家张文勋先生、历史地理学家朱惠荣先生、民族学家高发元先生、经济史学家武建国先生等诸位恩师以不同的方式给予了热情鼓励与大力帮助。张齐生院士、徐艺乙教授、乐声先生提供了特别的帮助。友人周鸣琦编审、邓启耀教授、林文勋教授、龙登高教授、高伟编审、董文渊博士、李怡苹副研究员、黄文昆先生、武有福先生、韩庆国先生、张靖人先生、刘高秀女士等对于促成本书的完成起到重要作用。云南省图书馆、云南大学图书馆给予了大力支持。谨此一并致谢！

何　明　廖国强

2007 年 6 月 8 日